Die frühe Innovationsphase

Methoden und Strategien für die Vorentwicklung

www.symposion.de

Herausgeber
Carsten Gundlach, Axel Glanz, Jens Gutsche

Autoren
Lutz Becker, Simon Bley, Jens Bode, Heinz-Jürgen Boeddrich, Hans Günter Boldt, Andreas Borchert, Volker Brink, Oliver Buschjost, Enno Däneke, Johannes Fresner, Jürgen Gausemeier, Axel Glanz, Carsten Gundlach, Jens Gutsche, Frederik Paul Halsted, Claudia Hentschel, Katja Horter, Serhan Ili, Jürgen Jantschgi, Gernot Kaiser, Claudius König, Andreas Mengen, Andreas Müller, Horst Nähler, Stefan Reschke, Christian Riedel, Stefan Schraps, Axel Schröder, Martin Spilker, Michael Stephan, Martin Stirzel, Heiko von der Gracht, Birgit Weimert, Markus Wess, Werner Ziemen

symposion

Impressum
Die frühe Innovationsphase

Herausgeber
Carsten Gundlach, Axel Glanz,
Jens Gutsche

Projektentwicklung
Markus Klietmann,
Symposion Publishing

Lektorat
Markus Klietmann,
Stefan Thissen,
Marcel Heuwinkel,
Symposion Publishing

Satz
Karen Fleming
Symposion Publishing

Druck
dd ag
Frensdorf

Umschlaggestaltung
Karen Fleming, basierend auf einem
Entwurf von metadesign, Berlin

Photo
Fotolia

ISBN 978-3-939707-50-9
1. Auflage 2010

Begleitdienst zu diesem Buch
www.symposion.de/innovation

Redaktionelle Post bitte an
Symposion Publishing GmbH
Münsterstraße 304
40470 Düsseldorf

Bibliografische Information der Deutschen Bibliothek:
Die Deutsche Bibliothek verzeichnet diese Publikation in der Deutschen Nationalbibliografie; detaillierte bibliografische Daten sind im Internet über http://www.ddb.de abrufbar.

Die frühe Innovationsphase

Methoden und Strategien für die Vorentwicklung

Zum richtigen Zeitpunkt auf die richtige Idee setzen – das ist es, was innovative Unternehmen von anderen unterscheidet. Dabei spielt vor allem die frühe Phase des Innovationsmanagements eine entscheidende Rolle, werden hier doch die Weichen für wettbewerbsfähige Neuerungen gestellt. Der Grundgedanke klingt dabei einfach: Zukunftsträchtige Ideen identifizieren und rigoros fördern.

Aber wodurch lässt sich erkennen, welche Ideenstränge die größten Chancen besitzen? Wie kann man Kundenwünsche und künftige Marktentwicklungen verlässlich abschätzen? Und was sind die Voraussetzungen für eine innovationsfördernde Unternehmenskultur?
Für diese Fragen gibt es keine Patentrezepte, aber einen Bestand systematischer Ansätze und erprobter Verfahren, die erfolgreiches Innovationsmanagement plan- und handhabbar machen.
Die Autoren erläutern praxisnah, wie Unternehmen durch

- Ideenscouting,
- Früherkennung,
- Zukunftsforschung,
- intelligente Einbindung von Kunden und
- systematisches Innovationsmanagement

ihre Position im Innovationswettbewerb verbessern und so die Märkte der Zukunft erschließen.

Zielgruppen: Fach- und Führungskräfte aus den Bereichen Forschung und Entwicklung, Innovationsmanagement, Produktmanagement, Marketing.

Über Symposion Publishing

Symposion ist ein Fachverlag für Management-Wissen und veröffentlicht Bücher, Studien, digitale Fachbibliotheken und Onlinedienste.

Das Programm steht auch zum Download zur Verfügung – über das Verlagsportal kann der Leser nach Kapiteln suchen und diese individuell zusammenstellen. Wissen ist damit blitzschnell verfügbar – jederzeit, praktisch überall und zu einem attraktiven Preis.

www.symposion.de

Die frühe Innovationsphase

Methoden und Strategien für die Vorentwicklung

Open Innovation und Kundenintegration

Innovation und Ideenschutz durch Patentmanagement

Systematisches Innovationsmanagement

Herausgeber und Autoren

Herausgeber

Dr. Axel Glanz
hat Volks- und Betriebswirtschaft studiert und zum Dr. rer. pol. promoviert. Er ist Geschäftsführer des Innovationen Institut in Frankfurt, das mit wissenschaftlichen Methoden führende Unternehmen in der Innovationsfindung, Bewertung aus Kundensicht und der Innovationsstrategie berät. Darüber hinaus erhielt Dr. Glanz Auszeichnungen wie »Unternehmer des Monats«, den »Gründerpreis der Stadt Frankfurt«, den »Deutschen Mediapreis«, den »Konvergenz Award« und den »Distinctive Merit Award« des Art Director Clubs New York. Gleichzeitig ist er Sprecher des Vorstands der Innovationsvereinigung für die Deutsche Wirtschaft (IDWI).

Dr.-Ing. Carsten Gundlach
war von 2004 bis Mitte 2009 als Technologietransferberater im Rahmen des TechnologieTransferNetzwerk Hessen (TTN Hessen) und zudem für die Innovationsberatung der hessischen IHKs tätig. Zuvor war er von 1998 bis 2003 wissenschaftlicher Mitarbeiter an der Universität Kassel und promovierte dort zum Thema statistische Versuchsplanung (Design of Experiments). Er ist Vorstandsmitglied des Europäischen TRIZ-Centrums e.V., Boardmember von ETRIA (European TRIZ Association), Mitglied im QFD Institut Deutschland e.V., Gründer der Website TRIZ-online und Vorstandsmitglied im IDWI (Innovationsvereinigung für die Deutsche Wirtschaft). Weiterhin ist er Herausgeber der Bücher Innovation mit TRIZ, Praxishandbuch Six Sigma sowie Organisator zahlreicher Fachkongresse zu TRIZ, QFD, DoE und Innovationsmanagement. Seine Arbeits- und Forschungsschwerpunkte sind Innovationsmanagement, TRIZ, kreatives Problemlösen und Quality Engineering Methoden. Aktuell arbeitet er als Innovationsmanager in einem technologieorientierten Unternehmen.

Prof. Dr. Jens Gutsche
begann seine berufliche Laufbahn 1995 bei der Bertelsmann AG. Von 2000 bis Ende 2003 war er für das weltweite Marketing der Lufthansa Passage verantwortlich, anschließend bis 2007 Zentralbereichsleiter Marketingstrategie und Markenmanagement bei der Deutschen Telekom AG. Seit 2005 ist er Professor für ABWL, Marketing und E-Commerce an der Hochschule Merseburg (FH). Seit Anfang 2008 ist er zunächst als CMO der Arcor AG&Co. KG und derzeit als Direktor Customer Base Management Consumer für Vodafone in Deutschland tätig. Er ist Vize-Präsident des Deutschen Marketing Verbandes.

Autoren

Prof. Dr. Lutz Becker
lehrt Unternehmensführung und internationales Management an der Karlshochschule International University in Karlsruhe und leitet dort den Masterstudiengang »Leadership«. Er ist viele Jahre als Managementberater und IT-Unternehmer (www.inscala.com) tätig und hat sich als Autor zahlreicher Buch- und Zeitschriftenveröffentlichungen zu Technologie- und Managementfragen einen Namen gemacht.

Simon Bley, Diplom-Kaufmann (FH)
studierte Betriebswirtschaftslehre an der Hochschule für Technik und Wirtschaft (HTW) in Berlin und an der Auckland University of Technology (AUT) in Neuseeland. Seine Diplomarbeit zum Thema Open Innovation verfasste er bei der Society and Technology Research Group der Daimler AG in Berlin. Zur Zeit arbeitet er für die Siemens AG in München im Bereich Product & Service Innovation.

JENS BODE
(Henkel AG & Co.KgaA) ist von Hause aus Technician Engineer mit Marketingausbildung und einer ungewöhnlichen Henkel-Vita: Process Engineering, Packaging Design, Innovation Management, SensoryLab und Consumer Insight, Innovation Ambassador und aktuell Global Strategic Manager. Er war Mitglied im ersten freigestellten ThinkTank bei Henkel und das Thema Ideation und Innovationen sind sein zentraler Fokus. Als Innovation Ambassador hat er die Innovationsphilosophie international, u.a in Guatemala und Indien, gecoacht. Jens Bode ist Mitglied in Strategie-, Szenario- und Innovation-Teams. Parallel ist er aktiv in diversen Netzwerken, zertifizierter Innovation-Coach, Gastdozent, Redner und Mitgründer des Innovationsverbandes IDWI.

HEINZ-JÜRGEN BOEDDRICH, Dipl.-Kaufmann
studierte an der Johann-Wolfgang-von-Goethe-Universität, Frankfurt, BWL und war im Rahmen der sportlichen Entwicklungshilfe der Bundesrepublik Deutschland als Judotrainer im Sudan, in Ägypten, Algerien sowie in Kamerun tätig.
Das internationale Engagement hat er in seiner Berater- und Trainertätigkeit im Ideen- und Innovationsmanagement beibehalten. Er gilt seit seiner Veröffentlichung zum Thema »Ideas in the workplace – a new approach towards organizing the Fuzzy Front End of the Innovation Process« (Journal Creativity and Innovation Management) als Experte für das Managen von Ideen am Arbeitsplatz. Den sehr erfolgreichen Ideenmanagement-Prozess der Wella AG, Darmstadt, hat er den Ideen-Management-Systemen von mehr als 25 anderen erfolgreichen europäischen Unternehmen in einem Benchmarking gegenübergestellt.
Neben Vortragstätigkeiten in Shanghai, Singapur, Paris und St.Paul-Mineapolis stärkt er mit Coaching-Maßnahmen und Beratungen im Innovationsmanagement die Innovationskraft von Organisationen und Industriebetrieben.

DR. HANS GÜNTER BOLDT
hat in Chemie promoviert und war in leitenden Positionen in Forschung & Entwicklung, u. a. bei Procter & Gamble, Kimberly-Clark, Melitta Haushaltsprodukte und der nanogate GmbH. Er hat einen Lehrauftrag im Fach »Innovationsmanagement« an der Hochschule Coburg und versteht sich als ein »Anwalt für Ideen«, der mit »Passion für Innovation« für die Produkte und Serviceleistungen von morgen und übermorgen arbeitet. Dr. Boldt ist bei den Deutschen SiSi-Werke GmbH & Co. Betriebs KG (»Capri-Sonne«) tätig und baut dort das Innovationsmanagement auf.

ANDREAS BORCHERT, Dipl.-Wirtsch.-Ing.
ist Geschäftsführer der OPRiskSolutions International Ltd. in Darmstadt. Er befasst sich seit vielen Jahren mit Software-Entwicklung, insbesondere zur Unterstützung von Projektmanagement und Produktentwicklung.

VOLKER BRINK, Dipl.-Wirt.-Ing.
geb. 1980, studierte Wirtschaftsingenieurwesen an der Universität Paderborn. Seit 2006 ist er wissenschaftlicher Mitarbeiter am Heinz Nixdorf Institut der Universität Paderborn. Im Anschluss an die Leitung eines Entwicklungsprojektes in der Elektroindustrie übernahm Herr Brink Anfang 2008 die Leitung des Teams für Strategische Planung und Innovationsmanagement. Seit Mitte 2006 ist er der Assistent der Geschäftsleitung des Berliner Kreises – Wissenschaftliches Forum für Produktentwicklung e.V.

OLIVER BUSCHJOST, Dipl.-Inform.
geb. 1981, studierte Informatik mit dem Nebenfach Wirtschaftswissenschaften an der Universität Paderborn. Seit 2008 ist er wissenschaftlicher Mitarbeiter am Heinz Nixdorf Institut der Universität Paderborn. Sein Tätigkeitsschwerpunkt liegt im Innovationsmanagement, dort insbesondere in der Durchführung von Forschungs- und Industrieprojekten im Bereich der strategischen Produkt- und Technologieplanung.

ENNO DÄNEKE
ist Projektleiter bei der FutureManagementGroup AG. Sein Schwerpunkt liegt auf Projekten zur Identifikation von Zukunftsmärkten. Daneben leitet er das FutureRadar-Team der FutureManagementGroup AG. Enno Däneke ist Diplom-Betriebswirt in International Business mit Schwerpunkt Ostasien. Er studierte in Deutschland, Australien und China und schrieb seine Abschlussarbeit über den Einsatz von Methoden der Zukunftsforschung im strategischen Management.

Dr. JOHANNES FRESNER
Geboren 1963, studierte Verfahrenstechnik, seit 1991 Beratungstätigkeit im vorsorgenden Umweltschutz. Seit 1999 Geschäftsführer der STENUM GmbH in Graz, Österreich. Er arbeitete für über 200 Betriebe, darunter voestalpine Stahl Donawitz, Pengg, Peweag vorwiegend in Projekten zur Steigerung der Energieeffizienz, zur Reduktion des Wasserverbrauches, zur Abfallvermeidung und zum Aufbau von Umweltmanagementsystemen. Internationale Projekte in über 20 Ländern, darunter Korea, Indien, Brasilien, Südafrika. Trainer für UNIDO (United Nations Industrial Development Organisation) beim Aufbau verschiedener Cleaner Production Center (in Brasilien, Nicaragua, Kolumbien, Russland, Ukraine). In Österreich Mitarbeit bei der Entwicklung der PREPARE-Methode und des ÖKOPROFIT-Ansatzes. Der von ihm entwickelte ZERMEG Ansatz (Zero Emissions Retrofitting Approach for Existing Galvanizing Plants) wurde 2008 mit dem Österreichischen Staatspreis für Umwelttechnologie ausgezeichnet.

Prof. Dr.-Ing. JÜRGEN GAUSEMEIER
ist Professor für Produktentstehung am Heinz Nixdorf Institut der Universität Paderborn. Er promovierte 1977 am Institut für Werkzeugmaschinen und Fertigungstechnik der TU Berlin bei Prof. Spur. In seiner zwölfjährigen Industrietätigkeit war Prof. Gausemeier Entwicklungschef für CAD/CAM-Systeme und zuletzt Leiter des Produktbereiches Prozessleitsysteme bei einem namhaften Schweizer Unternehmen. Über die Universitätsgrenzen hinaus engagiert er sich u. a. als Mitglied des Vorstands und Geschäftsführer des Berliner Kreises – Wissenschaftliches Forum für Produktentwicklung e.V. Ferner ist Herr Gausemeier Initiator und Aufsichtsratvorsitzender des Beratungsunternehmens UNITY AG. Herr Gausemeier ist Mitglied des Präsidiums von acatech – Deutsche Akademie für Technikwissenschaften. 2009 wurde er in den Wissenschaftsrat berufen.

FREDERIK PAUL HALSTED
is a brand strategy consultant. Born in Copenhagen, Denmark, Fred spent his early twenties advancing his business creative mindset and learning the skills of brand strategy and innovation through spontaneous originality in locations as varied as Shanghai, New York City, San Francisco, Copenhagen, Cambridge and London. He is a Master in Design and Communications Management and has worked on financial, employer, pharmaceutical, shipping, FMCG, automotive, fashion, music and media brands and other multidisciplinary communications projects. Fred started working with FWVC in New York and Dentsu in Europe.

CLAUDIA HENTSCHEL
geboren 1964, studierte Wirtschaftsingenieurwesen/Maschinenbau an der TU Berlin und der École Nationale des Ponts et Chaussées Paris. 1991-1996 arbeitete sie als Wissenschaftlerin in Forschung, Lehre und Industrieprojekten am Produktionstechnischen Zentrum/Fraunhofer Gesellschaft, Berlin, und 1994 auch am Israel Institute of Technology (Technion), Haifa. Sie promovierte 1996 an der TU Berlin bei Prof. Seliger und Prof. Spur zur Dr.-Ing. und wechselte anschließend zur Siemens AG, Bereich Mobile Networks. Dort war sie zunächst Produktmanagerin für OEM-Produkte und übernahm dann Projekt- und Bereichsleitung bei der Erstellung schlüsselfertiger Mobilfunknetze. Seit 2000 arbeitet und lehrt sie als Professorin an der Hochschule

für Technik und Wirtschaft, HTW, Berlin. Hier war sie 2005-2006 auch Vorsitzende des Akademischen Senats. Claudia Hentschel ist neben ihrer Lehr- und Forschungstätigkeit Beraterin und Trainerin in der Industrie zum Thema Innovation, Produktentstehung und Produktionsmanagement.

KATJA HORTER
Studium der Verlagswirtschaft in Leipzig und London. Postgraduiertenstudium strategisches Marketing, London. Fünfjährige Beratungstätigkeit als Senior Consultant der Unternehmensberatung Diebold/Detecon im Bereich Business, Innovationen für Medien- und Telekommunikationsunternehmen. Mehrjährige Tätigkeit im Bereich Marketingstrategie und Markenmanagement der Deutschen Telekom; Leitung strategischer Marketingprojekte. Seit 2008 selbstständige Beraterin in der Telekommunikations- und Verlagsbranche sowie Promotionsarbeit zum Thema Intellectual Property Rights. Gastdozentin an verschiedenen Hochschulen.

Dr. SERHAN ILI
hat Wirtschaftsingenieurwesen an der Universität Karlsruhe studiert. Er war über 1 Jahr in der Energiebranche (Inhouse Consulting) und insgesamt 8 Jahre in der Automobilbranche – hauptsächlich bei der Porsche AG – (Entwicklung, Produktion, Qualität, Marketing, Strategie und Innovationsmanagement) tätig. Herr Ili hat am Institut für Produktentwicklung der Universität Karlsruhe zum Dr. Ing. berufsbegleitend promoviert. Die Ergebnisse seiner Promotion zum Thema Open Innovation hatten wesentlichen Einfluss auf die Gestaltung des Innovationsprozesses der Porsche AG. Mittlerweile ist er geschäftsführender Gesellschafter der Innovationsberatung ILI CONSULTING – Impulse | Lösungen | Innovationen, die Unternehmen aus vielen Branchen sehr erfolgreich im Bereich Innovationsmanagement berät (www.ili-consulting.de).

JÜRGEN JANTSCHGI, Dipl.-Ing.
ist seit Januar 2008 selbständiger Unternehmer – Jantschgi C&R. Der Schwerpunkt seiner Aktivitäten liegt in Forschungs-, Ausbildungs- und Beratungsprojekten in den Themenfeldern Innovationsmanagement sowie Innovations- und Kreativitätsmethoden. Die persönliche Kernkompetenz ist die Theorie des erfinderischen Problemlösens – TRIZ. (u. a. MATRIZ Level 3 Zertifikat). Jürgen Jantschgi war 6 Jahre an der Montanuniversität Leoben und 5 Jahre in der Industrie tätig.

Prof. Dr. GERNOT KAISER
lehrt Service Operations Management und Entscheidungstheorie an der European Business School (EBS) und leitet am dortigen Supply Chain Management Institute (SMI) als Forschungsdirektor den Bereich Dokumentenlogistik. Nach dem Studium der Betriebswirtschaftslehre in Jena mit den Schwerpunkten Betriebswirtschaftliche Entscheidungsanalyse und Produktion/Industriebetriebslehre promovierte er am SMI der EBS zum Thema der Erfolgswirkung der Dokumentenlogistik in deutschen Banken. Seine Arbeitsschwerpunkte liegen im Dienstleistungsmanagement und der empirischen Unternehmensforschung.

CLAUDIUS KÖNIG
is a Business Creative and Partner at Closer-London. He has over 25 years experience in the area of brand (re)creation, management and communication. Claudius has lead major vision, identity and branding projects. Claudius' experience is in transport, infrastructure, utilities, mergers and acquisitions, sport and entertainment. His skill is to motivate businesses and people. His track record has focused on inventing and re-inventing companies and markets.

Prof. Dr. ANDREAS MENGEN
lehrt seit 2004 Controlling und General Management im Fachbereich Betriebswirtschaft der Fachhochschule Koblenz – University of Applied Sciences – und ist Gesellschafter von Böcker Ziemen Management Consultants, Bonn. Seine Arbeitsschwerpunkte sind u. a. Marketing- und Vertriebscontrolling. Zuvor

war er acht Jahre als Geschäftsführer in einem großen mittelständigen Unternehmen der Bauzulieferindustrie tätig und sammelte drei Jahre Erfahrung als Mitarbeiter einer internationalen Unternehmensberatung für Strategie und Marketing in unterschiedlichen Dienstleistungsbranchen.

Prof. Dr. ANDREAS MÜLLER
ist Dekan der Fakultät für Betriebswirtschaft und Management an der Karlshochschule International University in Karlsruhe. Seine Lehr- und Forschungsgebiete sind im Bereich der Organisationskommunikation und insbesondere der interkulturellen Wirtschaftskommunikation angesiedelt. Seine Promotion und seine Habilitation absolvierte er in den Sprachwissenschaften an der Universität Mannheim.

HORST NÄHLER, Dipl.-Ing.
ist seit Januar 2002 geschäftsführender Gesellschafter des c4pi - Center for Poduct-Innovation GbR in Lohfelden. Seine Tätigkeitsschwerpunkte liegen im Bereich der Schulung und Anwendung der TRIZ-Methodologie und im Bereich der virtuellen Produktentwicklung (FEM und CAE). Er ist ausgebildete QM-Fachkraft und QM-Manager sowie Mitglied des Europäischen TRIZ-Centrums für innovatives Problemlösen e.V. und Mitbegründer der Website TRIZ-online. Herr Nähler ist weiterhin ein von der International TRIZ Association MATRIZ zertifizierter »TRIZ User & Educator«, Level 3.

STEFAN RESCHKE
arbeitet seit 1999 als Senior Scientist am Fraunhofer Institut für Naturwissenschaftlich-Technische Trendanalysen (Fraunhofer INT) in Euskirchen überwiegend in den Bereichen Technologiefrüherkennung, -monitoring und -bewertung sowie Methodenentwicklung Zukunftsforschung. Ein weiteres Interessensfeld ist die Verzahnung des Futuring mit Methoden des TIM. Zusätzlich ist er assoziierter Wissenschaftler am Kompetenzzentrum Glas (VILA - Joint Glass Centre of IIC SAS, TnU, and RONA j.s.c.) an der Universität zu Trencin, SK. Stefan Reschke studierte Werkstoffwissenschaften an der FAU Erlangen-Nürnberg sowie Geowissenschaften mit Schwerpunkt Technische Mineralogie an der TH Darmstadt. Anschließend forschte er ebendort, an der Slowakischen Akademie der Wissenschaften in Bratislava und der Universität Oxford an polymerabgeleiteten Hochleistungskeramiken sowie keramischen Verbundwerkstoffen und war Projektleiter Internationale Kooperationen an der TU Darmstadt.

CHRISTIAN RIEDEL, M.A.
hat Medienwissenschaften studiert, war Dozent an der Hochschule für Bildende Künste in Braunschweig und arbeitet als Creative Planner bei FAKTOR 3. Er organisiert und moderiert Ideenprozesse, coacht Mitarbeiter in der kreativen Arbeit und entwickelt Kampagnenkonzepte. Zur Inspiration betreibt er Aikido und Creative Writing.

STEFAN SCHRAPS, Dipl.-Kfm.
ist Vorstand der FAKTOR 3 AG. Die Hamburger Kommunikationsagentur berät Marken in den Bereichen Public Relations, Werbung und Kooperationsmarketing und ist mehrfach für ihre kreativen Arbeiten ausgezeichnet worden. Stefan Schraps hat in Nürnberg-Erlangen Marketing und Kommunikation studiert, zählt Marktstudien zu seiner Lieblingslektüre und ist begeisterter Radsportler.

AXEL SCHRÖDER
geboren am 15. September 1960, ist Geschäftsführender Gesellschafter der Axel Schröder & Partner Unternehmensberatung in Holzkirchen bei München. Seine Beratung konzentriert sich auf das F&E-Management technologieorientierter Unternehmen. In den Aufgabenbereichen Innovationsprozesse, Produktentwicklungsprozesse und F&E-Benchmarking hat er neue Methoden und Vorgehensweisen entwickelt. Herr Schröder ist Verfasser zahlreicher Veröffentlichungen und Autor des Buches »Spitzenleistungen im F&E-Management«. Herr Schröder ist verheiratet und Vater von drei Kindern.

MARTIN SPILKER
geboren 1959, ist Mitglied des Geschäftsleitungskreises der Bertelsmann Stiftung und Leiter des Programms »Unternehmenskultur in der Globalisierung«. Er studierte Volks- und Betriebswirtschaft, Wirtschaftsgeschichte und Wirtschaftspsychologie an der Universität-Gesamthochschule Paderborn und an der Universität Klagenfurt und errang den Abschluss des Diplom-Volkswirtes. Im Laufe seiner Karriere arbeitete er für verschiedene Unternehmen. 1980 begann er als stellvertretender Einkaufsleiter bei Poppe & Potthoff GmbH & Co. Von 1988 bis 1990 arbeitete er als Führungskräfte-Trainee des Vertriebsvorstandes der Victoria-Versicherungs-AG in Düsseldorf bevor er dann 1980 als Persönlicher Referent des Geschäftsführers der Bertelsmann Stiftung nach Gütersloh wechselte. Seit 1996 ist Spilker auch als Persönlicher Referent von Frau Liz Mohn tätig.

Univ.-Prof. Dr. MICHAEL STEPHAN
hat seit 2006 den Lehrstuhl für Technologie- und Innovationsmanagement an der Philipps-Universität Marburg inne und leitet dort die gleichnamige Forschungsstelle. Michael Stephan hat Wirtschaftswissenschaften an den Universitäten Basel (CH) und Hohenheim (Stuttgart) studiert. Nach einer Tätigkeit bei den Vereinten Nationen in New York und Genf (UNCTAD) hat er im Fach Betriebswirtschaftslehre an der Universität Hohenheim promoviert und anschließend habilitiert. Neben seiner Tätigkeit an der Universität Marburg ist Michael Stephan Dozent für Technologie- und Innovationsmanagement, u. a. an der Universität Stuttgart, an der Privatuniversität SIMT (Stuttgart Institute of Management and Technology) sowie an der Dualen Hochschule Baden-Württemberg. In seinen Forschungsarbeiten beschäftigt er sich mit Fragen des Innovationsmanagements, der technologieorientierten Unternehmensführung und Fragen des internationalen Know-how Schutzes. Er ist Autor mehrerer Bücher und wissenschaftlicher Artikel bzw. Studien zum Thema Innovationsmanagement.

MARTIN STIRZEL, Dipl.-Kfm. techn.
ist seit 2003 Mitarbeiter am International Performance Research Institute gGmbH in Stuttgart. Er betreut und leitet Projekte zum Controlling von Forschung & Entwicklung und Logistik. Im Rahmen seiner Forschungstätigkeit am Institut hat er zahlreiche Publikationen zum Thema Innovationsmanagement verfasst.

Dr. HEIKO VON DER GRACHT
ist Mitglied des Direktoriums des Supply Chain Management Institutes (SMI) der European Business School (EBS), eines der weltweit führenden Forschungsinstitute in den Bereichen Einkauf, Logistik und Supply Chain Management. Nach internationalen Management-Studiengängen mit Abschlüssen in Deutschland, den Niederlanden und Großbritannien spezialisierte sich von der Gracht in seiner Promotion auf unternehmerische Zukunftsforschung, insbesondere Szenarien. Seine Arbeit wurden mehrfach für hohen Praxisnutzen und Innovativität ausgezeichnet und gewürdigt, u. a. beim Best Paper Award Innovation Management 2008 und dem Internationalen Deutschen Wissenschaftspreis Logistik 2008. Dr. von der Gracht blickt auf mehrere Jahre Berufserfahrung zurück, u. a. in einer führenden Supply Chain Beratung, mit Projekten im Dienstleistungssektor, produzierenden Gewerbe und Handel. Seit 1,5 Jahren ist Dr. von der Gracht Direktor des Centers für Zukunftsforschung und Wissensmanagement am SMI.

Dr. BIRGIT WEIMERT
arbeitete nach ihrer Promotion in theoretischer Physik an der TU Clausthal für zwei Jahre als Postdoc an einem Forschungsinstitut. Danach war sie in den Branchen Energie sowie Luft- und Raumfahrt tätig, wo sie sich u.a. mit Simulationen technischer und ökonomischer Prozesse befasste. Seit 2005 ist sie als wissenschaftliche Mitarbeiterin am Fraunhofer-Institut für Naturwissenschaftlich-Technische Trendanalysen in Euskirchen tätig. Sie besitzt langjährige Erfahrung auf dem Gebiet der fachlichen Analyse und Prognose techno-

logischer Entwicklungen in unterschiedlichen Technologiefeldern. Zusätzlich befasst sie sich mit der Beobachtung der internationalen Foresight-Szene einschließlich der Analyse aktueller Foresight-Prozesse und -Studien sowie neuer Entwicklungen im Bereich der Methoden der Zukunftsforschung. Des Weiteren ist sie an der Erarbeitung wissenschaftlicher Methodologien und Prozesse im Bereich der Technologiefrühaufklärung beteiligt. Sie ist Mitglied im Netzwerk Zukunftsforschung.

Markus Wess
studierte Maschinenbau an der Berufsakademie Mosbach. Ab 2000 war er als Konstrukteur und Projektleiter für Produktionsanlagen bei der EDAG in Fulda tätig. Ab 2004 war er dort im Team »Innovation Produktionsengineering« tätig und beschäftigte sich schwerpunktmäßig mit dem Fügeverfahren Rollfalzen, Industrieller Bildverarbeitung und Patenten. Von 2005 bis 2008 etablierte er als Stabstelle das »Innovations- und Patentmanagement« im EDAG-Konzern. In dieser Funktion nahm er auch an zahlreichen Veranstaltungen der IHK und des NoAE zu Ideenmanagement, Innovationsprozessen und Intellectual Property teil. Seit 2008 ist er bei FFT EDAG Produktionssyteme im Bereich Technologieentwicklung tätig.

Werner Ziemen, Dr.-Ing. Wirtschaftsingenieur absolvierte zunächst eine kaufmännische Berufsausbildung und studierte und promovierte anschließend an der Technischen Universität Berlin. Nach seinem Studium war er zwei Jahre für den Flughafen Frankfurt Main und danach über zehn Jahre als Berater in zwei renomierten Beratungsgesellschaften in Berlin und Düsseldorf tätig. Seit 2001 ist er geschäftsführender Gesellschafter der Böcker Ziemen Management Consultants GmbH & Co. KG in Bonn, mit den Beratungsfeldern Strategie, Innovation und Marketing. Seit vielen Jahren beschäftigt sich Dr. Ziemen intensiv mit dem Thema Innovationsmanagement und hierbei insbesondere mit der Kundenintegration bei Dienstleistungsinnovationen mit Hilfe des Lead-User-Ansatzes. In einer großen Zahl von Projekten hat er Unternehmen geholfen, Innovationen erfolgreich in den Markt einzuführen.

Vorwort

Es scheint eine Binsenweisheit zu sein: Gerade in wirtschaftlich schwierigen Zeiten sind Innovationen notwendiger denn je. Dennoch aber gilt: Die Zukunftsfähigkeit unserer Wirtschaft und damit auch unserer Gesellschaftsordnung hängt eng mit der Innovationswilligkeit und -fähigkeit von Wirtschaft und Gesellschaft zusammen. Neue Statistiken belegen, dass der Anteil von forschungsintensiven Produkten und Dienstleistungen am deutschen Export überproportional groß ist. Ohne Forschung und Entwicklung keine Innovationen, ohne ausreichendes Bildungsfundament keine Forschung und Entwicklung.

Der Schumpetersche Unternehmertypus, der »schöpferische Zerstörung« zu seiner Aufgabe gemacht hat, ist ohne eine kluge Innovationsstrategie und eine entsprechende Unternehmenskultur nicht denkbar.

Dabei muss der Begriff »Innovation« heute umfassender gedacht werden als nur im engeren technischen Sinn. Neben den neuen technischen Herausforderungen gehören hierzu alternative Ansätze in der Personalführung genauso wie das Suchen und Finden neuer Märkte, neuer Kunden und letzten Endes neuer Produkte.

Eine Unternehmenskultur, die Innovationen ermöglicht, ja vielleicht sogar provoziert, gibt den Mitarbeitern jeder Führungsebene Freiräume und überträgt Verantwortung. Nur in einem angstfreien Klima kann sich Kreativität entfalten und zu echten Produktneuheiten führen.

Gerade mittelständische Unternehmen mit werteorientierter Führungskultur erfüllen diese grundlegenden Voraussetzungen. Andererseits fehlt diesen Unternehmen häufig ein professionelles Innovationsmanagement.

Mit dem vorliegenden Buch greifen die Herausgeber Dr. Carsten Gundlach, Dr. Axel Glanz und Professor Jens Gutsche und die vielen Autoren zahlreiche Facetten rund um die frühe Phase im Innovationsprozess auf. Das Buch gibt einen Überblick über die aktuelle wissen-

schaftliche Diskussion zum Innovationsmanagement und stellt gleichzeitig einen Werkzeugkasten für Praktiker dar.
Denn Innovationen wollen, das ist eines – Innovationen wirklich machen, ist es etwas anderes.
In diesem Sinn wünschen wir dem Buch in Theorie und Praxis eine große Leserschar.

Dr. Walter Lohmeier
Hauptgeschäftsführer
IHK Kassel

Stefan Schunck
Hauptgeschäftsführer
IHK Fulda

Einführung

Gegenwärtige Diskussionen um den Standort Deutschland münden immer wieder in den Appell: »Nur Innovationen sichern einen Vorsprung im internationalen Wettbewerb und lassen neue Arbeitsplätze entstehen.« Diese Formel ist griffig und daher leicht ausgesprochen, doch die Umsetzung in die Praxis ist komplex.

Wie entstehen Innovationen? Unter welchen Rahmenbedingungen gedeihen sie besonders gut? Antworten auf diese Fragen sind so vielfältig wie es Unternehmen gibt. Einigen gelingen Innovationen jedoch besonders gut. Erfolgreiche innovative Unternehmen haben eine Vision, die sie weiterentwickeln. Daraus leiten sie eine Strategie ab, die dann vom Unternehmen wirklich gelebt wird. Häufig findet sich in solchen Organisationen so etwas wie eine Grundeinstellung, vorgelebt von den Mitgliedern der Führungsebene, die von Neugier, Mut und Offenheit geprägt ist: eine Innovationskultur.

Eine Innovationskultur ist die Voraussetzung für erfolgreiche Innovationstätigkeit. Es ist die frühe Phase des Innovationsprozesses, die hier eine herausragende Rolle spielt.

Je früher die Entwicklungsphase, desto geringer ist der Kenntnisstand des Unternehmens, desto vielfältiger die Möglichkeiten, desto unsicherer, ob ein Markterfolg überhaupt je möglich wird. Werden aber gerade in dieser Phase die falschen Weichen gestellt, werden vielversprechende Ideen nicht weiter verfolgt und die falschen vorangetrieben.

Vor diesem Hintergrund widmen sich die Autoren dieses Buchs der spannenden frühen Innovationsphase und den Bedingungen, unter denen in Unternehmen Innovationen erfolgreich entstehen können. Sie konzentrieren sich dabei auf die Bearbeitung von fünf Fragen:

- ⇨ Wie lässt sich Innovationskultur organisieren?
- ⇨ Unter welchen Bedingungen sind Ideenscouting und Ideenmanagement erfolgreich?
- ⇨ Welchen Beitrag können Open Innovation und Kundenintegration leisten?
- ⇨ Können Ideen durch Patentmanagement geschützt und entwickelt werden?
- ⇨ Wie systematisch muss Innovationsmanagement sein?

Innovationskultur organisieren

Der Schlüssel für erfolgreiches Innovationsmanagement liegt nicht in der perfekten Ausstattung, sondern im Personal: Ein Umfeld mit motivierten, kreativen und leistungsorientierten Mitarbeitern gedeiht nur durch Delegation von Verantwortung, vertrauensbasierte Fehlerkultur und vorbildliche Führung. Martin Spilker untersucht im ersten Beitrag die Voraussetzungen für Innovationserfolg und entdeckt sie in einer *»innovationsfreundlichen Unternehmenskultur«*.

Die Innovationsleistungen eines Unternehmens lassen sich vor allem dann optimieren, wenn mit dem Innovationsmanager ein Verantwortlicher installiert wird, durch den das Thema Innovation ein Gesicht erhält. Was der Innovationsmanager leisten kann und wo seine Grenzen liegen, beschreibt Hans Günter Boldt in seinem Beitrag *»Der Innovationsmanager«*

Es ist ein typisches Kennzeichen der Globalisierung: Das Wettbewerbstempo nimmt zu. Damit gewinnt auch die Früherkennung von Zukunftsmärkten an Bedeutung. Durch den Einsatz von Techniken der Zukunftsforschung, können sich Unternehmen »ein Stück Zukunft« ins Haus holen und so einen Vorsprung im Wettlauf der Innovationen erzielen.

Was Innovationsmanager von Zukunftsforschern lernen und wie sie Techniken der Zukunftsforschung im Innovationsprozess anwenden, erläutern Enno Däneke und Heiko von der Gracht in dem Aufsatz *»Von Zukunftsforschern lernen«*.

Der heutige Innovationsdruck macht Unternehmen mehr denn je von Mitarbeiterideen abhängig. Nur wer den individuellen Kreativitätsprozess versteht und fördert, schafft den Rahmen für eine echte Innovationskultur. *Wie werden Unternehmen kreativer?* Dieser Frage gehen Christian Riedel und Stefan Schraps nach und schildern, wie Kreativität mit gezielten Maßnahmen unterstützt werden kann.

Natürlich muss auch die Innovation selbst sich im Markenbild des Unternehmens widerspiegeln. Was das bedeutet, beschreiben Claudius König und Frederik Paul Halsted im Beitrag *»Brand inspires innovation«*.

Ideenscouting und Ideenmanagement

In den frühen Phasen des Innovationsprozesses werden die Grundlagen für zukünftige Erfolge gelegt. Es gilt hier, das richtige Verhältnis zwischen Kreativität und Systematik unter Berücksichtigung des internen Wertesystems auszuloten und die Ideen zur Projektentscheidung zu bringen. Wie die Ideen systematisch gemanagt und die Ideengeber erfolgreich zur Wissensteilung motiviert werden, untersucht Heinz-Jürgen Boeddrich in seinem Beitrag *»Die frühe Phase im Innovationsprozess«*.

Diese frühe Phase ist auch Gegenstand des nächsten Beitrags. Immer mehr Unternehmen erkennen: Eine erfolgreiche Vorentwicklung ist die Basis für innovative Produkte und für kürzere Innovationszyklen. Sie investieren daher verstärkt in die Vorentwicklung. Dabei zeigt sich: Die Vorentwicklung muss nicht nur kreativ, sondern auch effizient sein. Die Rahmenbedingungen für das Gelingen beschreibt Axel Schröder in seinem Beitrag *»Die Gestaltung einer erfolgreichen Vorentwicklung«*.

Irgendwann erreicht jedes Innovationsprojekt den Punkt, an dem entschieden werden muss, welche der zur Verfügung stehenden Ideen zur Innovation weiterentwickelt werden soll. Ein effektiver Weg, die beste Idee zu ermitteln, besteht in dem Bewertungsverfahren *»Analytic Hierarchy Process«*. Wie man diese Methode einsetzt, schildert Gernot

Kaiser in dem Aufsatz »*Ideenbewertung mit dem Analytic Hierarchy Process*«

Zu den Frühphasen des Innovationsmanagements zählt die Ideenphase. Sie gleicht einem Minenfeld: Statistisch wird aus 200 Vorschlägen nur eine wirkliche Innovation. Nur jede fünfte Idee von Mitarbeitern wird weiterverfolgt, nur 2,5 % der Vorschläge erlebt die Markteinführung. Die Zahlen sind bekannt, aber wie erklärt man den Mitarbeitern, dass 97,5 % ihrer Ideen gescheitert sind? Warum der Umgang mit Innovationsideen am besten sorgfältig und systematisch erfolgt, erläutert Markus Wess in seinem Aufsatz »*Bedingungen für ein innovationsfreundliches Klima*«.

Eine besonders interessante Innovationsquelle sind die sogenannten Narrative. Diese kleinen und großen Geschichten, die in episodenhaft unseren Alltag prägen, lassen sich für Innovationen nutzen. Denn wenn sich die Narrative ändern, lassen sich daraus womöglich Ansätze für Innovationen ableiten. Die Autoren Lutz Becker und Andreas Müller entwerfen mit ihrem Aufsatz »*Über Erzählungen und Diskurse Innovationschancen aufspüren*« ein Layout für die Nutzung narrativer Veränderungen im unternehmerischen Handeln.

Angesichts von Krisen und wachsendem Veränderungsdruck stellt sich für viele Branchen die Zukunftsfrage dringender denn je. Mit Hilfe des »*Futuring*«, so lautet eine Erkenntnis des Beitrags von Stefan Reschke und Birgit Weimert, können Unternehmen Alternativen vordenken, Marktunsicherheiten minimieren und das strategische Potenzial unterschiedlicher Pfade in die Zukunft ausloten.

Open Innovation und Kundenintegration

Der wachsende Kostendruck hat auch sein Gutes: Er motiviert Unternehmen, die bestehenden Innovationsprozesse zu überdenken. Einige setzen inzwischen verstärkt auf Open Innovation, um externes Wissen für sich zu erschließen. Welche Chancen und Risiken damit einhergehen, zeigt Serhan Ili in seinem Beitrag »*Open Innovation – Risiken erkennen, Chancen nutzen*«

Heute ist es – viel besser als je zuvor – möglich, Kunden in Innovationsprojekte einzubeziehen. Open Innovation verspricht nicht nur erhebliche Kostenvorteile bei der Entwicklung, sondern auch einen besseren Fit-to-Market. Ein vielversprechender Ansatz ist dabei der Innovationswettbewerb, weiß Simon Bley in seinem Aufsatz »*Innovationswettbewerb und Open Innovation*«

Im Beitrag von Claudia Hentschel geht es um das Thema »*Personal Identity in der Produktkonzeption*«. Mit fortschreitenden Innovationszyklen verändern Nutzer ihre Produkte oft selbst und überschreiten dabei zunehmend die vom Hersteller eingeräumten Anpassungsspielräume. Um einem unerwünschten Kontrollverlust über das Endprodukt entgegenzuwirken, kann die Produktentwicklung frühzeitig reagieren.

Viele Innovationen scheitern, weil die Chancen zur frühzeitigen Einbindung der Kunden in den Innovationsprozess nicht genutzt werden. Dabei drängt sich die Kundenintegration mit Lead Usern bei Dienstleistungsinnovationen geradezu auf. In ihrem Beitrag »*Kundenintegration bei Dienstleistungsinnovationen*« untersuchen Andreas Mengen und Werner Ziemen die Optionen und zeigen: Der Markterfolg wird aber nur durch einen systematischen Prozess möglich.

Innovation und Ideenschutz durch Patentmanagement

Ihr enormes Informationspotenzial wird in der Praxis oft unterschätzt: Patente lassen sich im Innovationsmanagement als einfach zugängliche Quelle nutzen. Mit Hilfe der in Patentschriften enthaltenen Angaben können technologische und innovative Tätigkeiten von Unternehmen analysiert werden. Wie diese Aufgabe gestaltet wird, beschreibt Michael Stephan im Beitrag »*Die strategische Nutzung von Patentinformationen*«

Wettbewerbsvorteile durch erfolgreiche Innovationen können durch Intellectual Property Rights (IPR) gesichert werden. Dass dies jedoch allein nicht ausreicht, analysiert Katja Horter in ihrem Beitrag »*Patentmanagement – Management von Innovations-Assets*«. IPR benötigen ein aktives und strukturiertes Management, um langfristige Unternehmenswerte aufzubauen und zu sichern.

Systematisches Innovationsmanagement
Gerade KMU gelten als besonders innovativ. Gleichzeitig unterstellt man ihnen, dass sie Innovationsmanagement nur wenig systematisch organisieren. Diesen vermeintlichen Widerspruch war Anlass für eine Studie, die untersuchte, »*Welche Innovationsmethoden wirklich genutzt werden*«. Die wichtigsten Ergebnisse fassen Carsten Gundlach und Michael Stephan zusammen.

Consumer Insights – Anregungen durch Kunden, sind, wenn sie systematisch erschlossen werden, eine wertvolle Quelle für Innovationen. Die Firma Henkel hat hierzu gemeinsam mit Partnern neue und teilweise recht ungewöhnliche, qualitative Methoden entwickelt, die Jens Bode in seinem Aufsatz »*Informationsquellen erschließen*« beschreibt.

Die Planung der strategischen Produkt- und Technologieentwicklung kann von einer intelligenten IT enorm profitieren. Die »*Innovations-Datenbank*« des Heinz Nixdorf Instituts ist eine solche Lösung, die eine Vielzahl von Technologien mit Produktideen, Funktionen und strategischen Planungskomponenten verknüpft. Wie sie funktioniert, schildern Jürgen Gausemeier, Volker Brink und Oliver Buschjost.

Der Weg von einer Idee bis zur Vermarktung ist lang und steinig. Aus diesem Grund setzen immer mehr Unternehmen auf Standardisierung und Software-Unterstützung im Innovationsprozess. Wie »*Softwaregestütztes Innovationsportfoliomanagement*« funktioniert, beleuchten Martin Stirzel und Andreas Borchert

Wäre es nicht faszinierend, hinter allen guten Ideen Gesetzmäßigkeiten zu entdecken? Mit ihnen ließen sich weitere gute Ideen entwickeln oder Lösungen für Probleme finden. Diesem Gedanken folgt die Methodenlehre TRIZ, die sehr interessante Werkzeuge für systematische Entwicklung anbietet. Carsten Gundlach, Johannes Fresner, Jürgen Jantschgi und Horst Nähler zeigen wie »*Strategische Innovationsplanung mit TRIZ*« funktioniert.

Carsten Gundlach, Axel Glanz, Jens Gutsche

Innovationskultur organisieren

Innovationserfolg durch Unternehmenskultur

Der Schlüssel für erfolgreiches Innovationsmanagement liegt nicht in der perfekten Ausstattung, sondern im Personal: Ein Umfeld mit motivierten, kreativen und leistungsorientierten Mitarbeitern gedeiht nur durch Delegation von Verantwortung, vertrauensbasierte Fehlerkultur und vorbildliche Führung.

In diesem Beitrag erfahren Sie:
- was man unter einer partnerschaftlichen Unternehmenskultur versteht,
- warum diese treibend ist für den Innovationsmanagementprozess,
- weshalb Beteiligungsorientierung und Mitsprache Führungstechniken der Zukunft sind.

Martin Spilker

Die große Gefahr

»Kann man Pizza eigentlich auch mit Leberwurst belegen?« Für die Führung eines Unternehmens mag diese Frage eines 12-jährigen Kindes naiv anmuten. Manche Entscheidungsträger werden argwöhnen, was die fantasievolle Komposition mit einem modernen Innovationsmanagement zu tun haben soll. Aber auf den zweiten Blick gibt es durchaus Anknüpfungspunkte zu den heutigen Rahmenbedingungen in manchem Unternehmen.

Die Frage symbolisiert einerseits die Unbekümmertheit des Kindes – im Unternehmen würde man es mit Freiraum umschreiben –, mit der es seine Fantasie und Kreativität entfalten kann. Andererseits unterstreicht sie symbolisch die Bedeutung einer offenen, toleranten Kultur, in der man den Mut haben darf, Vorschläge – seien sie auch noch so befremdlich – zu äußern. Das setzt allerdings eine Umgebung voraus, in der man andere Meinungen respektiert und solche Ideen äußern darf. Deshalb ist es wichtig, erst einmal Zuhörer für einen Vorschlag zu finden, ohne gleich in die Schranken gewiesen zu werden.

Verglichen mit den Rahmenbedingungen in Unternehmen bleibt es jedem selbst überlassen, sein Urteil darüber zu fällen, wie Ideen präsentiert werden. Gerade in der Wirtschafts- und Finanzkrise 2009 schlägt in vielen Unternehmen zumeist erstmal die Stunde des Controllers: Geplante oder laufende Projekte werden gestrichen, Mitarbeiter beklagen, dass sie von Studien abgezogen, Finanzpläne oftmals nach der Rasenmäher-Methode revidiert sowie Forschungs- und Entwicklungslabors zusammengelegt werden – oft nur mit einem Ziel: Einsparungen bei Budget und Personal.
Eine Umfrage der Bertelsmann Stiftung [4] von 2.500 Firmen bestätigt, dass in der Krise nur 62 Prozent der Unternehmen in Deutschland mit über 10 Mitarbeitern bis 2010 weitere Neuentwicklungen planen. Zwischen 2005 und 2007 waren es noch 72 Prozent der Betriebe, die mindestens eine Produkt- oder Verfahrensinnovation einführten. Als Gründe werden – neben Beschwerden über hohe bürokratische Hemmnisse und Kosten – wachsende Risiken genannt. Die große Gefahr: Oftmals werden so bereits die Innovationen von Morgen beerdigt!

Mit den Instrumenten der Vergangenheit

Immer wieder wird auf die Notwendigkeit von Innovationen und die Bedeutung der Kreativität von Mitarbeitern verwiesen. Aber woher sollen neue Ideen kommen? Wie und wo kann Kreativität am besten gedeihen? Wie entstehen Innovationen bei Produkten und/oder Prozessen? Viele Führungskräfte vertrauen nach wie vor auf die Leistungen ihrer Forschungs- und Entwicklungsabteilungen. Viele Unternehmen verlassen sich auf die Kunst ihrer Ingenieure oder setzen auf ihre Marketing-Leute, denen schon irgendetwas »Originelles« einfallen wird.

In diesem Denken spiegelt sich fast immer noch etwas vom alten Glauben an den »Garagen-Mythos« wider, wo einsame Tüftler Wegweisendes erfanden. Angesichts der vielen Garagen in den meisten Industrieländern müsste eigentlich tagtäglich eine Flut von innovativen Produkten, Konzepten und Ideen Markt und Gesellschaft überschwemmen. Mitnichten! Oft sind es das Wissen und die Erfahrungen der Mitarbeiter an den unterschiedlichsten Arbeitsplätzen, die zwar nicht immer spektakulär, aber doch kontinuierlich zu wichtigen und erfolgreichen Innovationen bei Produkten und Prozessen aufwarten.

Schwenker und Spremann weisen daher zu recht daraufhin, dass Innovationen einer bestimmten Grundlage beziehungsweise einer Kultur im Unternehmen bedürfen und nicht aus heiterem Himmel entstehen: »Häufig wird bei anderen Phasenmodellen im Lebenszyklus behauptet, es beginne alles mit der Innovation, auf die sich die Phase des Wachstums anschließe und dann alles in eine Phase der Rückbildung von Umsatz und Wachstum münde. Dies halten wir für nicht zutreffend, weshalb wir Entwickeln und Aufbauen als zweite Phase betrachten« ([22], S. 7). Ihrer Auffassung nach bedarf es folgender Wirkungskette für ein strategisch gutes Innovationsklima:

- ⇨ Bezug der richtigen Position,
- ⇨ Entwickeln und Aufbauen, von der Innovation bis zur Produkteinführung,
- ⇨ Wachstum durch Produktion und Absatz,
- ⇨ Ertrag und Rendite.

Die Forderung nach Evaluation und Analyse der richtigen Position für das Unternehmen, um Innovation und Zukunftsfähigkeit zu generieren, darf sich nicht allein und zu allererst auf eine entsprechende Finanzierung und Organisationsstruktur beschränken! Diese Botschaft macht darauf aufmerksam, dass es vor allen Dingen grundsätzlich eines innovationsfreundlichen Klimas in den Unternehmen bedarf, mit anderen Worten: einer markt- *und* mitarbeiterorientierten Unternehmenskultur!

Nicht nur vor dem Hintergrund der aktuellen Wirtschafts- und Finanzkrise wird es gerade jetzt für Unternehmen überlebenswichtig, durch eine transparente, vertrauensbildende Unternehmenskultur und moderne Personalpolitik die Weichen für die Zukunft zu stellen. Folgt man den Erfahrungen und Analysen des Unternehmenskultur-Gurus Edgar Schein ([20], S. 246f.), dann bricht jetzt eine heikle Phase für so manches Unternehmen an.

Viele Führungskräfte spüren, dass mit der aktuellen Krise heute auch gravierende Veränderungen in den Gesellschaften durch neue geo- und wirtschaftspolitische Machtverhältnisse ausgelöst werden. In den Unternehmen gilt es, auf diese Herausforderungen zu reagieren. Die Nachhaltigkeit in der Wertschöpfung, ethische Arbeitsbedingungen, der Nutzen für Kunden und ein fairer Umgang mit den Partnern bestimmen zunehmend den Herstellungs- und Verkaufsrhythmus der Betriebe. Dies umschreibt auch eine Forderung, die Reinhard Mohn, der Begründer des Bertelsmann-Konzerns nach dem 2. Weltkrieg, einst mit dem »Leistungsbeitrag für die Gesellschaft« als oberstes Unternehmensziel erhob (in Anlehnung an den US-amerikanischen Ökonomen Peter Drucker, vgl. [7]; [13]).

Mit Blick auf Grundsatzentscheidungen zur strategischen *und* unternehmenskulturellen Ausrichtung wächst der Druck auf Unternehmer, Investoren und Führungskräfte. Viele Betriebe stehen angesichts der Herausforderungen durch die Globalisierung und der damit verbundenen Internationalisierung der Konkurrenzverhältnisse an einem Scheideweg: Sie erlebten eine oft stürmische Gründungs- oder Gründerphase, in der noch der Firmenpatriarch Werte und Innovationen vorantrieb. Oftmals folgte darauf eine ausgiebige Wachstumsphase, in der zunehmend Führungsaufgaben delegiert werden mussten, aber die Werte immer noch Bestand hatten.

Unabhängig von der Dauer einzelner Phasen befinden sich viele Unternehmen – nicht zuletzt aufgrund des wachsenden Investitionsbedarfs und Konsums in Schwellenländern, der mehr oder weniger plötzlich auftretenden neuen, Ernst zu nehmenden Konkurrenten, den gesättigten Märkten in angestammten Geschäftsfeldern sowie den Herausforderungen durch neue Technologien mit schnell wachsenden Start-ups – in einer Konsolidierungs- und Reifephase. Hiermit ist die überlebenswichtige Herausforderung für viele Unternehmen verbunden, die nächste, entscheidende Stufe einzuleiten, nämlich Innovationsprozesse anzustoßen, neue Kundengruppen zu erschließen und Märkte zu erreichen, effizient zu wirtschaften, nachhaltig zu produzieren und vor allem die dafür notwendige Unternehmenskultur als Voraussetzung zu schaffen.

»Es gibt nur ein Problem: Wir wissen alles, aber wir tun es nicht.« Mit dieser Klage eines deutschen Vorstandsvorsitzenden skizzieren Fink und Hartmann ([8], S. XI) eine der wichtigsten Herausforderungen, nämlich die bisherige Unternehmenskultur aufzutauen. Die Umsetzung dieser zentralen Aufgabe muss dabei von der obersten Führung des Unternehmens ausgehen. Gelingt dies, kann ein Unternehmen auf weitere Erfolge hoffen.

Edgar Schein warnt allerdings vor einem gravierenden Irrtum: Der größte Fehler vieler Unternehmen besteht darin, die Hoffnung auf seit Jahrzehnten vertraute Methoden und Instrumente zu setzen und sich an den Maßnahmen der zurückliegenden, erfolgreichen Gründer- oder Wachstumsphase zu orientieren. Führungskräfte fallen zu oft und schnell noch in den Reflex zurück: »Was damals erfolgreich funktioniert hat, das muss dann jetzt auch wieder funktionieren!«

»Human Relations ist die beste Innovationspolitik!«

Diese Aussage eines Betriebsratsmitgliedes am Rande einer Szenario-Konferenz mag vielleicht den im operativen Geschäft tätigen Führungskräften fremd erscheinen, aber den einen oder anderen Personaler freuen, weil das ihm möglicherweise Status- und Machtzuwachs im Unternehmen verspricht. Dahinter verbirgt sich eigentlich die Frage nach der Führung in der Arbeitswelt von Morgen. Sie mündet in der Forderung: Die Gestaltung von Führungs- und Unternehmenskultur ist Chefsache!

Die Bertelsmann Stiftung hat seit 2003 europaweite Recherchen mit über 100 Unternehmen zu Wirkungszusammenhängen von Unternehmenskultur und Unternehmenserfolg durchgeführt ([1]; [18]) und anschließend die Best Practices durch Case Studies im internationalen Unternehmensnetzwerk »Unternehmenskultur« aufgearbeitet.

Grundlage war ein Katalog von 10 Haupt- und über 100 Subkriterien, um mittels Datenerhebung und qualitativer Interviews die Unternehmenskultur und Personalpolitik zu bewerten, und zwar von der Leitbildumsetzung sowie Personal- und Führungskräfteentwicklung, der Corporate Governance und unternehmerischen Strukturen bis hin zur Kundenorientierung. (s. Abb. 1).

Abb. 1: *Die Elemente von Unternehmenskultur und Führungsverhalten*

Ein Fazit der Studie: Unternehmenskultur setzt auf der Basis von unternehmerischem Freiraum mit dezentralen Strukturen, Mitsprache am Arbeitsplatz in Verbindung mit der Beteiligung am Erfolg sowie partnerschaftlichem Dialog zwischen den Interessenvertretungen die Kreativität und Motivation bei Führung *und* Mitarbeitern gleichermaßen frei, die Unternehmen im internationalen Wettbewerb für ihren Erfolg benötigen.

Ein weiteres Fazit: Für die Herausforderungen der Zukunft bedarf es ganzheitlicher Strategien zur Entwicklung einer partnerschaftlichen Unternehmenskultur. Konventionelle Instrumente wie Stellenbeschreibungen, betriebliche Vorschlagswesen oder Mitarbeiterbefragungen, werden zwar nicht nutzlos, aber ihre Wirkungsweise auf

Leistungs-, Veränderungs- und Innovationsprozesse muss vor dem Hintergrund der Herausforderungen geprüft werden.

Was ist, wenn beispielsweise Stellenbeschreibungen nicht mehr als Orientierung für Aufgaben dienen, sondern definieren, wofür man *nicht* Verantwortung trägt – wie es der renommierte Unternehmensberater Klaus Doppler formuliert ([6], S. 89f.)Was ist, wenn Mitarbeiter in Befragungen Zufriedenheit eher mit der Gestaltung der Büroräume, geordneten Abläufen und Ruhe im Arbeitsumfeld gleichsetzen, aber nicht mehr Motivation, Kreativität, Verantwortung und Identifikation entstehen? Innovationsmanagement ist Teil einer partnerschaftlichen Unternehmenskultur. Eine partnerschaftliche Unternehmenskultur ist auch das beste Innovationsmanagement! Innovationspolitik muss daher ein kontinuierlicher Prozess im Unternehmen werden, der Mitarbeiter auf allen Ebenen im Unternehmen einbezieht, der durch Rahmenbedingungen gefördert wird sowie auf Vertrauen basiert und Wertschätzung erfährt.

Der Vorstandsvorsitzende eines deutschen Konsumgüter-Herstellers klagte einmal: »Warum muss ich alle 2 bis 3 Jahre einen Innovationsmanagementprozess anstoßen? Wie kann es gelingen, dass Mitarbeiter Initiativen ergreifen und Ideen ohne umfangreiche Incentive-Programme entwickeln?« Die Antwortmöglichkeiten auf die Problematik – Lethargie nach abgelehnten Vorschlägen, keine ausgewiesene Fehlerkultur, keine Ideen fördernden Arbeitsplatzbedingungen, unter Umständen auch mangelnde Motivation und Lustlosigkeit etc. – leiten zum eigentlichen Schlüsselfaktor vieler Innovationsprozesse über: Führung und Mitarbeiter müssen sich wieder mit dem Unternehmen und seinen Zielen identifizieren. Ferner muss Vertrauen in die Führung und in die Gestaltung einer fairen und partnerschaftlichen Unternehmenskultur vorhanden sein.

Ganz gleich, welche Strategien ein Unternehmen wählen wird, eines haben alle gemeinsam: Viele Geschäftsmodelle und -prozesse müssen gänzlich neu gedacht und Mitarbeiter somit auf veränderte Rahmenbedingungen eingeschworen werden! Die Frage ist, wie die

Unternehmen darauf mit einer modernen Personalpolitik reagieren und ihre Mitarbeiter auf Veränderungsprozesse vorbereiten können?

Viel hängt von der richtigen Balance zwischen Sicherheit und Leistungsanreizen, Anerkennung und Vertrauen im Unternehmen ab – sprich: der Unternehmenskultur. Dabei zeigen sich für die Weiterentwicklung der traditionellen Personalpolitik gleich mehrere Stellhebel, bei denen Erwartungen der Mitarbeiter und Interessen des Unternehmens in Einklang gebracht werden müssen. In diesem Zusammenhang wird es für die Führung des Unternehmens möglicherweise eine der vorrangigsten Aufgaben sein, Ansprüche und Anforderungen der Mitarbeiter an das Unternehmen und die eigene Karriere nach Jahren der Aufwärtsentwicklungen zurückzufahren. Beförderungen und Gehaltserhöhungen werden beispielsweise in einer globalen Arbeitswelt nicht mehr so ohne Weiteres zu realisieren sein und müssen durch andere Maßnahmen kompensiert werden. Der Münchener Psychologie-Professor Dieter Frey spricht hierbei bereits vom »Management of Disappointment« als zentrale Führungsaufgabe – wohlgemerkt nicht zu verwechseln mit »Management *by* Disappointment«!
Im Rahmen einer Szenariokonferenz hat das Kompetenzzentrum »Unternehmenskultur/Führung« der Bertelsmann Stiftung drei Gestaltungsfelder zukünftiger Personalstrategien (s. Abb. 2) zusammengefasst [3].

Einerseits ist die Frage nach der Identifikation und Mitarbeiterbindung in einer modernen, dezentralen und flexiblen Arbeitswelt zu klären. Andererseits die Frage, wer im Unternehmen lernt, auf welche Weise gelernt wird und was man lernt. Zudem bleibt auch die Herausforderung, mit neuen Kooperationsformen fair und partnerschaftlich Ideen zu entwickeln und Wissen zu teilen.

Wohl niemand bezweifelt ernsthaft, dass eine gewisse Verbundenheit mit dem Unternehmen und der Arbeit die Motivation und Kreativität fördert. Seit Jahren wird auf den Zusammenhang hingewiesen, der in einer Vielzahl von Publikationen Niederschlag gefunden hat. Was aber führt zu diesem »Flow«-Gefühl – diese persönliche Einheit aus Glücksgefühl, Kreativität, Anstrengung und Erfolg [5]? Was

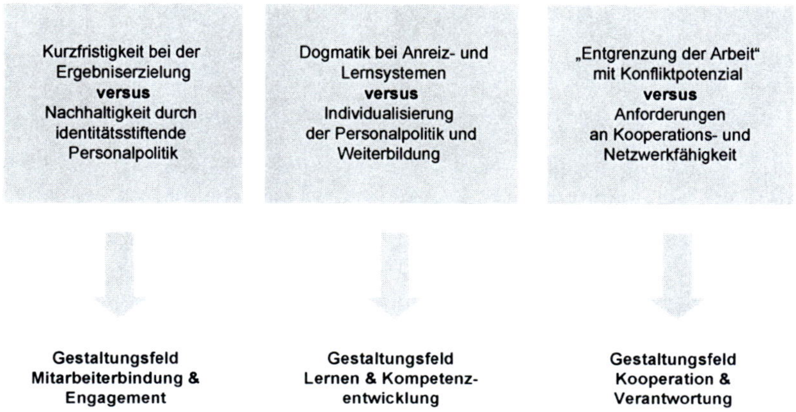

Abb. 2: *Gestaltungsfelder moderner Personalpolitik*

zeichnet eine mitarbeiter- und marktorientierte Unternehmenskultur aus?

»Costumer First!«

»Nicht vom Wohlwollen des Metzgers, Brauers und Bäckers erwarten wird das, was wir zum Essen brauchen, sondern davon, dass sie ihre eigenen Interessen wahrnehmen.« Dieser berühmte Satz von Adam Smith unterstreicht nicht nur ein Eigeninteresse des Unternehmers. Er macht auch deutlich, dass die Attraktivität der Produkte für den Kunden über den unternehmerischen Erfolg entscheidet. Management-Theorien folgten in der Vergangenheit einer Vielzahl von Methoden, um Innovationen zu ermöglichen, Verkaufsziele zu optimieren und Kundenbindungsprogramme zu systematisieren. Deshalb gehören heute Handbücher jeglicher Couleur – vom Innovationsmanagement über das Marketing bis hin zum Costumer Relationship Management – zur Standardlektüre von Führungskräften. Oftmals mündet das aber nur in einstudierte Schemata wie: »XY-GmbH, mein Name ist …, was kann ich für Sie tun?«

Reichen aber Verkaufsmanagement, antrainiertes Verhalten oder Datenerfassung aus, um Kundennähe und -zufriedenheit zu garantieren? Wie steht es um die Initialzündung für neue Ideen als Basis von Innovationen in Unternehmen?

Um nicht missverstanden zu werden: Die genannten Methoden sind beispielsweise für ein effektives Marketing und den erfolgreichen Vertrieb durchaus wichtig! Allerdings haben sich die internationalen Rahmenbedingungen in den vergangenen zwei Jahrzehnten gravierend verändert. Unternehmen erleben durch die aufstrebende Konkurrenz aus aufkommenden Märkten (»emerging markets«) eine neue Dimension im globalen Wettbewerb. Gleichzeitig bieten die so genannten Schwellenländer mit ihren Investitions- wie auch den Konsumgütermärkten neue Verkaufschancen.

Neben der Globalisierung erfordern auch die demografischen und technologischen Entwicklungen sowie nicht zuletzt ein Wertewandel, zu einem Umdenken in den Unternehmen bei der Gestaltung von Innovationsmanagement, Produktion und Vertrieb. Die Gewährleistung von Nachhaltigkeit bei Prozessen und Produkten rückt dadurch ebenso in den Mittelpunkt der Unternehmensführung wie ein höheres Maß an gesellschaftlicher Verantwortung bei der Gestaltung von internationalen Wertschöpfungsketten. Für Volkswirtschaften und Unternehmen bedeutet dies in erster Linie, dass die Verteilungsspielräume enger geworden sind. Folge dieses Konkurrenzdrucks sind gänzlich neue Wettbewerbsstrategien, um Kunden zu gewinnen und Märkte zu erobern. Dabei handelt es sich um Ansätze wie:

⇨ *»Explosive Growth«-Methode,* bei der von der Unternehmensführung absichtlich höhere Wachstumsraten eingefordert werden, um auf diese Weise *Innovationssprünge* zu ermöglichen [23]. Traditionelle Strategien mit moderaten Wachstumsvorgaben führen nur noch bedingt zu unternehmerischen Erfolg führen, weil sie eher zu marginalen Veränderungen Anlass geben;

⇨ *Aufbau neuer Wertschöpfungsketten* [21], weil durch die bisherigen Verfahrensweisen mit dominanten Zentralen und zuliefernden Dependancen nur ungenügend Innovationspotenzial in den dezent-

ralen Einheiten abgerufen wurde. In internationalen Netzwerken innerhalb und außerhalb von Unternehmen werden immer mehr das Wissen und die Erfahrungen von *lokalen Kompetenzzentren* aus den jeweiligen Regionen für ein Unternehmen gezielt genutzt;
- ⇨ *»Bottom of the Pyramid«-Strategie*, die eine gänzliche Neukalkulation von Preisen, Entwicklung und Produkten für den jeweiligen Markt, insbesondere aber in Entwicklungsländern fordert [17]. Durch die Gewährung noch so hoher Rabatte auf herkömmliche, oftmals westlich geprägte Preise kann den Erfordernissen des Lebensstandards in »emerging countries« nicht Rechnung getragen werden.

Voraussetzungen zur Bewältigung dieser Umbrüche und die Umsetzung jedweder modernen Unternehmensstrategie sind insbesondere die Gewährung unternehmerischen Freiraums, die Souveränität, um Aufgaben eigenverantwortlich zu gestalten und die Möglichkeit, Prozesse selbstbestimmt zu organisieren. Die Delegation von Verantwortung in dezentralen Strukturen, wie in Profitcentern mit virtuellem Charakter, fördert die Entstehung kreativer Ideen und verbesserter Prozesse und Produkte.

Führungskräfte, die diese Führungstechnik beherzigen, benötigen kein aufwändiges Kontrollinstrumentarium. Entscheidend ist, dass Mitarbeiter in erster Linie der Führung Vertrauen schenken. Dafür ist die Vorbildfunktion der Führung – letztlich auch im Umgang mit den Kunden – ausschlaggebend. Führungskräfte, die ihre Kunden und deren Bedürfnisse nicht kennen, stehen auf verlorenem Posten. Folglich ist die Orientierung an den Kundenwünschen ein Wert an sich für Unternehmen.

Basis ist die Verankerung der Kundenorientierung in einem transparenten, die Führung verpflichtenden und für den Mitarbeiter verständlichen Leitbild. Beispielsweise schult die Firma HILTI, Preisträger des Carl-Bertelsmann-Preises 2003, nicht nur jeden neuen Mitarbeiter in der gelebten Unternehmenskultur, sondern formuliert eindeutig deren Werte mit Blick auf die Kunden: »Costumer

First!« propagiert dabei nicht nur den Willen, sich auf die Wünsche des Kunden einzulassen, es wird gleichzeitig von konkreten Handlungsmaximen begleitet.

Es ist Pflicht für die Führung, selbst Kundenkontakte im In- und Ausland zu pflegen. Oft besuchen ein Vorstandsmitglied *und* der Verwaltungsrat zuerst die Kunden und dann die Auslandsdependance. Mit dieser Reihenfolge verschafft sich die Führung einen unvoreingenommenen Blick in die Geschäftsbeziehungen, kann den direkten Kontakt zum Partner aufbauen und einen offenen Dialog auf Augenhöhe über Art und Umfang der Zusammenarbeit führen.

Kundenorientierung erfährt durch neue Technologien zunehmend eine neue Dimension. Risiken und Chancen halten sich dabei die Waage. Es hängt vom Unternehmen ab, wie es eine Verbindung zum Kunden hält und dessen Meinung in Verbesserungs- und Innovationsprozesse einbezieht. Der amerikanische Autor Jeff Jarvis beschreibt ein besonderes Phänomen beim Einsatz neuer Technologien wie beispielsweise Blogs: Über die globale digitale Vernetzung kann es einer mehr oder weniger kleinen Gruppe von Beteiligten in kurzer Zeit gelingen, ein Produkt und damit ein Unternehmen zu loben – aber eben auch zu diskreditieren. Mängel bei Produkten, Herstellungsverfahren oder im Service können in Sekundenschnelle um die Welt kommuniziert werden, sich emotional aufladen, ohne dass ein Unternehmen etwas von dieser Gefahr ahnt (vgl. [9]). Die Folge: eine schlechte Reputation, drohende Umsatzeinbrüche und eine Gefährdung der Unternehmenskontinuität.

Doch es geht auch anders: Beispielhaft sind die positiven Erfahrungen mit so genannten Jam-Sessions zu nennen ([8], S. 92 f.). Dabei handelt es sich um eine Methode des Gedankenaustausches auf der Basis von Plattformen mit modernsten Netzwerk-Technologien, um im zwanglosen, kreativen Zusammenspiel Ideen zu generieren und auszutauschen. Die Partizipation am kollektiven Wissen bietet eine neue Möglichkeit, Kunden wie auch Mitarbeiter an Prozessen teilhaben zu lassen.

Unabdingbare Voraussetzung für die beabsichtigte Wirkung dieser beispielsweise von IBM mehrmals bereits erfolgreich eingesetzten Methode ist der offene, unvoreingenommene Umgang mit den Inhalten und möglicher Kritik. Manipulationen durch Steuerung oder Kanalisierung von Diskussionen oder Inhalten kann sofort Vertrauen zerstören und damit die Initiative im Keim ersticken – für viele Führungskräfte noch eine ungewohnte Vorstellung.

Die Ergebnisse dieses Verfahrens zeigen auch, dass es umso wichtiger ist, traditionelle Formen der Kundenorientierung mit den Möglichkeiten moderner Kommunikationsformen zu kombinieren. Denn in der Integration von Kundenwünschen wird zukünftig eine große Chance liegen. Wenn man schon Aussagen über das Unternehmen und seiner Produkte nur noch bedingt, wenn überhaupt kontrollieren kann – dann lautet die Quintessenz: Warum nicht zumindest die Informationen aus den Internet-Diskussionsforen für eigene Lern- und Innovationsprozesse nutzen? Die Rückmeldung zufriedener – und noch wichtiger: unzufriedener – Kunden kann eine Basis für die Verbesserung bisheriger und die Entwicklung neuer Produkte sein.

Viele Köpfe ans Denken bringen

Zahlreiche Unternehmen nutzen noch unzureichend die Innovationspotenziale der eigenen Mitarbeiter. Neben der Diskreditierung von Unternehmenskultur als »soft fact« belegen empirische Untersuchungen bereits seit Jahrzehnten, dass die Eitelkeiten einzelner Führungskräfte, die grundsätzlichen Bereichsegoismen, das Säulendenken zwischen einzelnen Funktionen und die Dominanz von Hierarchien entscheidende Blockaden für Innovationen darstellen (vgl. [10], [14], [16]

Dabei unterschätzen viele Unternehmer und Führungskräfte, welche Motivation, welches Handlungspotenzial und welches Wissen gerade in der eigenen Belegschaft ungenutzt brachliegt. Allerdings bedarf es gewisser Grundvoraussetzungen, damit sich Mitarbeiter für das Unternehmen engagieren. Um Leistungs- und Veränderungsbereitschaft zu fördern, muss die Integration der Mitarbeiter in Prozesse durch entsprechende Information und Mitsprache transparent gemacht werden – ansonsten reagieren die Betroffenen mit Verweigerung auf neue Entwicklungen.

Eine wichtige Voraussetzung ist der Freiraum, Aufgaben eigenverantwortlich zu gestalten und die Möglichkeit, Prozesse selbstbestimmt zu organisieren. Die weltweite Mitarbeiterbefragung der Bertelsmann AG hat diesen Zusammenhang bestätigt: Es sind weniger die Vergütungs- und Arbeitszeitfragen, sondern mehr der individuelle Gestaltungsspielraum bei der Arbeit, der Bindung mit dem Arbeitgeber schafft. Es ist die Identifikation mit dem Unternehmen und den Aufgaben, die Menschen zu Leistungen anspornt. Delegation von Verantwortung in Verbindung mit dezentralen Strukturen, zum Beispiel in Form von Profitcentern, Task Forces, Projektarbeit oder virtuellen Teams, erhöht die Chancen zur Entwicklung kreativer Ideen und zur Verbesserung von Prozessen und Produkten.

Der Aufbau neuer Kooperationsformen in den Unternehmen bedarf sowohl technischer und organisatorischer wie auch kommunikativer Voraussetzungen – aber ohne Begegnungen zwischen den Menschen gelingt sie nicht [12]. Die Selbstorganisation wird in der Zukunft sowohl zwischen Arbeitgeber und Arbeitnehmer als auch unter den Arbeitnehmern selbst weiter zunehmen. Über den Erfolg eines Produktes und damit des Unternehmens werden die Parameter »Termin – Qualität – Kosten«, mit einem hohen Maß an Eigenverantwortung der Mitarbeiter, entscheiden.

Natürlich gilt dabei nicht der Grundsatz: »Hier kann jeder machen, was er will!« Kreativität und Kontrolle, Delegation und Disziplin, Leistung und Lebensplanung gehören zusammen – es gibt Rechte und Pflichten am Arbeitsplatz. Für Unternehmen ist es daher essenziell, bereits zu Beginn eines Arbeitsverhältnisses auch von ihrer Seite Erwartungshaltungen an die Mitarbeiter, zum Beispiel in Einführungsseminaren, zu verdeutlichen und nicht nur auf Sozialleistungen hinzuweisen!

Entscheidend dafür, dass Mitarbeiter der Führung Vertrauen schenken und folgen, ist eine ehrliche, gradlinige, glaubwürdige, disziplinierte und bescheidene Führung. Dies gilt übrigens auch für Betriebsräte. Basis hierfür ist ein transparentes, den Mitarbeitern verständliches, praxisorientiertes Leitbild, an dem sie sich bei Entscheidungen und Arbeitsabläufen orientieren können. Ziel solcher Leitbilder muss es sein, eine Unternehmenskultur hervorzubringen, die neben den bekannten Aussagen zu Führungsverhalten und Mitarbeiterorientierung die Bedeutung von Innovationsbereitschaft und Innovationsfähigkeit explizit als Kernwert unterstreicht und alle Beteiligten im Unternehmen darauf verpflichtet.

Voraussetzung ist, dass die Mitarbeiter das Leitbild nicht nur kennen, sondern sich im betrieblichen Alltag auch konkret damit auseinandersetzen. Denn die Umsetzung von Leitbildern bedeutet immer ein Geben und Nehmen. So sieht die bereits erwähnte Firma HILTI ihr Leitbild quasi als zweiten Arbeitsvertrag an, der vom Mitarbeiter unterschrieben im Büro aushängt. Gleichzeitig legt das Unternehmen großen Wert auf dessen Verbreitung, in dem HILTI nicht nur jeden neuen Mitarbeiter in Kulturfragen schult, sondern auch regelmäßig eine so genannte »Culture Journey« mit der gesamten Belegschaft durchführt.

In Workshops werden kontinuierlich die Werte des Unternehmens diskutiert, die Anforderungen an die Mitarbeiter formuliert und mit konkreten Alltagssituationen gespiegelt sowie über mögliche Weiterentwicklungen an veränderte Rahmenbedingungen debattiert. Unterstützt wird dieses Verfahren durch ein Bewertungssystem – das so genannte »Cockpit« – mit dem Mitarbeiter- und Kundenzufriedenheit ebenso erfasst werden, wie die Innovationsförderung und die Personalentwicklung von Mitarbeitern in weiterführende Positionen.

Ähnlich agiert auch die Firma Novartis in ihrem Konzept einer wertorientierten Führung ([2], S. 24 f.). Die Definition von Unternehmenskultur, im Sinne eines systematischen Kulturdefinitions- und Evolutionsprozesses, zählt zu den strategischen Aufgaben und wird mit folgenden Schritten beschrieben:

- ⇨ ein bewusstes, sichtbares, persönliches Engagement der Führung als Chefsache, aber in einem Top-down- und Bottom-up-Verfahren;
- ⇨ die Etablierung weltweit verbindlicher Verhaltensmaximen in Form eines Werte- und Normensystems;
- ⇨ die Betonung einer konsequenten Leistungs- und Kundenorientierung auf der Basis von Innovation, Kreativität und Kompetenz;
- ⇨ die konsequente Integration der Werte, Normen und Erwartungen in die alltägliche Führungspraxis;
- ⇨ die Ergänzung des Performance Managements der Führung in den verbindlichen Review-Prozess und die Werteumsetzung.

Ziel sollte es idealerweise sein, jedem Mitarbeiter zu jedem Zeitpunkt bewusst zu machen, welche Rolle er für die Innovation und den Erfolg des Unternehmens spielen kann. Viele Unternehmen haben vernachlässigt oder noch zu wenig erkannt, welches Potenzial die Heterogenität ihrer Belegschaft birgt. Statt dessen wurde »Diversity Management« von alt und jung, In- und Ausländern, Mann und Frau, nach Religionen, Kulturen und Neigungen lange Zeit fast ausschließlich unter dem Aspekt der »Political Correctness« als Teil der Personalpolitik diskutiert und praktiziert. Inzwischen aber sehen immer mehr Unternehmen, dass die Vielfalt auch zu neuen Geschäftsideen und Produkten führen kann. So entwickelt beispielsweise eine Bank gemeinsam mit ausländischen Mitarbeitern spezielle, auf bestimmte nichteinheimische Zielgruppen zugeschnittene Angebote, oder ein Catering-Unternehmen entdeckt dank seiner ausländischen Mitarbeiter Rezepte für neue Gerichte oder hilft Mitarbeitern aus anderen Kulturkreisen gezielt bei der Konzeption und Verständigung interkultureller Projekte [11].

Unternehmen müssen ein »Wir«-Gefühl über Sprachen und Grenzen hinweg schaffen, ohne Kulturen zu entwurzeln oder den respektvollen Umgang mit dem Menschen zu verlieren. Interkulturelle Kompetenz wird nicht nur unter dem Aspekt der konstruktiven

Zusammenarbeit immer wichtiger. Sie führt auch zu einem Mehr an Ideen und damit zum Erfolg.
Reinhard Mohn formulierte es in einem seiner Vorträge einmal so: »Es muss uns gelingen, viele Köpfe ans Denken zu bringen!«

Offene Lernmärkte statt standardisierter Fortbildung
Die Gewähr aktiver Teilhabe an Arbeits-, Produktions-, Entscheidungs- und Kommunikationsprozessen durch neue Lern- und Kompetenzmodelle wird zukünftig ein wichtiges Gestaltungsfeld für Führung und Personalpolitik sein. Mitarbeiter können sich nicht mehr auf die vor Jahren erlernten Berufe stützen und ein Arbeitsleben lang auf diese Qualifikation pochen, da die technologischen und organisatorischen Entwicklungen zu komplex und zu schnelllebig sind. Damit geht auch ein Mehr an Eigenverantwortung für die individuelle Beschäftigungsfähigkeit einher. Es wäre zudem ein Trugschluss zu glauben, dass einfache Tätigkeiten von diesem Veränderungsprozess und der Forderung nach Innovationen ausgenommen sind.

Früher gehörte es zu den Aufgaben und zur Verantwortung der oberen Führungsschicht, für neue Erfindungen und Innovationsprozesse zu sorgen. Heute ist das anders: Auch bei einfachen Tätigkeiten sind Mitarbeiter gefordert, kontinuierlich nach Verbesserungen Ausschau zu halten. Selbst der Mitarbeiter mit monotonen Verrichtungen am Band bildet hier keine Ausnahme. Deshalb reichen die traditionellen Fortbildungsangebote der Unternehmen für diese Anforderungen bei weitem nicht mehr aus.

In den Weiterbildungsprogrammen müssen neben fachlichen Themen eher die Förderung von Kompetenzen für eine Kommunikations-, Veränderungs-, Kooperations- und Anpassungsbereitschaft als wichtige Voraussetzungen für die Bewältigung von Wandel und Brüchen vorkommen. Eine Mentalität im Sinne von »Zeige mir den Fortbildungskatalog, und ich sage, was ich machen möchte« ist überholt!

Die Bedeutung von sozialen, interkulturellen und emotionalen Kompetenzen nimmt zu. Diese Fähigkeiten werden allerdings nicht nur im Unternehmen erworben, sondern oftmals auch andernorts, beispielsweise in Ehrenämtern. Unternehmen unterschätzen oft, dass auch im Rahmen oder abseits der Berufstätigkeit erworbene Fähigkeiten eine entscheidende Ergänzung sein können. Nehmen sie die Verpflichtung zur gesellschaftlichen Verantwortung und die Förderung einer Bürgergesellschaft ernst, können sie hierzu einen Beitrag, beispielsweise durch Angebote zum Corporate Volunteering, leisten. Für Führungskräfte bedeutet dies oft einen Paradigmenwechsel im Denken: Denn Freistellungen für soziales Engagement sind nicht nur Kosten – auch das Unternehmen profitiert, weil der Mitarbeiter hierdurch auch für seinen Arbeitsplatz und damit für das Unternehmen lernt!

Auf diese Weise erfährt die Gestaltung der »work-life-balance« eine neue Begriffsbestimmung – eine Balance im Fünfeck »Familie – Beruf – Sozialengagement – Bildung – Freizeitinteresse«. Diese Balance wird nicht statisch bleiben – Lernmodelle müssen aufzeigen, wie Menschen sich unter Umständen Jahr für Jahr in diesem Fünfeck einrichten können. Daher sollten sich Unternehmen von den bisherigen Ritualen trennen. Es bedarf maßgeschneiderter Personalentwicklungsmaßnahmen für die jeweiligen Mitarbeitergruppen und den Mitarbeiter. Zudem sollte man auch berücksichtigen, dass junge Menschen heute anders lernen: Peer-Group-Learning und Ratsuche in sozialen Netzwerken über die Community und gerade außerhalb des Unternehmens haben vielerorts traditionelle Lernmethoden und -formen abgelöst!

Verbunden damit sollte auch eine Abkehr von den jährlichen Ritualen im Rahmen der Zielvereinbarungs- und Leistungsbeurteilungsverfahren sein, wo die Fortbildung meist als nachrangiges Anhängsel angesehen wird. Stattdessen können Unternehmen im Sinne »Offener Lernmärkte« zielgerichtete interne und externe Angebote anbieten. Die Mitarbeiter müssen dabei allerdings akzeptieren, im Sinn der Förderung der eigenen Beschäftigungsfähigkeit auch Freizeit und finanzielle Eigenleistungen einzubringen. Führungskräfte müssen lernen, Mitarbeiter in ihren Talenten und Fähigkeiten gezielt zu fördern, wozu auch gehört, bei manchem, nicht zu realisierenden Wunsch einmal »nein« zu sagen! Nicht jede vom Mitarbeiter präferierte Fortbildungsmaßnahme muss aus Unternehmenssicht so Sinn ergeben, dass sie sofort und überhaupt umgesetzt werden sollte. Auch Projekte können nicht im Eigeninteresse des Mitarbeiters auf Dauer fortgeführt werden, ohne sie zumindest kontinuierlich auf ihre Erfolgsaussichten oder ihren Nutzen zu überprüfen.

Unternehmen können auf die Herausforderungen durch den internationalen Wettbewerb also nur erfolgreich reagieren, wenn sie ein hohes Maß an Vertrauen und Offenheit, Kooperations- und Veränderungsbereitschaft innerhalb ihrer Unternehmenskultur schaffen. Lösungen müssen verstärkt individuell vor Ort gefunden werden – sie können nicht mehr zentralistisch an Personalabteilungen delegiert werden. Vielerorts war und ist es ein eingefahrenes Ritual, Lösungen für Probleme und Herausforderungen an die Führungskraft zu delegieren, die sich dann ihrerseits oft an die Personalabteilungen wendet. Daraus entstehen dann oft Standardlösungen, die weder der konkreten Situation am Arbeitsplatz noch dem Mitarbeiter gerecht werden.

Die moderne Arbeitswelt bedarf anderer Mechanismen: Lösungen müssen verstärkt zwischen den Mitarbeitern im Team selbst und erst dann zwischen Mitarbeitern und der Führung gesucht werden. Sich selbstorganisierenden Einheiten gehört die Zukunft.

Die stellvertretende Vorstandsvorsitzende der Bertelsmann Stiftung, Liz Mohn, formulierte daher die Anforderung an die Führung im Rahmen ihres Vortrages beim Bremer Unternehmergespräch so: »Die Gestaltung der Unternehmenskultur wird zu der Führungstechnik in der Globalisierung!«

Über Erfolg oder Misserfolg entscheidet dabei auch der Reifegrad, wie Fragen der Kooperation und – noch viel wichtiger – der Konflikte zwischen Führung und Mitarbeitern sowie zwischen den Mitarbeitern untereinander selbstorganisiert und konsensorientiert geführt werden. Gerade der Kritik- und Konfliktfähigkeit als Basis für Innovationen wurde in den Unternehmen lange kein starkes Augenmerk gewidmet, konnte man doch angesichts der Wachstumsphasen von einer Art

»Zugewinngemeinschaft« auf beiden Seiten ausgehen. Anhaltender Erfolg kann aber auf Dauer zu Lethargie und Sättigung verführen und Innovationsprozesse lähmen.

Unternehmen brauchen eine konstruktive Auseinandersetzung mit ihren Strukturen und Produkten! Eine wichtige Voraussetzung ist, dem Handeln der Mitarbeiter zu vertrauen. Ein Unternehmen muss dazu auf eine ausgesprochen offene Fehlerkultur setzen. Ohne die Möglichkeit, neue Verfahren, Produkte und Prozesse auszuprobieren und nicht gleich Gefahr zu laufen, unterbrochen oder sanktioniert zu werden, entstehen keine neuen Ideen. Die Firma HILTI etwa fordert dies offensiv ein, indem sie Mitarbeiter dazu aufruft, den »Circle of Habits« zu verlassen. Erst indem man bisherige Verfahren, Glaubenssätze und Machenschaften in Frage stellt, wird man auf mögliche Versäumnisse aufmerksam. Manche Führungskraft provoziert geradezu durch die »Herbeiführung künstlicher Krisen« Irritationen und damit Bewegung im Unternehmen. Oftmals reicht dabei nur eine einfache Frage nach dem »Warum« und »Wie«, um Nachdenklichkeit auszulösen. Manchmal ist es eine kurze Notiz, in der unverhofft Rechenschaft über Verfahrensweisen oder Ergebnisse verlangt wird. Aber auch der unangekündigte Gang durch die Abteilungen und ein plötzlicher Test des Produktes durch die Führung können der Entwicklung Nachdruck verleihen.

Unternehmer und Führungskräfte können sich immer wieder Beispiele aus dem Sport vor Augen führen, wo gerade durch die Abkehr von Normen und Standards neue Verfahren entwickelt und bessere Ergebnisse erzielt wurden. Ein Beispiel hierfür wäre etwa die Technik des Fosbury-Flop im Hochsprung, die sich – allen Unkenrufen zum Trotz – durchgesetzt hat.

Ein Unternehmen wird also mittel- und langfristig nicht erfolgreich sein können, wenn Glaubenssätze und Auffassungen wie: »Das wird nie bei uns klappen« oder »Das haben wir hier noch nie so gemacht« oder »Wir waren doch bisher auch immer so erfolgreich« vorherrschen! Nicht nur Fallstudien sondern auch dramatische Niedergänge von Unternehmen belegen, dass dieser Haltung dadurch entgegengewirkt werden muss, indem man Beharrungstendenzen und Status-quo-Denken gezielt entgegengesteuert. Wer sich diesem Change Management oder Innovationsmanagement verweigert, muss – so Klaus Doppler im Gespräch am Rande einer Management-Konferenz – zumindest mit den Konsequenzen seines Handelns konfrontiert werden: vom Beförderungsverzicht bis hin zu Einkommensstagnation.

In hiesigen Unternehmen ist die Offenheit gegenüber einer Fehlerkultur als Teil des Innovationsmanagements oft noch nicht sehr stark ausgeprägt. Japanische Unternehmen ermutigen dagegen die Mitarbeiter beispielsweise, Probleme zu benennen. Fehler werden sofort zum Anlass genommen, um im Team über Verbesserungsmöglichkeiten bei Produkten und Prozessen nachzudenken. Mitarbeiter, die Fehler vertuschen und im wahrsten Sinne des Wortes nicht die Reißleine am Produktionsband ziehen, müssen mit Konsequenzen rechnen, weil sie dem Unternehmen, dem Produkt und damit auch den Kollegen Schaden zufügen (vgl. [19]).

In deutschen Unternehmen verhält es sich eher umgekehrt: Fehler zu vertuschen, scheint zweckmäßiger zu sein, als sie offenzulegen. Beim Misserfolg folgt dann eine Art »Schwarzer-Peter-Spiel« mit gegenseitigen Schuldzuweisungen und einer zunehmenden Risiko-Aversion: Nicht nur der Verlust an Kreativität der Mitarbeiter ist zu beklagen, sondern auch die versäumte Chance, aus Fehlern zu lernen und ein innovationsfreundliches Betriebsklima zu schaffen. Dabei bietet gerade die Analyse von Problemen, Fehlern und Missverständnissen die Möglichkeit, Prozesse und Produkte zu verbessern.

Ein weiterer Vorteil der Problemfall-Analyse ist nicht zu unterschätzen: Er offenbart, wie Mitarbeiter und Führungskräfte im Krisenfall miteinander umgehen und sich verhalten. Viele Menschen lassen gerade unter Druck und in schwierigen Zeiten ihre Maske fallen, offenbaren Führungsschwäche, moralische Fehler, Eitelkeiten oder mangelnde Identifikation. Mit der aus den USA übernommenen, dort oft vom Militär eingesetzten »Critical-Incident«-Methode kann die Spreu vom Weizen getrennt werden [15]. In dem Verfahren werden kritische Situationen oder Vorfälle, beispielsweise Unfälle in Beinahe-

Zusammenstößen von Flugzeugen, systematisch aufgearbeitet, um Fehler zu identifizieren, daraus zu lernen und Verbesserungen herbeizuführen. In der Weiterentwicklung von Pelzmann kann es darüber hinaus aber auch dazu dienen, menschliche Reaktionen in Krisensituationen – vom Wegsehen über panische Reaktionen bis hin zu besonnenem Handeln – zu analysieren. Denn: Erst in der Krise zeigt sich der Charakter eines Menschen und es bewahrheitet sich ein altes japanisches Sprichwort: »Widrigkeiten formen dich zu einem Edelstein!«

Faktor Personalwahl

»... und legt man ein paar Scheine drauf, dann laufen sie schon schneller« – diese Zeile aus dem »Fußball-Lied« des bayerischen Liedermachers Fredl Fesl lässt sich übertragen auf die jahrzehntelangen Motivationsstrategien so mancher Führungskräfte und Personalleiter. Eine Gehaltserhöhung hier, eine Beförderung da – und schon schien die Welt für die Führung wie die Mitarbeiter wieder in Ordnung.

Wie kann Unternehmen ein Change Management gelingen? Ausschlaggebend werden in erster Linie motivierte, gut ausgebildete, kreative und zufriedene Mitarbeiter sein – mit anderen Worten: Die Gestaltung der Unternehmenskultur bildet nicht nur das wichtigste Fundament für den unternehmerischen Erfolg, sondern Beteiligungsorientierung und Mitsprache sind auch Führungstechniken der Zukunft.

Dazu das Beispiel des dänischen Pharma-Unternehmens Novo Nordisk. Basierend auf dem Triple-Bottom-Ansatz werden als Voraussetzungen für das Gesamtergebnis und den Erfolg des Unternehmens die Stakeholder-Interessen einbezogen und Entscheidungen kontinuierlich auf ökonomische, soziale und ökologische Folgen überprüft. So treffen sich Verantwortliche des Unternehmens unter anderem regelmäßig mit Tierschutz-Verbänden, um einvernehmlich Lösungen zu diskutieren, da die Pharma-Industrie nicht ohne Tierversuche auskommen wird. Auf diese Weise werden die Interessen aller Beteiligten wenn schon nicht gänzlich überbrückt, aber zumindest sinnvoll zusammengeführt.

Dem Leitbild des Unternehmens zugeschriebene Werte wie Aufrichtigkeit, Transparenz und Flexibilität finden sich auch in Kommentaren der Mitarbeiter an fast allen Stellen wieder. Wie diese Werte im Unternehmensalltag umgesetzt werden, prüft ein »Facilitator-System«: Man verlässt sich bei Novo Nordisk nicht auf eher Status-quo-bezogene, stimmungsabhängige Mitarbeiterbefragungen, sondern lässt durch ausgewählte, integere, erfahrene und bei der Belegschaft anerkannte Mitarbeiter Tiefeninterviews in allen Abteilungen und Werken durchführen.

Gleichzeitig versucht das Unternehmen, seine Mitarbeiter für unvorhersehbare Ereignisse zu sensibilisieren. So wird beispielsweise in Workshops an der strategischen Frage gearbeitet, was eigentlich mit einem Insulin-Hersteller wie Novo Nordisk passiert, wenn quasi über Nacht an irgendeinem anderen Ort auf dieser Welt eine Gentherapie gegen Diabetes erfunden wird. Für die Firma ist es zum Prinzip geworden, Mitarbeitern den Blick über den Tellerrand hinaus zu eröffnen und für die Sicht aus einer anderen Perspektive zu sensibilisieren.

Das Unternehmen hat ferner ein Sozialprogramm mit einem erstaunlichen Effekt für seine Mitarbeiter eingeführt: CEO Lars Rebien Sorensen stellt weder hohe Boni in Aussicht noch führt er neue Hierarchien ein. Er bietet Mitarbeitern lediglich die Gelegenheit, drei Wochen unter Beteiligung mit eigenen Urlaubstagen aus dem Job auszusteigen und sich in sozialen Projekten zu engagieren. Nach dieser Auszeit, beispielsweise in Krankenhäusern in Kenia, haben die Mitarbeiter nicht nur erfahren, ihre eigene persönliche Situation zu reflektieren, sondern besitzen auch einen intensiveren Bezug zu den Produkten und eine höhere Identifikation mit dem Unternehmen.

Was Entscheidungsträger hierbei häufig unterschätzten, ist, dass durch eine neue Sicht auf die Notwendigkeiten vor Ort auch neue Ideen entstehen können. Der Elektro-Kocher eines Elektrogeräte-Herstellers aus Europa, der in Afrika nur bedingt einsatzfähig war, mutierte zu einem solarbetriebenen Gerät, das hohe Erfolgschancen besitzt. Die markt- und zielgruppengerechte Produktion spezieller Milchprodukte ist ein weiteres Beispiel. Finanzierungsmodelle durch

Mikrokredite sind zu einem weltweit anerkannten und mittlerweile von vielen Banken adaptierten Geschäftsmodell geworden.

Der Austausch über Kulturen hinweg, der Kontakt zwischen Profit- und Non-Profit-Bereich oder die Einblicke in unterschiedliche soziale Milieus öffnen den Blick für Kundenbedürfnisse und Nutzen einzelner Produkte und bringen Unternehmen handfeste Vorteile im Wettbewerb. »Social Innovations« werden aber nur dann mit Mitarbeitern möglich werden, wenn diese entsprechende emotionale Kompetenzen und fachliche Fähigkeiten besitzen, wenn sie offen sind für Neues und zuhören können.

Eine wichtige Voraussetzung ist daher die Personalauswahl. Viele Unternehmen suchen immer noch ausschließlich Mitarbeiter, die zu 100 Prozent zum Unternehmen passen. Zu Recht einerseits, da Mitarbeiter nur dann mittelfristig Erfolg haben, wenn sie nicht gegen die Kultur, das Unternehmen und die Mitarbeiter arbeiten. Aber man braucht auch kreative Querköpfe, die abseits des Mainstream und mit einem gewissen Stehvermögen Ideen voranbringen. Der amerikanische Management-Professor Robert Sutton fordert: Man muss auch mal Mitarbeiter einstellen, die man auf den ersten Blick nicht eingestellt hätte oder die sich der Kultur erst allmählich anpassen. Diese Anforderungen an das Talent Management in Unternehmen, insbesondere auch bei der Suche nach kreativen Köpfen, wird zukünftig zunehmen. Idealer Nährboden für die erfolgreiche Suche sind die Gewährung unternehmerischen Freiraums durch dezentrale Strukturen und die konsequente Delegation von Verantwortung. Erst dadurch entfaltet sich letzten Endes die Kreativität, die Unternehmen im globalen Wettbewerb zum Erfolg führen.

Die Personalpolitik von Morgen stellt also nicht mehr allein auf Vergütungs- und Arbeitszeitenbedingungen ab – sie ermöglicht es dem Mitarbeiter, eigenverantwortlich unter Mitwirkung der Personalentwicklung mit Flexibilitäten und Kooperationen, Leistungsanforderungen und Belastungen umzugehen. Innovation und Motivation entstehen durch Identifikation. Unternehmen haben es selbst in der Hand, durch die Vorbildfunktion der Führung, durch Vertrauen in die Mitarbeiter, durch eine Fehlerkultur, aber auch durch ein Bewusstsein für gesellschaftliche Verantwortung Bedingungen zu schaffen, die Lars Rebien Sorensen zu dem Fazit veranlassen: »Ich bekomme ganz andere Mitarbeiter in das Unternehmen zurück!«

Literatur

[1] Bertelsmann Stiftung (Hrsg.): *Unternehmenskultur und Führungsverhalten als Erfolgsfaktoren. Gütersloh 2003*

[2] Bertelsmann Stiftung (Hrsg.): *Innovationen in Unternehmen kultivieren – Fallstudien international erfolgreicher Unternehmen. Gütersloh 2008*

[3] Bertelsmann Stiftung: *Dokumentation der Szenario-Konferenz zur Agenda: Moderne Personalpolitik 2020 (Hannover 15./16. Mai 2008). Gütersloh 2008*

[4] Bertelsmann Stiftung: *infas-Unternehmensumfrage »Innovation in den Bundesländern« (Download unter http://www.bertelsmann-stiftung.de/bst/de/media/xcms_bst_dms_28986_28987_2.pdf). Gütersloh 2009*

[5] Csikszentmihalyi, M.: *Flow im Beruf: Das Geheimnis des Glücks am Arbeitsplatz. Stuttgart 2004*

[6] Doppler, K.: *Der kleine Kämpfer und sein Weg ins Glück. Hamburg 2009*

[7] Drucker, P. F.: *Was ist Management? Das Beste aus 50 Jahren. Berlin 2002*

[8] Fink, D.; Hartmann, M.: *Das Missing-Link-Prinzip. Schließen Sie die Lücke zwischen Strategie und Umsetzung. München 2009*

[9] Jarvis, J.: *Was würde Google tun? Wie man von den Erfolgsstrategien des Internet-Giganten profitiert. München 2009*

[10] Kanter, R. M.: *The change Masters: Innovations for Productivity in the American Corporation. New York 1983*

[11] Köppel, P.; Sandner, D.: *Synergie durch Vielfalt. Praxisbeispiele zu Cultural Diversity in Unternehmen. Gütersloh 2008*

[12] Konradt, U.; Köppel, P.: *Erfolgsfaktoren virtueller Kooperationen. Best Practices von Microsoft Deutschland GmbH und Telefónica O2 Germany GmbH & co. OHG. Gütersloh 2008*

[13] Mohn, R.: *Die gesellschaftliche Verantwortung des Unternehmers. München 2003*

[14] Mohn, R.: *Menschlichkeit gewinnt. Eine Strategie für Fortschritt und Führungsfähigkeit (Bericht an den Club of Rome). München 2000*

[15] Pelzmann, L.: *Die Critical Incident-Methode. Informationsquelle für verborgene Risiken. Malik MZSG-Schriftenreihen, >forum< Nr. 8, St. Gallen 2001*

[16] Peters, T. J.; Waterman, R. H.: *In Search of Excellence. New York 1982*

[17] Pralahad, C. K.: *Der Reichtum der Dritten Welt – Armut bekämpfen, weltweiten Wohlstand fördern, Würde bewahren. München 2006*

[18] Sackmann, S.; Bertelsmann Stiftung: *Erfolgsfaktor Unternehmenskultur. Gütersloh 2004*

[19] Sackmann, S.: *Toyota Motor Corporation – eine Fallstudie aus unternehmenskultureller Perspektive. Gütersloh 2006*

[20] Schein, E.: *Unternehmenskultur. Ein Handbuch für Führungskräfte. Frankfurt/New York 1995*

[21] Schmid, S.; Grosche, P.: *Management internationaler Wertschöpfung in der Automobilindustrie. Strategie, Struktur und Kultur. Gütersloh 2008*

[22] Schwenker, B.; Spremann, K.: *Unternehmerisches Denken zwischen Strategie und Finanzen. Die vier Jahreszeiten der Unternehmung. Berlin/Heidelberg 2008*

[23] Sayle, B.; Kumar, S.: *Riding the Blue Train. London 2006*

Zusammenfassung
Zur Sicherung des unternehmerischen Erfolges der Zukunft bedarf es ganzheitlicherer Strategien für die Motivation von Mitarbeitern auf der Basis einer partnerschaftlichen Unternehmenskultur. Unternehmerischer Freiraum, Delegation von Verantwortung, Mitsprache am Arbeitsplatz, Beteiligung am Erfolg und eine ausgeprägte Dialogkultur sind Komponenten einer modernen Innovationskultur. Sie müssen allerdings kontinuierlich fortgeschrieben und der Zeit angepasst werden. Das Fundament hierfür ist und bleibt das Vertrauen in die Führung einer Organisation und in die Organisation selbst. Fehlerkultur und Beteiligung dürfen nicht nur auf dem Papier stehen, sondern müssen auch von den Führungskräften im Sinne einer Vorbildfunktion gelebt werden. Dann sind die Freisetzung von Kreativität und der unternehmerische Erfolg nur eine Frage der Zeit.

Der Innovationsmanager

Die Innovationsleistungen eines Unternehmens lassen sich optimieren, wenn mit dem Innovationsmanager ein Verantwortlicher installiert wird, durch den das Thema Innovation ein Gesicht erhält. Was der Innovationsmanager leisten kann und wo seine Grenzen liegen, beschreibt dieser Beitrag.

In diesem Beitrag erfahren Sie:
- welche Ziele das Innovationsmanagement hat,
- wie der Innovationsmanager organisatorisch optimal eingebunden ist,
- welche Hard- und Soft-Skills er besitzen muss,
- welche Quellen für Ideen er nutzbar macht.

Hans Günter Boldt

Was bei der Einführung von Innovationsmanagement zu beachten ist

Innovation und Innovationsmanagement sind kein kurzfristiges Engagement. Ein »Return on Innovation« hat nur dann eine Chance, wenn die damit verbundenen Aktivitäten mit einem Zeithorizont von mindesten drei Jahren angelegt sind. Der Autor stellt in diesem Beitrag seine Erfahrung aus über 20 Jahren Managementtätigkeit in verschiedenen Positionen der Forschung & Entwicklung, des Marketings und des Innovationsmanagements in der Konsumgüterindustrie dar. Der Beitrag richtet sich an Eigentümer, Geschäftsführer und (zukünftige) Innovationsmanager.

Warum überhaupt Innovationsmanagement?

Warum ist ein Management von Innovationen überhaupt notwendig? Gelingen Innovationen nicht auch ohne Innovationsmanagement? Diese Frage muss mit »ja« beantwortet werden. Aber die Praxis verlangt gerade den Unternehmensbereichen, die für Innovation verantwortlich sind, höhere Effizienz ab. Das Einrichten einer Position »Innovationsmanager« ist eine Erfolg versprechende Strategie, auf diese Anforderungen zu reagieren. Der Innovationsmanager professionalisiert die Produktentwicklung, fördert die Innovationskultur und so letzlich auch die Innovationsfähigkeit des Unternehmens.

Zweck des Innovationsmanagements

Die Kernaufgabe der Position des Innovationsmanagers ist die Professionalisierung des Prozesses von der Ideenfindung bis zur erfolgreichen Einführung eines Produktes im Markt. Durch neue Produkte, Dienstleistungen und Prozesse leistet das Innovationsmanagement so einen Beitrag zur Zukunftsfähigkeit des Unternehmens.

Innovationsmanagement – konkreter

- ⇨ Innovationsmanagement befasst sich mit etwas Neuem und dessen Umsetzung und Vermarktung. Die Innovation kann, muss aber nicht, radikal neu sein. Vielleicht ist es einfach die »richtige Idee zum richtigen Zeitpunkt« – die dann umgesetzt wird. Bei Innovationen denkt man zuerst gern an neue Produkte. Dabei darf nicht übersehen werden, dass auch eine neuartige Dienstleistung oder ein neuartiger (interner) Geschäftsprozess ebenso eine Innovation sein kann, solange sich diese Änderung eben betriebswirtschaftlich rechnet.
- ⇨ Innovation ist kein »Selbstläufer« und sie entsteht nicht »nebenher«: Innovationsmanagement dann anzufangen, wenn gerade nichts Operatives ansteht, führt zu keinem Erfolg.

- ⇨ Wie jede andere im Unternehmen eingeführte Struktur muss das Innovationsmanagement einen Nutzen stiften. Innovationsmanagement muss sich wenigstens mittelfristig rechnen. Es ist also kein Luxus, den ein Unternehmen sich in »fetten Zeiten« leistet.

Warum ist also Innovationsmanagement so wichtig?

- ⇨ Innovationsmanagement ist ein Baustein zur Zukunftssicherung eines Unternehmens. Gerade Unternehmen am kostenintensiven Standort Deutschland sind herausgefordert, die bessere Idee, die bessere Problemlösung, den besseren Prozess zu entwickeln und diese Produkte und Lösungen erfolgreich im globalen Markt zum (meist) höheren Preis anzubieten. Aber gerade tradierte, in der Vergangenheit erfolgsverwöhnte Unternehmen haben Schwierigkeiten, ihre Organisation auf neue Markt- und Kundenbedürfnisse anzupassen. Ein eindrucksvolles Beispiel ist der Absturz einer ganzen Branche durch die Digitalfotografie – Filme für analoge Fotos haben heute nur noch eine marginale Bedeutung. Auch die ganz Großen haben offensichtlich viel zu lange an der Erfolgsformel der Vergangenheit festgehalten und sich dann mit hohen Investitionen und großem Risiko in einer späten Marktphase in den digitalen Markt eingekauft.
- ⇨ Selbst die beste Idee ist kein Selbstläufer – auch nicht in Spitzenunternehmen. Es bedarf immer eines Treibers und für diese Rolle ist der Innovationsmanager prädestiniert.

Innovationsmanagement und Strategie

Innovationsmanagement ohne Strategie ist wie Wandern ohne Karte. Die Strategie gibt die »Leitplanken« vor, zwischen denen das Innovationsmanagement die spezifischen, mit der Geschäftsleitung abgestimmten Suchfelder ableitet. Geschieht das nicht, gerät ein Innovationsmanager leicht auf verlorenen Posten, denn wie soll er wissen, wo es richtig ist, Zeit und Geld für eine Idee oder ein Projekt in einer frühen Phase zu investieren? Strategien sind üblicherweise nicht unverrückbar, sondern müssen, sobald sich Veränderungen ergeben, an die neue Situation angepasst werden. Idealerweise ist der Innovationsmanager in diesen Strategieprozess mit eingebunden. In dieser Beziehung kann der Innovationsmanager ein wichtiges Bindeglied zwischen der Geschäftsleitung und den Mitarbeitern darstellen.

Ziele des Innovationsmanagements

Innovationsmanagement braucht Freiraum, erforderlich sind aber auch die oben genannten »Leitplanken« an denen es sich orientieren kann. Wie jeder andere Bereich einer Organisation muss auch das Innovationsmanagement einen nachweislichen Nutzen für das Unternehmen stiften. Deshalb braucht es Ziele, die die Leistungen des Innovationsmanagements messbar machen.

Die Ziele sind, in Abhängigkeit von der wirtschaftlichen Situation des Unternehmens und des jeweiligen Unternehmensumfelds, vielfältig. Hier seien exemplarisch drei relevante Ziele für die Position »Innovationsmanagement« vorgestellt:

1. Bereichsübergreifend neue Ideen entwickeln, bewerten, priorisieren und deren Umsetzung vorbereiten. Pro Jahr mehrere entscheidungsreife Innovationen aus unterschiedlichen Unternehmensbereichen bzw. Abteilungen gewinnen.
2. Profitables Wachstum durch innovative Ansätze sicherstellen.
3. Innovationskultur im Unternehmen verankern.

In diesem Rahmen leiten sich dann die konkreten Jahresziele ab. Hier einige Beispiele gängiger Ziele:

- ⇨ Entwickeln von Zukunftsszenarien für das Unternehmen
- ⇨ Entwickeln von Konzepten, die über das etablierte Kerngeschäft hinausgehen
- ⇨ Identifizieren neuer Technologien zur Lösung von (aktuellen und zukünftigen) Kundenproblemen
- ⇨ Entwickeln neuer Anwendungen des Kerngeschäftes, jenseits der üblichen Branchenregeln
- ⇨ Etablieren eines internen Forums, das die Kommunikation zwischen F&E und Marketing stimuliert

⇨ Etablieren und Pflegen eines internen und externen Netzwerks
⇨ Erstellen eines Innovationsportfolios (»große« und »kleine« Ideen in Abhängigkeit von Aufwand und Risiko; s.u.)
⇨ Neubewertung intern existierender aber nicht weiterverfolgter Ideen und Empfehlung über eine Wiederaufnahme
⇨ Formulierung völlig neuer Fragestellungen, generiert durch die Beobachtung von Kunden
⇨ Durchführung eines Innovationspreises

Innovationsmanagement und Kultur

Innovationsmanagement hat nur dann eine Chance, wenn das kulturelle Umfeld im Unternehmen stimmig ist. Es muss seitens der Geschäftleitung ein klares Bekenntnis zur Innovation bestehen. Halbherzige Ansätze werden schnell von der Belegschaft erkannt (oder zumindest empfunden). Dieses klare Bekenntnis zu Innovation hat beispielsweise auch etwas damit zu tun, wie im Unternehmen mit

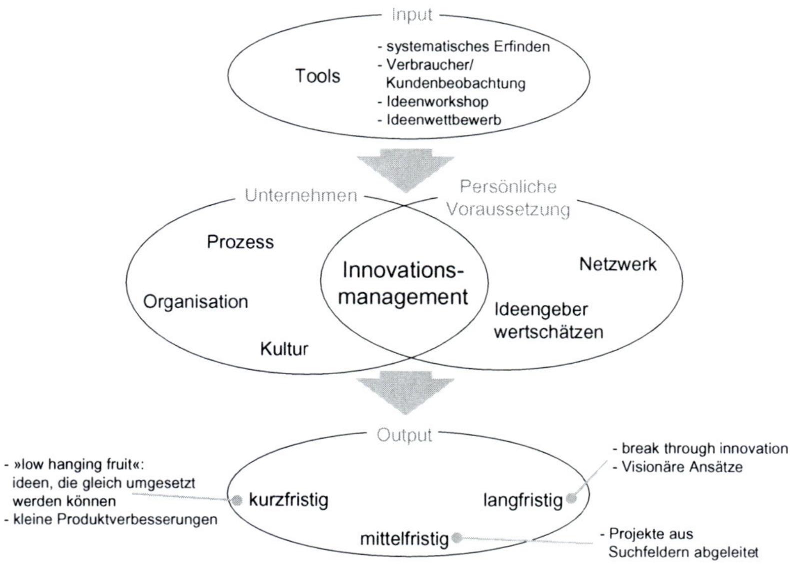

Abb. 1: *Wie Innovationsmanagement funktioniert*

Fehlern umgegangen wird: Es ist die Geburt eines »Innovationskillers«, wenn ein Mitarbeiter dafür abgestraft wird, weil er, vielleicht ohne offiziellen Auftrag, einer innovativen Idee nachgegangen ist und dabei scheitert. Und schlimmer: Nicht nur der Mitarbeiter wird zukünftig sehr viel zurückhaltender sein. Die Vorsicht strahlt auch auf das Umfeld des Mitarbeiters aus. Auch subtile Signale des Vorgesetzten können Ideen im Keim ersticken. Der Innovationsmanager wandelt allerdings hier auf einem schmalen Grat, denn offenkundig besitzt nicht jede Idee genügend Potenzial, weiterverfolgt zu werden. Hier kann der Innovationsmanager allerdings eine Vorbewertung kommunizieren und dem Mitarbeiter gegebenenfalls ein Signal in die eine oder andere Richtung geben.

Innovationsmanagement und Wissensmanagement

»Man sieht nur die Dinge, die man weiß«. Wissen ist einer der ganz wichtigen Erfolgsfaktoren für das Innovationsmanagement. Allerdings ergibt sich aus dem Wissen allein nicht automatisch eine innovative Idee. Das systematische Organisieren des Wissens- und Ideenmanagements ist eine herausragende Aufgabe für den Innovationsmanager. Er entwickelt einen Wissenspool, aus dem Impulse für echte Innovationen entstehen. Es geht dabei nicht primär um die Ablage von explizitem Wissen, sondern eher darum, implizites Wissen in der Organisation präsent zu halten. Einen wesentlichen Beitrag, den der Innovationsmanager hier leisten kann, ist beispielsweise ein Forum zu etablieren, in dem abteilungsübergreifend Mitarbeiter miteinander im Rahmen eines »Innovationstags« ins Gespräch kommen.

Innovationsmanager: Organisation und Profil

So vielfältig die Aufgabengebiete eines Innovationsmanagers sein können, zwei wesentliche Punkte sollten berücksichtigt werden:

1. Es ist sinnvoll, die Position des Innovationsmanagers so hoch wie möglich organisatorisch einzubinden: Das Reporting des Innovationsmanagers sollte möglichst direkt an die Geschäftsleitung erfolgen. Eine andere organisatorische Einbindung birgt immer

die Gefahr, mit den Tätigkeiten und Aufgaben mehr und mehr ins Operative zu driften. Die Wahrscheinlichkeit eine erfolgversprechende Idee im Sinne der Ziele des Innovationsmanagements (s.o.) zu identifizieren und umzusetzen sinkt, je niedriger das Innovationsmanagement organisatorisch angesiedelt ist. Es ist nicht optimal, wenn der Innovationsmanager beispielsweise direkt an das Marketing oder die F&E berichtet. Aber auch ganz unabhängig davon, wie das Innovationsmanagement organisatorisch letztlich eingebunden ist, bedarf es der Rückenstärkung des Innovationsmanagements seitens der Geschäftsleitung. Es muss quasi für die Belegschaft sichtbar werden, dass Innovationsmanagement auch von ganz oben gewollt ist.

2. Organisatorisch stellt die Position des Innovationsmanagers eher eine Stabsstellenposition dar. Eine »Abteilung Innovation« wäre eher kontraproduktiv, denn im Kern der Tätigkeiten geht es weniger um Abgrenzung (»Abteilung« im wörtlichsten Sinn) sondern um die Integration interner und externer innovativer Quellen (Open Innovation): Die Schaffung einer Abteilung kann zu unerwünschten Effekten führen. Zum Beispiel zur Wahrnehmung, dass eigene Ideen nicht mehr gefragt seien. Aber auch die Stabsstelle birgt ihre Tücken: Es besteht die Gefahr, dass sie als »Elfenbeinturm« wahrgenommen wird und deshalb als Barriere den Fluss neuer Ideen hemmt. Hier ist das persönliche Profil des Innovationsmanagers von besonderer Bedeutung, um das Innovationsmanagement nicht ins Abseits zu manövrieren.

Das Profil eines Innovationsmanagers: »hard« und »soft skills«

Das Innovationsmanagement hat sich professionalisiert. Inzwischen existieren Aufbaustudiengänge, in denen das Managementwissen für den Innovationsprozess gelehrt wird: Wie sich Innovationsprojekte systematisch und effizient gestalten lassen. Ein Aufbaustudium neben einer soliden Ausbildung reicht aber nicht aus! Gerade im Innovationsmanagement spielen »weiche« Faktoren, wie Kommunikationsfähigkeit, Hartnäckigkeit oder etwa ein gutes Gespür für die Befindlichkeit von Menschen eine wichtige Rolle. Wie aus den Erkenntnissen der Gehirnforschung bekannt ist, entstehen Bewertungen und Entscheidungen nicht allein rational. Gerade an den Schnittstellen der Entwicklung neuer Konzepte sind die »soft skills« des Innovationsmanagers gefragt: Erfolgsaussichten hat nur diejenige Idee, die zum richtigen Zeitpunkt der richtigen Person vorgestellt wird, und dabei Begeisterung entfacht. Nur dann entsteht für eine Idee auch die Chance, umgesetzt zu werden. Mit anderen Worten, der Innovationsmanager muss immer auch ein guter Verkäufer von Ideen sein.

Risiken des Innovationsmanagements

Auch das beste Innovationsmanagement kann keine Erfolgsgarantien geben. Hier besteht das bekannte Dilemma: Einerseits soll es Neues hervorbringen. Andererseits steigen typischerweise mit einem höheren Innovationsgrad auch die Risiken einer erfolgreichen Umsetzung. Jedoch: Mittelfristig muss sich das Innovationsmanagement immer am Erfolg der mutigeren, also riskanteren Innovationen messen lassen. Dennoch sind »kleine Innovationen« (z. B. die Weiterentwicklung eines bereits existierenden Produktfeatures), die viel näher am operativen Geschäft sind, wichtig für die interne Wahrnehmung. Sie reichen aber nicht für eine nachhaltige Verankerung des Innovationsmanagements in der Organisation aus. Für die Praxis empfiehlt sich, ein Innovationsportfolio zu entwickeln, das aus mehreren riskanten, aber potenziell hochprofitablen Projekten und weniger risikobehafteten und finanziell attraktiven Themen besteht, die dafür aber schneller umsetzbar sind.

Warum Branchenerfahrung Innovationen verhindern kann

Angenommen, Sie sind neu in einem Unternehmen und entwickeln eine interessante Idee. Sie sprechen mit den Kollegen. Schon bald nennen ausgewiesene Branchen-Experten Ihnen triftige Gründe, warum Ihre Idee scheitert. Das ist ein Dilemma, wie es vermutlich gar nicht so selten vorkommt: Einerseits ist Wissen unverzichtbar. Andererseits kann Wissen durch in der Vergangenheit erworbene

(Branchen-) Erfahrung den Blick auf neue Ideen verstellen. Nicht ohne Grund starten neue Ansätze, die später sehr erfolgreich werden, klein und in einer Nische: Auch Aldi ist in den Markt eingetreten als andere Lebensmitteleinzelhandelsketten schon längst etabliert waren. Auch der Schraubengigant Würth hat klein begonnen und mit einem ausgeklügelten Vertriebssystem und Kundenorientierung einen Weltmarkt erschlossen.

Praxistipp

- ⇨ Hören Sie den Experten zu aber lassen Sie sich Ihre Freude am Hinterfragen und Nachdenken nicht nehmen, nur weil jemand beweisen wollte, dass es so »nicht geht«. Zur Ausübung des Innovationsmanagements gehört auch eine gewisse Hartnäckigkeit. Innovationen erblicken auch deshalb das Licht der Welt, weil es im Hintergrund einen »Treiber« gegeben hat, der nicht aufgehört hat zu fragen. Bleiben sie also »dran«.
- ⇨ Sie haben eine Idee, aber stoßen auf einen (ernstzunehmenden) Widerspruch. Lassen Sie den Widerspruch erst einmal so stehen. Sagen Sie nicht »das kann nicht funktionieren, weil«, sondern »OK, so geht es nicht, aber wie könnte es noch gehen?«
- ⇨ »Springen« Sie nicht zu schnell auf eine (vermeintlich plausible) Lösung. Sollte sich diese Lösung später als doch nicht praktikabel herausstellen, besteht die Gefahr, dass der (falsche) Schluss gezogen wird, die Idee sei schlecht. Die Folge könnte sein, dass die Idee nicht weiterverfolgt wird. Versuchen Sie also deshalb, klar die Konturen des Problems herauszuarbeiten und zu erkennen, wie die wirkliche Fragestellung lautet. Oft ist das Erkennen der richtigen Fragestellung der wichtigste Schritt zur Lösung.

Formelle und informelle Wege erlauben

Innovationsmanagement ist das Orchestrieren von Struktur und Kreativität. Es ist ein Irrglaube, die Existenz eines strukturierten Innovationsprozess allein (z. B. der Stage-Gate-Prozess) sei bereits Garant für qualifizierte Innovationsprojekte. Bei allen Vorteilen professioneller Strukturen zeigt sich immer wieder: Das Innovationsmanagement profitiert insbesondere auch von den informellen Wegen. Die Geschäftsleitung tut gut daran, auch nicht offiziell genehmigte (sogenannte »U-Boot«-) Projekte zu tolerieren. Die Geschichte herausragender Innovationen wie etwa das Post-it von 3M belegen dies: Der Entwickler Arthur Fry erhielt ursprünglich den Auftrag, einen besonders gut haftenden Klebstoff zu entwickeln. Durch Zufall entdeckte er einen Leim, der, auf Papier gestrichen, leicht klebte und sich rückstandsfrei wieder entfernen ließ. Zwar war diese Lösung nicht im Sinne des Auftrags, aber Fry realisierte, was andere zu dem Zeitpunkt nicht erkannten, nämlich den Grundstein für ein genial einfaches Werkzeug zur schriftlichen Kommunikation. Mit seiner Beharrlichkeit und seinem Mut zum Regelbruch gelang es schließlich, trotz vieler Rückschläge, ein überdurchschnittlich erfolgreiches Produkt auf den Markt zu bringen.

Fazit: Es ist, wie bei allen Geschäftsprozessen sinnvoll, für das Innovationsmanagement einen formalen Prozess zu organisieren. Aber Struktur allein führt nicht zur Innovation. Trotzdem halten sich Unternehmen, die sich für eine Professionalisierung des Innovationsmanagements entschlossen haben, häufig viel zu lange mit formalen Aspekten der Struktur auf. Ein positives Beispiel: Als 2007 bei den Deutschen SiSi-Werken (»Capri-Sonne«) das Innovationsmanagement startete, fanden nach weniger als 100 Tagen bereits Innovationsworkshops mit allen Abteilungen des Unternehmens statt. Die dort entwickelten Ideen wurden im Nachgang weiter konkretisiert und systematisiert. Es entstand eine Mindmap mit über 800 Ideen, die, auch zwei Jahre später, noch das Rückgrat des Ideenpools darstellen. Aus diesem Ideenpool sind mittlerweile mehrere große und kleine Entwicklungsprojekte entstanden. Beispielsweise ist eine Promotionidee (»doppelter Strohhalm«) mit hoch effizientem Materialeinsatz umgesetzt worden, die im Sommer 2008 zu einem deutlich höheren Absatz der »Capri-Sonne« geführt hat.

Praxistipp

- ⇨ Frühzeitig beginnen – auch wenn die Struktur des Innovationsprozesses noch nicht »rund« ist. Es ist ganz wichtig, einer Organisation bereits nach wenigen Monaten ersten Ergebnisse der Innovationsarbeit aufzuzeigen.
- ⇨ »Big Ideas« und »Low-hanging Fruit«: Innovationsmanagement sollte sich nicht nur auf die Suche nach der »großen Idee« beschränken, Oft sind es gerade die »kleineren« Ideen, die vielleicht viel näher am operativen Geschäft sind, die für die Akzeptanz im Unternehmen wichtig sind.

Die Quellen der Ideen

Es wäre ineffizient, wenn sich der Verantwortliche für das Innovationsmanagement als der alleinige Ideengeber positioniert. Der Innovationsmanager sollte sich als »Anwalt für Ideen« verstehen. Jemand also, der sich für neue oder verschüttete Ideen stark macht und die Weiterentwicklung dieser Ideen auch bis zur Entscheidungsreife weiter vorantreibt. Diese Ideen können aus internen und externen Netzwerken stammen.

Ideen durch das interne Netzwerk

Die wertvollste Ressource eines internen Netzwerks sind die Mitarbeiter, und zwar alle Mitarbeiter. Eine ganz besondere Herausforderung ist es, die stillen aber talentierten Kollegen zum Mitmachen zu bewegen. Auch deshalb ist bei einem Innovationsmanager die soziale Kompetenz besonders wichtig.

Den Menschen hinter der Idee entdecken

Mitunter entwickeln Mitarbeiter Ideen, die dem Innovationsmanager bereits bekannt sind oder bereits an anderer Stelle ansatzweise durchdacht wurden. Ist die Idee nicht neu, liegt ein typischer Reflex nahe: »Wissen wir schon«. Hier ist zu berücksichtigen: Der Mitarbeiter hat möglicherweise ohne die intensive Beschäftigung mit Innovationskonzepten diese Idee entwickelt. – Was für ein kreativer Akt! Auch wenn die Idee nicht neu ist, lohnt es, sich mehr mit dem Ideengeber, also dem »Menschen hinter der Idee«, zu befassen. Womöglich schlummert da ein Talent, das weiterentwickelt werden sollte. Hier steckt Potenzial, das in Unternehmen noch sehr wenig Beachtung findet.

Ein positives Beispiel ist die Deutsche Post, die ein professionell geführtes Ideenmanagement eingeführt hat. Über ein ausgeklügeltes System können sich die 175.000 Mitarbeiter der Deutschen Post (in Deutschland) direkt mit Ideen und Verbesserungen einbringen. Besonders aktive Mitarbeiter haben Zugang zum »Club der Denker«.

Dieser Mitarbeiterkreis erfährt hier besondere Förderung. In diesem Club nehmen die dafür qualifizierten Mitarbeiter an gemeinsamen, netzwerkbildenden Veranstaltungen teil. Diese Veranstaltungen sollen die Ideengeber ganz besonders motivieren, etwa, indem neue Kreativitätstools vorgestellt werden oder Besichtigungen von Betrieben aus völlig anderen Branchen durchgeführt werden. Eine aktuelle, prominente Innovation ist das »Handy-Porto«, das von einem Mitarbeiter aus dem »Club der Denker« erdacht worden ist.

Wie geht man mit einer »alten« Idee um?
Ein berüchtigtes Verfahren, Ideen abzuwürgen ist die folgende Reaktion: »Ihre Idee nehmen wir in unserem Ideenpool auf«. Anschließend versandet das Thema in einer Datei oder einer Akte. Diese Methode ist demotivierend. Fairer und erwachsener wäre es, offen zu sagen, dass die Idee bereits existiert. Mitarbeiter können das verkraften. Es ist im Übrigen besser von »Ideenbausteinen« zu sprechen, als von kompletten Konzepten. Das birgt die Möglichkeit, dass ein Teil der Idee in eine zukünftige Entwicklung mit einfließen kann.

Ideen durch das externe Netzwerk

Das externe Netzwerk des Innovationsmanagers ist vielfältig. Es ist wichtig, die Entwicklung und Pflege eines solches Netzwerks kontinuierlich voranzutreiben, da Wissen und Anregungen von außen so mit einbezogen werden können. Wichtig ist auch, Kontakte jenseits der eigenen Branche zu etablieren. Vielleicht gibt es in Ihrer Branche ein ungelöstes Problem, das im Prinzip in einer anderen Branche schon gelöst ist. Es ist daher sinnvoll, auch branchenfremde Messen zur Inspiration zu besuchen.

Ideen durch eigene Kreativität

Ein guter Innovationsmanager ist nicht nur der Moderator für die Ideen anderer, sondern bringt auch selbst kreative Vorschläge mit ein. Schließlich hat der Innovationsmanager den besten Überblick auf die Gesamtheit der Ideen. Deshalb ist es auch leichter für ihn, beispielsweise interessante Kombinationen aus dem Pool innovativer Ideen zu entdecken und weiterzuentwickeln.

Praxistipps

⇨ Lobbyarbeit betreiben; über Ideen (die eigenen und die der anderen) sprechen – früher oder später brauchen Sie bei der Entscheidung und Umsetzung sowieso Alliierte.

⇨ Behalten Sie sich eine (im positiven Sinne) naive Neugier. Eine Anekdote besagt, dass Edwin Land die Vorstellung einer (Polaroid-)Instantcamera durch eine Frage seiner kleinen Tochter entwickelte, nämlich, warum eigentlich die fertigen Bilder nicht direkt aus der Kamera kommen würden.

⇨ Gehen Sie mit allen Sinnen durch die Welt. Als Innovationsmanager sind Sie immer auf »Empfang«.

Ideen durch die Kunden

Gerade in technologiegetriebenen Unternehmen besteht die Gefahr, an Konzepten zu arbeiten, die an den wirklichen Wünschen und Bedürfnissen des Kunden vorbei gehen: So verwendet nur ein verschwindender Teil der Handybesitzer alle in einem modernen Mobiltelefon zur Verfügung stehenden Funktionen – die Mehrheit nutzt lediglich die Kernfunktionalitäten. Nicht alles, was technisch möglich ist, ist für den Kunden relevant und betriebswirtschaftlich sinnvoll. Der Wurm muss dem Fisch schmecken, nicht dem Angler!

Von besonderer Bedeutung ist es also, die Wünsche der Kunden zu verstehen, nicht nur die explizit geäußerten Wünsche, sondern auch die noch nicht bewussten Wünsche.

Ein Beispiel aus der Konsumgüter-Praxis: Filterkaffeemaschinen-Nutzer haben in der Regel keine gravierenden Probleme mit dem System »Kaffeezubereitung«. Wie entstehen hier neue Ideen? Ein nützliches Verfahren ist die empathische Verbraucherbeobachtung. Hierzu werden Verbraucher, mit deren Einverständnis, in ihrem häuslichen Umfeld besucht und dann z. B. bei der Kaffeezubereitung beobachtet. So lassen sich zum Beispiel aus der (unbewussten) Körperhaltung des Verbrauchers, etwa beim Wasserabmessen (meist gebückt), Inspiration für völlig neue Fragestellungen entwickeln: Was kann der Hersteller tun, um das notwendige Bücken zu vermeiden? – Die Antwort wäre hier etwa ein System, das sich das nötige Wasser selbst dosiert (wie es heute schon Standard bei Espresso-Vollautomaten ist). Dieses eigentlich ganz einfache Tool der Verbraucherbeobachtung kann auch von Entwicklern, Marketingverantwortlichen und der Geschäftsleitung genutzt werden, den Kunden besser zu verstehen. So betreibt etwa die Geschäftsführerin von »Playmobil« (Umsatz mit Playmobil-Figuren 452 Millionen Euro) Feldstudien über die Zielgruppe: Sie schaut den Kindern befreundeter Eltern beim Spielen zu: Wie sie die Dinge anfassen, wie sie daran riechen, was sie sagen. Diese Erkenntnisse fließen dann in die Diskussionen mit dem 60-köpfigen Entwicklungsteam ein [1].

Auf Kunden hören, aber nicht sklavisch

Direkte Kundenbefragungen stoßen schnell an ihre Grenzen: Nicht selten entstehen Fragestellungen, mit denen »normale« Kunden überfordert sind. Besonders dann, wenn das vorgestellte Konzept jenseits der Vorstellungskraft des Kunden liegt. Wäre das automobile Konzept des Minivans in den 80er Jahren mit »herkömmlichen« Verbrauchern getestet worden, wäre er wohl nicht auf den Markt gekommen.

Auch der durchschnittliche Benutzer einer Kaffeemaschine wäre mit der Frage nach der Kaffeemaschine der Zukunft überfordert. Die Antworten wären vermutlich trivial: etwas schneller, etwas heißer, etwas kleiner, etwas größer. Neue Branchentrends lassen sich so nicht entwickeln. In solchen Fällen empfiehlt es sich auf die Lead-User-Methode zurückzugreifen.

Lead-User: Den Kunden verstehen...

Hierzu ein fiktives Beispiel: Sie sind in der Süßwarenbranche tätig. Aus Kundenbefragungen wissen Sie, dass Kunden sich eine Schokolade wünschen die »schokoladiger« schmeckt und diese Schokolade soll nun entwickelt werden. Schokolade besteht zu einem hohen Prozentsatz aus Kakao. Ihr Lösungsansatz? Sie erhöhen den Kakaoanteil, denn das wollte der Kunde ja. Die Antwort der Tester wird aber lauten, dass die Proben nicht »schokoladiger« schmecken, sondern »herber«. Es gibt aber eine Lösung, wenn man verstanden hat, was ein Verbraucher unter »schokoladiger« wirklich versteht. Er wird damit »mehr Mundgefühl« meinen, nämlich, wie gut und wie lang die Geschmacksträger auf der Zunge bleiben. Die Lösung ist dann aber nicht einfach »mehr Kakao«, sondern die Balance zwischen den Rohmaterialien und dem Verarbeitungsprozess. Nur auf den Kunden zu hören, in der Annahme er weiß was er will, kann irreführend sein. Besser: Den Kunden verstehen!

Ideen durch die Kunden des Kunden

Gerade im »Business to Business« besteht der Kontakt zum Kunden ausschließlich über den Einkäufer und an dieser Schnittstelle wird vor allem über den Preis gesprochen. Hier lohnt sich zu bedenken, dass Ihr Kunde seinerseits auch Kunden hat – und für diese Kundennutzen schaffen muss. Es kann sehr hilfreich sein, sich mit den Kunden Ihres Kunden zu befassen. Hier bieten sich Chancen, wirklich Neues zu kreieren: Innovationen, von denen der Kunde des Kunden und so auch Ihr Unternehmen profitiert. Denn der Kunde des Kunden ist letztlich auch Ihr Kunde.

Potenzielle Kunden entdecken – Nichtkunden aufspüren

Es ist verständlich, dass sich Unternehmen häufig auf ihren angestammten Markt konzentrieren. Hier kennen sie ihre Branche und ihre Kunden. Dabei besteht die Gefahr zu übersehen, dass gerade die Nichtkunden eine potenzielle Käufergruppe sein könnte, die bislang überhaupt noch nicht entdeckt ist oder angesprochen wurde. Ein aktuelles Beispiel liefert die Spielekonsole »Wii« von Nintendo: Die Produzenten der Konsole erschließen mit den Erwachsenen neue Kundensegmente. Im Fokus stehen heute nicht mehr nur Kinder und Jugendliche, sondern mit der entsprechenden Peripherie (»Wii Fit«) auch Käuferschichten, die bislang keine Spielekonsolen verwendeten:

Ältere Zielgruppen, die vor dem eigenen Bildschirm beispielsweise ihre Fitness testen und verbessern wollen.

Die Qualität der Idee

Es wirkt zwar paradox, aber häufig ist ein Warnsignal, wenn eine neue, vermeintlich gute Idee innerhalb einer Organisation ausschließlich auf positive Resonanz stößt. Warum? Eine Innovation muss aufrütteln. Sie birgt Interessenskonflikte in sich, etwa weil durch sie die bisherigen Geschäftsprozesse aus dem Gleichgewicht zu geraten drohen. Jedes Unternehmen ist auf seine Weise veränderungsresistent. Und Änderungen (auch prozessuale) werden nicht automatisch akzeptiert und konsequent durchgeführt. Einer Idee, die keine Widersprüche erzeugt, droht an ihrem eigenen Innovationsmangel zu erlahmen. Ein innovatives Unternehmen baut daher auf eine Innovationskultur, die einen kontinuierlichen Zufluss an Neuerungen und Ideen gewährleistet.

Ideen durch Kooperation mit Hochschulen

Die Zusammenarbeit mit Hochschulen, sei es in Form von Diplomarbeiten oder Projekten, kann für alle Beteiligten von großem Nutzen sein.
Hier ein Beispiel für die Zusammenarbeit mit Designstudenten: Design ist nicht nur die »schöne Form«, sondern es ist auch konzeptionell ausgefeilte und verbraucherrelevante Produktentwicklung. Die Kooperation mit Hochschulen kann zu vollkommen neuen Sichtweisen auf die Branche verhelfen. Es entstehen brilliante Zukunftsvisionen, die einem Unternehmen helfen, mutiger auch über ganz neue Konzepte nachzudenken: So hat beispielsweise das Unternehmen Melitta mehrere Designstudien zu visionären Themen, wie »Frühstück der Zukunft« oder »integrierte Systeme in der Küche« bearbeiten lassen. Es entstanden in kurzer Zeit konkrete Zukunftsbilder, die in die Strategieentwicklung mit eingeflossen sind.

Fazit

Innovationsmanagement ist die Synthese aus Kreativität und Struktur. Darüber hinaus ist es eine Haltung, die tagtäglich vorgelebt werden muss. Innovationsmanager »brennen« für ihre Ideen. Und Begeisterung für die Sache ist einer der wichtigsten Treiber.

Literatur

[1] Frankfurter Allgemeine Sonntagszeitung, 03. Mai 2009

Zusammenfassung
Innovationsmanagement ist ein noch relativ junges Berufsbild. Dieser Beitrag beschreibt, abgeleitet von Zweck und Zielen einer derartigen Position, die vielfältigen Aufgaben eines Innovationsmanagers. Der Beitrag gibt zahlreiche konkrete Tipps zur Einführung des Innovationsmanagements. Es wird darauf hingewiesen, wie wenig »greifbar« das Wesen des Innovationsmanagements sein kann: Einesteils »Struktur«, andernteils »Kreativität«, einesteils »formelle Wege« gehen, andernteils »informelle«, einesteils »die große Idee«, andernteils »low-hanging-fruit«. Dieser Dualismus, dieses »sowohl als auch«, diese Fähigkeit, mit Widersprüchen umzugehen, ist eine wesentliche Ausprägung des Innovationsmanagements. Dies erfordert ein ganz besonderes Eignungsprofil eines Innovationsmanagers (hard und soft skills). Der Erfolg des Innovationsmanagements hängt aber neben dem Eignungsprofil des Innovationsmanagers auch von der Unternehmenskultur, dem betrieblichen Umfeld und ganz besonders von der Geschäftsleitung ab: Das Top-Management muss ein klares Bekenntnis zur Innovation abgeben. Der Beitrag untersucht außerdem Wege zu neuen Ideen. Dies sind neben internen und externen Quellen aber auch Innovationstools und letztlich der Kunde selbst.

Von Zukunftsforschern lernen

Das Wettbewerbstempo nimmt zu. Damit gewinnt auch die Früherkennung von Zukunftsmärkten an Bedeutung. Durch den Einsatz von Techniken der Zukunftsforschung können sich Unternehmen »ein Stück Zukunft« ins Haus holen und so einen Vorsprung im Wettlauf der Innovationen erzielen.

In diesem Beitrag erfahren Sie:

- warum Zukunftsforschung im Innovationsmanagement helfen kann,
- welche verschieden Sichtweisen auf die Zukunft Sie dabei unterscheiden müssen,
- welche Techniken der Zukunftsforschung sich im Innovationsmanagement nutzen lassen.

ENNO DÄNEKE, HEIKO VON DER GRACHT

Einführung

Zukunftsorientierung im Innovationsmanagement

Die zunehmende Dynamik und die steigende Wettbewerbsintensität der globalen Märkte stellen große Herausforderungen an Unternehmen und ihr Management, die es erfordern, zukünftige Chancen und Bedrohungen frühzeitig zu erkennen. Um seine Marktposition zu behaupten oder zu verbessern, muss ein Unternehmen Innovationspotenziale und Zukunftsmärkte früher erkennen als seine Konkurrenz. Sich schneller als der Wettbewerb auf Veränderungen einzustellen und Innovationen vor der Konkurrenz einzuführen ist entscheidend, um einen Vorsprung im Wettlauf der Innovationen zu erzielen. Es ist notwendig, »die Zukunft« systematisch in den Innovationsprozess einfließen zu lassen. Techniken der Zukunftsforschung können hier einen entscheidenden Vorteil bringen.

In der Zukunftsforschung, die in ihrer heutigen Form ihre Ursprünge in den 1950er Jahren hat und anfangs hauptsächlich in geopolitischen Bereichen Anwendung fand, wurde eine Vielzahl von Techniken und Methoden zur systematischen Analyse der Zukunft entwickelt. Diese Techniken und Methoden dienen dabei selbstverständlich weniger dem Vorhersagen der Zukunft, sondern vielmehr einer kritischen Analyse von Trends, Entwicklungen und potenziellen Ereignissen. *Die Zukunft ist nicht vorhersehbar, sondern gestaltbar.* Zukunftsforschung kann im Innovationsmanagement insbesondere an drei Punkten einen wertvollen Beitrag leisten:

- ⇨ *Einschätzung der wahrscheinlichen Entwicklungen und der Bedeutung wichtiger Zukunftsfaktoren*: Obwohl die Zukunft nicht vorhersehbar ist, können Annahmen getroffen werden, wie sich wichtige Zukunftsfaktoren (Trends, Technologien und Themen der Zukunft) wahrscheinlich entwickeln werden und welche Auswirkungen sie wahrscheinlich auf den Markt und die Kundenbedürfnisse haben werden. Diese Annahmen geben einen Orientierungsrahmen, in dem sich die Innovationsarbeit im Unternehmen sinnvoller Weise bewegen sollte.
- ⇨ *Berücksichtigung möglicher Überraschungen, extremer Entwicklungen und Wildcards:* Das einzige sichere in der Zukunft ist, dass sie uns überraschen wird. Vor diesem Hintergrund sollten mögliche »Wildcards« (überraschende Ereignisse und Entwicklungen außerhalb der üblichen Erwartungen) gezielt er- und durchdacht werden, um entwickelte Innovationen »zukunftsrobuster« zu machen.
- ⇨ *Entwicklung von Innovationen aus den erkannten Entwicklungen:* Neben der oben genannten Orientierungsfunktion lassen sich erkannte Zukunftsfaktoren auch direkt zur kreativen Entwicklung von Innovationen und Zukunftsmärkten nutzen. Getreu dem Motto: »Der beste Weg die Zukunft vorherzusagen ist, sie zu gestalten.«

Was ist Zukunftsforschung?

Der moderne Ansatz der langfristigen Zukunftsforschung entstand in der Folge des Zweiten Weltkrieges sowie vor dem Hintergrund des heraufziehenden Kalten Krieges. Ein Großteil der noch heute im Einsatz befindlichen Methoden geht auf die 1945 in den USA gegründete RAND-Corporation zurück. Ihr Ziel war es, im sich anbahnenden militärischen Wettlauf einen Vorsprung gegenüber der UdSSR zu sichern, indem zukünftige Entwicklungen antizipiert werden sollten. Dieser Hintergrund erklärt die geopolitische Ausrichtung der wichtigen Zukunftstechniken wie Szenario- und Delphi-Studien.

In den 1960er und 1970er Jahren wurde diese Blickrichtung um eine gesellschaftliche und globalpolitische Dimension ergänzt. In den späten 1970er und frühen 1980er Jahren durchlief die Zukunftsforschung eine Krise, verursacht durch zahlreiche fehlerhafte Prognosen während der Ölkrisen und der wirtschaftlichen Abkühlung dieser Periode.

Der heilsame Effekt der Krise war, dass sich die seriöse Zukunftsforschung endgültig von dem Wunsch verabschiedete, die Zukunft vorherzusagen. Stattdessen konzentriert sie sich heute darauf, mögliche und wahrscheinliche zukünftige Entwicklungen zu durchdenken, um sich darauf vorzubereiten. Im Fokus stehen dabei mögliche Risiken und die Erkennung von Chancen.

Zukunftsmanagement als unternehmerische Zukunftsforschung

Was ist Zukunftsmanagement?

Um erfolgreich zu sein, müssen sich Unternehmen schneller als ihre Wettbewerber auf Veränderungen einstellen, Chancen früher erkennen und Innovationen schneller umsetzen. Zukunftsmanagement hilft als unternehmerische Zukunftsforschung, diese Ziele zu erreichen. Es baut gewissermaßen die Brücke von der Welt der Unternehmen in die Welt der Zukunftsforschung und wieder zurück.

Die Techniken und Methoden der Zukunftsforschung dienen dabei einer kritischen Analyse von Trends, Entwicklungen und potenziellen Ereignissen in der Zukunft.

Das Eltviller Modell für Zukunftsmanagement

Überblick

Um die Techniken der Zukunftsforschung effektiv und effizient im Unternehmen zu nutzen, benötigt es eines methodischen Rahmens. Das Eltviller Modell für Zukunftsmanagement nach Mićić [1] hat sich dabei als besonders geeignet erwiesen. Das Eltviller Modell schafft einen gemeinsamen Denk- und Diskussionsrahmen, ist dabei aber offen für die Nutzung verschiedener Techniken der Zukunftsforschung. Sein Kern ist die Unterscheidung der fünf typischen Sichtweisen auf die Zukunft, die zur besseren Unterscheidung mit verschiedenfarbigen Brillen gekennzeichnet sind:

- ⇨ *Blaue Zukunftsbrille:* Die wahrscheinliche Zukunft in Form von Annahmen.
- ⇨ *Grüne Zukunftsbrille:* Die gestaltbare Zukunft in Form von Chancen.
- ⇨ *Gelbe Zukunftsbrille:* Die gewünschte Zukunft in Form einer Vision.
- ⇨ *Rote Zukunftsbrille:* Die unerwartete Zukunft in Form von Überraschungen.
- ⇨ *Violette Zukunftsbrille:* Die geschaffene Zukunft in Form von Strategien.

Passive und aktive Grundhaltung gegenüber der Zukunft

Die fünf Sichtweisen entsprechen zwei Grundhaltungen gegenüber der Zukunft:

- ⇨ Die *passive Haltung* fragt: »Was kommt in der Zukunft auf uns zu?« Sie umfasst die blaue Sicht auf Annahmen der wahrscheinlichen Zukunft sowie die rote Sicht auf mögliche Überraschungen außerhalb dieser Erwartungen.

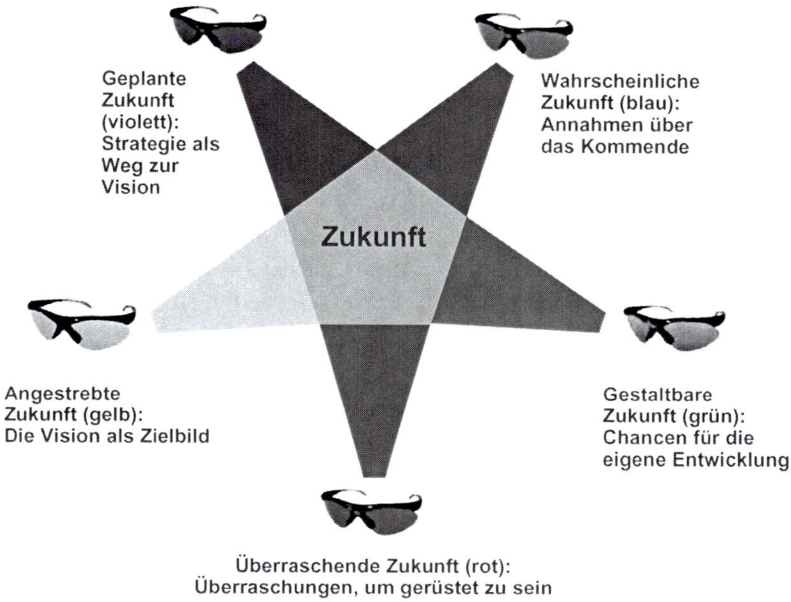

Abb. 1: *Die fünf Sichtweisen auf die Zukunft nach dem Eltviller Modell für Zukunftsmanagement (Quelle: [1], S. 11)*

⇨ Die *aktive Haltung* fragt: »Wie können wir die Zukunft gestalten?« Sie beinhaltet die grüne Sicht (Welche Chancen können wir prinzipiell ergreifen?), die gelbe Sicht der Entscheidung (Welche Vision wollen wir wann in der Zukunft erreichen?) sowie die violette Sicht der Strategie (Was unternehmen wir konkret, um unsere gesetzten Ziele zu erreichen?).

Beide Grundhaltungen sind miteinander verknüpft und beeinflussen sich gegenseitig, da wir die Entscheidungen über unsere aktive Gestaltung der Zukunft auf unseren Annahmen über zukünftige Entwicklungen gründen. Gleichzeitig beeinflussen wir durch unsere Taten den Lauf der Welt, zumindest in unserem Einflussbereich, entscheidend mit.

Die fünf Sichtweisen und Zukunftsbrillen

1. Die wahrscheinliche Zukunft (blaue Zukunftsbrille)

Die blaue Sichtweise untersucht die wahrscheinliche Zukunft. Die vorhandenen Informationen über Trends, Technologien und Themen, die die zukünftige Entwicklung beeinflussen, werden hier kritisch analysiert, um ein möglichst klares Bild zu erlangen, wie sich das Umfeld des Unternehmens voraussichtlich entwickelt. Die Sicht ist hier passiv, beobachtend und distanziert. Es geht weder um mögliche Handlungsoptionen noch um Wünsche oder Vorlieben für die eigene Zukunft. Die blaue Sichtweise gibt Antworten auf Fragen nach zukünftig einsetzbaren Technologien und Methoden, Veränderungen der Kundenbedürfnisse sowie den zukünftigen Rahmenbedingungen in politischer, wirtschaftlicher und soziokultureller Hinsicht. Selbstverständlich kann die Zukunft hier nicht vorausgesagt werden. Die persönlichen Annahmen, beziehungsweise die Annahmen des Managements, werden in dieser Phase jedoch offen gelegt, mit allen zur Verfügung stehenden Mitteln überprüft und können gegebenenfalls angepasst werden. Durch diesen Prozess werden die allen Entscheidungen zugrunde liegenden Zukunftsannahmen transparent, überprüfbar und in ihrer Qualität verbessert.

2. Die gestaltbare Zukunft (grüne Zukunftsbrille)

Die grüne Sichtweise untersucht, welche Handlungsoptionen einem Unternehmen zur Verfügung stehen. Sie fragt, welche Innovationen angesichts der erwarteten Entwicklungen (blaue Sichtweise) erdacht werden können. Hier werden die Chancen (im Sinne denkbarer Innovationen und Zukunftsmärkte) aus den zuvor eingeschätzten Entwicklungen abgeleitet. Darüber hinaus werden Kreativtechniken eingesetzt, um weitere Chancen zu identifizieren. Ziel ist, den Horizont zu erweitern und über den Tellerrand hinauszuschauen, da hierdurch das Entwicklungspotenzial des Unternehmens gesteigert werden kann. Eine Bewertung der Optionen erfolgt in dieser Phase bewusst noch nicht.

3. Die gewünschte Zukunft (gelbe Zukunftsbrille)
Die gelbe Sichtweise ist die Sicht der Bewertung und Entscheidung. Die Vision als langfristiges, übergeordnetes Ziel des Unternehmens wird durch die Auswahl und Verknüpfung der attraktivsten Chancen bestimmt. Im Innovationsmanagement wird hier entschieden, welche der mit der grünen Sichtweise erdachten Innovationsmöglichkeiten weiterverfolgt, näher untersucht oder direkt in die Umsetzung gebracht werden.

4. Die unerwartete Zukunft (rote Zukunftsbrille)
Was geschieht, wenn sich die getroffenen Zukunftsannahmen nicht erfüllen? Sind umwälzende Ereignisse oder Paradigmenwechsel möglich und wie würden sich diese auswirken? Diese Fragen beantwortet die rote Sichtweise, die potenzielle Überraschungen analysiert. Überraschungen sind unwahrscheinliche, aber prinzipiell mögliche Entwicklungen und Ereignisse mit großen Auswirkungen auf eine Branche oder ein Unternehmen. Diese Sicht dient einerseits der Absicherung gegen Unerwartetes, kann aber auch großes Innovationspotenzial bergen, indem mögliche Paradigmenwechsel, beispielsweise durch die Entwicklung revolutionärer Technologien und Konzepte, gezielt herbeigeführt werden.

5. Die geschaffene Zukunft (violette Zukunftsbrille)
Mit der violetten Sichtweise wird festgelegt, was nun konkret getan werden muss, um die Vision (gelbe Sichtweise) zu erreichen. Sie schafft durch die Definition von Zielen, Projekten und Prozessen die Verbindung zum Tagesgeschäft.

Beitrag der Zukunftsforschung für das Innovationsmanagement

Einführung

Unternehmen, die in Zukunftsforschung investieren möchten, haben vielfältige methodische Möglichkeiten. Es gibt zahlreiche Tools und Techniken, die ein systematisches Untersuchen der Zukunft ermöglichen. Die Techniken besitzen zum Teil sehr unterschiedliche Prämissen und Grundideen, zielen jedoch alle auf die Erweiterung des vorausschauenden Denkhorizonts ab. Ziel sind entweder der bessere Umgang mit Unsicherheit und strategische Wettbewerbsvorteile oder aber auch der Wandel hin zu einem stärker Nachfrage-getriebenen Geschäft. Bekannte Methoden sind vor allem Zeitreihenanalysen, historische Analogieschlüsse, Simulationen, Expertenbefragungen sowie die Szenario- und die Delphi-Technik. Jede Methode hat ihre Vor- und Nachteile. Unternehmen sollten deshalb über den Einsatz auf Grundlage des Verwendungszwecks und der gewünschten Ergebnisse entscheiden. Die verschiedenen Sichtweisen des Eltviller Models für Zukunftsmanagement schaffen den für die Auswahl notwendigen Rahmen. Die Unterschiedlichkeit der oben beschriebenen Sichtweisen bedingt, dass die verschiedenen Techniken der Zukunftsforschung in den Phasen unterschiedlich einsetzbar sind. So erfordert die blaue Sichtweise eher analytische Tools. In ihr lassen sich erfahrungs- und expertenbasierte Techniken wie die Delphi-Befragung gut einsetzen. Die grüne und die rote Sichtweise fordern dagegen eher kreativere Techniken. In der gelben Sichtweise kommen hauptsächlich Entscheidungstools zum Einsatz, während die violette Sicht von Elementen der klassischen Planung dominiert wird.

Wahrscheinliche Entwicklungen berücksichtigen

Basis des zukunftsorientierten Innovationsmanagement muss die Analyse der wahrscheinlichen Zukunft sein (siehe blaue Zukunftsbrille des Eltviller Models). Sie bildet gewissermaßen das Fundament, auf dem Innovationen aufgebaut werden können. Es müssen Annahmen über die wahrscheinliche Zukunft getroffen und systematisch überprüft werden. Wichtige Tools hierfür sind die Delphi-Technik sowie die Entwicklung von Szenarien.

Delphi-Technik

Die Delphi-Technik ist ein systematisches, mehrstufiges Befragungsverfahren, das Ende der 50er Jahre entwickelt wurde, um allgemeine Probleme der Gruppendiskussion (Mitläufereffekt, Halo-Effekt) zu vermeiden. Sie kam erstmalig im »Projekt Delphi« der RAND-Corporation zum Einsatz, in dessen Rahmen sieben Forscher in Form einer strukturierten schriftlichen Befragung mögliche Ziele sowjetischer Angriffe auf die USA bewerteten. Nach Jahren ausschließlich militärischer Nutzung wurde die Delphi-Technik im Jahr 1964 erstmalig auch der Allgemeinheit vorgestellt. Im Rahmen der Studie »Report on a Long-Range Forecasting Study« präsentierten T. J. Gordon und O. Helmer Ergebnisse zur langfristigen Vorhersage wissenschaftlicher und technischer Entwicklungen der nächsten 50 Jahre. Von diesem Zeitpunkt an verbreitete sich die Technik rapide über die ganze Welt und fand Anwendung in allen erdenklichen Themenfeldern.

Es gibt drei Grundgedanken der Delphi-Technik. Zum einen geht die Methodik davon aus, dass eine Gruppe zu einem besseren Ergebnis kommt als eine Einzelperson. Des Weiteren wird angenommen, dass Expertenmeinungen genauere Ergebnisse liefern als Einschätzungen von Nicht-Experten. Außerdem wird von einer Konsensannäherung der Experten infolge des anonymisierten, kontrollierten Feedbacks der Gruppenmeinung zwischen den Runden ausgegangen.

Zur Entwicklung von Prognosen ist die Delphi-Befragung sehr gut geeignet. Durch die Befragung von mehreren Experten aus verschiedenen relevanten Bereichen können Extrempositionen geglättet und unrealistische Einschätzungen vermieden werden. Dadurch erhalten die erarbeiteten Prognosen eine hohe prognostische Qualität.

Die Delphi-Technik basiert auf der systematischen Nutzung von Experteneinschätzungen. Zu einer definierten Frage- oder Problemstellung werden individuell erarbeitete Lösungen von verschiedenen Experten eingeholt. Basierend auf einer detaillierten Analyse der Ergebnisse wird dann eine zweite Fragerunde gestartet. Dabei werden abweichende Meinungen untersucht und die Vertreter dieser Meinungen aufgefordert ihre Ansichten zu begründen. Es wird versucht, die verschiedenen Standpunkte anzugleichen. Nachdem die Experten ihre Aussagen basierend auf dem Input ihrer Kollegen überarbeitet haben, beginnt eine neue Runde. Dieser Prozess wiederholt sich, bis schließlich ein ausreichendes Maß an Konsens erreicht ist. In der Regel werden allerdings nicht mehr als zwei Fragerunden durchgeführt. Durch die Wiederholungen sollen einerseits extreme Fehleinschätzungen (zum Beispiel Wunschdenken) vermieden, andererseits aber zudem die zusätzlichen Informationen der Abweichler berücksichtigt werden. Außerdem kann durch die Auswahl von Experten aus verschiedenen Wissensbereichen eine Vielzahl verschiedener Sichtweisen einfließen. Die getrennte, anonymisierte Befragung verhindert, dass besonders eloquente Experten mit hohem sozialen Status die Meinungsbildung dominieren. Daher werden Delphi-Untersuchungen traditionell mit schriftlichen Fragebögen durchgeführt. Es ist aber auch möglich, ein Mini-Delphi im Rahmen einer strukturierten Gruppendiskussion durchzuführen. Der Vorteil der Anonymität geht dabei allerdings verloren.

Szenario-Technik

Die Szenario-Technik ist die bedeutendste Methode der Zukunftsforschung. Royal Dutch Shell wurde als Pionierunternehmen bekannt, das Szenarien für die Planung und die strategische Ausrichtung des Unternehmens Anfang der 1970er Jahre einführte. Anstelle der gängigen Planung mittels einzelner »Forecasts« konzentrierten sich Shell-

Strategen auf das Denken und Planen in alternativen »Zukünften«. Es gelang ihnen dadurch unter anderem, die Möglichkeit der Ölkrisen von 1973 und 1979 »vorherzusehen«, die sich ergebenden Konsequenzen früher abzuschätzen und sich gezielt darauf einzustellen. Wir verstehen heute unter Szenarien in sich konsistente, plausible, fesselnde und narrative Beschreibungen möglicher Situationen der Zukunft, die auf einem komplexen Beziehungsgeflecht von Einflussfaktoren basieren.

Eine Szenario-Planung besteht aus zwei Elementen. Zunächst werden Szenarien in einem systematischen Prozess entwickelt; in einem zweiten Schritt werden ausgehend von diesen Ergebnissen Entscheidungen im Rahmen der strategischen Planung getroffen. In den vergangenen 50 Jahren haben sich verschiedene Schulen der Szenario-Planung entwickelt. Die Ansätze verfolgen entweder eine intuitive-kreative oder aber eine mathematisch-logische Vorgehensweise, um Szenarien zu entwickeln. Obwohl es Unterschiede zwischen den

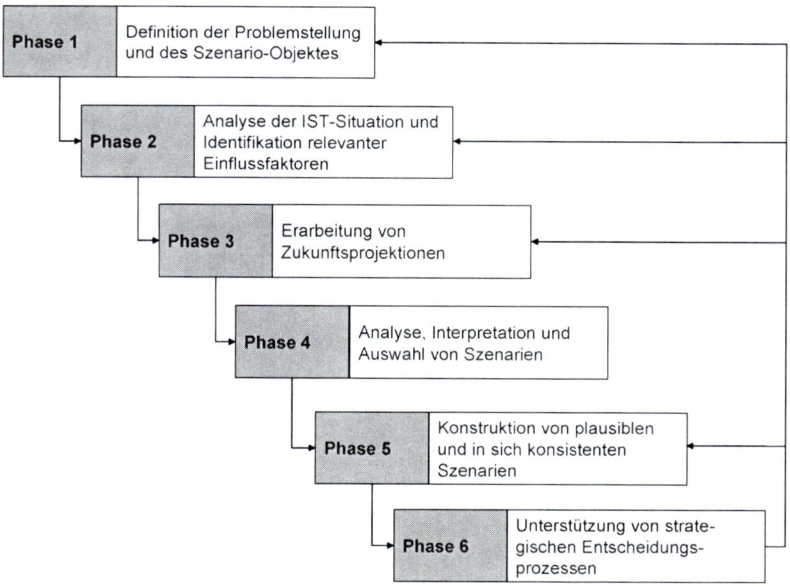

Abb. 2: *Generischer Prozess der Szenarioplanung (Quelle: [2], S. 40)*

Verfahren gibt, verbindet sie alle ein generischer Szenario-Prozess (vergleiche Abbildung 2).

Szenarien sollten integrativer Bestandteil des strategischen Denkens werden. Sie bieten die Chance, komplexe Sachverhalte mittels einer plausiblen und konsistenten Story verständlich zu erfassen und zu kommunizieren. Lernprozesse werden beschleunigt und Manager trainieren die Reaktion auf unterschiedliche Zukünfte. Die durch Szenarien erzielte höhere Flexibilität und Reaktionsfähigkeit schaffen Wettbewerbsvorteile. Eine Anwendung verspricht besonders hohen Erfolg, wenn folgende Bedingungen vorherrschen:

- ⇨ Das Unternehmensumfeld zeichnet sich durch eine hohe Komplexität und Dynamik aus.
- ⇨ In der Vergangenheit traten bereits häufiger »teure« Überraschungen ein.
- ⇨ Das Unternehmen generiert kaum Innovationen.
- ⇨ Die Qualität des strategischen Denkens ist schwach, routinemäßig oder bürokratisch.
- ⇨ Die Industrie ist geprägt von stetigem Wandel und einem hohen Anpassungsdruck.
- ⇨ Wettbewerber setzen die Planungsmethode bereits erfolgreich ein.

Royal Dutch Shell konnte anhand verschiedener Studien wissenschaftlich belegen, dass das Überleben eines Unternehmens und seine langfristige Wettbewerbsfähigkeit stark von der Kompetenz des Managements abhängen, die Notwendigkeit strategischer Change-Prozesse frühzeitig zu identifizieren und diese erfolgreich umzusetzen. Die Szenarioplanung kann entscheidend dabei unterstützen. Anwender sind in der Lage, »über den Tellerrand« hinaus zu blicken und ihre Entscheidungen robust gegenüber alternativen Zukünften abzusichern.

Delphi-basierte Szenarien

Forscher und Strategen haben die Möglichkeit, sowohl Delphi-Szenarien als auch Szenario-Delphis im Rahmen des Innovationsmanagements einzusetzen. Beide Kombinationen ermöglichen eine Verbesserung der einzelnen Methodiken, indem die Vorteile summiert werden. In der Praxis wird in der Regel eine der beiden Techniken zur übergeordneten Methodologie bestimmt und die zweite bei einer bestimmten Phase integriert. Auch wenn die Kombination der Delphi- und der Szenario-Technik bislang eher selten eingesetzt wurde, sind sich Experten einig, dass hier erhebliche Potenziale für Zukunftsprojekte liegen.

Die Integration von Delphi in den Szenarioprozess ist gängiger als die Entwicklung von Szenario-Delphis, das heißt die Bewertung von Szenario-Elementen in einer Delphi-Studie. In der Literatur wird diese Art als Delphi- oder expertenbasierte Szenarien diskutiert. Aktuelle Forschungen belegen, dass die Gültigkeit, Akzeptanz, Plausibilität und Konsistenz von Szenarien enorm gesteigert werden können, indem Expertenwissen mittels Delphi-Befragungen in den Prozess integriert wird. Die Delphi-Technik kann insbesondere in Phase 2 und 3 innerhalb des Prozesses der Szenarioplanung eingesetzt werden (vergleiche Abbildung 2). Expertenwissen zur Zukunft wird durch eine Delphi-Befragung systematisch erfasst und kann so als Input für die Generierung alternativer Szenarien verwendet werden. Basierend auf der Meinung eines Delphi-Panels können relevanten Ereignissen und Entwicklungen Eintrittswahrscheinlichkeiten zugeordnet werden. Des Weiteren können durch eine Delphi-Befragung zentrale Argumentationslinien sowie extreme Entwicklungen, für den Szenario-Erstellungsprozess identifiziert werden.

Manager sollten bei der Entwicklung Delphi-basierter Szenarien auf grundlegende Gütekriterien der empirischen Sozialforschung achten, um eine zukunftsrobuste Entscheidungsbasis zu erhalten. Wichtig sind in diesem Zusammenhang die Reliabilität und die Validität der Ergebnisse.

Reliabilität beschreibt die Konsistenz und Stabilität des Messinstruments. Sie bewertet, ob Befragungen zu unterschiedlichen Zeiten zu den gleichen Ergebnissen kämen. Wenn Delphi-Experten zu verschiedenen Zeitpunkten die gleichen Fragen in der gleichen Art und Weise beantworten, gelten die Daten als sehr »reliabel«.

Validität ist ein Konzept entlang der zwei Dimensionen: extern und intern. Externe Validität bezeichnet den Grad, zu welchem die Studienergebnisse generalisiert werden können. Interne Validität hingegen bewertet, inwiefern eine Technik tatsächlich das abfragt oder misst, was untersucht werden soll.

Die Abbildung 3 zeigt Gütekriterien Delphi-basierter Szenarien. Um eine hohe Reliabilität, das heißt Verlässlichkeit der Szenarien, zu sichern, sollten Forscher und Strategen vor allem auf standardisierte Prozesse und Methoden zurückgreifen sowie umfangreiche Pretests durchführen. Zur Absicherung einer hohen Validität, das heißt Gültigkeit der Szenarien, sollten hingegen vor allem Plausibilitäts- und Konsistenzchecks durchgeführt werden.

Überraschende Entwicklungen berücksichtigen

Expertenbefragungen mittels der Delphi-Methode sowie die oben beschriebenen projektiven Szenarien liefern vor allem Ergebnisse und Erkenntnisse auf dem Gebiet der wahrscheinlichen Zukünfte. Sie bergen allerdings die Gefahr, mögliche Diskontinuitäten, das heißt Trendbrüche, zu vernachlässigen. Überraschungen sind unwahrscheinliche, aber prinzipiell mögliche Entwicklungen und Ereignisse mit großen Auswirkungen auf eine Branche, ein Unternehmen oder eine andere Organisation. Sie treten dann ein, wenn grundlegende Zukunftsannahmen nicht erfüllt werden oder wenn unerwartete, folgenschwere Ereignisse eintreffen. Im Eltviller Model für Zukunftsmanagement werden sie mit der roten Zukunftsbrille (siehe Abbildung 1) betrachtet. Die Analyse der unerwarteten Zukunft unterstützt dabei, solche Überraschungen »vorzudenken« sowie Präventiv- und Eventualstrategien zu entwickeln. Die meisten Szenariostudien vernachlässigen solche Diskontinuitäten wie zum Beispiel Katastrophen, radikale Technologiesprünge oder soziale Umbrüche. Dadurch wird jedoch

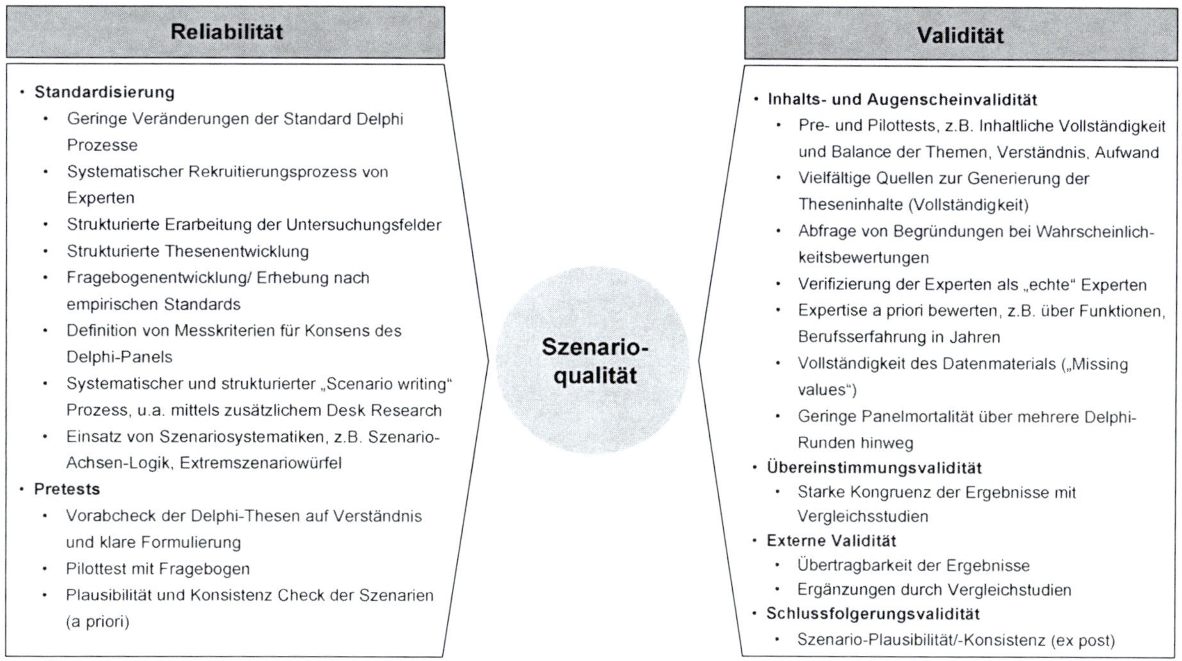

Abb. 3: *Gütekriterien Delphi-basierter Szenarien (Quelle: [3], S. 63-68)*

eine Perspektive der Zukunft vollständig ausgeblendet. Die Analyse überraschender Entwicklungen erweitert den Szenariohorizont und hilft, die Robustheit von Strategien und Entscheidungen weiter abzusichern. Wichtige Analysetechniken der überraschenden Zukunft sind Wildcards und Extremszenarien.

Wildcard-Analyse

Wildcards sind Ereignisse oder Entwicklungen, die den wahrscheinlichen Pfad zu einem Szenario in eine vollkommen andere Richtung lenken, und so zu einer gänzlich anderen Zukunft führen. Sie zeichnen sich durch einen hohen Einfluss bei gleichzeitig sehr geringer Erwartungswahrscheinlichkeit aus. Wildcards können die Annahmen eines Szenarios entweder positiv oder aber negativ beeinflussen.

Die Ursachen von Wildcards können vielfältig sein und technologische Umbrüche, gesellschaftliche Spannungen oder politische Umwälzungen beinhalten. Einige Beispiele für Wildcards in der Vergangenheit sind die Anschläge auf das World Trade Center in New York am 11. September 2001 oder die Maueröffnung am 09. November 1989 in Berlin. Potenzielle Wildcards können durch intensive Recherche, mit Kreativ-Workshops oder durch Expertenbefragungen ermittelt werden. Diese sollten im Anschluss gemäß ihrer Auswirkungen für das eigene Unternehmen bewertet werden. Bei der Bewertung der Wildcards ist es entscheidend, sich auf die potenziellen Auswirkungen zu konzentrieren. Die Wahrscheinlichkeit sollte bewusst ausgeblendet werden, da Wildcards per Definition unwahrscheinlich sind.

Die Gesamtheit der Wildcards zu analysieren ist nicht möglich, da diese unendlich ist. Die Suche nach Wildcards sollte daher durch konkrete Fragen geleitet sein. Basis für die Definition dieser Fragen sind die kritischen Annahmen zu wahrscheinlichen Entwicklungen. Die übergeordnete Fragestellung lautet dabei: »Wie und warum könnten sich unsere Annahmen als falsch erweisen?«

Logistik in der Fabbing-Society [Ergebnis einer Wildcard-Analyse (Quelle: [4], S. 94)]

Fabbing beschreibt die direkte Fertigung von Objekten aus Computermodellen. Bereits seit den achtziger Jahren werden die Möglichkeiten dieser Fertigung unter dem Begriff Rapid Prototyping erforscht. Bislang waren lediglich Anwendungen im industriellen Bereich denkbar. Mit technischen Weiterentwicklungen und sinkenden Gerätepreisen könnten diese Technologien in 20 Jahren jedoch auch für den privaten Gebrauch vorstellbar sein.
Wie eine entsprechende Zukunft aussehen könnte, zeigte United Parcel Service (UPS) bereits im Jahr 1999 in Werbespots im amerikanischen Fernsehen. Dort bestellte ein Junge am heimischen PC beispielsweise einen Football über das Internet. Nach kurzer Zeit »fabrizierte« sein angeschlossener Drucker (Personal Fabricator/PF) den Football im 3-D-Druck. Die Vorstellung, dass diese Vision tatsächlich näher rücken könnte, war UPS damals noch zu fern. Derzeit beschäftigen sich das Massachusetts Institute of Technology (MIT) oder aber die Fraunhofer-Allianz Rapid Prototyping intensiv mit diesem Thema.
Die Fabbing-Technologie würde zu einem Paradigmenwechsel hin zu einer umfassenden Dezentralisierung im Produktionsbereich führen. In der »Fabbing-Society« wäre es jedem Privatverbraucher möglich, sich ein 3D-Modell des gewünschten Objekts aus dem Internet herunterzuladen, um es im eigenen PF entstehen zu lassen. Zentral produziert würden nur noch sehr große oder komplexe Objekte und vor allem große Mengen der nötigen Grundstoffe, quasi die »Drucker-Tinte«. Die Rollen des Entwicklers, des Produzenten, des Händlers und des Konsumenten wären demnach neu verteilt. Der Konsument würde zum »Prosumenten«, der stark in den Entwicklungs- und Produktionsprozess integriert ist. Dies hätte zur Folge, dass Hersteller und Händler betroffener Produktgruppen überflüssig wären. Es ist denkbar, dass es in vielen Bereichen eine ähnlich drastische Entwicklung wie in der Musikindustrie geben könnte, wo sich der Musikfachhandel innerhalb weniger Jahre praktisch in Luft aufgelöst hat.
Eine weitere Konsequenz wäre die Verschiebung von Güterstrukturen. Statt Fertigprodukten würden zu einem großen Teil Grundstoffe transportiert werden, die allerdings nicht nur zu zentralen Verarbeitungsstellen gebracht, sondern durch die neue dezentrale Produktionsweise sehr fein distribuiert werden müssten.
Vor allem für Produktmärkte, in denen Individualisierung eine große Rolle spielt, Digitalisierung und dezentrale Endproduktion einfach möglich sind, Transportkosten durch Dezentralität eingespart werden können oder Skalenvorteile von untergeordneter Bedeutung sind, ist eine solche dezentrale Produktion denkbar. Je mehr der genannten Faktoren erfüllt sind, desto attraktiver wird die Dezentralität. Für Logistik-Dienstleister ist die Verbreitung dezentraler Produktion Chance und Bedrohung zugleich. Einerseits kann sie den teilweisen Wegfall des Transports von Fertiggütern bedeuten. Andererseits eröffnet sie Chancen, selbst in diesem Bereich aktiv zu werden. Auf dem Weg dorthin bietet sich die Möglichkeit, als Logistik-Dienstleister die dezentrale Personalisierung und Individualisierung von Standardprodukten anzubieten.

Extremszenarien

Wildcards diskutieren einzelne überraschende Ereignisse. Um komplexere Systemzusammenhänge zu betrachten, bietet sich die Entwicklung von Extremszenarien mittels eines Szenario-Würfels [1] an. Abbildung 4 zeigt, wie ein solcher Würfel für die überraschende Zukunft der Logistik-Dienstleistungsbranche in Deutschland 2025 aussehen kann. Dessen drei Dimensionen basieren auf den Resultaten einer vorausgegangenen Delphi-Studie zur Annahmen-Analyse und Untersuchung der wahrscheinlichen Zukunft.

Drei besonders bedeutende und kontrovers diskutierte Zukunftsthesen wurden hier auf mögliche überraschende Entwicklungen untersucht. Die X-Achse des Szenario-Würfels beschäftigt sich mit dem Problem der weltweiten Energieversorgung. Die Y-Achse fragt nach den entscheidenden Kostenfaktoren der Zukunft (Arbeit versus Rohstoffe). Die Z-Achse betrachtet die Stellung der Entwicklungs- und Schwellenländer im globalen Wettbewerb. Nach Auswahl der Projektionen wurden entsprechend der inhaltlichen Ausrichtung die folgenden Fragen abgeleitet, die zugleich die Kanten des Szenariowürfels repräsentieren:

- Rohstoffzugang versus Arbeit: Wird 2025 Rohstoffzugang oder Humankapital der Kosten- und Standortfaktor Nummer Eins sein?
- Problem der Energieversorgung: Ist das Problem der Energieversorgung 2025 gelöst oder nicht gelöst?
- Globaler Wettbewerb: Haben die Entwicklungs- und Schwellenländer im Vergleich zu den Industrienationen bis 2025 stark aufgeholt oder hat sich der Abstand vergrößert?

Für jede der drei Achsen werden zwei extreme Eckpunkte definiert, so dass sich acht extreme Szenarien ergeben. Durch intensive Recherche und Expertenkonsultationen können die Szenarien mit Inhalt gefüllt werden und je nach Präferenz in tabellarischer oder Prosa-Form (vergleiche Tabelle 2) ausgestaltet werden. Grundsätzlich ist darauf zu achten, dass die Extremszenarien aus einer neutralen, wertfreien

Beobachterperspektive – im Sinne eines Nachrichten-Rückblicks – beschrieben werden. Dies unterstützt die Visualisierung der Szenarien. Zuletzt muss die Frage beantwortet werden, was die Szenarien für das eigene Unternehmen und die strategische Vision bedeuten und in welchem Maße schon heute Vorbereitungsmaßnahmen auf diese Überraschungsszenarien getroffen werden müssen.

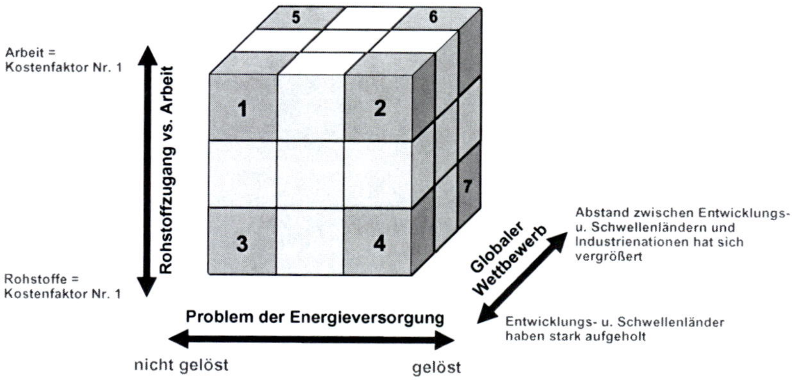

Abb. 4: *Szenariowürfel zum Marktumfeld der Logistik-Dienstleistung 2025 (Quelle: [4], S. 80)*

Szenario 1: 2025 - Standortfaktor Mensch [Ausgestaltung narrativer Szenarien (Quelle: [4], S. 81-82)]

Energieversorgung: Das Problem der Energieversorgung ist weltweit nicht gelöst. Zwar ist die Öl-Abhängigkeit nicht mehr so verheerend wie vor 20 Jahren, doch noch immer werden rund 80 Prozent der Transportmittel mit Öl angetrieben und 90 Prozent der Waren in den Geschäften unter Einsatz von Öl hergestellt. Durch den Anstieg der Weltbevölkerung auf acht Milliarden Menschen und die Annäherung der BRIC-Staaten und anderer Boom-Regionen (zum Beispiel Afrika) an die Industrienationen hat sich der weltweite Energieverbrauch in den letzten 20 Jahren beinahe verdoppelt. Im Zuge der rapiden Industrialisierung in China und Indien wurde das weltweite Ölfördermaximum (Peak Oil) bereits im Jahr 2015 erreicht. Aufgrund der hohen Kosten für fossile Brennstoffe ist in den letzten Jahren jedoch auch die Förderung unkonventioneller Ölvorkommen (Polares Öl, Tiefsee-Öl, Ölschiefer, Ölsand, etc.) wirtschaftlich attraktiver geworden. Viele Nationen haben den Anteil regenerativer Energien im Energiemix deutlich steigern können. Doch konnte dies aufgrund der insgesamt erheblich gestiegenen Energienachfrage die Öl-Abhängigkeit kaum reduzieren.

Rohstoffzugang versus Arbeit: Trotz der verschärften Energieproblematik hat der Zugang zu Rohstoffen gegenüber dem Faktor Arbeit stark an Bedeutung verloren. Humankapital ist der knappe »Rohstoff« der heutigen Wissensgesellschaft. Der Zugang zu qualifiziertem Personal ist der einzige nachhaltige Wettbewerbsfaktor in einer immer mobileren Welt geworden. Der Anteil an Arbeitskräften, die Tätigkeiten mit hohen Anforderungen leisten (zum Beispiel Führungsaufgaben, Organisation, Management, F&E, Beratung), ist in Deutschland in den letzten 20 Jahren von 40 Prozent auf 55 Prozent angestiegen. Die Zahl der verfügbaren Arbeitskräfte hat jedoch insbesondere aufgrund der demografischen Entwicklung in Deutschland stark abgenommen. Rückläufige Geburtenraten und das Ausscheiden der »Babyboomer«-Generation haben zu einem großen nationalen Fachkräftemangel geführt. Seit 2005 sind der EU insgesamt 20 Millionen Menschen im erwerbsfähigen Alter verloren gegangen. Als Folge müssen heute zwei Erwerbstätige für einen Nichterwerbstätigen aufkommen. In Deutschland hat die Politik zudem in der Vergangenheit immer mehr Gelder in die Sozialsysteme stecken müssen, worunter das Bildungssystem zusätzlich gelitten hat. Der Mangel an jungem, hoch qualifiziertem, mobilem Personal ist dadurch heute um so gravierender.
Globaler Wettbewerb: Im Gegensatz zu den Industriestaaten hat das qualifizierte Arbeitskräfteangebot in den ehemaligen Entwicklungs- und Schwellenländern jedoch enorm zugenommen. Im Zuge der Globalisierung haben über eine Milliarde Menschen der BRIC-Staaten in den vergangenen 20 Jahren die Schwelle zum Konsum überschritten und verfügen somit heute über ein Jahreseinkommen von mindestens 3.000 US-Dollar. Viele der ehemaligen Entwicklungsländer (zum Beispiel Emerging African Economies) haben zudem aufgrund ihres Rohstoffreichtums in Zeiten zunehmender Verknappung aufholen können und sich eine entsprechende globale Verhandlungsmacht erkämpft. Außerdem haben bedeutende Investitionen in Informations- und Kommunikationstechnologie das E-Business und somit die Entwicklung dieser Länder erheblich gefördert. Sie haben sich zu attraktiven Investitionsstandorten nicht nur als verlängerte Werkbank, sondern auch für sehr wissensintensive Industrien entwickelt. Neben den asiatischen Boomstaaten konnten insbesondere die aufstrebenden »afrikanischen Löwen« Südafrika, Botswana, Ghana und die Elfenbeinküste international aufholen. Das Pro-Kopf-Einkommen vieler dieser Staaten ist zwar erheblich gestiegen, es fällt aber immer noch viermal geringer aus als in den Industrienationen.

Innovationspotenzial und Zukunftsmärkte erkennen

Impact-Analyse mit der Chancen-Matrix

Eine zweidimensionale Chancen-Matrix [1] verknüpft Zukunftsfaktoren (Trends, Themen und Technologien der Zukunft) sowie Szenarien zukünftiger Entwicklungen mit den Gestaltungsfeldern des Unternehmens (zum Beispiel Strategie, Märkte & Geschäftsfelder, Marketing & Vertrieb, Produkte & Leistungen, Mensch & Kultur, Systeme & Prozesse, Partner & Lieferanten, Finanzen).

Jeder Matrixschnittpunkt zeigt dabei Innovationspotenzial für das Unternehmen auf. Die Chancenmatrix fokussiert so die Aufmerksamkeit in der Innovationssuche auf die zukünftigen Veränderungen. Die einzelnen Schnittpunkte können im Anschluss systematisch auf Innovationen hin analysiert werden. Meist empfiehlt es sich jedoch, die Matrix zunächst als Input für einen kreativen Prozess zu nutzen, in dem die attraktivsten Schnittpunkte für eine genauere Untersuchung vorausgewählt werden. Die Gestaltungsfelder können dabei individuell festgelegt werden. Dies erlaubt eine Anpassung auf die spezifischen Anforderungen und Gegebenheiten eines Unternehmens. Außerdem lassen sich durch die Definition weniger Gestaltungsfelder Innovationsschwerpunkte setzen. Die Identifikation der wesentlichen Zukunftsfaktoren und Zukunftsannahmen muss im Vorfeld erfolgen.

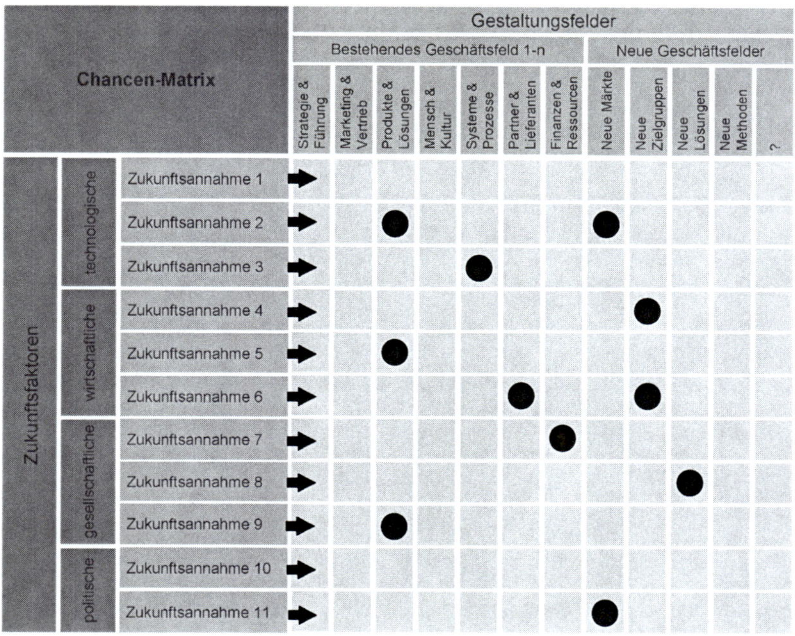

Abb. 5: *Chancen-Matrix für Innovationen aus Zukunftsfaktoren (Quelle: [1], S. 147)*

Zukunftschancen für Logistik-Dienstleister [Beispiele aus dem Gestaltungsfeld »Produkte und Lösungen« (Quelle: [4], S. 65 ff.)]

In der Studie »Zukunft der Logistik-Dienstleistungsbranche in Deutschland 2025« [4] wurde die Chancen-Matrix zur Entwicklung von Innovations-Chancen für Logistik-Dienstleister eingesetzt. Im Rahmen der Untersuchung wurden über 150 zukunftsträchtige Handlungsoptionen in den Gestaltungsfeldern Marketing und Vertrieb, Produkte und Lösungen, Mensch und Kultur, Systeme und Prozesse, Partner und Finanzen, Finanzierung sowie Strategie identifiziert. Die mit der Chancen-Matrix identifizierten Innovationsmöglichkeiten dienen einerseits der Stärkung bestehender Geschäftsfelder. Sie können andererseits aber auch die Erschließung völlig neuer Geschäftsfelder und Zukunftsmärkte bedeuten.

Zukunftsfaktor »Klimawandel und wachsende Bedeutung von Nachhaltigkeit«
CO2-neutrale Transporte als Premium-Dienstleistung: Logistik-Netzwerke werden so optimiert, dass Emissionen weitgehend vermieden werden und die genutzte Infrastruktur keine größeren Eingriffe in die Natur vornimmt. Gewährleistet wird die Neutralität durch einen Zweiklang aus Einsparung des Verbrauchs fossiler Brennstoffe sowie aus kompensierenden Maßnahmen (beispielsweise Aufforstungen).
Tools und Beratung zur Berechnung des »Environmental Footprint«: Angaben zu Ressourcenverbrauch und der tatsächlichen Umweltbelastung von Produkten über den gesamten Herstellungs- und Distributionsprozess könnten mittelfristig für Hersteller verpflichtend werden. Logistik-Dienstleister können ihre Schnittstellenfunktion und ihre Kenntnis der Supply-Chains nutzen, um sich einen Kompetenzvorsprung im Bereich der Belastungsanalyse aufbauen. Die so erstellten Werkzeuge und Bewertungsverfahren können neben der internen Nutzung extern vermarktet und anderen Unternehmen zur Verfügung gestellt werden. Die Erschließung eines neuen IT- und Beratungsgeschäftsfeldes wäre das Ergebnis.

Zukunftsfaktor »Individualisierung«
Postponement-Lösungen für Mass-Customization: Mit Mass-Customization reagieren Anbieter auf das Bedürfnis der Kunden, immer individuellere, auf sie zugeschnittene Produkte zu erhalten. Mass-Customization erhöht jedoch die logistische Komplexität für den Hersteller. Logistik-Dienstleister können diese Komplexität durch Leistungen wie On-Demand-Lieferung, Zwischenlagerung, Assembling und Postponement handhabbar machen. Beim Postponement in der Montage werden Produkte modularisiert und in leicht individualisierbaren Basisausfertigungen durch den Hersteller produziert. Erst bei Eingang einer individuellen Bestellung stellt der Logistik-Dienstleister das Endprodukt zusammen und individualisiert es dem Kundenwunsch entsprechend.

Zukunftsfaktor »3D-Druck-Technologien«
3D-Druck-basierte Ersatzteil-Logistik: 3D-Druck und andere Verfahren wie Laser Sinthering und Stereolithografie verbindet, dass sie es ermöglichen, Objekte direkt aus einem digitalen 3D-Modell zu erschaffen ohne zunächst Formen oder Werkzeuge herstellen zu müssen. Objekte können so quasi ausgedruckt werden. Die Ersatzteil-Logistik könnte durch 3D-Druck-Technologien revolutioniert werden. Statt zentrale Warenhäuser aufzubauen und kritische Teile per Express-

Dienstleister zu verschicken, würden elektronische Modelle der Ersatzteile in Datenbanken gespeichert, über das Internet heruntergeladen und von einem lokalen Dienstleister oder direkt vom Kunden gedruckt. Der Aufwand für die Ersatzteil-Logistik könnte erheblich reduziert und gleichzeitig die Liefergeschwindigkeit gesteigert werden.

Historische Analogien und Branchen-Analogien

Der Verlauf einer Entwicklung kann oft mit Hilfe von historischen Analogien prognostiziert werden. Dabei wird die aktuelle Entwicklung mit ähnlichen Zusammenhängen in der Vergangenheit verglichen. Prognosen auf Basis historischer Analogien liegt die Annahme zu Grunde, dass Veränderungen häufig nach den gleichen Mustern ablaufen. Ein wichtiger Anwendungsbereich historischer Analogien sind Verbreitung und Auswirkungen neuer Technologien in der Gesellschaft. So wurden beispielsweise Parallelen zwischen verschiedenen netzwerkbasierten Industrien gezogen sowie die Ähnlichkeiten in der Verbreitung von Schwarzweiß-, Farbfernsehen und HDTV untersucht. Historische Analogien leiden jedoch, wie jede analogische Argumentation, daran, dass keine Situation einer anderen absolut gleicht. Je größer die Unterschiede zwischen der beobachteten Entwicklung und den zur Analogie herangezogenen Gegebenheiten sind, desto schwieriger wird eine Prognose.

In gleicher Art und Weise lassen sich Branchenanalogien und regionale Analogien nutzen, da Veränderungen in verschieden Regionen oder Branchen häufig zeitversetzt ablaufen. Diese Tatsache macht sich die Vorläuferanalyse zu Nutze. Ist die Vorläuferrolle einer Branche oder einer Region erst einmal identifiziert, können die Entwicklungen der nachfolgenden Branchen und Regionen abgeleitet werden, indem angenommen wird, dass sie sich in ähnlichen Mustern entwickeln werden [5]. So können in vielen Fällen treffende Prognosen erstellt werden. Die Globalisierung und die weite Verbreitung von Informations- und Kommunikationstechnologien führen jedoch zu einer immer schneller werdenden Diffusion neuer Entwicklungen. Der Vorsprung der Vorläuferregionen und -branchen sinkt also.

Zur Entwicklung von Innovationen lassen sich die Analogien nutzen, indem nicht nur die analoge Entwicklung selbst untersucht, sondern auch die von ihr betroffenen Akteure und ihre Handlungen und Strategien während der Veränderung analysiert werden. Aus den erkannten Verhaltensmustern können Innovationen für die eigene Situation abgeleitet werden. Vor allem Prozessinnovationen, die eine Branche binnen kurzer Zeit revolutionierten, wurden zuvor bereits lange Zeit in anderen Branchen praktiziert.

Beispiel »Luftverkehr« – Analogien im Zukunftsmanagement

Auslastungsorientierte Preisstrukturen mittels Yield-Management sind heute im Luftverkehr Standard: Mit steigender Auslastung eines Flugzeuges steigt automatisch der Preis für alle später buchenden Reisenden auf diesem Flug. Im landgebundenen Transportwesen wird dieses Prinzip praktisch noch nicht angewendet. Die Einführung von Yield-Management wäre daher für diese Branche eine revolutionäre Innovation. Auf besonders stark nachgefragten Strecken und Zeiten könnten zusätzliche Erträge erwirtschaftet werden. Zeiten und Strecken geringerer Auslastung können preislich attraktiver gemacht werden. Auch ermöglicht diese Art der Preisbildung Optimierungen bezüglich der Kapazitätsplanung und das Angebot besonders flexibler und kurzfristiger Dienstleistungen zu höheren Preisen.

Literatur

[1] MIĆIĆ, P. (2007): *Die fünf ZukunftsBrillen, GABAL Verlag, Offenbach.*

[2] GRACHT, H. A. VON DER; SCHICK, F. (2008): *Mehr wissen als die Wettbewerber: Szenarioanalyse in Forschung und Praxis. In: Innovationsmanager – Magazin für Innovationskultur, Nr. 02, Juni 2008, S. 39-41.*

[3] GRACHT, H. A. VON DER (2008): *The Future of Logistics – Scenarios for 2025. Gabler, Wiesbaden.*

[4] GRACHT, H. A. VON DER; DÄNEKE, E.; MIĆIĆ, P.; DARKOW, I.-L.; JAHNS, C. (2008): *Zukunft der Logistik-Dienstleistungsbranche in Deutschland 2025, Deutscher Verkehrs-Verlag, Hamburg.*

[5] MAY, GRAHAM H. (1996): *The Future is Ours – Foreseeing, Managing and Creating the Future. Praeger, Westport.*

Web-Tipps

www.futuremanagementgroup.com

Die FutureManagementGroup AG bietet auf ihrer Website umfangreiche Informationen zu Methoden des Zukunftsmanagements und zu wichtigen Zukunftsfaktoren (Trends, Technologien und Themen der Zukunft).

www.supplyinstitute.org

Das Supply Chain Management Institute (SMI) bietet auf seiner Website zahlreiche News und Informationen, Downloads und Kontakte sowie Studien zu aktuellen und zukünftigen Fragestellungen in Einkauf, Logistik und Supply Chain Management an.

Zusammenfassung
Um im Wandel von traditionellen Industriewirtschaften zu einem globalen, wissensbasierten Wirtschaftssystem weiterhin wettbewerbsfähig zu bleiben, bedürfen Unternehmen neuer Konzepte und Methoden. Techniken der Zukunftsforschung können das Innovationsmanagement dabei entscheidend bereichern. Sie erweitern den Prozess der Entwicklung neuer Produkte und Dienstleistungen um eine zukunftsbezogene Zeitachse. Innovationen werden im Hinblick auf zukünftige Entwicklungen generiert. Die Kundenakzeptanz lässt sich so im Voraus besser evaluieren. Dies reduziert auf der einen Seite das Risiko des Scheiterns und birgt auf der anderen Seite die Chance, zukünftige Wachstumspotenziale frühzeitig zu erkennen und zu realisieren. Vor Entstehung einer Idee können Szenarien und Projektionen genutzt werden, um den Rahmen für die Ideengenerierung und Innovationsarbeit abzustecken. Bei der Entwicklung von Ideen inspirieren und erweitern sie den Horizont. Szenarien und Projektionen erfüllen dabei die Funktion von Kreativitätstools zur systematischen Generierung von Ideen. Wenn bereits Ideen vorliegen, können sie insbesondere helfen, deren »Zukunftsfähigkeit« zu bewertet. Durch den langen möglichen Zeithorizont sowie das gezielte »Out-of-the-box«-Denken wird zudem die Entwicklung von radikalen Innovationen gefördert.

Wie Unternehmen kreativer werden

Der heutige Innovationsdruck macht Unternehmen mehr denn je von Mitarbeiterideen abhängig. Nur wer den individuellen Kreativitätsprozess versteht und fördert, schafft den Rahmen für eine Innovationskultur. Darüber hinaus helfen Dienstleister, das kreative Potenzial von Unternehmen zu entfachen.

In diesem Beitrag erfahren Sie:
- wie Kreativität funktioniert und gefördert wird,
- wie Sie mit drei Sofortmaßnahmen die Bedingungen für kreatives Denken in Ihrem Unternehmen verbessern,
- wie Sie externe Dienstleister bei der Ideenfindung unterstützen können.

Christian Riedel, Stefan Schraps

Einleitung

Für den amerikanischen Autor David H. Pink ist wirtschaftlicher Erfolg schon bald keine Frage der Managementperfomance mehr – sondern eine Frage der Kreativität. Er macht diese Überzeugung mit drei einfachen Fragen deutlich:

⇨ Can a Computer do it faster?
⇨ Is what I'am offering in demand in an age of abundance?
⇨ Can someone overseas make it cheaper?

Sobald ein Unternehmer diese Fragen zu seinem Geschäftsmodell mit JA/NEIN/JA beantworten kann, muss er eine neue Idee entwickeln, um am Markt dauerhaft zu bestehen ([9], S. 51). Natürlich hat sich der globale Markt nicht erst durch das Internet und die ständige Verfügbarkeit von Information beschleunigt. Doch vor dem Hintergrund immer kürzerer Produktlebenszyklen bei globaler Konkurrenz steigt der Innovationsdruck auf Unternehmen.

In eine Studie der Boston Consulting Group gaben über 66 Prozent der weltweit befragten Führungskräfte an, dass sie Innovation als eines der drei wichtigsten strategischen Unternehmensziele ansehen und anstreben [1]. In Folge dessen sind Unternehmen mehr denn je auf die Ideen ihrer Mitarbeiter angewiesen. Nur Firmen, die eine kreative Betriebskultur besitzen, gelingt es, dem Innovationsdruck proaktiv mit immer neuen Produkten zu begegnen. Google nimmt in diesem Wandel zur Idea-Company eine Vorreiterrolle ein. Der Internetgigant leistet sich nicht nur einen eigenen Campus. Darüber hinaus gewährt er seinen technischen Mitarbeitern, 20 Prozent ihrer Arbeitszeit für eigene Projekte frei zu nutzen. In diesem Zeitfenster werden Gedanken zu Ideen und Ideen zu Innovationen. Erfolgreiche Google-Produkte wie Adsense und Orkut sind so entstanden [4]. Doch auch Unternehmen, die nicht über die Ressourcen Googles verfügen, müssen sich damit auseinandersetzen, wie sie die Kreativität ihrer Mitarbeiter aktivieren.

Viele Fachbücher und Managementratgeber versprechen mit Kreativitätstechniken den schnellen Weg zur »Goldidee«. Doch Brainstorming, Morphologischer Kasten oder Lexikon-Methode bleiben oft erfolglos. Das liegt meist daran, dass bei ihrer Anwendung die Rahmenbedingungen nicht beachtet werden, unter denen Menschen kreativ sein können. Daher ist es für Unternehmen wichtig, den menschlichen Kreativitätsprozess als Vorstufe aller Innovationen zu verstehen und daraus die bestmöglichen Bedingungen für eine kreative Arbeitsumgebung abzuleiten. Dafür möchte dieser Artikel eine Hilfestellung bieten, Lösungsansätze aufzeigen und den Nutzen von Dienstleistern im Kreativprozess vorstellen.

Das Geheimnis der Kreativität – wie neue Gedanken entstehen

Es ist nicht einfach zu definieren, was Kreativität eigentlich ist. Wir betrachten sie als das fließende freie Denken, das neue Verknüpfungen (Ideen) findet, zugleich eine Vielzahl von Lösungsansätzen zulässt und anschließend nach ihrer Tauglichkeit rational bewertet und verdichtet ([5], S. 26).

»Kreativität ist die Fähigkeit, Ideen zu generieren, die das Potenzial haben, Neues hervorzubringen« [14], und sie ist zugleich die wichtigste Vorstufe im Innovationsprozess, denn erst »wenn Ideen umgesetzt werden, spricht man von Innovation« [14].

Grundvoraussetzung für Kreativität ist eine Problemsensitivität. Um eine Idee zu generieren, muss zunächst einmal ein Bedarf für diese erkannt werden. So ist beispielsweise der magnetische Netzstecker des Apple MacBooks aus dem Problem entstanden, dass frühere Netzstecker das Gehäuse beschädigen, sobald jemand über das Netzkabel stolperte und den Stecker aus der Buchse riss.

Es mag wie eine Binsenweisheit klingen, aber je klarer ein Problem formuliert wird, desto leichter fällt die Lösung. Deshalb bekommt gerade das Briefing im kreativen Prozess ein besonderes Gewicht. Da man jedoch im Vorfeld oft nicht bestimmen kann, »wann man genug über ein Problem« weiß, neigt man in der Regel dazu, den Rechercheaufwand zu verknappen – besonders wenn die gewünschten Informationen nicht spontan und gratis im Netz zu finden sind ([10], S. 15). Aber selbst wenn genügend Sachkenntnis vorliegt, bleibt es eine Kunst, die richtigen Fragen zu stellen, die über die Richtung und den Erfolg des kreativen Prozesses entscheiden.

Im Anschluss an die Definition eines Problems ist es nötig, aus den bewährten Denkmustern auszubrechen. Rein logisches Denken auf der Basis von gewohnten Lösungsstrategien stößt hier schnell an seine Grenzen. Erst die Bereitschaft, sich dem Problem ergebnisoffen von mehreren Seiten zu nähern, erlaubt, verschiedene Lösungsansätze zu sammeln und daraus die optimale Lösung zu entwickeln.

Während der Lösungssuche ist nicht nur das eigene Wissen entscheidend. Oft sind es zufällige Konfrontation mit äußeren Reizen, die einen neuen Zusammenhang ersichtlich machen. Ohne ein eigentlich gescheitertes Experiment hätte der Biologe Alexander Fleming das Penicillin wahrscheinlich nicht entdeckt. Er hatte schlicht Petrischalen mit einem Erreger im Labor vergessen, als er in den Urlaub fuhr. Kaum zurückgegehrt bemerkte er bei der Reinigung der Schalen, dass ein Schimmelpilz fast alle Erreger in der Petrischale aufgelöst hatte. Im Begriff die Schalen wegzuwerfen, erkannte Fleming, dass er möglicherweise einen Wirkstoff gegen bakterielle Infekte entdeckt hatte.

Schematisch abstrahiert kann man sich den kreativen Prozess als ein Kreislaufmodell vorstellen. Auf die Problemdefinition in Form eines Auftrags oder Briefings folgt das Explorieren möglichst vieler Lösungsmöglichkeiten. Erst wenn ein Maximum an Lösungsmöglichkeiten vorliegt, beginnt eine Verdichtung der Ideen und die Definition einer optimalen Lösung. Sollte keine befriedigende Lösung gefunden werden, beginnt der Suchprozess erneut.

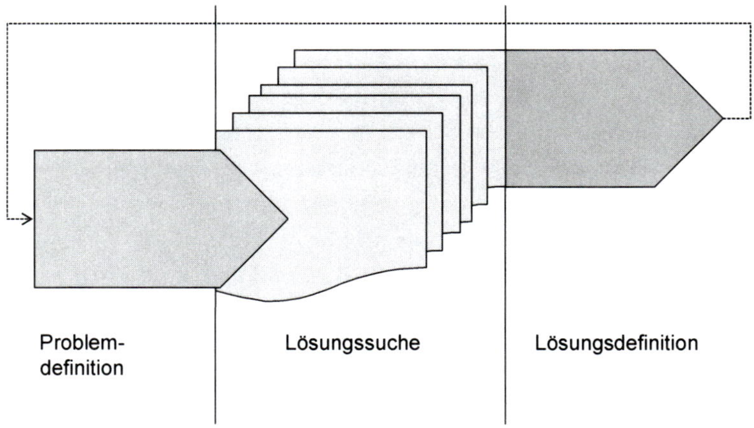

Abb. 1: *Phasen im Kreativprozess*

Die Begabung, diesen Prozess erfolgreich zu durchlaufen, ist von Mensch zu Mensch unterschiedlich. Aber die grundsätzliche Fähigkeit zur kreativen Problemlösung ist in jedem menschlichen Gehirn angelegt und kann trainiert und gefördert werden. Die Hirnforschung hat sich längst von der populärwissenschaftlichen Trennung von linker (logischer) und rechter (kreativer) Gehirnhälfte verabschiedet ([7], S. 4). Eine schöpferische Tätigkeit beansprucht vielmehr das gesamte Gehirn. »Je mehr Bereiche miteinander verbunden sind, desto größer ist die Chance, kreatives hervorzubringen«, erklärt Ernst Pöppel, Professor am Institut für medizinische Psychologe in München in einem Interview mit der Zeitschrift Werben & Verkaufen [15].

Dabei ist Kreativität eng mit der Ausschüttung bestimmter Botenstoffe im Gehirn verknüpft. Vor allem das Glückshormon Dopamin stimuliert Verknüpfungen zwischen den Hirnregionen und regt den Strom von Gedanken an. Im Gegenzug zum Dopamin hemmen die Botenstoffe, die bei Angst und Stress ausgeschüttet werden, komplexes Denken. In tiefer Konzentration ermöglicht uns dieser kreative Botenstoffcocktail, in einen offenen Austausch zwischen Bewusstsein und Unterbewusstsein zu treten. »Sie erhöhen die Möglichkeit zu Tagträumen, die als Inspirationsquelle dienen, als Weg, die Banalität des Alltags hinter sich zu lassen und daraus Neuartiges zu ziehen«, so der Mediziner Josef Zehentbauer [15].

Die größte Schwierigkeit im kreativen Prozess ist jedoch, dieses Tagträumen überhaupt zuzulassen. Von Natur aus besitzt jeder Mensch eine Art inneren Zensor, der binnen Millisekunden wichtige von unwichtigen Reizen filtert und aus der Lebenserfahrung heraus entscheidet, ob ein Gedanke sinnvoll ist oder nicht. Diese Fähigkeit zur schnellen Entscheidung aus dem Erfahrungswissen stammt noch aus einer Zeit, als Menschen beim Rascheln eines Blattes entscheiden mussten, ob es vom Wind oder einem Säbelzahntiger bewegt wird.

Doch das instinktive Festhalten an Gelerntem, das früher lebenswichtig war, hindert uns heute daran, uns die Freiheit zu nehmen, zu »träumen«. Künstler und Kreative haben daher verschiedenste Strategien – von der Meditation bis zur Bahnfahrt – für sich entwickelt, um den inneren Zensor zur Nachlässigkeit zu zwingen und in den kreativen Geisteszustand zu gelangen, den der Wissenschaftler Maxwell Cade als High Performance Mind bezeichnet. Während dieses Zustandes, der auf Hirnwellenscans sichtbar ist, wird der Geist empfänglicher für Assoziationen, die sonst vom Gehirn als irrelevant eingestuft werden [6]. So gesehen ist ein Großteil des oben beschriebenen Kreativitätsprozesses davon bestimmt, die inneren Zensoren und Blockaden zu überwinden, die eine Idee daran hindern, ausgesprochen zu werden.

Die Wissenschaft hat zwar den Schalter zur menschlichen Kreativität noch nicht gefunden. Aber sie hilft uns, Kreativität als einen strukturierten Prozess in drei Phasen zu betrachten. Eine gute Idee ist abhängig von einer genauen Problemdefinition und einer ergebnisoffenen Lösungssuche, die aus einer Vielzahl von Lösungen die optimale definiert. Darüber hinaus ist grundsätzlich jeder Mensch in der Lage, kreativ zu arbeiten – wenn es ihm gelingt, erlernten Kreativitätsblockaden entgegen zu wirken. Auch wenn sich Kreativität nicht herbeiführen lässt, kann man die Bedingungen schaffen, »in denen sie sich entfalten kann und das sind vor allem: möglichst viele verschiedene Einflüsse und Gedanken« [5].

Merkmale individueller Kreativität

In einer Forschungsarbeit an der Universität Lüneburg hat Christian Pilgrim drei Merkmale individueller Kreativität definiert, entlang derer eine Förderung einsetzen kann [8]. Dabei besteht Förderung für uns sowohl aus der kreativen Selbstentwicklung (siehe Tabelle 1) als auch aus unternehmensinternen Fortbildungsangeboten.

Tabelle 1: Ansätze zur Kreativitätsförderung

Ansatzpunkt	Selbstentwicklung	Unternehmensmaßnahme
Motivation	⇨ Ordnen Sie ihre Projekte nach Motivation. ⇨ Beanspruchen Sie die Mitarbeit an interessanten Projekten. ⇨ Pflegen sie Kontakte zu den Kollegen, mit denen sie Ideen konstruktiv entwickeln können. ⇨ Vermeiden sie es, noch »unausgegorene« Ideen mit schwierigen Kollegen zu diskutieren. ⇨ Ändern sie ab und an die Arbeitsumgebung.	⇨ Schreiben Sie interne Projekte aus, auf die sich interessierte Mitarbeiter melden können. ⇨ Führen Sie Schulungen zu Kreativität durch. ⇨ Belohnen Sie kreative Leistungen mit »weichen« Incentives – einem Tag Urlaub, Theatergutschein etc.
Wissensmanagement	⇨ Erstellen sie eine Liste von Themen, für die sie keine Zeit zu haben glauben und lesen Sie je einen Artikel pro Woche zu diesen Themen. ⇨ Sammeln sie spannende Weblinks und RSS-Feeds mit einem Aggregationsdienst (wie del.ico.us oder netvibes.de). ⇨ Besuchen Sie möglichst alleine einmal pro Monat eine inspirierende Veranstaltung. ⇨ Führen sie ein detailliertes Notizbuch (zum Beispiel bei evernotes.com). ⇨ Gehen Sie mit anderen Kollegen Mittagessen. ⇨ Blättern sie durch Boulevardmagazine.	⇨ Führen Sie einen Unternehmensblog, in dem die Mitarbeiter selbst ihre Arbeit dokumentieren. ⇨ Schaffen Sie Plattformen für den Mitarbeiteraustausch (zum Beispiel eine ausreichend große Kaffeeküche). ⇨ Erweitern Sie Schulungsprogramme um kreative Themen. Laden Sie einen Maler oder Autor ein, der über Blockaden spricht und wie er sie überwindet.

Tabelle 1: Ansätze zur Kreativitätsförderung (Fortsetzung)		
Ansatzpunkt	**Selbstentwicklung**	**Unternehmensmaßnahme**
Zeit	⇨ Definieren Sie zeitkritische und weniger zeitkritische Projekte. ⇨ Probieren Sie neue Lösungswege zunächst bei weniger zeitkritischen Projekten aus. ⇨ Schaffen sie sich ausreichend Pausen und Bewegung. ⇨ Werten sie Ergebnisse höher als Anwesenheit.	⇨ Führen Sie flexible Arbeitsmodelle ein.

Motivation

Motivation dient als Katalysator für die Entfaltung des kreativen Potenzials. Kreative Arbeit ist nicht ohne eine starke innere Motivation des Mitarbeiters möglich. Sie wird gebraucht, um die volle geistige Konzentration auf die Lösung eines Problems zu richten. Ohne innere Motivation, ohne Neugierde, Interesse und Faszination für die Aufgabenstellung fällt es schwer, die nötige Aufmerksamkeit für das Problem aufrechtzuerhalten. Denn die besondere Anstrengung der Ideenfindung besteht gerade darin, dass es nicht möglich ist, den kreativen Prozess routiniert »durchzuackern«. Deshalb können äußere Motivationsfaktoren wie Geld, Lob und Anerkennung auf Dauer nicht genügend Anreize geben, um sich anhaltend mit Sachverhalten zu beschäftigen, die als langweilig empfunden werden.

Natürlich besteht der Arbeitsalltag nicht nur aus Projekten, die mit innerer Motivation verfolgt werden. Die Herausforderung für Unternehmen und Mitarbeiter lautet vielmehr, eine Balance zwischen hoch motivierenden Projekten und weniger interessant empfundenen Aufgaben zu finden. Dieser Ausgleichsversuch drückt sich in der zuvor genannten 20-Prozent-Regel bei Google aus. Auch die Zusammenstellung flexibler Projektteams aus Personen, die im Vorfeld ein hohes Interesse an diesem Projekt geäußert haben, kann die Motivation stärken. Die Erfahrung zeigt, dass die kreativsten Lösungen dann entstehen, wenn aus der Vorgabe, ein Problem lösen zu »müssen« die Einstellung erwächst, ein Problem lösen zu »dürfen« [8].

Eine fehlertolerante Umgebung ist im kreativen Prozess unverzichtbar, um die Motivation aufrecht zu erhalten. Es liegt in der Natur der Ideenfindung, Fehlschläge zu produzieren, die zunächst voller Euphorie als vielversprechende Lösung erscheinen und präsentiert werden. Doch die geistige Offenheit, die kreatives Denken erfordert, macht verletzbar gegenüber äußeren Widerständen. Die leidenschaftliche Motivation, mit der eine Idee entwickelt wurde, kippt schnell in Entmutigung und Frust, wenn Ideen von einem Entscheidungsträger scheinbar unbegründet abgeschmettert werden. Gerade »Killerphrasen« wie »Gibt's schon«, »Zu teuer« oder »Langweilig« ersticken kreatives Denken im Kern. Sie zeigen weder eine Alternative auf, noch würdigen sie die bisherige Leistung des Ideengebers [8]. Die schwerwiegende Folge des »Ideenmords« ist, dass künftig Gedanken aus Angst zurückgehalten werden.

Hier sind Führungsqualitäten gefragt. Wer einen kreativen Prozess leitet, muss selbst in brenzligen Situationen offen und gelassen bleiben. Ihm obliegt es, die Ideengeber zu ermutigen und sich permanent selbst zu überprüfen, ob er nicht eine brillante Idee aus Ignoranz, Rollenkonflikten oder Zeitmangel mangelhaft geprüft oder bewertet hat. Die Innovationsstudie der Boston Consulting Group geht sogar noch einen Schritt weiter: Führungspersönlichkeiten, die einen Ideen- und Innovationsprozess lenken, müssen in der Lage sein, unsichere Ergebnisse zu ertragen, Risiken in Kauf nehmen und respektvolle Umgangsformen zwischen Ideengebern und Skeptikern durchsetzen können [1].

Erweitertes Wissensmanagement

Ein profundes Wissen ist auf dem Gebiet der Problemstellung nötig, um auf einen Gedanken zu kommen, der es bereichert. Sachkenntnis ist jedoch nur die Bedingung für eine Idee. Erst wenn die Fachkenntnis in einem Gebiet mit einem ebenso reichhaltigen Allgemeinwissen kombiniert wird, entwickelt sich aus einer breiten Wissensbasis die Voraussetzung für kreatives Denken.

»Je [...] unterschiedlicher die [...] Wissenselemente sind, desto größer ist sowohl die Chance assoziativer kreativer Problemlösungen als auch die Chance der Assimilation neuer Informationen« [12].

Das flankierende Allgemeinwissen bildet sich besonders in den Momenten, die man geläufig als Inspiration bezeichnet. Es mag auf den ersten Blick dem Sinn des Wortes widersprechen, aber Inspiration ist eine indirekte Aufnahme von Wissen. Wer nach Inspiration strebt, sammelt außerhalb seines Fachwissens übertragbare Aspekte oder Bilder, die zur Problemlösung beitragen können. Da man die lösende Assoziation aber nicht gezielt finden kann, kann der Besuch von Kunstausstellungen, Museen oder Orten in der freien Natur ebenso den entscheidenden Impuls für eine Problemstellung liefern wie ein Boulevardmagazin oder ein Musikstück. Inspiratives Wissen bildet einen Erfahrungsschatz, auf den ein Mensch ohne direkte Steuerung zurückgreift. Auf diese Weise entstehen neue Gedanken durch zufällige Bezüge (so kann man sich beispielsweise bei Wikipedia einen zufälligen Artikel anzeigen lassen).

Ebenso wichtig wie das Sammeln von Fach- und Inspirationswissen ist der permanente Austausch. Nicht selten liefern Gespräche an der Kaffeemaschine oder mit einem fachfremden Bekannten den entscheidenden Impuls. Vor diesem Hintergrund muss Wissensmanagement über die Speicherung und Verteilung von projekt- und geschäftsrelevantem Spezialwissen hinaus gedacht werden. Kreatives Wissensmanagement beschäftigt sich nicht nur damit, wie Erkenntnisse aus Büchern, Reports und Präsentationen zugänglich gemacht werden. Es gilt vor allem, die Abgrenzungen zwischen Teams und

Arbeitsbereichen kommunikativ zu überbrücken. Ein interner Unternehmensblog, auf dem die Mitarbeiter ihre Arbeit und Expertise frei dokumentieren, ist ein Schritt in die richtige Richtung. Der Münchner Professor Pöppel sieht hingegen die Kaffeeküche als wichtigsten Raum seines Instituts – beim gemeinsamen Frühstück entstünden die dort meisten Ideen. Und damit keine dieser Ideen verloren geht, sind alle Türen des Instituts mit Tafelfarbe gestrichen und sind mit Kreide beschreibbar [5].

Zeit

Kreative Prozesse brauchen Zeit – ein einfacher Satz, der jedoch den Bedingungen des Marktes oft entgegensteht. Aber gerade bei engen Timings ist übermäßiger Stress der mächtigste Ideenkiller. Nur wenn das Unterbewusstsein in der Lage ist, ein vielversprechendes Ideenfragment mit weiteren Informationen anzureichen, kann sich der so genannte Geistesblitz formen.

Aus experimentellen Versuchen weiß man heute, dass Phasen des Loslassens wichtig sind für kreative Einfälle, da nur in dieser denkfreien Zeit die impliziten Verarbeitungsprozesse im Gehirn stattfinden können, die eine Lösung ermöglichen [5]. Flexible Arbeitszeit- und Pausenmodelle geben Mitarbeitern den nötigen Spielraum, damit sich Gedanken setzen beziehungsweise entwickeln können. Natürlich laufen flexible Zeitmodelle Gefahr, von den Mitarbeitern ausgenutzt zu werden. Doch dem lässt sich entgegnen, dass bei mangelndem Engagement für eine Aufgabe auch Anwesenheitspflichten die Produktivität nicht erhöhen können. Vielmehr werden bei freier Zeiteinteilung Motivationsdefizite schneller deutlich. Der amerikanische Konzern Best Buy hat mit der ergebnisorientierten Führungsstrategie »Results-Only Work Environment« eine Anwesenheitspflicht sogar ganz aufgegeben und überlässt es den Mitarbeitern, wann, wo und wie lange sie arbeiten wollen, solange die Ergebnisse stimmen [13].

Aber auch unter starkem Zeitdruck lässt sich das Denken entlasten, indem man sich schlicht für definierte Zeiträume anderen Dingen zuwendet. Eine neue Aufgabe, eine sportliche Betätigung oder eine Entspannungsübung gönnen dem Gehirn die notwendige Verarbeitungszeit. Der amerikanische Hirnforscher John Medina schlägt sogar vor, Büros mit Laufbändern auszustatten, da Bewegung erwiesenermaßen Denkprozesse beschleunigt ([7], S. 7ff.).

Sofortmaßnahmen für kreativen Wandel

Entlang der vorgestellten drei Angriffspunkte Motivation, Zeit und Wissen sind viele Maßnahmen vorstellbar, um das kreative Potenzial eines Unternehmens zu aktivieren. Doch bevor Sie ihren Ideen freien Lauf lassen, möchten wir Ihnen drei Maßnahmen empfehlen.

Finden Sie einen Kreativitätsbotschafter!

Geben Sie dem Wandel zur Kreativität ein Gesicht. Sollten Sie dafür keine Zeit besitzen, berufen Sie einen Botschafter. In jedem Unternehmen lässt sich ein Mitarbeiter finden, den das Thema Kreativität begeistert. In unserem Unternehmen (FAKTOR 3) sind es die Mitarbeiter der Planning-Abteilung, die sich intensiv mit Kreativität und ihrer Förderung auseinandersetzen und dieses Wissen in selbst organisierten internen Schulungen und Meetings weitergeben.

Bei der Auswahl eines Botschafters achten Sie darauf, dass die Person sich nicht nur analytisch mit dem Thema beschäftigen möchte, sondern vor allem motiviert ist, mit dem neu erworbenen Wissen als Ermöglicher, Motivator und Vorbereiter des Kreativprozesses aufzutreten. Solche Personen sind nicht einfach zu finden. Das Anforderungsprofil eines Ideen-Managers, wie es Nadja Schnetzler in ihrem Buch »Die Ideenmaschine« beschreibt, trifft zugleich auf die Wahl des Kreativitätsbotschafters zu.

»Wichtiger als die Ausbildung und das Fachwissen [...] ist ihre Faszination für unseren Prozess, glasklares analytisches Denken, ein breites Allgemeinwissen oder ein besonders schräger Blickwinkel. [...] Wichtig ist [...] die Bereitschaft, sich in ein Team von Ideenpionieren – denn als Pioniere fühlen wir uns noch immer – einzupassen und dort seinen Platz zu finden. Wichtig sind [...] Stresstauglichkeit, Kritikfähigkeit und Tempo; des Weiteren ein völlig selbstständiger Umgang mit dem Computer, einwandfreier Sprachgebrauch, hervorragende Kenntnisse mindestens einer Fremdsprache und, ganz besonders wichtig, gesunder Menschenverstand.« ([11], S. 185f.)

Mit einem Botschafter tragen Sie die neue Herangehensweise an Probleme sukzessive in den Arbeitsalltag ihrer Mitarbeiter. Doch das Einsetzen eines Kreativbotschafters entlastet weder das Führungspersonal noch ihre Mitarbeiter, selbst aktiv zu werden. Nur mit der täglichen Bereitschaft zum Wandel und dem Willen, auch in Stresssituationen nicht auf die altbewährten Strategien zu setzen, kann sich die Wirkung dieses Konzeptes entfalten und multiplizieren. Letztlich ist es wie in der Bundesliga: Ein neuer Coach kann nur mit der Unterstützung von Spielern und Vereinsführung seine Arbeit wirklich gut machen.

Bilden Sie Kreativteams!

Wir haben keine Zeit, etwas Neues zu probieren – so lautet er mächtigste Einwand gegen jeglichen Wandel in eingefahrenen Arbeits- und Denkweisen. Aber bei genauerer Betrachtung lassen sich schnell Projekte identifizieren, die viel weniger zeitkritisch sind als andere. Nutzen Sie diese Projekte als Anlass für ein Kreativteam, das sich der Aufgabenstellung befreit vom üblichen Druck aus einer anderen Perspektive nähert.

Als Kreativteam verstehen wir eine kleine Gruppe von Mitarbeitern, die sich projektspezifisch und unternehmensübergreifend zusammentrifft und parallel zu dem eigentlichen Projektteam arbeitet. Was auf den ersten Blick als doppelte Arbeit erscheint, hat einen Hintergrund: Erst die leichte Entkoppelung von Zeit- und Erfolgsdruck schafft einen kleinen Freiraum, der den Teammitgliedern ermöglicht, sich dem Kreativitätsprozess vorbehaltslos zu öffnen, ohne an Ernsthaftigkeit zu verlieren.

Bei FAKTOR 3 ist jeder Mitarbeiter mindestens einmal Teil eines Kreativteams und durchläuft den gesamten Prozess der Ideenfindung vom Briefing bis zur Präsentation vor dem eigentlichen Projektverantwortlichen. Die Kreativteams organisieren ihren Ideenfindungsprozess selber, werden aber von den Mitarbeitern des Plannings über den gesamten Zeitraum gecoacht. Aus den Kreativteams heraus sind nicht nur viele erfolgreiche Ideen entstanden – wir haben weiterhin festgestellt, dass insgesamt die Bereitschaft steigt, auch Aufgaben im Tagesgeschäft kreativer anzugehen. Auch die angewendeten Kreativitätstechniken finden so den Weg ins Tagesgeschäft. Darüber hinaus wirkt sich dieses »Learning by Doing«-Modell durch seine teamübergreifende Arbeitsweise positiv auf das Betriebsklima aus. Es entstehen interne Wissensnetzwerke, die das tägliche Arbeiten bereichern.

Der österreichische Mineralölkonzerns OMV hat 2007 ein ganz ähnliches Projekt unter dem Titel »Future Architects« gestartet. Neun Mitarbeiter arbeiten neben ihren Jobs an der Weiterentwicklung der Firma. Doch im Gegensatz zu üblichen Seminaren und Workshops agieren die Future Architects ohne Vorgaben und ohne Einmischung von außen. Dafür werden sie aber mit allen Ressourcen und Freiheiten unterstützt, die sie haben möchten. Dabei entwickelten die Future Architects, so berichtet die Brandeins [2], innerhalb des Unternehmens eine nie da gewesene innovative Sprengkraft. Allerdings brauche ein solches Experiment jemanden an der Spitze, der angstfrei sei, so die Projektleiterin Karin Brunnmayr-Grüneis in Brandeins. »Es funktioniert nur mit einem Management, das Fragezeichen auszuhalten vermag – und das können nicht viele.« [2]

Befreien Sie Ihre Kreativtechniken!

Innerhalb der Kreativteams schaffen wir eine Atmosphäre, die das Erforschen unterschiedlichster Lösungsansätze möglich macht. Dabei kommen natürlich auch Kreativtechniken zum Einsatz. Sie haben das Ziel, die Anzahl von Assoziationen und Ideen zu erhöhen. Jedoch betrachten wir Kreativitätstechniken nicht als den magischen Schlüssel zu einer guten Idee. Es gibt immer wieder Teams, die ohne jede Kreativitätstechnik zu erfolgreichen Ergebnissen kommen. Im Normalfall allerdings haben Erwachsene Schwierigkeiten Ideen frei zu äußern, weil sie diese automatisch einer internen Prüfung unterziehen.

Der innere Zensor fragt sofort nach, ob die Idee gut oder schlecht ist, oder ob sie den Ideengeber schlecht vor seinen Kollegen da stehen lässt. Die oft traurige Realität eines Brainstormings ist, dass Ideen mehr kritisiert als exploriert werden. Das Ergebnis sind meist wenige und mittelmäßige Ideen. In solchen Situationen zielen Kreativitätstechniken darauf, den Formulierungsprozess vom Bewertungsprozess einer Idee zu trennen. Sie sind vergleichbar mit einem Spiel. Dadurch, dass sich die Teilnehmer einer Kreativitätstechnik auf Regeln einigen, befreien sie sich gegenseitig von dem eigenen Hemmungen. Das Ziel einer Kreativitätstechnik ist dann, möglichst viele Ideen zu produzieren, die in dem anschließenden Verdichtungsprozess evaluiert werden – soviel zur Theorie. Nimmt man hingegen ein Lehrbuch für Kreativitätstechniken zur Hand und liest deren Beschreibung, ist alles spielerische der Ideenfindung verloren:

»Die Methode 635 nach B. Rohrbach, eine der bekanntesten schriftlichen Ideenfindungsmethoden, will vor allem erreichen, dass Ideen aufgegriffen und weiter entwickelt werden und sich so die Ideenqualität steigert. [...] Wie erwähnt sind in der Grundform 6 Personen an der Anwendung der Methode 635 beteiligt. Jeder Teilnehmer erhält ein Formblatt, das etwa so wie das Muster in Bild 2.22 aufgebaut sein kann (Din A4 im Hoch- oder Querformat). Um eine gute Schreibunterlage zu haben gruppieren sich die Teilnehmer am

besten um einen ausreichend großen Tisch. Die Methode 635 läuft nun wie folgt ab:
Das Problem wir vorgestellt und die genaue Problemstellung definiert:

⇨ Jeder Teilnehmer trägt in die oberste Zeile seines Formulars 3 Ideen ein. Dazu stehen ihm fünf Minuten zur Verfügung.
⇨ Nun werden die Formulare reihum getauscht, d. h. jeder Teilnehmer gibt sein Formular z. B. an seinen rechten Nebenmann und erhält das seines zur Linken sitzenden Nachbarn. [...]

Das Verfahren ist beendet, wenn auch die sechste und letzte Zeile eines jeden Formulars mit Ideen ausgefüllt ist.« ([10], S. 117)

Die Anwendung solcher Kreativitätstechniken erscheint im Geschäftsalltag zwar seriös, wirkt aber so wenig inspirierend wie »Malen nach Zahlen«. Den Grund sieht Tim Brown, CEO des internationalen Designstudios Idealo, darin, dass wir spätestens in der Schule gelernt haben, dass Arbeit und Spiel nichts miteinander zu tun haben dürfen [3]. Doch die kreative Praxis lehrt uns das Gegenteil. Sobald in Meetings und Workshops eine spielerische Atmosphäre eintritt, steigt nicht nur die Ideenvielfalt, sondern zusätzlich die Motivation der Teilnehmer exponential.

Um diese Stimmung hervorzurufen, verknüpft der Schweizer Dienstleister für Kreativworkshops Brainstore bekannte Kreativtechniken mit spielerischen Elementen. Das Beispiel der Technik *Brain Race* zeigt, wie aus einem schriftlichen Brainstorming mit einer Prise Wettbewerb ein Spiel wird, das die Teilnehmer anregt, quantitativ viele Ideen zu produzieren, ohne sie qualitativ zu hinterfragen.

»Das Brain Race findet zwischen zwei Stationen statt, die mindestens zehn Meter voneinander entfernt liegen. An der einen Station schrieben die Teilnehmer jeweils zehn Ideen auf ein Arbeitsblatt. An der anderen Station wartet der Moderator [...] auf den Ansturm der Massen. Die Teilnehmer rennen mit ihrem ausgefüllten Arbeitsblatt zum Moderator, erhalten dort einen OK-Stempel für jede lesbare Idee und rennen wieder zurück zur ersten Station, wo die nächsten zehn Ideen aufgeschrieben werden. Wer am Ende der Übung die meisten grünen Stempel gesammelt hat, gewinnt einen Preis, den Sie im Voraus organisiert haben – nichts Großes, eine Tafel Schokolade, eine Zeitschrift, ein witziges Spielzeug.« ([11], S. 93)

»Erst schreiben, dann denken« ist die Devise guter Kreativtechniken. Nach fünf Minuten Brain Race mit 15 Teilnehmern entstehen leicht 400 Inspirationen. Auch wir befreien Kreativtechniken aus ihrer gewohnten Behäbigkeit. Dabei passiert es schon mal, dass Vorschläge mit verbundenen Augen aufgeschrieben werden. So ist der Absender einer Idee in der nächsten Runde nicht mehr zu identifizieren und die Angst verschwindet, eine vermeintlich dumme Idee zu äußern. Aber auch andere Hilfsmittel können die Kreativität aktivieren. Ideen müssen nicht ausgesprochen werden. Sie können auch mit Knetmasse oder Legosteinen gebaut werden. Selbst mit wenigen Mitteln lassen sich erstaunliche Effekte erzielen, zum Beispiel mit einer *Post-it-Schlange.* Hierbei bilden die Teilnehmer eines Brainstormings zwei Teams. Jede Idee wird mit einem Post-it so an die Wand geklebt, dass sich pro Team eine Schlange bildet. Gewonnen hat das Team, das nach zehn Minuten die längste Ideenschlange gebildet hat.

Um konkrete Produktideen schnell zu entwickeln, haben wir gute Erfahrungen mit einer Technik gemacht, die wir *Shop 'n Mix* nennen. Dazu durchforsten die Teilnehmer eines Brainstormings einen Bau- oder Supermarkt und notieren sich wahllos eine Liste von 100 Produkten, die sie interessant finden. Anschließend versuchen die Teilnehmer, die Eigenschaften der aufgeschriebenen Produkte zu neuen Ideen zu kombinieren. So entstehen Begriffspaare wie iPod und Aschenbecher, die sofort vor dem inneren Auge konkret werden.

Natürlich brauchen auch Kreativtechniken Übung. Ein eingespieltes Team kann sich selbstverständlich schneller in den spielerischen Ideenmodus begeben und eine erfahrene Moderation macht die Anwendung leichter und effizienter. Dennoch sollte Sie das nicht aufhalten, mit Kreativtechniken zu experimentieren. Sie werden nicht nur die Teilnehmer ihrer Meetings angenehm überraschen. Spätestens, wenn alle bewährten Wege der Ideenfindung erfolglos gegangen sind, können Sie mit dem Experiment Kreativtechnik nur noch gewinnen.

Tabelle 2: Sofortmaßnahmen für kreativen Wandel		
Kreativbotschafter	**Kreativteams**	**Befreite Kreativtechniken**
⇨ Definieren Sie einen Botschafter. ⇨ Setzen Sie ihn in Meetings und Schulungen als Coach ein.	⇨ Definieren sie ein weniger zeitkritisches Projekt. ⇨ Bilden Sie eine Projektgruppe außerhalb des üblichen Arbeitsbereiches. ⇨ Erlauben Sie hier ergebnisoffenes, aber zielgerichtetes Arbeiten.	⇨ Verknüpfen sie Kreativtechniken mit spielerischen Elementen.

Tabelle 3: Kreativitätstechniken (Beispiele)		
Brain Race	**Post-it-Schlange**	**Shop 'n Mix**
Die Teilnehmer jagen für zehn Minuten zwischen zwei Stationen hin und her, die mindestens zehn Meter von einander entfernt liegen. An der ersten Station schreiben sie zehn Einfälle zu einer Fragestellung auf. Dann laufen sie zurück und ihre Ideen werden auf Lesbarkeit kontrolliert. Am Ende gewinnt, wer die meisten Ideen aufgeschrieben hat.	Teilen sie die Teilnehmer eines Brainstormings in zwei Teams und formulieren sie eine Fragestellung. Anschließend wird fünf Minuten lang jede Idee auf ein Post-it geschrieben und so an die Wand geklebt, dass sich zwei Schlangen bilden. Die längste Schlange gewinnt.	Schicken Sie die Teilnehmer in einen Bau- oder Supermarkt mit der Aufgabe, 100 Produkte aufzuschreiben. Kombinieren Sie die Produkte anschließend zu Neuprodukten.

Dienstleister im Kreativprozess

Der Wandel zur kreativen Unternehmenskultur ist lohnenswert, aber langwierig. Wer schnell auf das kreative Potenzial seiner Mitarbeiter zugreifen muss, findet Unterstützung bei externen Dienstleistern, die den Kreativprozess anstoßen und anleiten. Doch nur wenige Spezialanbieter, Coaches oder Kommunikationsagenturen sind in der Lage, den gesamten Kreativprozess zu begleiten, der von der Formulierung einer Fragestellung bis zur Präsentation der Ideen reicht.

Gleich an mehreren Stellen unterstützen externe Dienstleister den Kreativitätsprozess. Die Außensicht auf ein Problem hilft, den Innovationsbedarf konkret zu definieren und die richtigen Fragen zu formulieren, entlang derer sich der kreative Prozess entwickelt. Sobald die Phase der Ideenfindung beginnt, kümmert sich ein Dienstleister nicht nur um die Auswahl der richtigen Kreativtechniken. Er sorgt für eine neutrale Moderation und Bewertung der Ideen und stellt einen reibungsfreien Ablauf von Meetings und Workshops sicher. Besonders interessant wird ein externer Dienstleister dann, wenn er unternehmensfremde Experten identifiziert und in den Ideenfindungsprozess einbindet. Je nach Problemlage kann es ein Astronaut, Bildhauer oder Teenager sein, der den entscheidenden Gedanken äußert und eine Gruppe von kurzzeitig fachblinden Experten wieder auf die richtige Spur bringt.

Abschließend unterstützt ein Dienstleister bei der Auswahl und Ausarbeitung der entwickelten Ideen. Insbesondere wenn die entwickelten Ideen vor Entscheidungsgremien präsentiert werden müssen, garantiert ein neutraler und erfahrener Präsentator dafür, dass revolutionäre Ideen nicht an einer unglücklichen PowerPoint-Animation scheitern.

Tabelle 4: Unterstützung von Dienstleistern im kreativen Prozess

Problemdefinition	Lösungssuche	Lösungsdefinition
⇨ Externe Beratung und Sachverstand. ⇨ Recherche und Trendscouting. ⇨ Definition von Leitfragen zur Ideenentwicklung	⇨ Organisation und Moderation von Meetings und Workshops. ⇨ Auswahl und Einbringung von externen Ideengebern und Fachexperten. ⇨ Auswahl und Anwendung ausgewählter Kreativtechniken.	⇨ Neutrale Beratung bei der Verdichtung von Ideen. ⇨ Professionelle Visualisierung. ⇨ Neutrale Präsentation vor Entscheidergremien.

Literatur

[1] BOSTON CONSULTING GROUP REPORT: *Innovation 2008. Abrufbar unter: http://www.bcg.com/impact_expertise/publications/files/Innovation_Aug_2008.pdf, abgerufen am 01.12.2008.*

[2] BRANDEINS: *Freie Radikale. Ausgabe 2/2008.*

[3] BROWN, TIM: *On creativity and Play. Vortrag auf der Art Center Design Conference 2008, Video im Web unter: http://www.ted.com/index.php/talks/tim_brown_on_creativity_and_play.html, abgerufen am 20.11.2008.*

[4] GOOGLE WEBSITE: *http://www.google.com/support/jobs/bin/static.py?page=about.html&about=eng, abgerufen am 20.11.2008.*

[5] HOFMANN, RUTH: *Wie wir kreativer werden. In: ZEIT Wissen, Oktober/November 2008.*

[6] JACOBI, MATTHIAS: *Hirnwellen und Bewusstsein. Internet: http://www.hirnwellen-und-bewusstsein.de/hirnwellen_2.html, abgerufen am 20.11.2008.*

[7] MEDINA, JOHN: *Brain Rules. 12 Principles for Surviving and Thriving at Work, Home, and School. Seattle: Pear Box, 2008.*

[8] PILGRIM, CHRISTIAN: *Wie Ideen entstehen und Innovationen gefördert werden. Kreativworkshops als Dienstleistung der FAKTOR 3 AG. Bachelor Thesis, Leuphania Universität Lüneburg, 2008.*

[9] PINK, DANIEL H.: *A Whole New Mind. Why Right-Brainers Will Rule The Future. New York: Riverhead Books, 2005.*

[10] SCHLICKSUPP, HELMUT: *Ideenfindung. Würzburg: Vogel Verlag, 2004.*

[11] SCHNETZLER, NADJA: *Die Ideenmaschine. Methode statt Geistesblitz – Wie Ideen industriell produziert werden. Weinheim: Wiley-VCH, 2006.*

[12] SCHWARZ, ERICH J.: *Technologieorientiertes Innovationsmanagement. Strategien für kleine und mittelständische Verlage. Wiesbaden: Gabler, 2003.*

[13] SMASHING THE CLOCK. *Internet: http://www.msnbc.msn.com/id/16040492/, abgerufen am 20.11. 2008.*

[14] WEIHE, JOCHEN: *Skriptum zur Lehrveranstaltung »Unternehmensführung und Personalmanagement«, Leuphania Universität Lüneburg. Abrufbar unter: http://www.uni-lueneburg.de/fbw2/indes.php?id=255, abgerufen am 25.07.2008.*

[15] WERBEN UND VERKAUFEN: *Das Geheimnis der Kreativität, Nr. 32/7. August 2008.*

Zusammenfassung
Der Innovationsdruck wird auch in Zukunft permanent steigen. Der Markt zwingt Unternehmen dazu, kreativ zu werden, um mit neuen Ideen auf die fluktuierenden Rahmenbedingungen zu reagieren. Das Etablieren von kreativem Denken als erste Vorstufe im Innovationsprozess erfordert ein Grundverständnis des individuellen Kreativitätsprozesses, der in den Phasen Problemdefinition, Lösungssuche und Lösungsdefinition abläuft.
Der Erfolg der Ideenfindung hängt vor allem an den Faktoren Motivation, Wissensmanagement und Zeit ab. Entlang dieser Kategorien lassen sich Förderungsmöglichkeiten ansetzen, die einen schrittweisen Wandel zu einer »Idea-Company« ermöglichen, wenn Unternehmensführung und Mitarbeiter diesen Change-Prozess unterstützen. Drei Maßnahmen zur Implementierung kreativer Prozesse werden empfohlen:

- ⇨ das Einsetzen eines Kreativbotschafters,
- ⇨ die Durchführung von Kreativteams,
- ⇨ und die spielerische Organisation von Kreativtechniken.

Produktive und zeitnahe Unterstützung bei der Ideenfindung bieten darüber hinaus spezialisierte Full-Service-Anbieter sowie einige Kommunikationsagenturen. Sie begleiten und unterstützen Unternehmen von der Problemdefinition bis zur Ideenpräsentation.

Brand inspires innovation

Reading this you may ask yourself whether the omnipresence of brands and branding in our daily lives is going too far? Why does branding lay claim to being connected to as well as inspiring a company's innovation success? How? Is branding not just an image building exercise?

This article sets forth:

- what innovation means and where the limits of innovation are,
- how to 'innovate' successfully and
- how branding gives play purpose.

Claudius König, Frederik Paul Halsted

Introduction

We know that the mechanisms of branding can help lift and sustain innovation levels in any given company. We discuss here that branding may be the missing ingredient in innovation. That innovation is best inspired and directed by a company's focus on its brand.

We are speaking from 20 years experience in putting the 'spirit of innovation' at the top of a company's agenda and harvesting results. Boehringer Ingelheim is a client and case study that gives reality to our intellectual argument.

Innovate or die!

Companies are continuously challenged to change and innovation is core to a company's survival and success. This is especially true amidst our current credit, economic, energy and environmental crisis with pressures pointing companies towards real change offering real choice. The change we need will not be delivered by just the flat, efficiency and effectiveness driven change management of the 1990's.

With the economy of change prevailing, innovation must be explored beyond improving existing products and services whilst reducing labour costs. Innovation increasingly must be applied at a higher level, creating new markets, meeting economic, environmental and energy related needs and wishes at a deeper level.

The challenge for brands and branding in this context is to help companies be inspired to innovate decisively and deliberately – across the depth and breadth of an organisation.

What is 'innovation'?

Innovation is a glorified parameter of competition in today's global market. An indicator of businesses knowledge, ideas and development. From an economic market perspective, it is connected to improving and adjusting offerings one way or the other.

In any commercial context, innovation implies huge effort and process being linked to future forecasting, projections, planning and so forth.

Companies most regularly position innovation against parameters like incremental or radical, open or closed, internal and external. On top of these axis companies can level out and decide if an innovation is revolutionising, niche or modular and also if it is technology-, value-, service- or socially driven through open sources, brokers, producers, etc. etc.

Much academic work has been dedicated to innovation so much so that we now can split and splice innovation from invention and extension. In order to illustrate this, let's use the classic illustration of a new idea: a light bulb.

Invention is when something is created, processed and built from scratch and most probably the first of its kind – such as the regular light bulb most prominently launched by Thomas Edison.

Fig. 1: *Classic illustration of a new idea: a light bulb*

Fig. 2: *The energy saving light bulb*

Innovation then is usually applied for improvement, adjustment and modification of an already existing offering … such as the halogen light bulb or the compact fluorescent lamp (the energy saving light bulb).

Extension is stretching an offering horizontally into different product or service categories, segments or perhaps even industries.

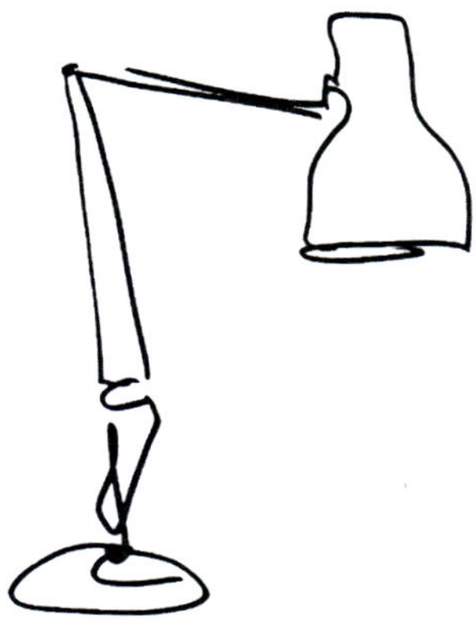

Fig. 3: *Desk lamp*

From a branding perspective this and other writings about innovation seem 'academic'. Innovation as a vision implies the order to stay ahead, up-to-date and forward focused.

The spirit of the New

As discussed: extensions, innovations or inventions, are all achieved fundamentally in the same spirit and culture. Let's call it the spirit of the *New*.

Does *New* come from connecting the past with the future or simply out of the blue? *New* is not necessarily a reflection of a market tendency or spotting a direct demand. It is not always found by market related research or other analytical tools and management processes, splitting perspectives into atoms for further detail.

The unused potential in people to do *New* is massive! Most companies are set-up such that employees use a fraction of their creative capacity at work. Meaning for example that when people are off-duty, they burn off creative fuel less witnessed at work on cooking, playing football, DIY and planning the next vacation.

Un-tapping employee capacity ought to be placed at the top of the agenda when companies are looking for what is *New*. When planning for, pinning down or projecting *New*, it is important to understand how companies can steer and stimulate this.

The limits of 'innovation'

Innovation is most often very difficult to forecast and project and includes a lot of organisational knowledge cul-de-sacs. Many employees may have good and really compelling ideas, most often though they seem to get caught up in organisational bottlenecks or simply just lost in the day-to-day operation of business activities and roles.

Sensibility issues occur in the process of innovating – for instance when a business is trying to conform to new industry and market regulation, reduce their energy foot-print, improve quality, extend their range and create new markets – and numerous factors and aspects have to be considered involving everybody and everything in a company.

Another concern for businesses is the lack of understanding of the powers and processes of innovation. Innovation is often misunderstood and degraded as a post-modern marketing tool being curtailed as a need based reflection and delivered on-demand only.

Despite grand announcements religiously reiterating the importance of innovation at corporate gatherings – that it must focus outright on the future, on developing businesses, markets, products, services and people – it often remains isolated and propriety to the R&D (Research & Development) department.

Businesses tend to have difficulties in figuring out how to instil innovation across all of their operations – lessening the impact upon their business model, set-up and structures as a key strategic driver.

And how can it be different in companies that live by deductive market research driven marketing schemes. Where everything is measured and monitored in detail to establish or grow a market share in the name of customer focus. Innovation will be patchy and ultimately unsuccessful when and where innovation is a push-oriented discipline, purposefully seeking ever new niches. The importance of innovation to a company's success is heard, understood and agreed but not always acted upon.

How to 'innovate' successfully?

Probably one of the most important factors in instigating and stimulating innovation per se is the aspiration of the organisational management and the existence of a real innovation culture and spirit within the business.

Effective innovation comes from and is for people; what they see, hear or feel and how they interact with others. Inarguably, people want to work with things they sincerely believe in and therefore enjoy. For any business wanting to partake in the innovation game and apply innovation strategically it is paramount to put people first.

A genuine interest in and about innovation must be established. All people in a given company must have general knowledge about the various types of innovation. They must be provided with a framework about what and when to innovate.

To liberate creative and free thinking most companies are encouraging playful behaviour. Google probably is the most prominent 'player', practising worldwide the most advanced campus style based culture born in Palo Alto.

"If you want creative workers, give them enough time to play" says John Cleese [1]. The message is not new and the question remains how to channel and process creativity and new ideas into innovation. They begin as a seed and need fertile ground, cultivation and careful harvesting to break through the corporate crust.

Not everybody is a natural born innovator and without harnessing and directing employees' potential creative companies can run severe risks of ending up with meaningless, bland, boring, and totally undirected initiatives.

Playful ideas need to have purpose to lead to positive decision making and action. To turn creative employees into constructive employees – give them a purpose to play.

Branding gives play purpose

How to get the constructive capital and creative capacity juices flowing generally throughout an organisation? This is where the brand rules. Branding is second-to-none when it comes to sequential guidance of any kind of commercial take-off or venture. Brands are challenged to build and express confidence about the future. They can offer relevance and purpose beyond the daily grind fulfilling corporate directives.

Leveraging the brand trough-out the everyday happens via the corporate and organisational culture. Corporate culture is deeply rooted in branding and branding sets the route for not just the culture but the entire company itself.

Branding in this context is about strategy, vision, mission and values – in short it is the driver of a company's future not just the prevalent post rational claim of ownership. The brand impetus is alter ego for any given company in order to create and cultivate a strong platform with direction for continuous innovation routine and actual output hereof. It's the mechanism to inspire innovation.

Just like people, a brand's clarity is formed by the basics of behaviour: power, skill or seduction. Business needs all three qualities to compete but there is always one aspect that is dominant and therefore drives the branding. Is it a power, skill or seduction driven brand?

⇨ *Power driven brands* are companies with market leadership as the ultimate goal. Businesses exploiting market de-regulation and fragmentation. Growth through acquisition and price strategies where customers are offered size as benefit. Power attributes are usually: determination, fame, ambition, authority and strength.

⇨ *Skill driven brands* are companies that consider size to be secondary. These businesses exist because of a unique ability. They are not driven to be big but to be best. Products and services offer a unique function subject to continuous improvements. Skill attributes are usually: intelligence, sustainability, experience, functionality and uniqueness.

⇨ *Seduction driven brands* are in business because they want to be loved for being different. Beating big bad business by being smart and alternative to the market prevailing logic. It's not about what you do but how you do it. Seduction attributes are usually: love, entertainment, beauty, inspiration and innovation.

The dominant aspect is based on the company's Driving Idea. The Driving Idea is the heart of the brand – it inspires fundamentally a company's ability, culture and image.

⇨ *Ability:* What is a company able to do? What is its potential for the future in terms of market position, products, services, price and performance?

⇨ *Behaviour:* How does the company behave and do things at all levels, internal and external interaction and operation, team culture, power, politics and people?
⇨ *Image:* What does your brand promise?
⇨ *Strategy:* What truly drives the brand? Is the look, feel and design language in line with your brand?

Stakeholders need to see companies execute against what they claim across all touch-points.

Innovation at work

The brand is the ultimate idea catalyst and ideas are needed in order to create *New*. It is the epicentre of business strategy as the use of the brand enables companies identify what types of innovation are needed to fulfil its goals. Your brand is also a great parameter of measuring and monitoring innovation – corporately and individually.

Turning brand aspiration and culture into final creation requires optimal coordination in all levels of the value creation of innovation. In order to inspire, focus and make innovation doable, the brand needs to be clearly defined and have principles to govern and conduct the brand and what is conceived hereof. What will your future brand need to promise in order to help you innovate?

Our earlier light bulb analogy touches on the German company Osram as an example. Osram is a unit of Siemens and is positioned as a high-tech company in the lighting industry. Osram's brand driving idea is 'passion for intelligent lighting', which is clearly visible in their product portfolio and evolution. Exceptionally, the Osram brand is a stand alone one in Siemens's monolithic

Fig. 4: *Light bulb – the Osram brand*

brand architecture as it is an innovation leader in the engineering and technology field. The Osram brand is a reasonable covert communicator, however, a very overt and explicit inspirator of culture, driven by employees with a passion to master and re-invent Thomas Edison's revolutionising invention – light as we know it today and in the future [2].

Case study: Boehringer Ingelheim – Value through innovation

Our long standing client Boehringer Ingelheim (BI) epitomises the spirit of innovation and this aspect defines the company's performance itself. It is not by chance that in 1994 'Value Through Innovation' became BI's corporate mantra and remains its inspiration to this day. *Original objective: Help inspire a coherent, future focused culture that can deliver a matrix structure and strategy.*

Within the context of an industry increasingly resourceful the market of drugs was never closed to ideas, open-mindedness and experimentation but the signs at the beginning of the 1990's were contrary. The awareness of being part of an organisation was absent at BI. Under the guise of entrepreneurialism country management and operations were effectively independent delivering local results that did not add up globally.

Despite almost 20 percent of its revenue being spent on R&D the company lacked the pipeline to feed its marketing and sales ambitions. Product licensing did not plug increasing insecurities about its future as an independent privately held company. Following the introduction of a then typical global matrix structure the organisation lacked the creativity, cohesion and culture to make it work.

What we did: Created process and content for two global culture waves (1994 and 2004). Ensured that companies understood how vision drives strategy and impacts on their area of responsibility. Secure long-term commitment.

BI's first wave to modernise its set-up was aimed at creating synergic relationships within the organisation and it consisted of a restructuring programme called 'Vision and Leadership'. The change of the company's culture was a measured process that incorporated a different mindset where leaders and employees had to integrate the matrix efficiently by being equally empowered to pursue the same goals and aspirations.

The expression of the company's new idiosyncrasy was articulated on many fronts. Once the vision and leadership principles were developed, they had to be communicated. By formulating the classic 'Ask not what Boehringer can do for you, but what you can do for Boehringer' the company placed itself on an equivalent level of participation with its employee where reciprocity, exchange and especially collaboration were welcome. This clear declaration of intentions and others along these lines, were uttered in global events where employees had the (often first) opportunity to meet the leaders of their organisation.

Similarly, workshops where employees had the chance to 'play' at work and use their own sense of novelty and experimentation in groups were carried out on a regular basis. The launch of this new vision through involvement activities and other events were working towards the creation of a long-term commitment and a climate of professionalism within the company.

BI was connecting the members of the organisation through a number of mechanisms. Some of these events included the Topic of the Year (ToY), Value Through Innovation days (VTID), review results, preview plans, induction literature/vision magazine, Vision & Leadership workshops.

Apart from having an intrinsic teasing element to it, ToY was a mechanism of self-evaluation where ideas coming from top to bottom were subject to internal debate and implementation. Thus, the commandments of 'Change', 'Value', 'Innovation', 'Waste', 'Distinctive Character' and 'Commitment' were every individual employee's directive of ten consecutive years.

Vision and Leadership bred an organisation that had group coordination as its focal point. Likewise, it generated a great number of strategic and identity forming initiatives – including a wave of significant CSR programmes. In terms of sales, it grew exponentially starting in 1994 with a Net sales* figure of 3.2 up the figure of 10.4 billion in 2007. Employees increased from 24 thousand in 1994 to today being approximately 40 thousand. With V&L came also a set of the latest communication and delivery technology.

However, the very nature of programmes promoting innovation and progress calls for a system of evaluation, review and ultimately update. Certainly, while V&L supported group cohesiveness and tore down communication boundaries within the organisational hierarchy, it left little room for personal initiative or 'day to day' decision making.

V&L was led by imperatives and as the French pointed out, 'pedegisme' (from President Directeur General), or old school top down management, was no longer delivering decentralised excellence. Moreover, there was an increasing confusion around the number of principles brought by the programme that did not speak to the minds of the nearly 20.000 new staff who were unable to deliver the purpose of the programme. On its 10th anniversary, VTI was reinvigorated by 'Lead & Learn'.

Lead and Learn

Re-enacting VTI in order to catch up with the new state of affairs entailed putting the emphasis on individuals by creating self-starters.

Moving forward meant that VTI was not to be found at regular times of the year in distant locations but within the individuals that made up BI. Thus, reloading VTI implies addressing individuals as opposed to an undifferentiated group of people.

The new approach called 'Lead and Learn' places the individual in relation to the group. The look of 'Lead and Learn' features the ME/WE characters as parallel signs in motion that feedback one another in the same space. The 'Lead and Learn' iconography explains very well the self-activation element present in the company's mind-set that came to replace a slightly more commandment like approach.

Web portal

In order to keep everyone informed and up to date BI established a culture zone. This includes a web portal with all the information concerning events, communication and VTI days amongst other features.

Measurement

'It is twelve years since we launched our vision 'Value through Innovation'. It remains part of our lives, not a separate programme. We have achieved more, improved the performance of the organisation and we keep challenging our people'.
Dr. Allesandro Banchi, CEO Boehringer Ingelheim, Baden Baden in 2006

References

[1] JOHN CLEESE *(yes, the Monty Python Comic) has a MA in Law from Cambridge University and a Hon. LL.D. from St. Andrews University, Professor-at-large at Cornell University. He is also running studies and is teaching how to be more creative as a company.*

[2] MONOCLE, *'Light bulb Moment', Issue 18, Vol 2, November 08*

Summary

In sum, 'innovation' has become an all-pervading word in every company's mission statement. Innovation follows invention. Nevertheless, in order to innovate organisations have to consider a number of aspects that may transform not only their output but also their internal systems themselves. Indeed, one has to practise innovation and not only theorise about it. Academic work on the subject is often too abstract when it comes to the practical facets of it. Certainly, a declaration of intentions is not always followed by the appropriate implementation of it. This arises from the difficulty to translate the principle of innovating into a coherent and consistent set of actions.

The mechanisms of branding can act as a road map for this purpose. Brand-led innovative processes must lie at the heart of the organisation to steer its daily application. It is partly about providing employees with the space and opportunity to articulate their particular way forward. Innovation builds on people's unexplored potential to play. When done with such intent branding can stimulate the spirit of the new and give direction and focus.

Within this context the case of Boehringer Ingelheim represents the paradigm of innovation. This is a company that articulates lovingly its ultimate objective to deliver 'value through innovation' across all spheres of its operation – impacting fundamentally on its culture internally and consequently its image externally.

Ideenscouting und Ideenmanagement

Die frühe Phase im Innovationsprozess

In den frühen Phasen des Innovationsprozesses werden die Grundlagen für zukünftige Erfolge eines Unternehmens gelegt. Es gilt, das richtige Verhältnis zwischen Kreativität und Systematik unter Berücksichtigung des internen Wertesystems auszuloten und die Ideen zur Projektentscheidung zu bringen.

In diesem Beitrag erfahren Sie:

- welche Bedingungen notwendig sind, um das Fuzzy Front End zu strukturieren,
- welche Dilemmas zu überwinden sind,
- wie die Ideengeber erfolgreich zur Wissensteilung motiviert werden können.

HEINZ-JÜRGEN BOEDDRICH

Ideen im Schlüsselprozess Innovation

Jede Innovation entsteht aus einer Idee. Letztere sind im Wesentlichen Ergebnisse aus kreativen oder rationalen Denkprozessen von Individuen oder Gruppen in Organisationen (Mitglieder, Mitarbeiter, Forschungs- und Entwicklungs-Teams) oder dem weiteren Umfeld (Kunden, Lieferanten, Hochschulen).

Organisationen und im speziellen Unternehmen, die sich mit vielen Ideen auseinandersetzen, haben bessere Chancen hinsichtlich einer erfolgreichen Zukunft, als solche die sich mit wenigen Ideen befassen. Die Auseinandersetzung mit zahlreichen Ideen bedeutet eine bessere Ausnutzung des Wissenspotenzials und den damit verbundenen Kernkompetenzen. Die intensivere Auseinandersetzung mit Ideen stärkt die Schlüsselkompetenzen, da Probleme und Lösungsverfahren häufiger zusammengebracht werden und so starke Trainingseffekte hinsichtlich der Anwendung von Denkstilen, Kreativitätstechniken und Problemlösungsmethoden entstehen. Darüber hinaus entsteht ein besseres internes Klima, da Ideen nur in offenen Kommunikationssystemen und fehlertoleranten Führungsstrukturen entstehen können. Die Auseinandersetzung mit Ideen sowie deren Weiterentwicklung findet in der Regel im Innovationsprozess statt. In diesem wird die Transformation der Ideen zu erfolgreichen Innovationen systematisch abgearbeitet. Je nach Größe des Unternehmens ist dieser Prozess mehr oder minder komplex gestaltet.

Im ersten Stadium des Innovationsprozesses versuchen erfolgreiche innovative Unternehmen, einen stetigen Fluss an Ideen vor dem Start von Innovations-Projekten zu erzeugen. In Übereinstimmung mit der empirischen Forschung über die Erfolgfaktoren von Innovationen [1, 2] sind Gestaltungsmaßnahmen in den sehr frühen Stadien des Innovationsprozesses (Fuzzy Front End, Konzeptfindungsphase, Ideenmanagement usw.) sehr entscheidend dafür, dass aus einer Idee eine erfolgreiche Innovation wird.

Bei der systematischen Gestaltung der ersten Phase des Innovationsprozesses hat man jedoch mit einem schwerwiegenden Dilemma zu kämpfen. Es gilt, eine ausgewohnte Balance zwischen kreativer Freiheit bei der Ideengenerierung und einem systematischen Vorgehen bei der Katalogisierung, Vorauswahl und Bewertung von Ideen zu finden. In einigen Unternehmen ist dies gelungen, so dass dort mit Ideenpipelines – in den meisten Fällen computergestützt – sehr erfolgreich gearbeitet wird

Entsprechend der Entscheidungstheorie müssen Ideenpipelines bei der Transformation von Erstideen in durchführbare Projekte in der Lage sein, die Unsicherheit hinsichtlich der zukünftigen Erfolgsaussichten von Ideen zu reduzieren. Manager können bei hoher Unsicherheit nicht entscheiden, wie man die F&E-Etats, Laborkapazitäten oder Personalressourcen verteilen soll. Entscheidungen, die auf der Basis von vagen Ideen getroffen werden, führen zwangsläufig zur sinnlosen Verschwendung von Ressourcen. Allerdings kann auch das beste Ideenmanagement ein letztes Restrisiko nie ausschließen. Intensivere

Betrachtungen und Informationen über Ideen sind notwendig, um die Qualität solcher Entscheidungen zu verbessern. Eine hohe Qualität bei der Ausgangsentscheidung für Innovationsprojekte hat einen positiven Einfluss auf die Qualität des gesamten Innovationsprozesses eines Unternehmens und erhöht die Wahrscheinlichkeit für erfolgreiche Ergebnisse aus diesem Prozess.

Basierend auf den Resultaten der empirischen Studien sowie auf der oben geschilderten Argumentation über die Reduzierung der Unsicherheit, investieren erfolgreiche innovative Unternehmen im ersten Teil ihres Innovationsprozesses (Ideenmanagement, Fuzzy Front End) in intellektuelle Ressourcen (Abbildung 1).

In den meisten Unternehmen ist jedoch eine stärkere Fokussierung auf den zweiten Teil des Innovationsprozesses, in dem es zum Einsatz und Verzehr materieller Ressourcen kommt, festzustellen. Da der Verbrauch materieller Ressourcen und dessen Verhältnis zu den erzielten Einnahmen nach wie vor die übliche Messlatte zur Beurteilung von Managementleistungen ist, erscheint diese Fokussierung logisch. Zu-

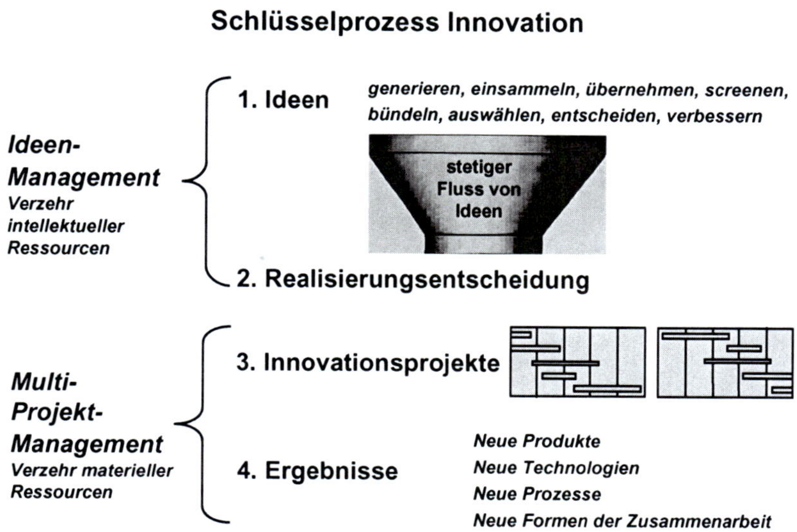

Abb. 1: *Hauptphasen des Innovationsprozesses und ihre Ergebnisse*

mal sich so auch sehr schnell Erfolg nachweisen lässt. Verstärkt wird dieser Fokus zudem dadurch, dass im zweiten Teil des Innovationsprozesses zahlreiche effiziente Managementinstrumente zur Verfügung stehen, die zu klaren und eindeutigen Ergebnissen führen. Der Verzehr intellektueller Ressourcen in den frühen Phasen des Innovationsprozesses ist weniger eindeutig zu erfassen und zu bewerten. Die Ergebnisse solcher Inputs werden als vage, unklar, verschwommen und unscharf (»fuzzy«) erachtet. Das alles führt im Ideenmanagement zu einer Diskussion, deren extreme Ausgangspunkte sich wie folgt beschreiben lassen.

Einerseits wird argumentiert, dass das »Fuzzy Front End« absolut »fuzzy« bleiben muss, weil nur so ein kreativer Input in den Innovationsprozess eingebracht werden kann. Nach dem Verständnis der Vertreter dieses Standpunkts haben Kreativität und das Auftauchen origineller Ideen nur in einem absolut freien und mehr oder wenig chaotischem Umfeld eine Chance. Eine systematische Strukturierung gilt hemmend hinsichtlich der Suche nach Neuheiten. Diese, ziemlich extreme, Position lässt sich am ehesten als der »Fantasieweg zur Innovation« bezeichnen.

Am anderen Ende der Skala stehen jene Vertreter, die glauben, dass Innovation durch Computer und Datenspeicher erzeugt werden kann. Sie möchten alle relevanten Informationen, Erfahrungen und Wissen zusammentragen, um diese in einem computergestützten Prozess einzubringen. Nach ihrer Vorstellung lassen sich Innovationen am schnellsten und einfachsten durch das Drücken von ein paar Tasten auf dem Computer erzeugen. Diese Vorgehensweise ist der »technokratische Weg zur Innovation«.

Beide Wege sind zu extrem und zum Scheitern verurteilt. Einerseits ist Ideengenerierung ohne irgendeinen Fokus und ohne Systematik für Firmen sinnlos. Andererseits sind Maschinen und Roboter nicht in der Lage, bestimmte kreative Funktionen des menschlichen Gehirns zu kopieren. Die Wahrheit für die Gestaltung eines erfolgreichen Fuzzy Front End liegt wohl in der Mitte und wird eine Kombination aus beiden Wegen sein.

Die folgenden Abschnitte beschreiben einfache Prozesse und Anforderungen für ein erfolgreiches Ideenmanagement, die im Wesentlichen aus einem Benchmark der Ideenmanagement-Systeme in einigen Unternehmen abgeleitet wurden.

Der strukturierte Ideenfluss – eine Voraussetzung für ein erfolgreiches Innovationsmanagement

Innovationen sind erfolgreich, wenn:
- ⇨ die Ideen frühzeitig an strategischen Zielen des Unternehmens ausgerichtet werden,
- ⇨ dem Kunden ein deutlicher neuer Nutzen geboten wird,
- ⇨ die Konzeptfindungsphase (Ideenmanagement, Phase vor der Projektentscheidung) strukturiert ist und systematisch durchgeführt wird.

Empirische Studien haben gezeigt, dass der zuletzt genannte Erfolgsfaktor nicht genügend Beachtung findet. Die Schritte vor dem Start von F&E-Projekten bleiben diffus und unscharf: Ideensammlung und Ideenfluss sind nicht geregelt, Entscheidungskriterien sind nicht festgelegt, die Kompetenzen sind unklar. Man spricht vom »Fuzzy Front End« des Innovationsprozesses [3].

Eine fehlende Methodik, Systematik und Struktur zu Beginn des Innovationsprozesses beeinträchtigt das Innovationsmanagement eines Unternehmens erheblich:
- ⇨ Eine strategische Ausrichtung der Innovationen ist nicht möglich oder erfolgt zu spät.
- ⇨ Eine frühe Selektion unterbleibt. Aussichtslose Ideen bleiben zu lange in der Diskussion. Physische und emotionale Ressourcen werden vergeudet.
- ⇨ Wertvolle Zeit geht verloren.
- ⇨ Es fehlt an Transparenz über den Innovationsnachschub.

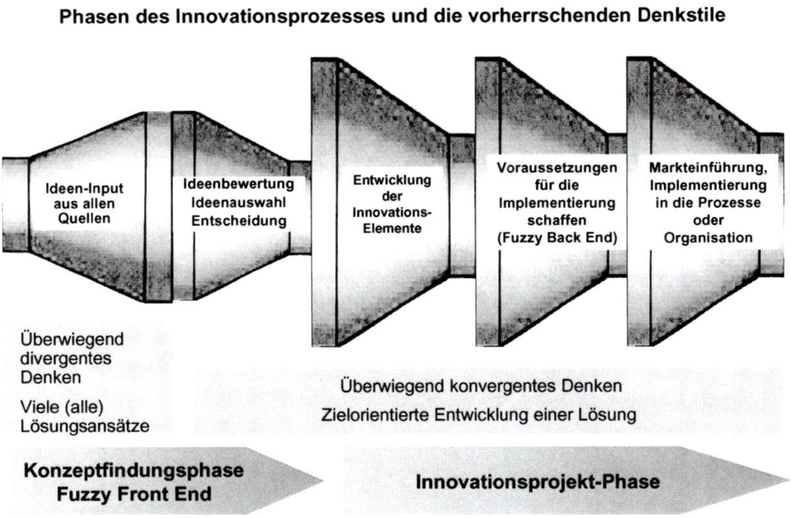

Abb. 2: *Die Stufen eines erfolgreichen Innovationsmanagement*

⇨ Eine Optimierung des Innovationsprozesses ist nicht möglich. Es finden keine Lernprozesse im Hinblick auf eine Verbesserung der Vorgehensweisen statt.

Dass die Konzeptfindungsphase strukturiert werden kann, ohne kreativ- und initiativenhemmend zu wirken, zeigen Erfahrungen in erfolgreich innovierenden Unternehmen.

Die Phase von der zentralen Ideensammlung bis zur Genehmigung des F&E-Projektes ist so zu strukturieren, dass einerseits eine offene Ideenfindung unter Nutzung verschiedenster Ideenquellen möglich ist. Bei der Ideenfindung überwiegt das divergente Denken, das zu zahlreichen und ergebnisoffenen Alternativen führt. In den nachfolgenden Phasen wird weitestgehend mit konvergentem Denken zielführend ein bestimmtes Ergebnis angestrebt. Kleinere Zyklen mit kreativem Problemlösen (divergenten Denkansätzen) sind hierbei jedoch nicht ausgeschlossen.

Beim Aufbau eines Ideenmanagements als Vorphase des Neuproduktentwicklungs-Prozesses (das speziell in der deutschen Literatur als Ideenmanagement bezeichnete Betriebliche Vorschlagswesen spielt hier die Rolle als eine mögliche Quelle bei der Ideensammlung) sind allgemeingültige Organisationsanforderungen und unternehmensspezifische Anforderungen zu unterscheiden.
Die allgemeinen Anforderungen an ein solches Ideenmanagementsystem sind:

- ⇨ Existenz strategischer Leitlinien für Innovationen,
- ⇨ Einrichten einer breiten Ideensammelstelle,
- ⇨ Erstellung von Ideencluster,
- ⇨ Multifunktionalität der Entscheidungsgremien im Ideenmanagement Prozess,
- ⇨ festgelegte und transparente Auswahlkriterien,
- ⇨ Trichterfunktion des Auswahlprozesses,
- ⇨ einfaches Handling des Systems – »Easy to work with«.

Diese Anforderungen wurden durch mehrere Studien und Best-Practice-Analysen bestätigt.

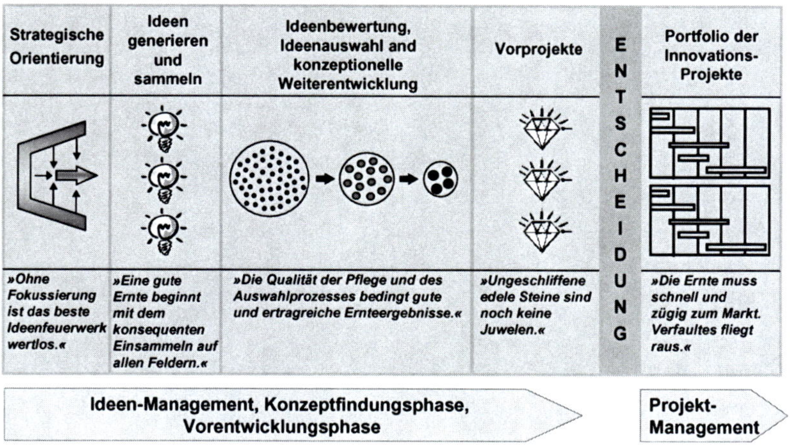

Abb. 3: *Fuzzy Front End: Elemente eines erfolgreichen Ideenmanagements*

Die unternehmensspezifischen Anforderungen an einen solchen systematisierten Ideenprozess wie:

- ⇨ Arten von Ideenkategorien festlegen,
- ⇨ Einbindung der Ideenquelle Betrieblichen Vorschlagswesen an die Ideensammelstelle,
- ⇨ Art der Bewertungsmethoden und der Auswahlkriterien,
- ⇨ Festlegung der Innovationstreiber im Unternehmen,
- ⇨ Bestimmung der »Freiräume« für Innovation,
- ⇨ Art der Erschließung des kreativen Potenzials im Unternehmen,
- ⇨ Form der Einbindung des Top-Managements,
- ⇨ Zahl der Stufen im Innovationsprozess,
- ⇨ Stakeholder ermitteln, beteiligte Gremien festlegen

sind in Workshops mit den am Ideenfluss beteiligten Stellen des Unternehmens abzustimmen und in den systematisierten Ideenfluss einzuarbeiten.

Erst wenn beide Arten von Anforderungen ausreichend erfüllt sind, erscheint eine Übertragung des maßgeschneiderten Ideenmanagements auf eine IT-Plattform sinnvoll. In der Regel wird hier auf eine bereits vorhandene Datenbank aufgesetzt, da sich auf diese Weise Kosten hinsichtlich neuer Platzlizenzen und der Einarbeitung der Nutzer vermeiden lassen.

Eigenschaften von Ideen am Arbeitsplatz als Sprungbretter für neue Elemente zur Gestaltung des Fuzzy Front End

Basierend auf einer Diskussion über die originären Eigenschaften von Ideen am Arbeitsplatz, sollen im folgenden neue Ansätze zur Strukturierung des Fuzzy Front gefunden werden. Einige der Eigenschaften mögen auf den ersten Blick zu trivial sein, um überhaupt erwähnt zu werden. Dennoch können sie als Sprungbrett zu neuen Einblicken dienen. Andere Eigenschaften erscheinen als sehr provokant – doch

Provokation ist ein wertvolles Instrument, um neue Ansätze für Neuentwicklungen zu finden.

Ideen am Arbeitsplatz sind ohne Realisierung wertlos

Wenn Ideen in den Köpfen der Mitarbeiter bleiben, wird es keine effiziente Nutzung der Kernkompetenzen des Unternehmens geben. Vielmehr führt dies zur Verschwendung beim Wissenspotenzial. In bestimmten Situation können passende Problemlösungen nur von den Personen gefunden werden, die direkt mit dem Problem zu tun haben. In der Praxis gibt es zahlreiche Fälle, die zeigen, dass nur der Mitarbeiter direkt vor Ort – der Frontliner – das Know-how besitzt, um bestimmte Lösungen zu entwickeln [4]. Manager sind sich dieses Aspektes häufig nicht bewusst. Die meisten glauben, dass die Ideen ihrer Untergebenen nicht besonders gut geeignet sind, um einen positiven Lösungsbeitrag für die eigene Arbeit als Vorgesetzter zu liefern. Darüber hinaus übersehen sie häufig, dass die erfolgreiche Realisierung von Ideen ungeahnte Motivationsschübe auslösen können und sogar durch das Glückserlebnis positive Auswirkungen auf das Immunsystem und die Gesundheit zur Folge haben können [5].

Die erste Stufe der Realisierung ist, Ideen »aus den Köpfen zu holen« und sie damit einer Konfrontation mit dem organisatorischen Umfeld auszusetzen. Blockaden, Hindernisse und Barrieren tauchen auf dem weiteren Weg der Realisierung auf. Viele Führungskräfte glauben, dass die meisten Hindernisse ausschließlich mit finanziellen Anreizen oder mit Druck überwunden werden können. Wissenschaftliche Studien haben jedoch herausgefunden, dass solche Maßnahmen nicht sehr erfolgreich sind [4]. Nur exklusive individuelle Belohnungen für gute Ideen vermitteln den Angestellten das Gefühl der Wertschätzung durch das Unternehmen, für das sie tätig sind. Sie erzeugen einen starken Motivationsschub zur Herausgabe von Ideen und zur Wissensteilung.

Hinsichtlich der Erzeugung von Druck (oft auch zeitlich) und der vermeintlichen Behinderung bei der Ideengenerierung gibt es allerdings widersprüchliche Aussagen. So kommt es nicht selten vor, dass Ideengeber behaupten, nur durch eine bestimmte Art von Druck die »richtige Lösungsidee« gefunden zu haben. Durch diesen positiv empfundenen Druck werden Leute herausgefordert – häufig auch gezwungen –, die »üblichen Denksysteme« zu verlassen und nach alternativen Lösungen (»out of the Box«) zu suchen. Allerdings ist es dann auch erforderlich Mitarbeitern zu signalisieren, dass ein Überschreiten bestimmter gedanklicher Grenzen beim Problemlösen toleriert wird.

Ideen am Arbeitsplatz nehmen an Wert zu, je öfter sie benutzt werden

Die meisten Ressourcen einer Firma unterliegen der Abschreibung, je häufiger sie genutzt werden. Bei Ideen ist genau das Gegenteil zu beobachten. Der Wert einer Idee steigt mit jedem Mal, mit dem über sie nachgedacht oder diskutiert wird [6]. Wenn ein Unternehmen dies geschickt steuert und die Idee jeweils in die Köpfe zurückbringt, die den größten Nutzen daraus entwickeln, sind enorme Wertzuwächse möglich.

In vielen Unternehmen gibt es jedoch keinen Prozess, in dem hoch kreative Leute über »unscharfe und wilde Ideen« [7] nachdenken dürfen oder in denen »unreife Ideen« auf Zeit geparkt werden. Unternehmen, die solche Prozesse haben, gelten aufgrund der gigantischen Wertzuwächse aus diesen Prozessen als sehr erfolgreich und innovativ. Sie sind in der Lage, die Kluft zwischen unreifen Ideen und Unternehmenskompetenzen im Zeitablauf zu schließen. Ziel ist es, genau dann mit dem »Neuen« am Markt zu sein, wenn es dort nachgefragt wird. Gerade in jüngster Zeit ist bei großen Unternehmen der Trend zu beobachten, dass aussichtsreiche, hoch disruptive Ideen aus dem eigentlichen Unternehmen in kleinere – durch eigene Ressourcen – unabhängige Organisationen »ausgelagert« werden. Dort werden sie weiterentwickelt. Erst wenn erkennbar ist, dass sich mit der ausgelagerten Idee einen Mehrwert für das eigene Unternehmen oder die Kunden erzielen lässt, erfolgt eine Rückübertragung als Innovationsprojekt in die Organisation.

Ideen am Arbeitsplatz sind ein Massenphänomen

In Unternehmen gibt es jede Menge Ideen für Verbesserungen in den verschiedensten Feldern innerhalb und außerhalb der Organisation. Wenn Manager sagen: »Wir haben keine Ideen« bedeutet dies, dass sie kein funktionierendes System haben, um Ideen zu erfassen und/oder dass sie keine Führungskräfte haben, die in der Lage sind, Ideen aus den Köpfen zu holen. Darüber hinaus herrscht in solchen Firmen dann auch kein innovationsfreundliches Klima.

Andererseits sollte klar sein, dass nicht jede Idee realisiert werden kann und darf. Die große Anzahl von Ideen muss durch transparente und effektive Auswahlkriterien reduziert werden. Das Management muss darüber hinaus einen fairen Wettbewerb zwischen den Ideen organisieren. Ein erster Schritt hierzu ist die Kategorisierung von Ideen, damit nicht »Äpfel mit Birnen« verglichen werden. Eine Möglichkeit der Kategorisierung stellt die folgende Abbildung 4 dar.

Die Ideen werden hier nach ihrem Neuheitsgrad geclustert und weisen von links nach rechts einen abnehmenden Grad hinsichtlich der Disruption [8] zu bestehenden Produkten, Prozessen oder Kernkompetenzen auf.

Zur Organisation der Erfassung massenhaft auftauchender Ideen und des Auswahlprozesses ist es sicherlich sinnvoll, moderne IT mit Datenbanken und Software einzusetzen. Diese sollte jedoch nicht so dominant sein, dass sie die bereits vorhandenen Elemente der Innovationsfähigkeit erschlagen.

Ideen am Arbeitsplatz sind die intellektuellen Produkte aus den Köpfen von Mitarbeitern

Für Mitarbeiter sind Ideen hochwertvolle Ergebnisse ihres Nachdenkens über Probleme/Fragestellungen im Unternehmen. Deshalb sollten Manager diesen Ideen höchste Aufmerksamkeit zukommen lassen. Ignoranz gegenüber Ideen entmutigt, Probleme zu lösen. Das Interesse an dem Unternehmen und dessen Zielen geht verloren.

Diese schwierige Führungsaufgabe kann durch die Existenz einer zuverlässigen, intelligenten Schnittstelle zwischen den Köpfen der

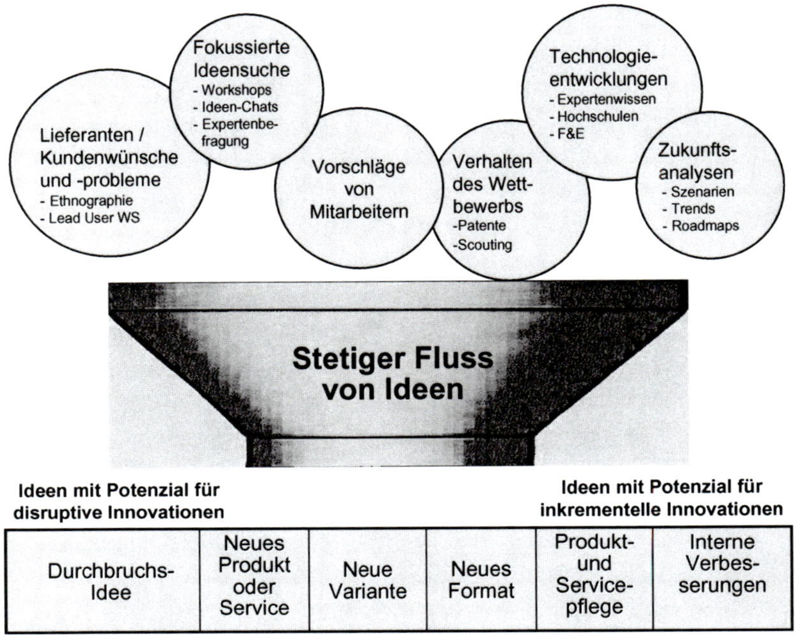

Abb. 4: *Kategorisierung von Ideen*

Ideengeber und dem Ideenmanagement-System des Unternehmens erleichtert werden. Eine solche allgemeine Ideensammelstelle vermeidet, dass Vorgesetzte von hoch kreativen Mitarbeitern nicht dauernd bei ihrer operationalen Arbeit gestört werden, wenn diese ihre Ideen abliefern möchten. Andererseits werden kreative Problemlöser nicht dadurch frustriert, dass sie nicht wissen wo und wann sie ihre Ideen einbringen können.

Eine solche Schnittstelle ist der geeignete Auslöser für eine fruchtbare Kommunikation über Mitarbeiterideen. Diese Kommunikation kann jedoch niemals mit Fragestellungen nach »harten Erfolgsfaktoren« wie Marktanteilen, ROI, NPV, Absatzvolumina etc. beginnen, da die Ideengeber in der Regel mit solchen quantitativen Fragestellungen überfordert sind. Die Diskussion sollte mit einfachen

Fragen nach dem Zusatznutzen, der hinter der Idee steckt, sowie weiteren »Soft Factors« (qualitative Einschätzungen) starten. Auf diese Weise werden die Ideengeber angeregt, über die Konsequenzen ihrer Idee nachzudenken und diese aus unterschiedlichsten Perspektiven zu betrachten und selbst zu bewerten.

Die Ideengeber werden sensibilisiert für die Auswirkungen ihrer Ideen auf das organisatorische Umfeld. Sie bauen so ein besseres Gespür für mögliche Hindernisse und Barrieren ihrer Idee auf. Es fällt ihnen leichter zu erkennen, in welchen Bereichen sie Unterstützung für die eigene Idee benötigen. In manchen Fällen werden dann sogar, nach einer Periode der Selbsteinsicht, Ideen wieder zurückgezogen. Durch diese Eigenregulierung wird die Qualität des Inhalts der Ideenpipeline erhöht.

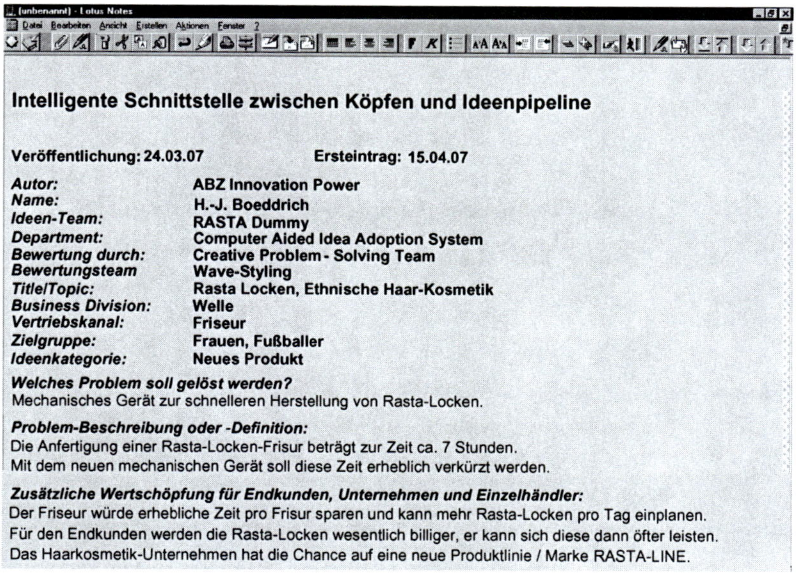
(unbenannt) - Lotus Notes

Datei Bearbeiten Ansicht Erstellen Aktionen Fenster ?

Intelligente Schnittstelle zwischen Köpfen und Ideenpipeline

Veröffentlichung: 24.03.07 **Ersteintrag: 15.04.07**

Autor: **ABZ Innovation Power**
Name: **H.-J. Boeddrich**
Ideen-Team: **RASTA Dummy**
Department: **Computer Aided Idea Adoption System**
Bewertung durch: **Creative Problem - Solving Team**
Bewertungsteam **Wave-Styling**
Title/Topic: **Rasta Locken, Ethnische Haar-Kosmetik**
Business Division: **Welle**
Vertriebskanal: **Friseur**
Zielgruppe: **Frauen, Fußballer**
Ideenkategorie: **Neues Produkt**

Welches Problem soll gelöst werden?
Mechanisches Gerät zur schnelleren Herstellung von Rasta-Locken.

Problem-Beschreibung oder -Definition:
Die Anfertigung einer Rasta-Locken-Frisur beträgt zur Zeit ca. 7 Stunden.
Mit dem neuen mechanischen Gerät soll diese Zeit erheblich verkürzt werden.

Zusätzliche Wertschöpfung für Endkunden, Unternehmen und Einzelhändler:
Der Friseur würde erhebliche Zeit pro Frisur sparen und kann mehr Rasta-Locken pro Tag einplanen.
Für den Endkunden werden die Rasta-Locken wesentlich billiger, er kann sich diese dann öfter leisten.
Das Haarkosmetik-Unternehmen hat die Chance auf eine neue Produktlinie / Marke RASTA-LINE.

Abb. 5: *Schnittstelle zwischen Köpfen und Ideenpipeline mit qualitativen Fragestellungen zur eigenen Idee*

Ideen entstehen in der Regel nicht am Arbeitsplatz

Die meisten Ideen entstehen nicht am Arbeitsplatz. Sie tauchen am ehesten auf, wenn sich das menschliche Gehirn im Alphawellen-Zustand befindet. Typische Alphawellen-Zustände stellen sich in der Freizeit beim Tagträumen, beim Joggen, beim Duschen, beim Small Talk mit Freunden etc. ein. Aus empirischen Untersuchungen ist bekannt, dass in solchen entspannten Situationen die Chancen für das Auftauchen von Ideen aus dem Unterbewusstsein (Illumination) größer sind, als im stressigen Umfeld des Geschäftsalltags. Um diese Ideen tatsächlich in das Unternehmen und die dort aufgeworfenen Probleme/Fragestellungen zurückzubringen, ist einerseits die vorab dargestellte Schnittstelle bestens geeignet. Andererseits versuchen Unternehmen durch das Schaffen von »Coffee Corners« oder Kreativsitzungen ebenfalls entspannte Situationen herzustellen, um die oben dargestellten Chancen der Illumination zu nutzen. Häufig wird dies noch durch geeignete architektonische Gestaltungen verstärkt.

Denktypen und Ideen am Arbeitsplatz

Die ersten Hindernisse, die sich beim Auftauchen einer Idee in den Weg stellen, finden sich zunächst beim Ideengeber selbst. Bevor jemand eine so genannte »embryonale Idee« den Reaktionen oder der Kritik seines realen Umfelds aussetzt, findet in der Person ein »innerer Kampf« zwischen einem bestimmten kreativen Impuls und einer gewissen Zögerlichkeit statt [9]. Die Stärke des kreativen Impulses ist im Wesentlichen abhängig von der Extrovertiertheit der Person sowie deren Neigung, Probleme eher mit kreativen Denkansätzen zu lösen. Der Grad der Zögerlichkeit wird dadurch bestimmt, wie introvertiert die Person ist und inwieweit sie beim Problemlösen dazu neigt, rational vorzugehen und eher linear-analytische Denkansätze bevorzugt. Basierend darauf lässt sich das folgende typologische Modell über Denktypen und deren Umgang mit Ideen aufstellen (siehe Abbildung 6).

Mit dem Bezug auf extrovertierte und introvertierte Persönlichkeiten sowie den individuellen Präferenzen für kreatives oder rationales Problemlösen lassen sich vier Archetypen [10, 11] unterschei-

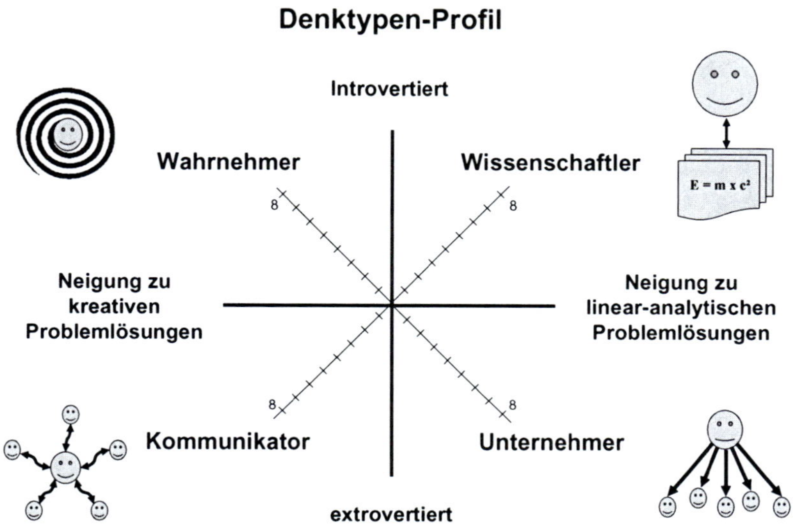

Abb. 6: *Die Archetypen des Denktypen-Modells*

den. Diese findet man auch bei Myers/Briggs und C. G. Jung [12, 13, 14] ähnlich beschrieben wieder.

Der emotionale Wahrnehmer

Er möchte von seiner Motivation her die Welt verbessern und orientiert sich an tradierten Wertvorstellungen. In der Regel hat er die internen Werte des Unternehmens stark verinnerlicht und beobachtet permanent die Bilanz zwischen dem Wertesystem und den Auswirkungen der Aktivitäten des Unternehmens. Er ist ein sehr guter Zuhörer und nimmt Emotionen am Arbeitsplatz sehr gut wahr. Er bevorzugt kreatives Problemlösen und ist eher zögerlich, wenn es um die Veröffentlichung eigener Ideen geht.

Der zurückhaltende Wissenschaftler

Er liebt es, mit Zahlen zu arbeiten und empfindet es als höchst befriedigend, wenn auf der Basis seiner Zahlen alles exakt bis auf die letzte

Kommastelle »aufgeht«. Wenn für diese korrekten und exakten Arbeiten auch noch Lob und Anerkennung ausgesprochen wird, schwebt er auf »Wolke sieben« des Motivationshimmels. Sehr empfindlich reagiert er auf öffentlich geäußerte Kritik an seiner Person oder an seiner Arbeit. Er präferiert linear-analytisches Problemlösen und hat oft Angst, seine Ideen publik zu machen.

Der offene Kommunikator

Öffentliches Lob und soziale Anerkennung sind seine motivatorischen Triebfedern. Er handelt oft gefühlsorientiert, ist stets optimistisch und personenorientiert, das heißt er entwickelt ein gutes Gespür, welche Person mit welcher Ansprache überzeugt werden kann. Manchmal ist er ein wenig desorganisiert und unpünktlich, jedoch achtet er akribisch auf die Korrektheit seiner äußeren Erscheinung. Er liebt kreative unkonventionelle Problemlösungen. Als »offene Persönlichkeit« hat er keinerlei Vorbehalte, zu jeder Zeit und überall seine Ideen zu präsentieren.

Der dominante Unternehmer

Er ist ein Macher und bringt die Arbeit in Richtung gesetzter Ziele erst richtig nach vorne. Er wird ungeduldig und »haut auf den Tisch«, wenn sich hinsichtlich der gesetzten Ziele nichts zu bewegen scheint. Jeder Arbeitsvorgang wird von ihm in Richtung Zielerreichung analysiert und bewertet. Für das Erreichen der vorgegebenen Ziele ist er bereit, Blockaden, Hürden und Hemmnisse durch Veränderungen zu umgehen und deren Realisierung bei den anderen durchzusetzen. Er bevorzugt linear-analytische Lösungen. Wenn diese in eine Sackgasse führen, setzt er jedoch sehr schnell auch kreative Problemlösungsmethoden ein. Eigene Ideen macht er publik, wenn erkenntlich ist, dass sie einen Beitrag zur Erreichung der Ziele liefern.

In der Realität werden sich diese »Extremtypen« so pur am Arbeitsplatz sehr selten finden lassen. Jeder Mitarbeiter wird sein eigenes individuelles Profil aus allen vier Archetypen haben. Diese Profile zeigen, wie die Kräfteverhältnisse hinsichtlich des oben erwähnten »inneren Kampfes« sind. Sie sind ein Hinweis dafür, inwieweit Mitarbeiter bereit sind, ihre Gedanken aus den Köpfen herauszugeben und so das organisatorische Umfeld am Arbeitsplatz an ihrem Wissen teilhaben zu lassen. Neben diesen individuellen Einflussfaktoren spielt bei der Bereitschaft zur Wissensteilung natürlich auch die organisatorische Ausgestaltung des Umfelds am Arbeitsplatz eine große Rolle. Zu nennen sind hier insbesondere: die Transparenz von Entscheidungsprozessen, das Vertrauen in Führungskräfte, Offenheit der Kommunikation oder Fehlertoleranz.

Um die individuellen Profile genauer zu durchleuchten, wurden der nachfolgende Fragebogen und das Auswertungsverfahren hinsichtlich des Denktypen-Modells entwickelt. Ursprünglich wurde es als unterstützendes Instrument zum Casting von innovativen Projektgruppen, beim Aufbau von Teams und der Rollenverteilung in Innovationsprojekten konzipiert.

Allgemeine Beschreibung und Aufbereitung des Tests

Auf der Basis der vorab dargestellten Überlegungen werden Situationen im Büroalltag in Szenarien (a bis d) abgebildet, die den unterschiedlichen Archetypen in den jeweiligen Quadranten und deren Verhaltensweisen entsprechen. Die angebotenen Antworten werden nicht immer vollständig den Lösungsvorschlägen der jeweils befragten Person entsprechen. Man sollte sich dann für diejenige Lösung entscheiden, mit der man noch am ehesten einverstanden sein kann.

Die Entscheidungen über die acht Situationen sollten schnell und zügig, ohne langes Grübeln getroffen werden.

Ist für jede Situation eine Lösungsalternative angekreuzt, werden diese Ergebnisse in den Auswertungsbogen übertragen und spaltenweise aufaddiert.

Die Additionssummen werden auf den Diagonalen der Extremtypen (maximal acht) abgetragen. Verbindet man die Endpunkte der abgetragenen Werte, so erhält man eine geometrische Figur unterschiedlichen Aussehens (Linie oder Flächengebilde).

Der Fragebogen

Umgang mit Zeit

1a) ☐ Ich bin auch mal unpünktlich. Es stört mich, wenn sich andere darüber aufregen.
1b) ☐ Ich bin immer pünktlich, weil das einen guten Eindruck macht.
1c) ☐ Ich bin sehr oft unpünktlich, wenn das andere stört, ist es mir egal.
1d) ☐ Ich halte meine Termine, wenn ich dennoch einmal zu spät komme, stört es mich nicht.

Den richtigen Weg finden

2a) ☐ Ich frage oft nach dem Weg und bevorzuge verbale Wegbeschreibungen.
2b) ☐ Ich orientiere mich am liebsten an einer Straßenkarte und suche den Weg alleine.
2c) ☐ Ich lasse mir den Weg vorher beschreiben und suche so lange alleine nach dem Weg, bis ich die Zieladresse gefunden habe.
2d) ☐ Ich schaue vorher in die Straßenkarte und frage nach dem Weg, wenn ich nicht weiter weiß.

Vortragssituation

3a) ☐ Ich kann bei Vorträgen gut zuhören und finde es peinlich, wenn ich einen Hustenanfall bekomme.
3b) ☐ Vorträge ohne Bilder und bildhafte Sprache sind langweilig; wenn ich niesen muss, so tue ich es einfach.
3c) ☐ Reden mit bildhafter Sprache könnte ich stundenlang zuhören; lautes Niesen oder Husten während des Vortrages würde ich unterdrücken.
3d) ☐ Vorträge mit ordentlichen Fakten finde ich gut; wenn ich dabei husten muss, tue ich es.

Organisation

4a) ☐ Generelle Regelungen geben Sicherheit; besonders, wenn ich eindeutige Ziele vorgebe.
4b) ☐ Improvisation empfinde ich positiv, da sie ein gewisses Maß an Kreativität zeigt.
4c) ☐ Improvisation ist notwendig, sie sollte jedoch nicht so häufig vorkommen.
4d) ☐ Es sollte möglichst viel in Routinen ablaufen, da sich hierdurch Stabilität ergibt.

Intuition

5a) ☐ Entscheidungen müssen rational getroffen werden und objektiv nachvollziehbar sein.
5b) ☐ Emotionale Entscheidungen gehören zum Alltag und sind etwas Natürliches.
5c) ☐ Emotionale Entscheidungen ergeben sich, wenn rationale Methoden erschöpft sind.
5d) ☐ Entscheidungen sind rational zu treffen. Offenlegung mag ich nicht.

Urlaub
6a) ☐ Meine Urlaubsziele sind das Ergebnis von Preis und Leistung.
6b) ☐ Urlaub plane ich spontan und nach Attraktivität.
6c) ☐ Urlaubspläne können sich kurzfristig nach Empfehlungen ergeben.
6d) ☐ Ich plane meinen Urlaub langfristig. Ich hinterlasse meine Adresse, damit ich erreichbar bin.

Ablage
7a) ☐ Meine Papiere sind stets nach Alphabet oder Datum abgeheftet und jederzeit in Ordnern im Regal verfügbar.
7b) ☐ Ich suche Papiere oft in Stapeln und das kann jeder wissen.
7c) ☐ Ich ordne oft nach Farben und glaube, dass dies ungewöhnlich ist.
7d) ☐ Meine Papiere sind immer geordnet, wenn ich allerdings etwas nicht finde, schimpfe ich mit meiner Sekretärin.

Telefon
8a) ☐ Beim Telefonieren führe ich Protokoll, um mich rechtfertigen zu können.
8b) ☐ Beim Telefonat kritzele ich oft auf der Schreibunterlage herum und hebe diese Werke auch auf.
8c) ☐ Ich male oft beim Telefonieren und werfe diese Werke immer sofort in den Papierkorb.
8d) ☐ Telefonprotokolle können helfen beim Rekonstruieren von Sach zusammenhängen.

Personen mit sieben oder acht Punkten auf derselben Diagonale sind eher selten. Genauso außergewöhnlich ist das Profil (Quadrat) mit jeweils zwei Punktwerten auf allen vier Diagonalen.

Generell gibt ein solches Profil Anhaltspunkte, wie eine Person mit ihren Ideen umgeht und zu welcher Art von problemlösendem Denkprozess sie tendiert. In Verbindung mit den Archetypen und den extremen Spitzen des Profils kann man Information darüber gewinnen, in welchen Umfang eine Person Ermutigung benötigt, um ihre Idee am Arbeitsplatz publik zu machen oder in ein Ideenmanagement-System einzubringen.

In dem oben dargestellten Beispiel handelt es sich um eine Person, die eine starke Tendenz zum emotionalen Wahrnehmer aufweist. Sie wird ab und zu Ermutigung brauchen, um ihre Ideen in der realen Umwelt zu testen. Insbesondere bei der Präsentation der Idee vor einem Entscheidungsgremium sollte man hier positiv unterstützend tätig werden. Hinsichtlich der zukünftigen Weiterentwickelung und Ziele könnte die Unterstützung durch einen Kollegen mit dominanter

Tabelle 1: Auswertungstabelle zum Fragebogen des Denktypen-Modells				
Typ / Situation	**Unternehmer**	**Wissenschaftler**	**Wahrnehmer**	**Kommunikator**
1	d	b	a	c
2	a	c	b	d
3	d	a	c	b
4	a	d	c	b
5	a	d	c	b
6	d	a	c	b
7	d	a	c	b
8	d	a	b	c
Summe	2	1	4	1

Unternehmerpersönlichkeit oder einen Promotor aus einer höheren Hierachie-Ebene sinnvoll sein. Aber auch die Diskussion der Idee mit einem wissenschaftlich orientierten Kollegen scheint in diesem Fall hilfreich zu sein, da das Profil hier nur wenige Punktwerte aufweist.

Das Modell zeigt neben der Komplexität der Ideenadaption in Ideenmanagement-Systeme außerdem die hohe Diversität bei den Bedürfnissen von Mitarbeiten hinsichtlich der Veröffentlichung ihrer Ideen. Eine erfolgreiche Ideenpipeline trägt diesen Phänomenen durch ein sehr sensitives Führungsverhalten Rechnung. Erfolgreiches Ideenmanagement motiviert Individuen, ihr Wissen und ihre Ideen dem unternehmerischen Umfeld zur Verfügung zu stellen und mit Kollegen zu teilen.

Fazit

Aus der Diskussion der Eigenschaften von Ideen am Arbeitsplatz und dem Denktypen-Modell haben sich folgende (neue) Bedingungen zur Gestaltung des Fuzzy Front End ergeben.

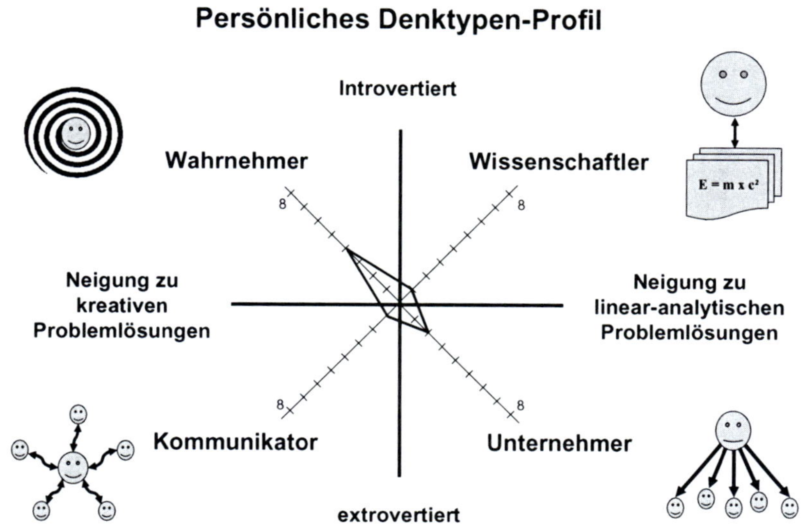

Abb. 7: *Erstellung eines individuellen Profils im Denktypen-Modell*

Neue Bedingungen aus der Diskussion der Eigenschaften von Ideen am Arbeitsplatz:

⇨ Exklusive individuelle Belohnungen für die eingebrachte Idee.
⇨ Kreative Spielwiese, wo sich hoch kreative Mitarbeiter mit unscharfen, wilden und unreifen Ideen befassen können.
⇨ Beobachtung der Kluft zwischen aussichtsreichen unreifen Ideen sowie bestehenden Produkten, Prozessen und Kernkompetenzen.
⇨ Einrichtung einer »intelligenten Schnittstelle« zwischen Köpfen und Ideenmanagement-System.
⇨ Verbesserung der Ideen-Ermutigung zur Teilung von Wissen und Know-how.

Zusammen mit den bereits weiter oben dargestellten allgemeinen Bedingungen und unternehmensspezifischen Bedingungen wurde somit ein Set von praktikablen Anforderungen zur Gestaltung und Implementierung von Ideenmanagement-Systemen zusammengestellt.

Einerseits garantieren die Regelungen einen systematischen Umgang mit Ideen am Arbeitsplatz, der zu einem stetigen Fluss an Ideen im Unternehmen führt. Andererseits ist bei aller Systematik genügend Raum für unternehmensspezifische Flexibilität und Kreativität zur Generierung neuer Ideen. Diese ist notwendig, um eine ausreichend starke Konfrontation des unternehmensspezifischen Know-hows mit dem »Neuen« zuzulassen.

Literatur

[1] MONTOYA-WEIS, MITZI UND CALANTONE, ROGER J: *Determinants of New Product Performance: A Review and Meta-Analysis, Journal of Product Innovation Management, Bd.11, S. 397-417,1994*

[2] ERNST, H.: *Erfolgsfaktoren neuer Produkte: Wissenschaftliche Ergebnisse des Innovationserfolgspanel (IeP), Vortrag im Diskussionskreis Forschungs-, Entwicklungs- und Innovationsmanagement vom 30.10. 2001, www.innovationserfolgspanel.de*

[3] BOEDDRICH, H. -J-: *Erfolgsfaktor Ideenmanagement, in Jahrbuch Wirtschaftswissenschaften FH Mainz 2002, University of Applied Sciences Mainz,*

[4] GETZ, I & ROBINSON A.G.: *Vos idées changent! Paris, 2003, Editions d'organisation*

[5] ZUR LINDEN, VOLKER: *Kreativität als bedeutsamer Faktor für Gesundheit: Plädoyer für einen neuen Denkansatz, Teil 1 und Teil 2; In: Signal, Leben mit dem Krebs, Heft 4/1996,S. 13-19, Heft 1/1997, S.22-24. Heidelberg (Hauck Verlag)*

[6] GOERGE, MICHAEL L., WORKS, JAMES, WATSON-HEMPHILL, KIMBERLEY: *Fast Innovation, McGraw-Hill, New-York, 2005*

[6] TENNANT-SNYDER, NANCY AND DUARTE, DEBORAH L.: *Unleashing Innovation – How Whirlpool Transformed an Industry, Jossey-Bass, San Francisco, 2008*

[7] SUTTON, ROBERT I.: *Weird Ideas That Work. 2001, New York (The Free Press)*

[8] GOERGE, MICHAEL L., WORKS, JAMES, WATSON-HEMPHILL, KIMBERLEY: *Fast Innovation, McGraw-Hill, New York, 2005*

[9] MASLOW, ABRAHAM H.: *The Maslow Business Reader. Edited by Deborah C. Stephans, 2000, New York (John Wiley & Sons)*

[10] KOLB, DAVID A.: *Experimental Learning: Experience as the Source of Learning and Development. Prentice-Hall, Inc. Englewood Cliffs, N.J., 1994*

[11] SMITH, DONNA M. UND KOLB, DAVID A.: *The User's Guide for the Learning-Style Inventory: A manual for Teachers and Trainers. McBer & Company, Boston, MA. 1986*

[12] BENTS, RICHARD; BLANK REINER: *Der M.B.T.I. (Myers-Briggs-Typen-Indikator), 1992, Claudius*

[13] JUNG, CARL GUSTAV: *»Psychologische Typen«. in Ges. Werke Band 6, 10. Auflage, Zürich Rascher 1960.*

[14] HERRMANN, NED: *Das Ganzhirn-Konzept für Führungskräfte. Wien Überreuther 1997*

Zusammenfassung
Der Artikel durchleuchtet die Anforderungen zur Gestaltung der frühen Phasen (Fuzzy Front End, Ideenmanagement, Konzeptfindungsphase, Frühphase etc.) des Innovationsprozesses. Der Autor hat die Bedingungen aus einem Vergleich gewonnen, indem er die computergestützten Ideenmanagement-Systeme verschiedener Unternehmen gegenüberstellte und mit den Ergebnissen der Erfolgsfaktorenforschung über die frühen Phasen von Innovationen abgeglichen hat. Dabei ist er auch auf zahlreiche Dilemmata gestoßen, die es bei der Gestaltung der frühen Phasen des Innovationsprozesses zu berücksichtigen gibt.
Für die Gestaltung der frühen Phasen schlägt er eine Differenzierung in allgemeingültige und firmenspezifische Anforderungen an ein Ideenmanagement vor. Diese werden ergänzt durch Anforderungen, die er zum einen aus den spezifischen Eigenschaften von Ideen am Arbeitsplatz sowie aus dem von ihm entwickelten Denktypen-Modell ableitet. Das Modell dient weiter dazu, die Schnittstelle zwischen Ideengeber und Ideen adaptierendem System (Ideenpipeline) genauer zu analysieren, indem es vier Archetypen von Mitarbeitern und deren Umgang mit Ideen darstellt. Hieraus ergeben sich interessante Anregungen für das Führungsverhalten im Ideenmanagement. Die Bedingungen sind ein nützliches Kontrollinstrument beim Aufbau und für die Implementierung von Ideenmanagement-Systemen sowie zum Check von Softwareprogrammen für das Ideenmanagement und bei computergestützten Programmen für die Neuprodukt-Entwicklung.

Die Gestaltung einer erfolgreichen Vorentwicklung

Immer mehr Unternehmen erkennen: Eine erfolgreiche Vorentwicklung ist die Basis für innovative Produkte und für kürzere Innovationszyklen. Sie investieren daher verstärkt in die Vorentwicklung. Dabei zeigt sich: Die Vorentwicklung muss nicht nur kreativ, sondern auch effizient sein.

In diesem Beitrag erfahren Sie:

- wann die Vorentwicklung startet und endet,
- wie die Vorentwicklung organisatorisch eingebunden wird,
- welche Faktoren die Arbeit der Vorentwicklung richtig erfolgreich machen.

Axel Schröder

Die reine Existenz einer Vorentwicklung reicht nicht aus, um das Innovationspotenzial eines Unternehmens auszuschöpfen. Die Innovationsstrategie muss einen klaren Fokus haben und auf die strategischen Ziele des Gesamtunternehmens abgestimmt sein. Mit der Vorentwicklungsstrategie trifft man sehr langfristige und schwer korrigierbare Entscheidungen für die Zukunft des Unternehmens. Oft ist das Verhältnis aus kurz-, mittel- und langfristigen Vorentwicklungsprojekten nicht ausbalanciert. Enthält die Pipeline zum Beispiel zu viele kurzfristige Projekte, zehrt das Unternehmen von den Ergebnissen der Vergangenheit. Die Folge ist ein geringer Output an Innovationen. Das Klischee von der Entwicklung im Elfenbeinturm bekommt dann Nahrung, wenn die Pipeline einen überproportional hohen Anteil an langfristigen Projekten enthält. Lässt man die internen Emp-

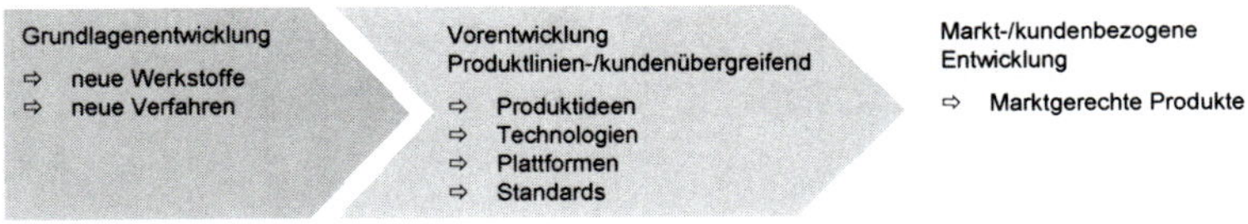

Abb. 1: *Begriffsabgrenzung Vorentwicklung*

fänger zu lange auf Ergebnisse warten, besteht sogar die Gefahr, dass Vorentwicklungseinheiten aufgelöst werden.

Die Anfangs- und Endphase des Vorentwicklungsprozesses sind in vielen Unternehmen die neuralgischen Schnittstellen. In der Praxis fehlt oft eine klare Definition der Qualität von Ideen zum Vorentwicklungsstart und eine klare Definition des Reifegrads eines Vorentwicklungsergebnisses bei der Übergabe zur Serienentwicklung. Die Gefahr, dass die Projekte nicht nach strategischen Gesichtspunkten abgeleitet sind, entsteht zum Beispiel dann, wenn die Vorentwicklung sich selbst die Themen vorgibt, die sie in Angriff nehmen will. Probleme bei der Übergabe an die Serienentwicklung sind damit vorprogrammiert – denn Auftragnehmer, die nichts bestellt haben, sind schwer zufriedenzustellen.

Wann startet und endet die Vorentwicklung?

Die Vorentwicklung überprüft die technologische Machbarkeit von neuen Produktideen und inwieweit Forschungsergebnisse für die Technologiestrategie des eigenen Unternehmens relevant und übersetzbar sind. In der Prozesskette ist sie daher zwischen Forschung und Serien-/Marktentwicklung anzusiedeln. Während die Forschung als Ergebnis haben darf, dass etwas nicht funktioniert, darf die industrielle Vorentwicklung dies nicht. Die Vorentwicklung endet, wenn die Planbarkeit der Serienentwicklung verwirklicht ist. Wenn der Reifegrad erreicht ist, auf den Ergebnissen eines Funktionsmusters innerhalb der »üblichen« zwei Jahre eine Serienentwicklung realisieren zu können und das Produkt zur Marktreife zu bringen, ist die Vor-

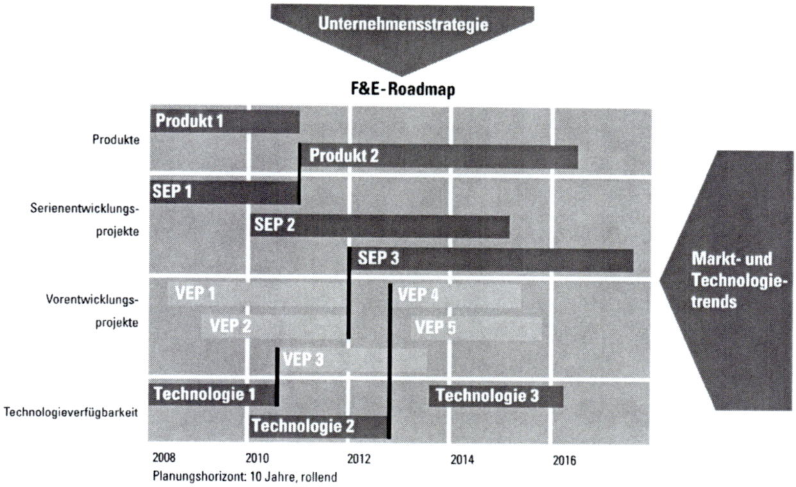

Abb. 2: *Die F&E Roadmap zeigt die Verknüpfungen von der Technologieverfügbarkeit über die Vorentwicklung zur Marktentwicklung*

entwicklung abgeschlossen. Diese Form von Planbarkeit, gemessen an Zeit und Kostenzielen, ist das Ergebnis einer Vorentwicklung.

Die Vorentwicklung hat die Aufgabe, das Risiko der Serienentwicklung zu reduzieren, indem sie Ergebnisse liefert, auf denen die Serienentwicklung aufbauen kann. Verfehlt die Vorentwicklung dieses Ziel, hat das zur Folge, dass die Serienentwickler vom Produktentwicklungsbeginn bis zur Serienreife nicht nur ein serienreifes Produkt entwickeln, sondern auch noch deren Machbarkeit prüfen müssen – was in der Regel nicht zu leisten ist. Im schlimmsten Fall muss die Serienentwicklung noch weitere Entwicklungszeit anhängen – wertvolle Zeit, in denen Mitbewerber Marktanteile aufbauen oder bereits auf andere, neuere Technologien setzen. Auch die Antwort auf kurze Serienentwicklungszeiten bedingt durch immer kürzere Produktlebenszeiten lautet somit Vorentwicklung.

Produkte und Prozesse entwickeln

Bei Unternehmen, die sehr stark von ihrer Produktionsfähigkeit abhängig sind, wie zum Beispiel kunststoff-intensive Produkte, sollte die Vorentwicklung neben der Produktvorentwicklung noch eine weitere Aufgabe übernehmen. Gerade im Serienanlauf haben solche Unternehmen oft unkalkulierbare Risiken, ob die Produkte verfahrenstechnisch machbar sind. In diesem Fall ist neben der Produktvorentwicklung eine Prozessvorentwicklung sinnvoll. Diese prüft, mit welchen Prozesstechnologien, also Werkzeugtechniken, Spritzgussmaschinen, Materialien usw., die Produktion prozesssicherer wird.

Innovativ durch Standardisierung

Die Produktvorentwicklung lässt sich in Innovationen und Plattformen unterteilen. Die Aufgabe der Plattformvorentwicklung ist es, unterschiedliche Varianten einer neuen Produktidee zusammenzufassen und in einem Baukasten anzubieten. Diese Art der Vorentwicklung richtet sich demnach nicht unbedingt an neuen Technologien aus, sondern versucht den Entwicklungsaufwand vor der Serienentwicklung zu reduzieren. Dadurch lassen sich zum einen eine bessere Planbarkeit erreichen und zum anderen die Herstellkosten auf ein Minimum reduzieren.

Die Ziele der Vorentwicklung sind somit: Risiko der Serienentwicklung reduzieren, die Bedürfnisse der Serienentwicklungen dahingehend zu erfüllen, dass bereits Ergebnisse vorliegen, auf die die Serienentwicklung aufbauen kann, neue Technologien erkennen, auf Machbarbeit prüfen und applizieren sowie über Plattformentwicklungen Herstellkosten reduzieren.

Wie viel Invest in Vorentwicklung ist sinnvoll?

Entscheidet sich ein Unternehmen für den Aufbau einer Vorentwicklung, stehen am Anfang die Fragen, wie viel Vorentwicklung es sich leisten will und wie sie organisatorisch im Unternehmen vertreten sein soll. Unsere Benchmarking-Ergebnisse zeigen, dass es Mindestgrenzen gibt, unterhalb derer die Ziele der Vorentwicklung nicht er-

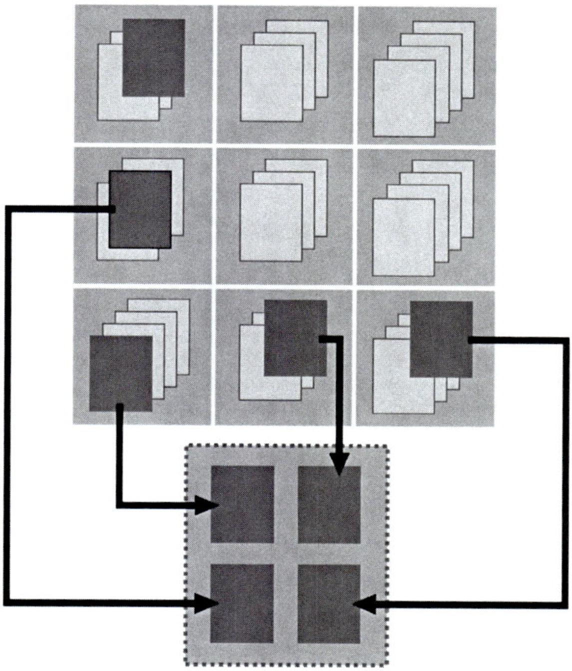

Abb. 3: *Das Rad nicht neu erfinden – Konfiguration statt Konstruktion*

reicht werden können. So hat sich gezeigt, dass ein Vorentwicklungsbudget von unter fünf Prozent am gesamten F&E-Budget die in der Regel gesetzten Erwartungen nicht erfüllen kann und damit unterkritisch ist. Ein Wert oberhalb von fünfzehn Prozent kann phasenweise, jedoch nicht dauerhaft sinnvoll sein, weil man das Gesamtbudget der Entwicklung betrachten muss. Ein überproportional hoher Anteil an der Vorentwicklung würde der Serienentwicklung zu viele Ressourcen entziehen, so dass sie überhaupt nicht in der Lage wäre, die vielen Ideen serienreif umzusetzen. Ein Wert zwischen fünf und 15, im Mittel zehn Prozent am gesamten F&E-Budget hat sich als sinnvoll herausgestellt.

Vorentwicklung als getrennte organisatorische Einheit?

Weiter stellt sich die Frage, wie die Vorentwicklung in die Organisation eingebunden wird. Hier bieten sich zwei Alternativen an: Zentral als eigene Abteilung oder projektbezogen als Teilaufgabe der Serienentwicklung. Bei der dezentralen Organisation wird die gesamte Vorentwicklung auf die Serienentwickler verteilt, die dann einen gewissen Anteil deren Arbeitszeit ausmacht. Dies hat den großen Vorteil, dass die Serienentwickler direkter feststellen, welche Vorentwicklungsinhalte ihnen fehlen, wo das Risiko zu hoch oder eine Standardisierung sinnvoll wäre. Zum anderen hat das sogenannte »Not Invented Here«-Syndrom (NIH) nur eine geringe Chance. Großer Nachteil: In der Praxis hat diese Organisationsform selten bis nie funktioniert!

Die Serienentwicklung gerät zum Ende der Markteinführung grundsätzlich unter Termindruck und dann wird als erstes auf den »Puffer« der Vorentwicklung zurückgegriffen. Eine bewusst oder unbewusst mit Priorität zwei versehene Vorentwicklungskapazität fällt im Engpassfall immer unter den Tisch – und welche Serienentwicklung hat schon keine Engpässe? Um eine Kontinuität in der Vorentwicklung zu gewährleisten und auch um sich selbst gegen solche Missgriffe zu schützen, sind viele Unternehmen dazu übergegangen, die Vorentwicklung von der Serienentwicklung organisatorisch zu trennen.
Die Vorentwicklung ist im zentralen Modell eine eigene Organisationseinheit mit einem Vorentwicklungsleiter, der die Verantwortung für die Mitarbeiter und die Ergebnisse trägt und »vor Übergriffen schützt«. Der Effekt dieser Konsequenz ist in der Regel messbar: Der Umsatzanteil mit neuen Produkten innerhalb der letzten zwei Jahre seit Markteinführung, die sogenannte Innovationsrate, ist bei Unternehmen, die diese Trennung vollzogen haben, deutlich höher als bei Unternehmen ohne eigene Vorentwicklung. Die Herausforderung dieser Organisationsform besteht jedoch darin, die Schnittstelle zwischen Vor- und Serienentwicklung so zu gestalten, dass eine reibungslose Zusammenarbeit garantiert ist. Ein Problem kann das bereits angesprochene NIH-Syndrom darstellen. Dessen Ursache kann in der

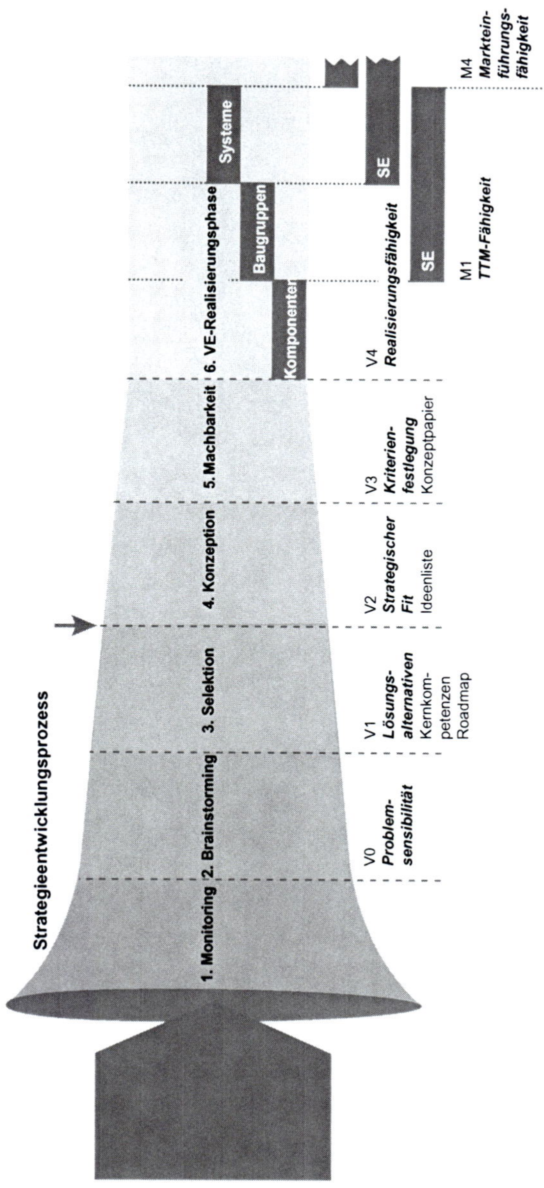

Abb. 4: *Ein beispielhafter Vorentwicklungsprozess in 6 Phasen*

gefühlten und vielleicht auch gelebten unterschiedlichen Wertigkeit der Ergebnisbeiträge der beiden Funktionen liegen.

Die Schnittstelle zwischen Vor- und Serienentwicklung optimieren

Einer der wirksamsten Ansätze, um einen problemlosen Übergang in der Prozesskette zu gewährleisten, ist das sogenannte »Durchlauferhitzer-Prinzip«. Hierbei existieren keine vollständig getrennten Mitarbeitereinheiten oder separate Karrierepfade. Lediglich ein Teil von 30 bis 50 Prozent der Vorentwickler stellen die Stammmannschaft dar und der restliche Teil durchläuft die Vorentwicklungsprojekte vom Projektanfang bis zum Übergang zur Serienentwicklung. Aufgabe der Stammmannschaft ist hierbei, die Vorentwicklungsstrategie zu definieren, umzusetzen und die Rahmenbedingungen für die neuen Vorentwickler hinsichtlich Methoden, Tools und der Prozesse vorzugeben. Denn die Gefahr dieser Personalstrategie besteht darin, dass sich die »jungen Wilden« mit vollem Engagement an Dingen festbeißen, die nicht zur Strategie des Unternehmens passen oder unnötig neue Abläufe erfinden. Unternehmen, die dieses Prinzip institutionalisieren, sind gerade für High-Potentials aus der Forschung als Arbeitgeber äußerst attraktiv, da diese ihr aufgebautes Wissen unter industriellen Bedingungen anwenden können. Die Option, das eigene Wissen über ein Muster, einen Prototyp in ein serienreifes Produkt umzusetzen, bieten nur wenige Firmen und ist sicherlich ein hoher Anreiz für viele hochkarätige Bewerber. Gleichzeitig können Entwickler und deren Vorgesetzte die Stärken besser einschätzen, wenn die Mitarbeiter sowohl die Vor- als auch die Serienentwicklung durchlaufen haben. Nach Ende des Durchlaufs lässt sich besser entscheiden, ob der Mitarbeiter eher ein Vor- oder Serienentwickler ist oder ob er bei entsprechender Eignung noch einmal den gesamten Prozess durchlaufen will.

Auch der Vorentwicklungsprozess braucht Gates

Ein weiterer wichtiger Ansatz ist die bereits angesprochene klare Definition des Prozesses. Wo startet die Vorentwicklung? Wo endet sie? Wenn eine Planbarkeit erreicht ist, mit der es möglich ist, innerhalb der vom Markt geforderten Entwicklungszeit auf den Markt zu kommen? Das heißt demzufolge auch, dass in der Vorentwicklung – analog zu den Gates in der Serienentwicklung – bis zum Prozessende Stufen und Meilensteine definiert werden müssen.

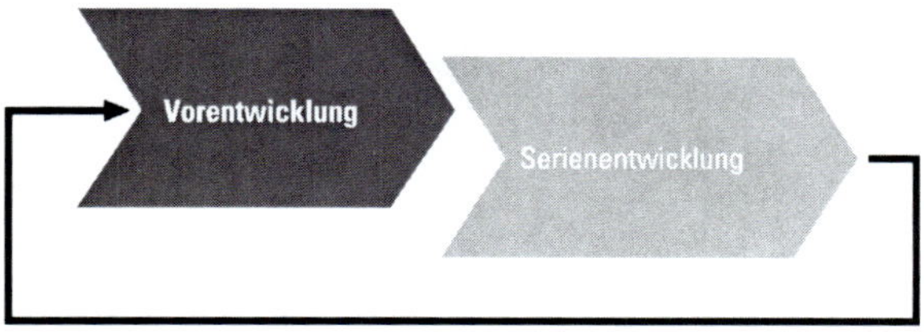

Abb. 5: *Mitarbeiter starten die Projekte in der Vorentwicklung ... und bringen die neuen Ideen bis zum Markt*

Das Auftrageber- und Auftragnehmer-Prinzip

Weiter lässt sich die Beziehung zwischen Vor- und Serienentwicklung maßgeblich durch eine definierte Kommunikationsstruktur verbessern. In Gremien oder Ausschüssen kommen Serienentwickler und Vorentwicklungsprojektleiter regelmäßig zusammen und beurteilen die Vorentwicklungsergebnisse. Dies kann soweit gehen, dass sich Vor- und Serienentwicklung wie Auftragnehmer und Auftraggeber quasi vertraglich aneinander binden. Die Serienentwicklung gibt für die Vorentwicklungsprojekte also eine gewisse Garantie ab, dass sie sie übernehmen wird. Ein weiterer Vorteil ist, dass sich die beiden Abteilungen auf Augenhöhe begegnen können: Einerseits meldet die Serienentwicklung Bedarf an und formuliert damit eine Aufgabenstellung für die Vorentwicklung. Andererseits realisiert die Vorentwicklung das Projekt für die Serienentwicklung und muss sich somit auch den Bedarfsänderungen anpassen.

Die Technologie-Roadmap als Basis

Ein weiterer Ansatz, die Vorentwicklung zu optimieren, betrifft die strategische Ausrichtung: Die Vorentwicklung wird aus einer Roadmap heraus betrieben. Hier lässt sich unterscheiden zwischen einer Technologie-Roadmap und einer Produkt-Roadmap. Die Technologie-Roadmap ist die institutionalisierte Antwort auf die Schnittstelle zur Forschung. In einem Zehn- oder Fünfzehn-Jahres-Plan werden die entscheidenden Technologien für das Unternehmen definiert. Gerade neue Technologien bergen die große Gefahr, dass sie sich ungewöhnlich schnell fortpflanzen und alles andere substituieren. Daher muss ein Unternehmen immer beobachten, wo zu welchen Themen geforscht wird. Dieses Monitoring übernimmt der sogenannte Innovationsscout.

Die Spuren der technologischen Zukunft lesen

Der Innovationsscout beobachtet systematisch weltweit den aktuellen Stand der Forschung, besucht Messen und Kongresse und ist immer dann an Ort und Stelle, wenn Technologien auftauchen, die für das eigene Untenehmen in Zukunft interessant sein könnten. Gerade kleinere Unternehmen, für die eine eigene Forschung viel zu aufwendig wäre, profitieren in hohem Maße von einem solchen systematischen Monitoring.

Hat eine Technologie Aussicht auf Erfolg in Serie, ist das der Start der Vorentwicklung. Die Roadmap zeigt die Dauer des Vorentwicklungsprojektes, den Start der Serienentwicklung und an deren Ende die Produktlebenszeit. Diese Rechnung ist auch rückwärts anwendbar: Ausgehend vom Ende der Produktlebenszeit definiert der Anfang das Ende der Serienentwicklung. Zwei Jahre vorher muss die Vorentwicklung fertig sein. Zum Start der Vorentwicklung muss dann also eine neue Technologie vorliegen. Das lässt sich zwar nicht unmittelbar beeinflussen, allerdings kann man daraus sehr wohl ableiten, wie viele verschiedene Technologien beobachtet werden müssen, um sicher zu sein, dass die Produktlebenszeiten zu leisten sind. Die F&E-Roadmap ist daher eine Grundvoraussetzung, um die Schnittstelle zwischen Vor- und Serienentwicklung zu realisieren.

Zusammenfassung
Die Vorentwicklung ist in der Aufbauphase ein zartes Pflänzchen, das viel Aufmerksamkeit und Pflege braucht, um es zum Wachsen zu bringen. Einmal angewachsen, kann es die besten Früchte hervorbringen. Wesentliche Erfolgsfaktoren einer fruchtbaren Vorentwicklung sind eine langfristige Strategie mit einem ausbalancierten Mix aus Kurz-, Mittel- und Langfristprojekten klar definierten Prozessen und organisatorischer Eigenständigkeit. Hierbei spielt das Technologie-Scouting eine entscheidende Rollen. Wie in vielen anderen Gebieten gilt auch hier die einfache Logik: »Wenn, dann richtig!«

Ideenbewertung mit dem Analytic Hierarchy Process

Irgendwann erreicht jedes Innovationsprojekt den Punkt, an dem entschieden werden muss, welche der zur Verfügung stehenden Ideen zur Innovation weiterentwickelt werden soll. Ein effektiver Weg, die beste Idee zu ermitteln, besteht in dem Bewertungsverfahren »Analytic Hierarchy Process«.

In diesem Beitrag erfahren Sie:
- warum der Analytic Hierarchy Process (AHP) Entscheidungsprozesse unterstützt,
- wie man mit Hilfe des AHP Ideen systematisch miteinander vergleicht und bewertet,
- in welchen Schritten der AHP abläuft.

Gernot Kaiser

Ideenbewertung und Entscheidung im Innovationsprozess

Aus mehreren Ideen die beste auszuwählen und zur Innovation auszubauen, ist für jedes Unternehmen eine ganz zentrale Entscheidung – gerade angesichts bestehender Budgetrestriktionen. Häufig wird diese Entscheidung auf Grundlage der Bewertung einer Vielzahl von – oftmals gegensätzlichen – Zielen des Bewerters sowie von Kriterien und Merkmalen der Ideen getroffen. Zumeist sind dabei objektiv ermittelbare Daten nicht durchgängig vorhanden. Subjekte Einschätzungen der Ideen von Seiten eines oder mehrerer Bewerter sind deshalb vonnöten.

Häufig empfohlenes und oftmals angewandtes Bewertungsverfahren bei mehrfacher Zielsetzung ist die Nutzwertanalyse [1], auch unter dem Begriff des *Scoring-Modells* bekannt. Dabei werden die als relevant erachteten Bewertungskriterien mit Gewichten versehen, die Ausprägungen der Ideen bezüglich der Bewertungskriterien bepunktet und abschließend in der Verrechnung von Punktzahlen und Gewichten eine Gesamtpunktzahl (Score) bzw. ein Nutzwert je Idee ermittelt. Das Verfahren besitzt allerdings eine ganze Reihe von methodisch-technischen Problemen, die in der praktischen Anwendung leider häufig zu Fehlbewertungen und letztlich Fehlentscheidungen führen. Bereits seit Längerem bekannte Anwendungsfehler sind insbesondere:

- ⇨ eine zwingende Definition von Kriterien gleicher Wichtigkeit,
- ⇨ übermäßige Bandbreiten der Ausprägungen dieser Kriterien,
- ⇨ keine Kenntnis dieser Bandbreiten,
- ⇨ allgemeine Interpretationsfehler und
- ⇨ die unangemessene Anwendung bei Gruppenentscheidungen [2].

Vor diesem Hintergrund entwickelte Thomas L. Saaty bereits 1977 den *Analytic Hierarchy Process* (AHP, Analytische Hierarchieverarbeitung), um einen Ausweg aus den methodischen Unzulänglichkeiten der Nutzwertanalyse zu zeigen. Das Ziel des vorliegenden Beitrages ist es, einen Überblick über die Verfahrensschritte des AHP zu geben. Der Leser soll mit Hilfe eines einfachen Beispiels, das jeweils als Exkurs (siehe Textkästen) aufgeführt ist, in die Lage versetzt werden, eine eigene Problematik der Bewertung von Ideen mittels AHP selbstständig nachvollziehen zu können.

Die Struktur des Beitrages orientiert sich an dem Ablauf des AHP, wie er in Abbildung 1 dargestellt ist. Die Durchführung einer AHP-Anwendung startet im ersten Schritt mit der Strukturierung des Kriteriensystems. Dazu identifiziert man die Ziele oder Merkmale, hinsichtlich bzw. anhand derer die Idee bewertet werden soll. Wie auch bei Anwendung der Nutzwertanalyse ergibt sich damit in den meisten Fällen eine Gliederung von Ober- und Unterzielen bzw. eine Merkmals- oder Kriterienhierarchie. Im zweiten Schritt vergleicht man die Kriterien innerhalb ihrer Hierarchiestufe im Hinblick auf ihre Wichtigkeit. Auf unterster Ebene wird anschließend die Vorteilhaftigkeit der einzelnen Ideen in Bezug auf jeweils ein Kriterium bewertet. Die daraus entstehenden Vergleichstableaus werden im dritten Schritt hinsichtlich ihrer inneren Schlüssigkeit betrachtet und gegebenenfalls einzelne Bewertungen verändert. Im vierten Schritt lassen sich die entstandenen Vergleichstableaus zu jeweils einer Bewertungszahl – einem Score – je Idee aggregieren. Der letzte und fünfte Schritt wird nur dann notwendig, wenn mehr als ein Bewerter an dem AHP beteiligt ist. Dabei werden die individuell entstandenen Scores zu einer einzigen Gruppenbewertung je Idee zusammengefügt.

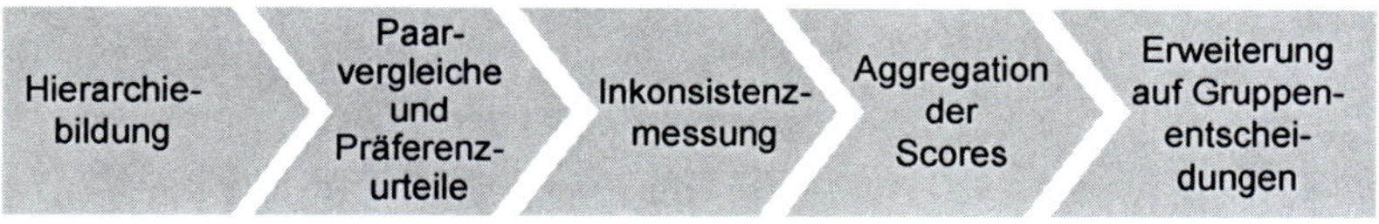

Abb. 1: *Ablauf des Analytic Hierarchy Process*

Grundsätzlich lassen sich mit Hilfe des AHP beliebige Objekte unter mehrfacher Zielsetzung bzw. hinsichtlich mehrerer Kriterien bewerten. Dies macht den AHP zu einem wertvollen und flexiblen Instrument im Innovationsprozess. Weder ist seine Anwendung auf Produkt- oder Prozessinnovationen noch auf bestimmte Ziele oder Merkmale, Einzel- oder Gruppenbewertungen beschränkt. Der oder die Bewerter sind vollständig frei in ihrer Entscheidung, welche Kriterien in die Bewertung der Ideen einfließen sollen.
Allerdings ist die sinnvolle praktische Anwendung des AHP an mehrere Bedingungen geknüpft:

- ⇨ Man sollte sich nicht zu viele Ideen zur Bewertung vornehmen. Empfehlenswert ist eine maximale Anzahl von fünf bis sieben Ideen, ansonsten werden der AHP und die Vergleichstableaus sehr unübersichtlich.
- ⇨ Die Ideen sollten eine Reihe von Merkmalen bzw. Eigenschaften besitzen, deren Ausprägungen dem Bewerter ausreichend bekannt sein müssen – plakativ: Er muss wissen, worüber er entscheidet. Andernfalls könnte er die Bandbreite der Ausprägungen eines

bestimmten Merkmals beispielsweise überschätzen, was zu einem ungerechtfertigt hohen Gewicht des entsprechenden Merkmals als Kriterium im Bewertungsprozess führen würde (vgl. [4], [5]).

- ⇨ Ferner müssen die Präferenzen des Bewerters die einzige Bestimmungsgröße für seine Einschätzungen sein. Es sollten bei Gruppenentscheidungen also keine Wechselwirkungen zwischen ihm und den Einschätzungen anderer Bewerter auftreten. Sollten hingegen die Einschätzungen aus strategischen Gründen bewusst unwahr getroffen werden – etwa um in Opposition zu einem anderen Bewerter zu gehen – führt der AHP nicht mehr zum tatsächlich besten Ergebnis (vgl. [6], [7]).
- ⇨ Und letztlich soll die Bewertung rational getroffen werden. Das heißt, dass der Bewerter beim Vergleich zweier Ideen auch stets eine Einschätzung abgibt: Entweder präferiert er eine der Ideen oder er ist indifferent zwischen beiden Ideen – *»weiß nicht«* darf im Bewertungsprozess nicht vorkommen [8].

Sind diese Voraussetzungen erfüllt, kann der AHP in den oben genannten Schritten ablaufen und findet auch die im jeweiligen Fall beste Idee. Im Folgenden werden die einzelnen Prozessschritte näher erläutert.

Schritt 1: Hierarchiebildung

Zu Beginn des AHP sollte sich der Bewerter Transparenz über das Ziel- bzw. Merkmalssystem verschaffen, nach welchem die Ideen gemeinsam zu bewerten sind. Dieses Kriteriensystem ist unabdingbare Grundlage der angestrebten Entscheidung [4]. Es stellt den Anker dar, um die Bewertung nachvollziehbar zu machen und eröffnet dem Bewerter die Möglichkeit, sich an diesem Gerüst sprichwörtlich entlang zu hangeln. Dabei stellt man nicht für jede Idee ein eigenes Kriteriensystem auf, sondern bewertet alle Ideen, über deren Weiterentwicklung zur Innovation entschieden werden soll, mit Hilfe des gleichen Systems. Die Ideen werden somit vor einem gemeinsamen Hintergrund verglichen. Sollten zu einem späteren Zeitpunkt in einem anderen Innovationsprozess wiederum bestimmte Ideen bewertet werden, kann das dann verwendete Kriteriensystem durchaus abweichen. Es gilt: ein konkretes Entscheidungsproblem – ein konkretes Kriteriensystem.

Konkrete und praktisch bewährte Vorschläge für Bewertungskriterien von Innovationsideen lassen sich unter anderem bei Vahs und Burmester [1] finden. Letztlich ist es aber dem einzelnen Bewerter beziehungsweise der Gruppe überlassen, das Kriteriensystem festzulegen. Einzige Bedingung ist dessen Vollständigkeit, denn die Ideen können nur bezüglich vorher festgelegter Kriterien bewertet werden. Attribute, die nicht artikuliert wurden, dürfen nicht in die Bewertung einbezogen werden. Andernfalls könnte dies zur Bestbewertung einer Idee führen, die eigentlich nicht die beste ist [9].
Als Beispiel-Zielhierarchie sollen im Weiteren die Kriterien des Innovationserfolgs nach Vahs und Burmester [1] dienen (vgl. Abb. 2):

- ⇨ relative Vorteilhaftigkeit der Idee (so genannte komparative Wettbewerbsvorteile),
- ⇨ Kompatibilität der Idee (sowohl für den Nutzer als auch für den Hersteller),
- ⇨ Komplexität der Idee,
- ⇨ Beobachtbarkeit bzw. Sichtbarkeit der Idee sowie
- ⇨ Reifegrad der Idee (im Sinne von ausgereift).

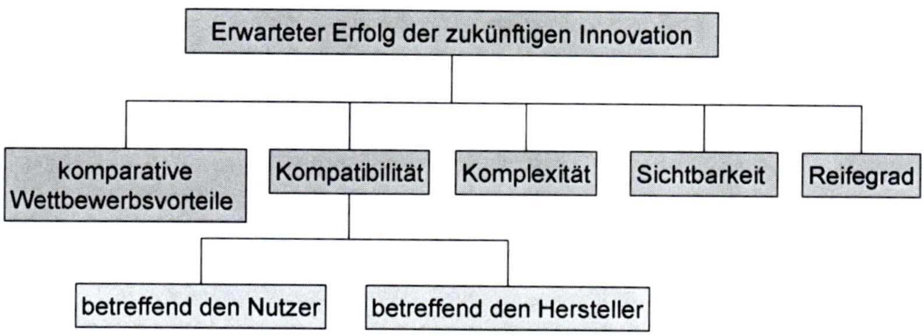

Abb. 2: *Zielhierarchie zur Bewertung von Innovationen*

Dieses Kriteriensystem lässt den Ausgleich zwischen Vor- und Nachteilen einer Idee zu. Beispielsweise kann eine Idee mit hoher Komplexität diesen Nachteil durch überdurchschnittliche komparative Wettbewerbsvorteile kompensieren und im Mittel zu einer ausgeglichenen Bewertung gelangen. Sowohl diese generelle Ausgleichbarkeit von Vor- und Nachteilen als auch das konkrete Kriteriensystem selbst haben sich in der Praxis vielfach bewährt.

Schritt 2: Paarvergleiche – Bewertungsurteile

Um nicht alle Ideen gleichzeitig bezüglich eines Kriteriums bewerten zu müssen, kann man paarweise Vergleiche nutzen. Dieses Vorgehen wird im Allgemeinen als einfacher erachtet [10] und verhindert, dass der Bewerter aufgrund einer simultanen Betrachtung aller Ideen überfordert wird. Zudem ist es nicht nötig, alle Paarvergleiche explizit durchzuführen. Der gesunde Menschenverstand weiß: Ist Idee A besser als Idee B und Idee B als Idee C, so ist implizit Idee A auch besser als Idee C. Gleiches gilt für den paarweisen Vergleich von Kriterien: Ist Kriterium 1 wichtiger als Kriterium 2 und Kriterium 2 wichtiger als Kriterium 3, so muss implizit Kriterium 1 auch wichtiger sein als Kriterium 3. Andernfalls wäre der Bewerter nicht rational und der gesamte Bewertungsprozess in Frage zu stellen.

Derartige paarweise Vergleiche nutzt der AHP. Zuerst artikuliert der Bewerter eine *verbale Bewertung*, zum Beispiel in Bezug auf die Wichtigkeit zweier Kriterien: »Komparative Wettbewerbsvorteile erscheinen mir definitiv wichtiger als der Reifegrad einer Idee.« Verbale Bewertungen lassen sich dabei auch abstufen – *»ein bisschen wichtiger«* oder *»genau so wichtig«* –, wodurch sie sich in eine Rangordnung bringen lassen. Sie sind dann *ordinal* skaliert [11]. Ein hilfreiches Beispiel zur Anwendung der paarweisen Vergleiche zeigt weiter unten der Kasten »Vergabe von Bewertungen«.

In einem zweiten Schritt werden den verbalen Bewertungen metrische Skalenwerte – ähnlich einer Notenskala – zugewiesen. Je wichtiger ein Kriterium eingeschätzt wird, desto höher ist die Note. Diese Note wird in einem so genannten Vergleichstableau festgehalten. Auf diese Weise sind die verbalen Bewertungen in numerische umgewandelt worden und können im weiteren Verlauf zu Scores verrechnet werden [12].

Tabelle 1 stellt die verbalen Bewertungen und deren numerische Entsprechung gegenüber [13]. Dabei erscheint die konkrete numerische Bewertungsskala 2^8 2^6 2^4 2^2 2^0 2^{-2} 2^{-4} 2^{-6} 2^{-8} zunächst willkürlich gewählt. Die numerische Beurteilung vervierfacht sich, wenn die verbale Beurteilung um eine Abstufung zunimmt.
Denkbar wäre auch eine stärkere Anlehnung an Schulnoten, etwa in der Form: 5 4 3 2 1 -1 -2 -3 -4 -5

In der praktischen Anwendung hat sich jedoch die in Tabelle 1 dargestellte numerische Bewertung bewährt. Sie bildet universell die von Bewertern wahrgenommenen Unterschiede in der Wichtigkeit von wie auch immer gearteten Kriterien ab [12].

Tabelle 1: Verbale Bewertungen von Kriterien und deren numerische Entsprechungen

verbale Bewertungen	numerische Bewertung
...unermesslich wichtiger...	2^8
...viel wichtiger...	2^6
...definitiv wichtiger...	2^4
...ein bisschen wichtiger	2^2
...genau so wichtig...	1
...ein bisschen unwichtiger...	2^{-2}
...definitiv unwichtiger...	2^{-4}
...viel unwichtiger...	2^{-6}
...unermesslich unwichtiger...	2^{-8}

Zwar kann man mit Hilfe der in Tabelle 1 dargestellten Bewertungen die Kriterien bezüglich ihrer Wichtigkeit vergleichen, nicht aber die konkreten Ideen bezüglich ihrer Vorteilhaftigkeit in Relation zu den einzelnen Kriterien. Dazu muss in der verbalen Bewertung das Wort

»*wichtiger*« durch »*besser*« bzw. »*unwichtiger*« durch »*schlechter*« ersetzt werden. Die numerische Bewertung bleibt hingegen gleich. Ein Beispiel dafür findet sich im Kasten unten.

Kann sich der Bewerter nicht zwischen zwei vorgegebenen verbalen Bewertungen entscheiden, können auch Kompromisse getroffen werden [14]: »Komparative Wettbewerbsvorteile erscheinen mir definitiv bis viel wichtiger als der Reifegrad einer Idee.«

Es wäre theoretisch auch möglich, auf verbale Beurteilungen zu verzichten und sofort numerische Bewertungen abzugeben [15]. Dieses Vorgehen erfordert allerdings ein immenses Zahlenverständnis – die Skala bewegt sich immerhin zwischen 256 und 0,00390625 – und kann erst bei einschlägiger Erfahrung mit dem AHP empfohlen werden. Dem hier beschrieben zweistufigen Vorgehen ist definitiv der Vorzug zu geben [16].

Vergabe von Bewertungen

Im Folgenden verdeutlicht ein Beispiel die Vergabe der Bewertungen. Der Vertriebsleiter eines deutschen Bankinstitutes soll die drei Ideen A, B und C bewerten.

Bei der Idee A handelt es sich um ein Bankprodukt, welches das Potenzial zu einer radikalen Innovation hätte. Das Bankinstitut wäre mit Einführung dieses Produktes Pionier im Markt und entsprechend hoch sind die zu erzielenden finanziellen Rückflüsse einzuschätzen (komparative Wettbewerbsvorteile). Von der Pionierstellung wären zudem auch positive Abstrahlungseffekte auf das Image des Bankinstitutes zu erwarten (Sichtbarkeit). Allerdings ist das Produkt verhältnismäßig komplex, sodass hier unbedingt spezielle Schulungen der Vertriebsmitarbeiter nötig werden. Ebenfalls notwendig werden Anpassungen in den Geschäftsprozessen des Bankinstitutes (Herstellerkompatibilität). Problematisch stellt sich das Produkt hinsichtlich seiner Nutzerkompatibilität dar. Aufgrund der Radikalität der Idee A müssten auch die Kunden erst intensiv mit dem innovativen Produkt bekannt gemacht werden. Insgesamt steckt in der Idee A viel Potenzial, sie kann aber noch nicht als endgültig ausgereift bezeichnet werden.

Bei der Idee B handelt es sich um eine inkrementelle Verbesserung eines bestehenden Bankprodukts. Sie bedarf nur geringer Anpassungen im IT-System des Bankinstitutes, erfordert aber seitens des Kunden etwas Anpassungsfähigkeit. Wie für inkrementelle Innovationen üblich, sind die finanziellen Rückflüsse eher als moderat einzuschätzen. Problematisch erscheinen die hohe Komplexität und die geringe Außenwirkung des neuen Produkts. Alles in allem steckt in der Idee B ein eher geringes Potenzial, sie scheint aber ausgereift und mit einem eher geringen Risiko behaftet zu sein.

Bei Idee C handelt es sich um eine mögliche Prozessinnovation mit der entsprechend nahezu völlig fehlenden Sichtbarkeit nach außen. Sie erfordert zudem eine radikale Neuorganisation der Geschäftsprozesse, eröffnet aber die Möglichkeit, Prozesskosten teilweise erheblich zu verringern. Da die Idee C hauptsächlich ihre Wirkung innerhalb des Bankinstitutes entfaltet, ist der Kunde kaum spürbar betroffen und die Komplexität, insbesondere für den Vertrieb, ebenfalls gering. In ihrer Gesamtheit kann die Idee C als weitestgehend ausgereift bezeichnet werden.
Der Vertriebsleiter des Bankinstitutes möchte diese drei Ideen nach den oben erwähnten Kriterien des Innovationserfolgs von Vahs und Burmester [1] bewerten. Dazu vergleicht er zuerst die drei Ideen bezüglich ihrer komparativen Wettbewerbsvorteile:

- ⇨ Dabei schätzt er Idee A »*ein bisschen bis definitiv besser*« als Idee B (numerisch: (2^3, vgl. Tabelle 1) und »*ein bisschen besser*« als Idee C (numerisch: 2^2) ein.
- ⇨ Zudem schätzt er Idee C »*genau so gut bis ein bisschen besser*« als Idee B (numerisch: 2^1) ein (vgl. Tabelle 2).

Von der radikalen Innovation verspricht sich der Vertriebsleiter demnach nahezu definitiv höhere Rückflüsse und Marktwirkungen als aus den beiden anderen Ideen, wobei er der Prozessinnovation wiederum größeres Potenzial als der inkrementellen Innovation einräumt.
Der Vertriebsleiter verfährt in gleicher Weise sowohl mit der Nutzer- als auch mit der Herstellerkompatibilität, der Komplexität selbst, der Sichtbarkeit und letztlich mit dem Reifegrad. Damit sind die Paarvergleiche der Ideen bezüglich ihrer Bewertungskriterien abgeschlossen.
Anschließend vergleicht der Vertriebsleiter noch die Kriterien untereinander:

- ⇨ Dabei beurteilt er die komparativen Wettbewerbsvorteile als »*ein bisschen unwichtiger bis genau so wichtig*« wie die Kompatibilität (numerisch: 2^{-1}: Wettbewerbsvorteile hin oder her, wenn kein Kunde die Innovation versteht, kauft sie auch keiner.),
- ⇨ ebenfalls »*ein bisschen unwichtiger bis genau so wichtig*« wie die Komplexität (Wenn die Innovation eine komplette Abkehr von etablierten Prozessen verlangt, fehlt die Akzeptanz bei den Vertriebsmitarbeitern.),
- ⇨ »*unermesslich unwichtiger*« wie die Sichtbarkeit (numerisch: 2^{-8}: Die Innovation muss kommuniziert werden können, um Markterfolg zu generieren.) und
- ⇨ als »*definitiv bis viel unwichtiger*« als den Reifegrad (numerisch: 2^{-5}: Kein unnötiges Risiko – wir sind immer noch ein deutsches Bankinstitut.).

Abschließend vergleicht der Vertriebsleiter die Kompatibilität bezüglich Nutzer und Hersteller und erachtet die Nutzerkompatibilität als »*viel wichtiger*« als die Herstellerkompatibilität (numerisch: 2^6: Besser wir passen die Bankprozesse an die Innovation an, als die Verhaltensweisen des Kunden ändern zu wollen.). Damit liegen alle notwendigen Vergleichstableaus ausgefüllt vor.

Tabelle 2: Paarvergleichsmatrizen

komparative Wettbewerbsvorteile (kW)			
	A	B	C
A	2^{0}	2^{3}	2
B	2^{-3}	2^{0}	2^{-1}
C	2^{-2}	2^{1}	2^{0}
(0,727; 0,091; 0,182)			

Nutzerkompatibilität			
	A	B	C
A	2^{0}	2^{-4}	2^{-7}
B	2^{4}	2^{0}	2^{-3}
C	2^{-2}	2^{3}	2^{0}
(0,007; 0,110; 0,883)			

Herstellerkompatibilität			
	A	B	C
A	2^{0}	2^{-4}	2^{-7}
B	2^{4}	2^{0}	2^{-3}
C	2^{-2}	2^{3}	2^{0}
(0,007; 0,110; 0,883)			

Komplexität (Ko)			
	A	B	C
A	2^{0}	2^{1}	2^{-2}
B	2^{-1}	2^{0}	2^{-2}
C	2^{2}	2^{2}	2^{0}
(0,208; 0,131; 0,661)			

Sichtbarkeit (Sb)			
	A	B	C
A	2^{0}	2^{4}	2^{6}
B	2^{-4}	2^{0}	2
C	2^{-6}	2^{-2}	2^{0}
(0,928; 0,058; 0,014)			

Reifegrad (Rg)			
	A	B	C
A	2^{0}	2^{-5}	2^{-2}
B	2^{5}	2^{0}	2^{3}
C	2	2^{-3}	2^{0}
(0,027; 0,865; 0,108)			

Ziele					
	kW	Kb	Ko	Sb	Rg
kW	2^{0}	2^{-1}	2^{-1}	2^{-8}	2^{-5}
Kompatibilität	2^{1}	2^{0}	2^{-2}	2^{-7}	2^{-3}
Komplexität	2^{1}	2^{2}	2^{0}	2^{-4}	2^{-2}
Sichtbarkeit	2^{8}	2^{7}	2^{4}	2^{0}	2^{3}
Reifegrad	2^{5}	2^{3}	2^{2}	2^{-3}	2^{0}
(0,208; 0,131; 0,661)					

Kompatibilität bzgl. ...		
	Nutzer	Hersteller
Nutzer	2^{0}	2^{6}
Hersteller	2^{-6}	2^{0}
(0,027; 0,865; 0,108)		

Um den Abschnitt zu Paarvergleichen anzuschließen, muss an dieser Stelle nochmals auf die Auswahl einer geeigneten Skala zur Umwandlung der verbalen in numerische Beurteilungen eingegangen werden. Wie der Exkurs im obigen Kasten verdeutlicht hat, werden dem Bewerter lediglich verbale Bewertungen abverlangt, was einen breiten Spielraum bei der Umwandlung in numerische Bewertungen lässt [12], [17], [18], [19]. In der praktischen Anwendung ergeben sich hier nahezu grenzenlose Möglichkeiten zur Manipulation des Bewertungsverfahrens [20] bis hin zur nachträglichen »Rationalisierung« einer Bauchentscheidung durch die Auswahl einer entsprechenden Skala. Die in diesem Beitrag verwendete Skala hat sich in der Praxis bewährt und führt zu nachvollziehbaren und robusten Ergebnissen.

Eine in der praktischen Anwendung häufig gestellte Frage ist die nach der Anzahl der möglichen verbalen wie auch numerischen Bewertungen – mit anderen Worten die Frage nach der Breite der Skala. Dabei verlangen Bewerter zumeist nach einer breiteren Skala mit einer größeren Anzahl möglicher Bewertungen. Bewährt hat sich allerdings die in diesem Beitrag verwendete neunstufige Skala [21]. Sie trägt dem Umstand Rechnung, dass Menschen nur über eine begrenzte Kapazität zur Informationsverarbeitung verfügen [18]. Rein sprachlich wäre auch eine unbegrenzte Skala denkbar [22]. Menschen nutzen jedoch selten mehr als sieben und nahezu nie mehr als neun Bewertungsurteile [23] und schränken ihre Möglichkeit zur Differenzierung ihrer Bewertungen immer weiter ein, je schwieriger und komplexer der Bewertungsprozess an sich wird (vgl. [24], [25]).

Wie einleitend beschrieben, ist es nicht notwendig, alle paarweisen Vergleiche durchzuführen. Allerdings kann über die explizite Abfrage redundanter Präferenzurteile die so genannte Konsistenz der Paarvergleiche bestimmt werden (vgl. [11], [26]). Der Problemkreis der Inkonsistenzen wird uns im nächsten Anschnitt beschäftigen.

Schritt 3: Inkonsistenzmessung und Behandlung

Es ist nicht zwingend notwendig, alle möglichen Paarvergleiche vorzunehmen. Werden diese eigentlich redundanten Vergleiche dennoch durchgeführt, können sich unter Umständen Widersprüche zwischen einzelnen Bewertungen zeigen. Weichen implizite und explizite Bewertung voneinander ab, liegt eine so genannte Inkonsistenz vor. Solche Widersprüche führen zu weitreichenden Folgen in der Bewertung der Ideen. Artikuliert der Bewerter explizit eine bereits implizit vorliegende Bewertung, lässt sich ohne genaue Untersuchung nicht schlussfolgern, welches der beiden Urteile »richtig« ist. Dadurch kann

eine Idee fälschlicherweise als die beste ausgewählt werden, was in der praktischen Anwendung nicht selten zu beobachten ist.
Im Kasten weiter unten ist ein Beispiel zur Verdeutlichung einer solchen Inkonsistenz aufgezeigt.

Der AHP fordert vom Bewerter keine perfekte Konsistenz seiner Bewertungen, vielmehr werden auftretende Inkonsistenzen in der Praxis meist bis zu einem noch näher zu bestimmenden Schwellenwert toleriert [27]. Wird dieser Wert im gesamten Vergleichstableau beziehungsweise von einzelnen Bewertungen überschritten, sollte dem Bewerter die Möglichkeit eingeräumt werden, betreffende Bewertungen zu verändern, um Inkonsistenzen zu verringern.

Auf der ersten Stufe des Bewertungsprozesses liegen ordinal skalierte, verbale Bewertungen vor. Diese müssen, um zu sinnvollen Ergebnissen zu gelangen, *transitiv* sein. Das heißt: Ist Idee A bezüglich eines bestimmten Kriteriums besser als Idee B und ist Idee B besser als Idee C, so muss Idee A auch besser als Idee C sein. Es ergibt sich ein so genanntes «Konsistenz-Dreieck« [21]. Wird andernfalls Idee C besser als Idee A bewertet, ließe sich keine eindeutige Rangfolge der Ideen generieren.

Die ordinal skalierten, verbalen Bewertungen werden im zweiten Schritt der paarweisen Vergleiche in metrisch skalierte, numerische Bewertungen umgewandelt. Auch hier müssen die Bewertungen transitiv, aber zusätzlich auch numerisch konsistent sein. Die verbale Aussage »*besser*« erhält im Zuge der Umwandlung eine zusätzliche Spezifizierung im Sinne von »*wie genau besser*«. Für ein konkretes Rechenbeispiel sei wiederum auf den nachfolgenden Kasten verwiesen.
Die Messung des Grades der Inkonsistenz in einem Konsistenz-Dreieck erfolgt einfach durch Multiplikation der numerischen Bewertungen im Vergleich der Idee A mit Idee B, Idee B im Vergleich mit Idee C und Idee C im Vergleich mit Idee A [28]. Im konsistenten Fall ist das Produkt der drei Bewertungen gleich null. Abweichungen von Null stellen den Grad der Inkonsistenz dar.

Liegt die Inkonsistenz über dem vorgegebenen Schwellenwert, sollten die Bewertungen nochmals überarbeitet werden [vgl. 14].

Dieses Vorgehen wird solange wiederholt, bis der Schwellenwert unterschritten wird. In der praktischen Anwendung hat sich allerdings gezeigt, dass es methodisch sehr anspruchsvoll ist, einen sinnvollen Schwellenwert vorzugeben [29], [30], [31], [32]. Deshalb wird in der Regel auf die Transitivität der verbalen Präferenzurteile geachtet und der Bewerter lediglich mit dem Inkonsistenzgrad seiner Präferenzurteile konfrontiert. Liegt Transitivität vor, ist es dem Bewerter freigestellt, auch die numerische Konsistenz zu erfüllen.

Rechenbeispiel Konsistenz

Auf unser Beispiel des Vertriebsleiters eines deutschen Bankinstitutes bezogen, ist im Vergleichstableau (vgl. Tabelle 2) bezüglich der komparativen Wettbewerbsvorteile keine Inkonsistenz erkennbar: Idee A wird *»ein bisschen bis definitiv besser«* als Idee B (numerisch: 2^3) und *»ein bisschen besser«* als Idee C (numerisch: 2^2) eingeschätzt sowie Idee C *»genau so gut bis ein bisschen besser«* als Idee B (numerisch: 2^1). Idee A »überwindet« drei Bewertungsstufen gegenüber Idee B und zwei Bewertungsstufen gegenüber Idee C. Idee C selber überwindet eine Bewertungsstufe gegenüber Idee B. In Zahlen: $2^3 \times 2^{-1} \times 2^{-2} = 0$.
Ebenso konsistent stellen sich das Vergleichstableau für Kompatibilität (sowohl Nutzer- als auch Kundenkompatibilität), Sichtbarkeit und Reifegrad dar. Nicht konsistent sind hingegen die Vergleichstableaus bezüglich der Kriterien an sich und der Komplexität. Idee A wird hier *»genau so gut bis ein bisschen besser«* als Idee B eingeschätzt (numerisch: ^{21}) und *»ein bisschen schlechter«* als Idee C (numerisch: $^{-2}$). Idee B selber wird ebenfalls *»ein bisschen schlechter«* als Idee C eingeschätzt, obwohl für den Bewerter ein gewisser Unterschied zwischen Idee A und B erkennbar ist. Idee B überwindet gegenüber Idee C eine Bewertungsstufe »zu viel«. In Zahlen: $2^1 \times 2\text{-}^2 \times 2^2 \neq 0$. Dieser »Verlust« einer Bewertungsstufe ist in der praktischen Anwendung hinnehmbar.

Die Ursachen für Inkonsistenzen sind vielfältig und in der Literatur häufig sehr pauschal angeführt. Forman und Selly [16] interpretieren zum Beispiel

- ⇨ fehlende Informationen,
- ⇨ einfache Fehler des Bewerters,
- ⇨ eine inadäquate Struktur des Kriteriensystems,
- ⇨ ungenügende Konzentration des Bewerters und
- ⇨ die oftmals fehlende Konsistenz der uns umgebenden Realität

als Ursachen für Inkonsistenzen. Daneben kann auch die vorgegebene Bewertungsskala eine Ursache für (erzwungene) Inkonsistenzen sein. Ein erster Indikator für dieses fundamentale Abweichen der Bewertungsskalen des Bewerters und der Methode ist die Verletzung intuitiver Konsistenzbedingungen bei den verbalen Bewertungen. In unserem Beispielfall wird verlangt, dass, wenn Idee A als »*ein bisschen besser*« als Idee B (numerisch: ^{2}) und Idee B als »*definitiv besser*« als Idee C (numerisch: 2^4) eingeschätzt wird, Idee A als »*viel besser*« als Idee C eingeschätzt werden muss (numerisch: 2^6), damit die Bewertungen numerisch konsistent sind. Diese konsistenten Bewertungen verletzen eine intuitive sprachliche Konsistenz nicht [15] beziehungsweise widersprechen nicht dem normalen Sprachgebrauch [33]. Die in diesem Beitrag verwendete Bewertungsskala läuft der intuitiven sprachlichen Konsistenz nicht zuwider und erscheint somit insgesamt der intuitiven verbalen Konsistenz eines Bewerters Rechnung zu tragen [12].

Trotz allem versteht jeder Bewerter unter der entsprechenden verbalen Bewertung gemäß seiner Wahrnehmung und seinen Erfahrungen etwas anderes [21], [34]. Somit kann der Fall auftreten, dass der Bewerter seinem Empfinden nach intuitiv konsistente, verbale Bewertungen artikuliert hat, die der Methode zugrunde liegende Skala aber zu Inkonsistenzen der numerischen Bewertungen führt [35]. In der praktischen Anwendung wird deshalb der Bewerter nur mit seinen – eventuell lediglich vermeintlichen – Inkonsistenzen konfrontiert. Die Entscheidung, die Bewertungen zu verändern, obliegt dann allein ihm selbst.

Ferner kann auch die Begrenzung der vorgegebenen Bewertungen selbst zu unbeabsichtigten Inkonsistenzen führen. Sollte in unserem Beispiel Idee A beispielsweise »*viel besser*« als Idee B (numerisch: 2^6) und Idee B ebenfalls »*viel besser*« als Idee C, müsste Idee A »*mehr als unermesslich besser*« sein als Idee C (numerisch: 2^{12}), um Konsistenz zu erzeugen. Die Skala ist aber, wie in Tabelle 1 angegeben, auf das Urteil »*unermesslich besser*« begrenzt (numerisch: 2^8). Setzt der Bewerter »*unermesslich besser*« als höchstmögliches Präferenzurteil, ergibt sich eine Inkonsistenz, die die Ideen in ihrem Score beziehungsweise die Kriterien in ihren Gewichten näher zusammenrückt. Analog tritt dieses

Problem auch bei sehr kleinen Bewertungen auf [32]. Laut Torgerson [36] sind Bewertungsskalen lediglich im mittleren Bereich der Kriterienausprägungen ein probates Bewertungsinstrument. Für sehr kleine beziehungsweise sehr große Werte eignet sich eine Skala wahrscheinlich nicht. Es empfiehlt sich daher, die Bandbreite der Merkmalsausprägungen nicht zu weit auszudehnen und extreme Ideen bereits vorab aus der Bewertung auszuschließen [32].

Schritt 4: Aggregation und Entscheidung

Die Elemente der Bewertung, die zum Zweck der hierarchischen Strukturierung isoliert wurden, werden im Schritt der Aggregation wieder zusammengeführt [11]. Dazu werden zuerst die Kriteriengewichte und Scores der Ideen bezüglich der Kriterien und anschließend die Bewertungszahlen je Idee errechnet.

Bei einem konsistenten Vergleichstableau sind dessen Spalten linear abhängig, das heißt, jede Spalte entspricht dem Vielfachen einer anderen Spalte. Durch Summennormierung einer beliebigen Spalte erhält man so den gesuchten Gewichtungs- bzw. Bewertungsvektor.

Schwieriger gestaltet sich die Ermittlung der Gewichte bei nichtkonsistenten Vergleichstableaus. In der praktischen Anwendung hat sich das einfache Verfahren des geometrischen Zeilenmittels mit anschließender Summennormierung der Spalte bewährt [37]. Die Nutzung des arithmetischen Zeilenmittels und anschließende Summennormierung ist nicht adäquat, da es sich bei den Bewertungen um Verhältnisangaben handelt, die nicht einfach aufaddiert werden dürfen, sondern aufzumultiplizieren sind. Daneben existiert eine ganze Reihe weiterer Methoden, um aus inkonsistenten Vergleichstableaus Scores und Kriteriengewichte zu generieren [14], [37], [38], [39], [40], [41], [42]. Diese Methoden sind allesamt rechnerisch aufwendig und außerhalb des wissenschaftlichen Umfelds wenig bis gar nicht existent.

Sind die Scores und Kriteriengewichte berechnet, werden die Bewertungszahlen bottom-up ermittelt. Dabei werden die Scores mit den jeweiligen Kriteriengewichten durch die ganze Hierarchie hindurch gewichtet und aggregiert (siehe Kasten unten).

Schritt 5: Erweiterung auf Gruppenentscheidungen

Treffen *mehrere Bewerter* eine Bewertung der Idee, muss das bisher

Bestimmung der Bewertungszahlen

Für die Bewertungszahl der Idee A bezüglich komparativer Wettbewerbsvorteile ergibt sich folgende Rechnung:
Das Zeilenprodukt der numerischen Bewertungen beträgt $2^0 \times 2^3 \times 2^2 = 32$ (vgl. Tabelle 2). Die dritte Wurzel aus 32 (3,1748) stellt das geometrische Zeilenmittel dar. In gleicher Weise ergeben sich das geometrische Zeilenmittel für Idee B (0,3969) und Idee C (0,7937). Diese drei geometrischen Zeilenmittel werden summennormiert auf den Wert eins, wodurch sich die Scores (0,727; 0,091; 0,182) für die Ideen A, B beziehungsweise C ergeben. Idee A besitzt deutlich den höchsten Score bezüglich komparativer Wettbewerbsvorteile aller drei Ideen, was für eine radikale Innovation nachvollziehbar erscheint. Die Scores der Ideen bezüglich der anderen Ziele sind in Tabelle 2 jeweils unter den entsprechenden Vergleichstableaus aufgeführt. Zusätzlich zu den komparativen Wettbewerbsvorteilen ist Idee A auch bezüglich der Sichtbarkeit die beste Idee (Score: 0,928). Idee B – die inkrementelle Innovation – hingegen besticht durch ihre Herstellerkompatibilität (0,842) und ihren Reifegrad (0,865). Idee C – die Prozessinnovation – ist die beste Alternative bezüglich der Nutzerkompatibilität (0,883) und der Komplexität (0,661). An dieser Stelle wird durch das Beispiel deutlich: Keine Idee dominiert alle anderen Ideen und ohne methodische Unterstützung, allein durch »scharfes Hinsehen« ist es nicht möglich, die beste Alternative zu identifizieren. Alle drei Ideen weisen spezifische Stärken und Schwächen auf.
Damit sind die Scores der Alternativen bezüglich der Kriterien bekannt. Auf gleiche Weise (geometrisches Zeilenmittel und Summennormierung der Spalte) werden nun die Kriteriengewichte bestimmt. Die in Tabelle 2 angegeben Kriteriengewichte machen deutlich: Der Sichtbarkeit einer Idee wird vom Vertriebsleiter des Bankinstitutes die höchste Wichtigkeit zugemessen (0,853), mit deutlichem Abstand vor dem Reifegrad einer Idee (0,107). Komparative Wettbewerbsvorteile, Kompatibilität und Komplexität folgen mit wiederum deutlichem Abstand. Ebenso verhält es sich mit der Wichtigkeit innerhalb des Kriteriums der Kompatibilität. Hier ist die Nutzerkompatibilität deutlich höher (0,985) als die Herstellerkompatibilität (0,015).

Damit kann im Bottom-up-Verfahren die Bewertungszahl der Idee A bestimmt werden:

0,727 x 0,005	(Score bezüglich der komparativen Wettbewerbsvorteile, gewichtet mit deren Wichtigkeit)
+ (0.985·0.007+0.015·0.105) x 0,009	Score bezüglich der Kompatibilität (Nutzer- und Herstellerkompatibilität), gewichtet mit deren Wichtigkeit
+ 0.027 x 0.208	Score bezüglich der Komplexität, gewichtet mit deren Wichtigkeit

+ 0.928 x 0.853	Score bezüglich der Sichtbarkeit, gewichtet mit deren Wichtigkeit
+ 0.027 x 0.107	Score bezüglich des Reifgrades, gewichtet mit dessen Wichtigkeit
= 0,80	Bewertungszahl der Idee A

Idee B weist für die in gleicher Weise durchgeführte Rechnung eine Bewertungszahl von 0,15 und Idee C von 0,05 auf. Damit wird deutlich: Bei der gegebenen Konstellation würde sich der Vertriebsleiter für die Idee A entscheiden, die mit deutlichem Abstand die größte Bewertungszahl aufweist.

vorgestellte Verfahren, insbesondere die Abgabe der Bewertungsurteile mittels paarweiser Vergleiche, in Teilen abgewandelt werden. Die methodisch einfachste Möglichkeit der Einbeziehung mehrerer Bewerter ist die Diskussion und Einigung auf eine Bewertung je Paarvergleich [43]. Dieses Verfahren wird für ein breites Kriteriensystem und eine Vielzahl von Ideen entsprechend aufwendig. Daher besteht eine weitere Möglichkeit darin, über die numerischen Bewertungen der einzelnen Bewerter das geometrische Mittel zu bilden. Das weitere Verfahren läuft dann wie zuvor beschrieben ab.

Eine Version des Verfahrens für Gruppen, die noch später in den Verlauf des AHP eingreift, ist die Aggregation der Bewertungszahlen der Ideen mittels geometrischem Mittel über alle Bewerter [44]. Allgemein ist die Aggregation von Einzelpräferenzen zu Gruppenpräferenzen nicht unproblematisch [45], [46], [47].

Ein weiteres im Zusammenhang mit Gruppenentscheidungen auftretendes Problem sind Machtunterschiede der Bewerter. Sollen diese im AHP mit berücksichtigt werden, müssen sie erst explizit ermittelt werden. Dies kann mit Hilfe der Meinung eines einzelnen Entscheidungsträgers (von Ramanathan und Ganesh als *supra decision maker* bezeichnet) geschehen [46] oder in Gruppendiskussion stattfinden [43]. Dabei ist das letztere Verfahren eher von Interesse in der Praxis, da ein supra decision maker auch gleich die Entscheidung selber treffen könnte.

Die methodisch anspruchsvollste Möglichkeit besteht darin, die Zielhierarchie um eine übergeordnete Ebene zu erweitern. Dabei würde jeder Bewerter seine eigene Präferenzordnung aufstellen und zusätzlich die Machtverhältnisse der Bewerter mittels Paarvergleichen evaluieren. Aus den sich daraus ergebenden Scores und Machtkoeffizienten würde in einem Bottom-up-Verfahren wiederum die endgültige Reihung der Ideen nach Meinung der Gruppe entstehen [44].

Hinweis

Die unten angegebene Literatur versteht sich als Zitatnachweis und weniger als eine Liste empfohlener Texte. Gut lesbare Einführungen in den Analytic Hierarchy Process finden sich bei Klein and Scholl [48], Rommelfanger and Eikemeier [27] sowie bei Roth [49].
Empfehlenswerte Werke des AHP-Entwicklers Saaty sind *Multicriteria decision making – the analytic hierarchy process: planning, priority setting, resource allocation [50]* und *Decision Making for Leaders – The Analytic Hierarchy Process for Decisions in a Complex World* [51].
Ein sehr interessantes und aufschlussreiches Gesamtwerk zu Entscheidungen und AHP stellt die Arbeit *Decision by Objectives – How to convince others that you are right* von Forman and Selly [16] dar.
An Software-Unterstützung liegt eine englischsprachige Demo-Version der Anwendung *Expert Choice* (www.expertchoice.com) vor.

Literatur

[1] Vahs, D.; Burmester, R.: *Innovationsmanagement von der Produktidee zur erfolgreichen Vermarktung. Stuttgart: Schäffer-Poeschel, 2005*

[2] Weber, M.; Krahnen, J.; Weber, A.: *Scoring-Verfahren – häufige Anwendungsfehler und ihre Vermeidung. Der Betrieb 48 (1995), S. 1621-1626*

[3] Saaty, T.L.: *A scaling method for priorities in hierarchical structures. Journal of Mathematical Psychology 15 (1977), S. 234-281*

[4] Eisenführ, F.; Weber, M.: *Rationales Entscheiden. 4. Aufl., Berlin: Springer 2003*

[5] Nitzsch, R.v.; Weber, M.: *Bandbreiten-Effekt bei der Bestimmung von Zielgewichten. Zeitschrift für betriebswirtschaftliche Forschung 43 (1991), S. 971-985*

[6] Gibbons, R. : *A Primer in Game theory. New York: Harvester Wheatsheaf 1992*

[7] Nurmi, H.: *Voting paradoxes and how to deal with them. Berlin: Springer 1993*

[8] WINKLER, G.M.: *Entscheidungen und Präferenzen: Die Rationalisierbarkeit individueller Wahlhandlungen. Heidelberg: Physica 1994*

[9] CARLSSON, C.; WALDEN, P.: *AHP in Political Group Decisions: A Study in the Art of Possibilities. Interfaces 25(4) (1995), S. 14-29*

[10] KOCZKODAJ, W.W.: *A New Definition of Consistency of Pairwise Comparisons. Mathematical and Computer Modelling 18 (1993), S. 79-84*

[11] FORMAN, E.H.; GASS, P.I.: *The Analytic Hierarchy Process – An Exposition. Operations Research 49 (2001), S. 469-486*

[12] STIER, W.: *Empirische Forschungsmethoden. 2. Aufl., Berlin: Springer 1999*

[13] LOOTSMA, F.A.: *Scale sensitivity in the multiplicative AHP and SMART. Reports of the Faculty of Technical Mathematics and Informatics, no. 93-37 (1993), Delft University of Technology*

[14] SAATY, T.L.: *How to make a decision: The Analytic Hierarchy Process. European Journal of Operations Research 48 (1990a), S. 9-26*

[15] HOLDER, R.D.: *Some Comments on the Analytic Hierarchy Process. Journal of the Operations Research Society: OR 41 (1990), S. 1073-1076*

[16] FORMAN, E.H.; SELLY, M.A.: *Decision by Objectives (How to convince others that you are right). River Edge: World Scientific 2001*

[17] FECHNER, G.T.: *In Sachen der Psychophysik. Leipzig: von Breitkopf und Härtel 1877*

[18] SAATY, T.L.: *The analytic hierarchy process: 1. Decision-making – Mathematics. Pittsburgh: RWS Publications 1990b*

[19] STEVENS, P.P.: *On the Psychophysical Law. Psychological Review 64 (1975), S. 153-181*

[20] SAATY, T.L.: *Highlights and critical points in the theory and application of the Analytic Hierarchy Process. European Journal of Operations Research 74 (1994), S. 426-447*

[21] HARKER, P.T.; VARGAS, L.G.: *The Theory of Ratio Scale Estimation: Saaty's Analytic Hierarchy Process. Management Science 33 (1987), S. 1383-1403*

[22] BREMER, M.E.: *Wahre Widersprüche: Eine Einführung in die parakonsistente Logik. Sankt Augustin: Academica 1998*

[23] MILLER, G.A.: *The Magical Number Seven, Plus or Minus Two: Some Limits on Our Capacity for Processing Information. The Psychological Review 63 (1956), S. 81-97*

[24] BASCHERA, P.: *Auswirkungen repetitiver Tätigkeiten mit verschiedenen Schwierigkeitsgraden auf die Gesamtaktivität des Organismus, den subjektiven Zustand und die Informationsverarbeitungskapazität. Disp., Zürich 1979*

[25] BLOOM, B.P.: *Taxonomie von Lernzielen im kognitiven Bereich. Weinheim, Basel 1976*

[26] SALO, A.A.: *Inconsistency Analysis by Approximately Specified Priorities. Mathematical and Computer Modelling 17 (1993), S. 123-133*

[27] ROMMELFANGER, H.J.; EICKEMEIER, P. H.: *Entscheidungstheorie: Klassische Konzepte und Fuzzy-Erweiterungen. Berlin: Springer 2002*

[28] BARZILAI, J.: *Deriving weights from pairwise comparison matrices. Journal of the Operational Research Society 48 (1997), S. 1226-1232*

[29] AGUARÓN J.; MORENO-JIMÉNEZ, J.M.: *The geometric consistency index: Approximated thresholds. European Journal of Operational Research 147 (2003), S. 137-145.*

[30] GASS, P.I.: *Tournaments, transitivity and pairwise comparison. Journal of the Operational Research Society 49 (1998), S. 616-624*

[31] GOLDEN B.L.; WANG, Q.: *An Alternate Measure of Consistency. In: Golden, B.L.; P.T. Harker und E.A. Wasil (Hrsg.): The Analytic Hierarchy Process. Applications and Studies. Kap. 5, S. 68-81. Berlin: Springer 1989*

[32] LANE, E.F.; VERDINI, W.A.: *A Consistency Test for AHP Decision Makers. Decision Science 20 (1989), S. 575-590.*

[33] OSSADNIK, W.: *Mehrzielorientiertes strategisches Controlling: Methodische Grundlagen und Fallstudien zum führungsunterstützenden Einsatz des Analytischen Hierarchie-Prozesses. Heidelberg: Physica 1998*

[34] SALO, A.A.; HÄMÄLÄINEN, R.P.: *On the Measurement of Preferences in the Analytic Hierarchy Process. Journal of Multi-Criteria Decision Analysis 6 (1997), S. 309-319*

[35] DODD, F.J.; DONEGAN, H.A.; MCMASTER, T.B.M.: *Scale Horizons in Analytic Hierarchiep. Journal of Multi-Criteria Decision Analysis 4 (1995), S. 177-188*

[36] TORGERSON, W.P.: *Theory and Methods of Scaling. New York: John Wiley & Sons Inc. 1958*

[37] BUDESCU D.V.; ZWICK; R.; RAPOPORT, A.: *A Comparison of the Eigenvalue Method and The Geometric Mean Procedure for Ratio Scaling. Applied Psychological Measurement 10 (1986), S. 69-78*

[38] JENSEN, R.E.: *An Alternative Scaling Method for Priorities in Hierarchical Structures. Journal of Mathematical Psychology 28 (1984), S. 317-332*

[39] Saaty, T.L.; Vargas, L.G.: *Inconsistency and Rank Preservation. Journal of Mathematical Psychology 28 (1984), S. 205-214*

[40] Bryson, N.; Mobolurin, A.; Ngwenyama, O.: *Modelling pairwise comparisons on ratio scales. European Journal of Operational Research 83 (1995), S. 639-654*

[41] Gass, P.I.: *A Process of Determinating Priorities and Weights for Large-Scale Linear Goal Programmes. Journal of the Operational Research Society 37 (1986), S. 779-785*

[42] Tscheulin, D.K.; Jacques, J.: *Goal programming approaches for priorities in Saaty's analytic hierarchy process (AHP). Belgian Journal of Operations Research, Statistics and Computer Science 36 (1996), S. 189-203*

[43] Saaty, T.L.: *Group Decision Making and the AHP. In: B.L Golden; P.T. Harker; E.A. Wasil (Hrsg.): The Analytic Hierarchy Process. Applications and Studies. Kap. 4, S. 59-67, Berlin: Springer 1989*

[44] Barzilai, J.; Lootsma, F.A.: *Power Relation s and Group Aggregation in the Multiplicative AHP and SMART. Journal of Multi-Criteria Decision Analysis 6 (1997), S. 155-165*

[45] Arrow, K.J.: *Social Choice and Individual Value. New York 1951*

[46] Ramanathan, R.; Ganesh, L.S.: *Group preference aggregation methods employed in AHP. European Journal of Operation Research 79 (1994), S. 249-265*

[47] Van den Honert, R.C.; Lootsma, F.A.: *Group preference aggregation in the multiplicative AHP. European Journal of Operations Research 96 (1996), S. 363-370*

[48] Klein, R.; Scholl, A.: *Planung und Entscheidung. München: Vahlen 2004*

[49] Roth, B.: *Lösungsverfahren für mehrkriterielle Entscheidungsprobleme. Frankfurt/ Main: Lang 1998*

[50] Saaty, T.L.: *Multicriteria decision making - the analytic hierarchy process: planning, priority setting, resource allocation. News York: McGraw-Hill 1980*

[51] Saaty, T.L.: *Decision Making for Leaders – The Analytic Hierarchy Process for Decisions in a Complex World. 3. Aufl., Pittsburgh: RWS Publications 2001*

Zusammenfassung

Bewertungen unter mehrfachen Zielsetzungen bzw. unter Beachtung eines ganzen Kriteriensystems stellen ein hochkomplexes Problem dar, für dessen Lösung eine adäquate Methodik eingesetzt werden muss, die beispielsweise einfache Scoring-Modelle nicht liefern können. Der Analytic Hierarchy Process (AHP) bietet eine solche Methodik und erlaubt es zudem, Gruppenbewertungen »technisch« fundiert durchzuführen. Innerhalb des AHP wird das Bewertungsproblem in die Kriteriensystem-Generierung und Kriteriengewichtung sowie in die Bewertung der einzelnen Ideen bezüglich der untersten Zielkriterien zerlegt. Zudem werden paarweise Vergleiche eingesetzt, um die Komplexität der notwendigen Bewertungen zu verringern. Die anschließende Aggregation des zuvor zerlegten Bewertungsproblems ist methodisch anspruchsvoll (Software-Unterstützung ist verfügbar), stellt aber sicher, dass tatsächlich die beste Idee den AHP als »Sieger« verlässt.

Mit dem AHP kann jedem Bewerter in der praktischen Anwendung eine Methode an die Hand gegeben werden, um »bessere« – sprich »richtigere« Entscheidungen treffen zu können.

Bedingungen für ein innovationsfreundliches Klima

Statistisch wird aus 200 Vorschlägen nur eine wirkliche Innovation. Nur jede fünfte Idee von Mitarbeitern wird weiterverfolgt, nur 2,5 % der Vorschläge erlebt die Markteinführung. Die Zahlen sind bekannt, aber wie erklärt man den Mitarbeitern, dass 97,5 % ihrer Ideen gescheitert sind?

In diesem Beitrag erfahren Sie:

- wie die Auswahlprozesse von Innovationsideen in der Praxis ablaufen,
- wie die Einbindung der Ideengeber gelingen kann,
- warum Begeisterung der Garant für Erfolg ist.

Markus Wess

Studien zeichnen ein ernüchterndes Bild

Im Schlepptau des Themas Innovationsmanagement tauchen immer Begriffe wie Ideenmanagement, Vorschlagswesen oder Stage-Gate-Prozess auf. All diese Begriffe thematisieren Methoden zur Auswahl, Filterung und Priorisierung der »richtigen« Projektideen, soweit die Theorie. Die Studie *Big Ideas* des Instituts für angewandte Innovationsforschung e.V. (idw) der Universität Bochum aus dem Jahr 2006 kommt aber zu folgendem ernüchternden Ergebnis: »Nur etwa 13 % aller Neuproduktvorschläge erreichen das Stadium der Markteinführung und von den neu am Markt lancierten Produkten können wiederum nur rund 50 % die in sie gesetzten Erwartungen zumindest in Teilen erfüllen. Von den offiziell vorangetriebenen Ideen wird nur rund jede sechzehnte ein kommerzieller Erfolg (6 %).« [3]

Studien aus der Konsumgüterindustrie zeichnen ein ähnliches Bild: »Aus 2000 Ideen entstehen rund 400 Projekte (20 %). Aus diesen wiederum werden rund 200 Produktideen konzipiert. 150 davon werden aus unterschiedlichen Gründen nicht weiterverfolgt und nur 50 Produkte erleben die Markteinführung. Nur 10 Produkte (2,5 % von 400) werden vom Markt angenommen und können als erfolgreiche Innovation gezählt werden.« [4]

Dem geneigten Leser stellt sich die Frage, warum die Erfolgsquote so niedrig ist. Die Gründe hierfür können sehr vielschichtig sein – angefangen von der Auswahl der »falschen« Projektideen über den Einsatz der »falschen« Mitarbeiter bis hin zum »falschen« Marketing. Klar ist auf jeden Fall: Mit der Projektidee werden die Weichen für das geplante Produkt oder die geplante Dienstleistung gestellt, das heißt am Anfang muss eine sehr gute, die »richtige«, Idee stehen. Aber was ist die »richtige« und was ist die »falsche« Idee? Damit sind wir beim Kernproblem der Ideenbewertung angekommen.

Ideen müssen zum Unternehmen passen

Da Ideen und Innovation thematisch nicht weit von Patenten entfernt sind, bietet sich ein Blick auf die dort angewandten Methoden zur Patentbewertung an. Hier stellt sich nämlich ein ähnliches Problem: Was ist ein Patent wert? In der Ideenauswahlphase stellt sich die Frage: Was ist die Idee wert? Sprich – lohnt es sich in diese Idee zu investieren? Oder – ist sie wertvoller als eine andere Idee? In der Patentbewertung wird zwischen endogenen (nur das Patent betrachtend) und exogenen (Patent im Kontext mit Inhaber und Markt) Wertdeterminanten unterschieden. Zu den exogenen Determinanten gehört unter anderem die *Kontrolle über komplementäre (vorhandene) Ressourcen.* Dieses Kriterium halte ich persönlich für äußerst bedeutsam, denn es drückt aus, auf welchen Gebieten ein Unternehmen schon Know-how und Markteinfluss besitzt. Und es ist immer einfacher und billiger vorhandenes Können für einen anderen Zweck einzusetzen, als in neuen Technologien Lehrgeld zu bezahlen.

Beispiel

Stellen wir uns vor, wir sind ein Unternehmen, das Bleistifte herstellt – wobei der Absatz der Bleistifte rückläufig ist. Nun hat ein Mitarbeiter die Idee, wir könnten doch Textmarker herstellen, da diese in der neuen Bürowelt begehrter sind als Bleistifte. Bei der Frage nach den komplementären Ressourcen stellen wir aber sehr schnell fest, dass wir Maschinen und Know-how für die Bearbeitung von Bleiminen und des Holzmantels haben. Wir haben aber keine Maschinen, die das Kunststoffgehäuse des Textmarkers herstellen können. Außerdem kennen wir uns nicht mit der Chemie von Textmarkerfarben aus. Salopp sagt man: Beide Stifte sind Büromaterial, technologisch ist ein Bleistift aber etwas ganz anderes als ein Textmarker – demnach sind keine komplementären Ressourcen für die Produktion von Textmarkern vorhanden. Ein anderer Mitarbeiter hat die Idee, wir könnten Buntstifte herstellen. Dies könnte den Absatz steigern, da Buntstifte in der Regel in größeren Verpackungen von ca. 6-20 verkauft werden. Hier sieht die Sache schon ein bisschen anders aus, da wir die Maschinen für die Holzummantelung besitzen. Neu sind nur die Buntstiftminen, das heißt der Veränderungsaufwand und damit die Investitionen und das Risiko wären wesentlich geringer als bei einer Umstellung auf die Produktion von Textmarkern.

Dieses Beispiel zeigt, dass es vor allem wichtig ist, dass eine Idee zum Unternehmen passen muss! Das bedeutet: Ein Unternehmen, das eine neue Innovation bringen möchte und auf der Suche nach der richtigen Idee ist, muss sich zuallererst darüber klar werden, welche Eigenschaften die Innovation für das Unternehmen haben soll (zum Beispiel: vorhandene Maschinen oder Service-Kräfte sollen ausgelastet werden, vorhandene Vertriebswege sollen genutzt werden oder vorhandene Kunden sollen mit weiteren Dienstleistungen oder Produkten bedient werden). Fazit: Am Anfang einer Innovation steht die

Forschung und Lehre

Ein differenzierteres, aber doch sehr pragmatisches Bewertungsmodell für Innovationsideen bietet beispielsweise das IAI-Scoreboard von Kerka und Kriegesmann [5]. Interessant ist allerdings, dass vor allem die Betriebswirtschaft das Thema Innovationsmanagement für sich entdeckt hat und hier seit einigen Jahren eine Menge Publikationen und neue Studiengänge entstehen. Innovation wird demnach in erster Linie als Managementaufgabe interpretiert. Naturgemäß sollte man meinen, dass Ideenbewertung zuerst eine technische Aufgabe ist. Zumindest kommen die Innovationsideen mehrheitlich von Technikern, die sich hierfür wohl auch berufen fühlen.

Selbstanalyse. Erst mit dem Ergebnis dieser Analyse kann ein sinnvoller Impuls an die eigenen Mitarbeiter formuliert werden.

Innovationsinitiativen in der Praxis

In der Praxis haben Innovationsinitiativen meist einen anderen Verlauf: Manager verkünden in Zeiten sinkender Absatzzahlen oder sinkender Auslastung, dass das Unternehmen Innovationen braucht, um sich am »eigenen Schopf« aus der Krise zu ziehen. Im gleichen Atemzug werden die Mitarbeiter aufgefordert, Ideen für diese Innovation einzureichen. Wenn dann die Frage aufkommt, bei wem denn die Vorschläge konkret abzugeben sind, wird meist kurzerhand ein »Herr Meier« als Ansprechpartner benannt. Das Ergebnis ist absehbar: Herr Meier wird in den ersten Wochen mit einer Flut von Mails, Telefonaten und Skizzenzetteln überhäuft. Nun steht er unter dem Druck, die Ideen zu bewerten und dem Management die »richtigen« Projektideen vorzuschlagen. Diese Geschichte scheint aus der Luft gegriffen – es ist jedoch sicher, dass diese Situation so (oder so ähnlich) in vielen mittelständischen Unternehmen stattgefunden hat und bei jeder neuen Krise wieder stattfindet. In kleinen Unternehmen nimmt der Chef solche Themen meist selbst in die Hand, und in Großunternehmen ist diese Funktion oft in eigens dafür eingerichteten Abteilungen institutionalisiert. Auch die Autoren der Studie *Big Ideas* bescheinigen den Unternehmen gravierende Schwächen bei der Beurteilung ihrer Innovationsideen. Während die inkrementellen Innovationsvorhaben im Betrieblichen Vorschlagswesen bürokratisch administriert werden, fehlen für Innovationen mit höherem Neuigkeitsgrad oft schon die Anlaufstellen – oder die Zuständigkeiten sind unklar etc. [3]. Gleich welche Unternehmensgröße, es stellt sich immer noch die Frage, welches die richtige Idee ist.

Herr Meier wird versuchen, für das Unternehmen und die aktuelle Situation geeignete Kriterien festzulegen – und das ist eigentlich auch das Vernünftigste. Er hat aber mit dem Dilemma zu kämpfen, dass für die Vorschläge im Vorfeld keine Themenfelder festgelegt oder Vorgaben gemacht wurden und so bekommt er alles Mögliche an Vorschlägen, die kleinen und die großen Ideen, quer durch alle Geschäftsmodelle, Themen die mit Produkten des Unternehmens zusammenhängen und Themen, die zur Zeit gerade als innovativ in den Medien diskutiert werden.

Der oft geforderte Business Case

Egal welche Bewertungsmethoden angewandt werden, spätestens wenn ein gewisser Betrag an Geld in die Hand genommen werden muss, wird das Management einen *Business Case* fordern. Die Selbstverständlichkeit, mit welcher der Begriff *Business Case* ausgesprochen wird, ist erschreckend, da sich meist alle beteiligten Personen völlig unklar und uneinig darüber sind, was der Inhalt dieser *Kosten-Nutzen-Analyse* sein soll. Tatsächlich hängen der Umfang und die zu betrachtenden Aspekte sehr stark vom Thema und der Höhe des zu investierenden Kapitals ab. Führungskräfte sollten daher festlegen, was sie in einem *Business Case* sehen wollen, damit sie eine Entscheidung treffen können. Oft genug wird der *Business Case* aber zur Farce, da derjenige, der ihn ausarbeiten soll, keine neutrale Analyse macht, sondern eine Freigabe für sein Projekt haben möchte. Also steht das Ergebnis der *Business Cases* eigentlich schon vorher fest – und die angenommenen Marktdaten werden entsprechend modifiziert, damit das gewünschte Ergebnis erreicht wird. Hier sind die Führungskräfte gefragt, die vorgelegten Zahlen und Annahmen zu hinterfragen, auf Plausibilität zu prüfen und gegebenenfalls nach unten zu korrigieren. Wie auch immer der *Business Case* aussehen soll, die Kerninhalte werden sein:

- ⇨ der notwendige Aufwand (Kosten, Zeit, Personal etc.) bis zum Markteintritt,
- ⇨ der erwartete Umsatz,
- ⇨ der Zeitpunkt des *Return on Investment* (ROI).

Wenn die hierfür eingesetzten Werte objektive und realistische Annahmen sind, dann werden sich spätestens hier die Ideen herauskristallisieren, die:

⇨ den geringsten Invest,
⇨ die höchste Rendite sowie
⇨ die kürzeste Dauer zum ROI aufweisen.

Die beste Idee für das Unternehmen erfüllt idealerweise alle drei Kriterien.

Mit Visionen Impulse geben

Die klassische betriebswirtschaftliche Betrachtung allein berücksichtigt aber keine zukünftigen Entwicklungen in Technologie, Politik und Gesellschaft. Daher ist es angebracht, sich über zukünftige Entwicklungen (Szenarien) Gedanken zu machen und diese in eine Entscheidung einfließen zu lassen. Zu diesem *Bild der Zukunft* muss das Unternehmen eine *Vision* entwickeln, wo es sich in dieser Zukunft sieht. Die *Strategie* beschreibt den Weg, dieses Ziel zu erreichen. Das Thema *Vision und Strategie* wird aber in manchen Unternehmen als leidiges Kapitel empfunden, das erledigt werden muss, um ISO-Zertifizierungen und Außendarstellung genüge zu tun.

Gute Visionen und Strategien geben Unternehmen und ihren Mitarbeiten eine klare Richtung vor, in die kreativ gearbeitet werden soll. Visionen sollen ein erwünschtes Bild des Unternehmens sein, das von der ganzen Gesellschaft als positiv betrachtet wird. Dadurch wird nicht nur der Unternehmenszweck ausgedrückt, sondern auch der Nutzen des Unternehmens für die Gesellschaft. Das ist insofern wichtig, dass sich die Mitarbeiter mit Stolz mit dem Unternehmen identifizieren, dass sie durch ihre Mitarbeit nicht nur ihren Lebensunterhalt verdienen, sondern diese Welt auch ein Stück besser machen. Besonders in innovativen und erfolgreichen Unternehmen ist meist auch eine solche Vision formuliert. Die Vision von Motorola lautet beispielsweise: »Wir sorgen für eine nahtlose Kommunikation – Menschen und Informationen sind dadurch jederzeit und überall erreichbar.« [4] Am Anfang sollte also entschieden werden, welches Problem beziehungsweise welche Herausforderung das Unternehmen lösen will. Selbst Edison wollte an sich nicht die Glühbirne erfinden – er wollte elektrisches Licht zum Wohle der Menschen erzeugen, denen im Dunklen bis dahin nur Öllampen und Kerzen mit schwacher Lichtausbeute zur Verfügung standen. Die Glühbirne war nur die technische Lösung, das technische Hilfsmittel dazu.

Die Techniker und die Recherche

Wie schon angesprochen, sind es meist die Techniker (männlich und weiblich) im Unternehmen, die mit neuen Ideen kommen – aber meist nicht mit einer Vision oder einer Geschäftsidee, sondern mit einer ganz speziellen technischen Lösung, die ihnen eingefallen ist. Dabei wird dann gerne außer Acht gelassen, ob es noch alternative Lösungen gibt. Und nun sind wir bei einem weiteren Baustein der Ideenbewertung. Wenn also jemand eine Idee formuliert, hat er ein bestimmtes Bild von der Zukunft vor Augen, in der die Umsetzung seiner Idee das Leben leichter und besser macht, der so genannte *Kundennutzen*.

Wenn eine Idee »weitergesponnen« wird, bekommt man dabei häufig einen Tunnelblick und alternative Lösungen werden ausgeblendet. Wenn also eine Idee grundsätzlich innerhalb der Vision des Unternehmens liegt und die *unternehmensinternen Vorgaben für Innovationen* erfüllt, dann sollte geprüft werden, was in diesem Bereich *Stand der Technik* ist. Dies führt unweigerlich zu dem rechtlichen Aspekt. Prinzipiell sollte die Umsetzung einer Idee keine Gesetze und Verordnungen verletzen (Lebensmittel, Gefahrgüter, Arbeitssicherheit etc.), aber sie sollte auch nicht die Rechte Anderer (Dritter) verletzen. Dies wäre zum Beispiel der Fall, wenn ein Dritter schon vorher dieselbe oder im Wesentlichen ähnliche Idee hatte und diese zum Patent angemeldet hat. Dies findet man nur heraus, wenn eine Patentrecherche durchgeführt wird. Da aber eine Patentrecherche mit einem gewissen

Aufwand verbunden ist, empfiehlt sich dieser Schritt erst, wenn wirklich Interesse an der Umsetzung der Idee besteht. Es sei aber darauf hingewiesen, dass fast alle Patentämter der Welt Neuanmeldungen erst nach 18 Monaten veröffentlichen (diese Zeit wird dem Erfinder eingeräumt, seine Erfindung »im Verborgenen« voranzutreiben). Die Anmeldungen der letzten 18 Monate können also nicht recherchiert werden. Aber nicht nur die Recherche nach Patenten bringt alternative Lösungen. Es gibt Branchen, in denen nicht oder nur wenig patentiert wird, daher sollte auch ganz einfach mal im Internet »gegoogelt« werden.

Keine Recherche der Welt wird eine 100%ige Sicherheit geben können. Das Risiko, in eine rechtliche Konfliktsituation zu kommen, wird aber deutlich geringer. Ob Konflikte entstehen oder nicht – auf jeden Fall bringt eine Recherche Wissen über alternative Lösungen sowie deren Vorteile, Nachteile, Kosten etc. Diese Informationen machen aus einer subjektiven Bewertung (Ich denke…, Ich glaube..., Ich meine…) eine objektivere Beurteilung, eine Art Gutachten. Am besten sollte der Erfinder zuerst selbst ein wenig recherchieren. Wenn es jedoch um eine Investitionsentscheidung geht, sollte eine weitere Person eine Recherche durchführen, am besten jemand, der Erfahrung damit hat, weil er oder sie sich beispielsweise um die Patente im Unternehmen kümmert. Bei der Vielzahl an Recherchemöglichkeiten werden bei einer zweiten Recherche sicherlich noch ganz andere Ergebnisse gefunden, wodurch die Recherche selbst objektiver wird.

Die Vorauswahl von Ideen in der Praxis

Kommen wir aber zurück zu der Statistik vom Anfang und »Herrn Meier« (Abschnitt »Innovationsinitiativen in der Praxis«). Nach der Initiative des Managements hat er innerhalb von drei Wochen 100 Vorschläge erhalten. Als erstes sortiert und »clustert« er die Ideen, um einen Überblick zu bekommen. Dadurch erhält er ca. 20 Themenfelder, die er in einer ersten Abstimmung dem Management vorstellt. Jetzt beginnen natürlich die Diskussionen über die eigentlich gewünschten Innovationen. Dabei fällt die Hälfte der Themenfelder heraus. Herr Meier soll jetzt die verbliebenen Ideen weiterverfolgen und bewerten. Was nicht direkt ausgesprochen wird, ist die Tatsache, dass er 50 Ideen als abgelehnt an die Mitarbeiter zurückmelden muss, ohne dass eine nähere Auseinandersetzung mit den Ideen stattgefunden hat. Und damit ist der »Schuss« Innovationsinitiative »nach hinten losgegangen«.

Mit konkreten Vorgaben oder einer Vision für die Innovationsideen wären vielleicht weniger oder andere Vorschläge eingegangen, es wäre aber nicht zu dieser Situation gekommen. Herr Meier hat jetzt die Wahl, ob er die entsprechenden Mitarbeiter gleich informiert oder so lange wartet, bis diese nachfragen, was aus ihren Ideen geworden ist. Noch schlimmer ist es, wenn die Mitarbeiter nicht nachfragen – dann haben sie so wenig Vertrauen in die Unternehmensführung, dass sie gar keine Antwort erwarten. Herr Meier ist gut beraten, die Mitarbeiter kurzfristig zu informieren, das zeugt zumindest von Handlungsfähigkeit. Die Mitarbeiter werden allerdings das Ergebnis nicht nur zur Kenntnis nehmen, sie werden berechtigterweise nach der Begründung fragen. Wenn Herr Meier wahrheitsgemäß sagt, dass die Ideen nicht den Vorstellung des Managements entsprechen, wird ein Großteil der genannten Mitarbeiter monieren: »Das Management hätte auch vorher sagen können, was es will!« Für diese Mitarbeiter hat die Innovationsinitiative eine demotivierende Wirkung.

Der Besitz von Ideen

Um die Wirkung und Konsequenzen zu verstehen, muss man sich darüber klar werden, dass Ideen nicht nur technische, rechtliche sowie betriebswirtschaftliche Aspekte haben, sondern für die Mitarbeiter, die die Ideen hatten, auch psychologische und persönliche Aspekte. Die Mitarbeiter bekommen zwar ein Gehalt für ihre Arbeit, aber Innovationsideen zu produzieren dürfte wohl in den wenigsten Arbeitsverträgen stehen. Im Allgemeinen wird dies als besondere Leistung gewertet, die über das Maß der normalen Arbeit hinausgeht. Dies sieht auch der Gesetzgeber so und hat es im Arbeitnehmererfinder Gesetz (ArbEG) festgeschrieben. Speziell im §20 steht: »Für technische Verbesserungsvorschläge, die dem Arbeitgeber ähnliche Vorzugsstellungen gewähren wie ein gewerbliches Schutzrecht, hat der Arbeitnehmer gegen den Arbeitgeber einen Anspruch auf angemessene Vergütung, sobald dieser sie verwertet.« [1] Damit ist klar, dass Ideen Eigentum des Ideengebers sind. Das Unternehmen hat aber ein Nutzungsrecht beziehungsweise der Arbeitnehmer hat eine Melde- und Anbietungspflicht (§5 ArbEG).

Psychologisch ist es aber noch etwas komplizierter. Der Mitarbeiter sieht die Idee als seine Idee – wie über die Idee geurteilt wird, empfindet er auch als Urteil über seine Person. Mitarbeiter und ihre Ideen sind also eng mit einander verwachsen. Man kann sie daher auch nicht trennen. Wer das dennoch versucht, geht das Risiko ein, eines von beiden zu verletzen. Der Mitarbeiter *muss* demnach eng in alle Bewertungen, Entscheidungen und Weiterentwicklungen der Idee eingebunden werden. Dadurch können unglaublich positive Kräfte beim Mitarbeiter freigesetzt werden. Allein durch die Tatsache, dass der Mitarbeiter zur Bewertung seiner Idee eingeladen wird, erfährt er eine Wertschätzung seiner Person – er tritt aus der anonymen Masse der Mitarbeiter heraus. Im selben Augenblick steigt seine Leistungsbereitschaft (speziell für seine Idee). Wenn der Mitarbeiter in alle Entscheidungsprozesse eingebunden ist, wird er es auch verstehen, falls seine Idee aus berechtigten Gründen nicht mehr weiter verfolgt wird. Zumindest hatte er dann Gelegenheit zu argumentieren und um seine Idee zu kämpfen. Die Motivation dieses Mitarbeiters wird durch diese Erfahrung eher angespornt und nicht, wie im vorher genannten Beispiel, zerstört.

Teilweise sind sich Mitarbeiter gar nicht sicher, ob sie eine gute Idee überhaupt kundtun sollen; zu groß ist die Angst, für mutige Ideen verspottet zu werden. Eine abgelehnte Idee wird dann schnell als Inkompetenz interpretiert. Wenn ein solches Klima im Unternehmen herrscht, ist kein guter Boden für Innovationen vorhanden. In anderen Fällen halten Mitarbeiter ihre Idee für so gut, dass sie Angst haben, dass ihnen ihre Idee weggenommen wird und sie leer ausgehen. Das deutet sich an, wenn Sätze fallen wie:» So eine Idee hat man nur einmal im Leben.« Hier gilt es, den Mitarbeiter sensibel über die rechtlichen Grundlagen aufzuklären. Zum anderen ist diese Angst oft nicht unbegründet, denn eine ausgesprochene Idee ist nicht mehr einzufangen. Wenn der Mitarbeiter über seine Idee spricht, vertraut er sie dem Gesprächspartner an. Er vertraut ihm und gleichzeitig verpflichtet er ihn – unausgesprochen –, diese Idee so zu behandeln, als sei es seine eigene. Dieses Vertrauen darf nicht zerstört werden. Auch hier gilt, den Mitarbeiter möglichst eng in alle Entscheidungsprozesse einzubinden.

Ideenbewertung im Idealfall

Herr Meier wurde zwar als Ansprechpartner für die Innovationsideen benannt, objektiv bewerten kann er sie alleine aber nicht. Ideen müssen von mehreren Personen diskutiert werden. Dazu ist es erforderlich, dass die Ideen in einer vergleichbaren Form aufbereitet werden. Dabei sollten mindestens die bisher besprochenen Kriterien und Aspekte berücksichtigt werden. Es entsteht eine Art *Mini-Business-Case* oder *Ideen-Steckbrief* mit mindestens folgenden Gliederungspunkten:

- ⇨ Nutzen für Kunden, eigenes Unternehmen und Gesellschaft (Vision),
- ⇨ Vorhandene Ressourcen und Know-how,
- ⇨ Geschäftsidee zur Umsetzung (Produkt, Dienstleistung etc.),
- ⇨ Betriebswirtschaftliche Abschätzung,
- ⇨ Stand der Technik (Patente und Wettbewerb),
- ⇨ Notwendige Ressourcen / Technologien / Partner / Lieferanten,
- ⇨ Vertriebskonzept,
- ⇨ Risiken.

Dieser Steckbrief sollte vom Ideengeber zusammen mit dem Ansprechpartner erstellt werden. Somit ist die Idee auf jeden Fall strukturiert formuliert. Insbesondere die angenommenen Marktdaten beinhalten natürlich eine enorme Unsicherheit, aber zumindest hat man begonnen das Thema betriebswirtschaftlich greifbar zu machen. Im Zuge der Weiterbearbeitung der Ideen müssen die gemachten Angaben aktualisiert und detailliert werden. Ablehnende Entscheidungen, die auf Basis einer solchen qualifizierten Bewertung getroffen werden, sind objektiviert und werden von Mitarbeitern besser akzeptiert, weil sie transparent und nachvollziehbar sind, speziell wenn der Mitarbeiter daran mitgearbeitet hat und in den Prozess integriert war.

Dass es in der Realität meist anders aussieht, bescheinigt Prof. Dr. Friedrich Kerka: »Innovationen werden heute zwar allseits gefordert, doch wenn sich Mitarbeiter engagieren und neue Ideen entwickeln, wird bei einem Großteil der Unternehmen sichtbar, dass sie auf die Aufgaben der Bewertung von Innovationsideen nur unzureichend vorbereitet sind. Die Unternehmen verschwenden so oftmals nicht nur viel Zeit und Geld, sondern setzen die Motivation ihrer innovativen Kräfte aufs Spiel.« [3]

So oft wie der Begriff Innovation heutzutage gebraucht wird, so vielfältig ist auch seine Interpretation. Und natürlich hat er sich durch den übermäßigen Gebrauch durch Manager, Marketing-Experten, Politiker und Presse mittlerweile auch etwas abgenutzt. Klassisch sieht man darin eine neue technologische Erfindung nach dem Vorbild von Edisons Glühbirne. Innovation kann allerdings generell als *Veränderung zu etwas Neuem oder Besserem* verstanden werden, zum Beispiel einer neuen Art von Vertriebsweg, einem neuen Geschäftsmodell, einer neuen Markenpolitik, einem neuen Preissystem, etc. Dabei muss es nicht einmal eine Weltneuheit sein. Um einen wirtschaftlichen Erfolg zu erzielen, ist es vorteilhaft, damit neu in der Branche oder dem Markt sein. Solange es die Rendite erhöht, reicht es aber eigentlich auch aus, wenn die Innovation nur neu für das Unternehmen ist. Die nachfolgende Abbildung will grafisch darstellen was Innovation in Bezug auf den Aufwand bedeutet.

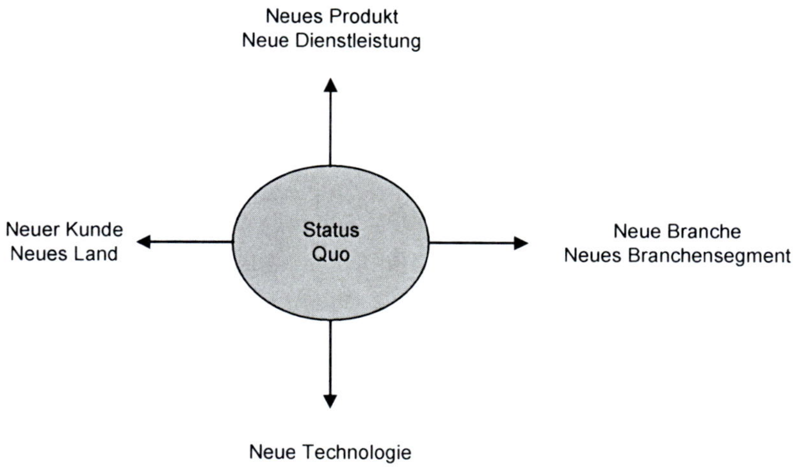

Abb. 1: *Dimensionen für Innovation*

Die Größe der Blase definiert, mit welchem Aufwand ein Unternehmen momentan (Status Quo) sein Geschäft betreibt. Möchte sich ein Unternehmen verändern, muss es sich in eine der dargestellten Richtungen bewegen – prinzipiell können weitere Dimensionen aufgetragen werden. Das bedeutet aber, dass die Blase größer werden muss und damit der Aufwand der zum Erhalt des Geschäfts betrieben wird. Wenn eine geplante Veränderung oder Innovation gleich mehrere Neuerungen mit sich bringt, muss die Blase in mehreren Richtungen größer werden, wodurch ein enormer Aufwand entsteht. Und damit wächst auch beträchtlich das Risiko, dass das Innovationsprojekt scheitert, da es über eine gewissen Zeitraum zu teuer respektive zu wenig rentabel ist. Soll der Aufwand im Unternehmen gleich bleiben, die Blase sich aber dennoch in eine bestimmte Richtung verändern, dann muss sie an einer anderen Stelle schrumpfen – und das bedeutet, dass etwas Bestehendes aufgegeben oder verändert werden muss, um freie Kapazitäten für etwas Neues zu schaffen. In der Unternehmenslandschaft gibt es einige Unternehmen, die zum Teil gravierende Entwicklungen durchgemacht haben. So wurde Nokia, heute größter

Hersteller von Mobiltelefonen, bereits 1865 gegründet, allerdings als Papierfabrik. Innovationskraft ist also vor allem die Kraft, sich zu verändern.

Innovationsmanagement als Wettkampf der Ideen

Aber selbst wenn die Geschäftsführung alles richtig gemacht hat, eine Vision, Themenfelder und Vorgaben formuliert hat, können nicht alle Ideen umgesetzt werden, da hierzu nicht genügend Mitarbeiter, Geld und allgemein Ressourcen zur Verfügung stehen. Es geht also, wie am Anfang schon formuliert, um die Auswahl der richtigen und besten Ideen.

Daher bietet es sich an, Innovationsinitiativen als Wettkampf mit Preisverleihung aufzusetzen. Im Sport ist jedem Teilnehmer klar, dass nur die ersten drei Platzierungen eine Medaille bekommen. Sportlicher Wettkampf setzt klare Spielregeln voraus und die Teilnehmer wissen, um was sie kämpfen – es gibt einen bekannten Preis. In Unternehmen werden jährlich Geschäftsplanungen gemacht, in denen Umsätze, Renditen, Mitarbeiter und Investitionen geplant werden. Innovationsprojekte sind ebenfalls Investitionen, daher kann hier das »Preisgeld« definiert werden, mit dem die besten zwei, drei oder vier Projekte (je nach Unternehmensgröße) bis zu einem gewissen Grad vorangetrieben werden. Wie in einer Preisverleihung sollte es eine Jury aus Experten geben. Diese sollten am besten die Entscheidungsträger selbst sein, also die Geschäftsführung, ergänzt durch Experten für spezielle Themenbereiche. Die besten Ideen werden in definierten Projekten weiterverfolgt, die anderen sind dokumentiert und können eventuell später genutzt werden. Nun steht es der Unternehmensführung frei, ob sie den guten Ideen eine Teilnahmeprämie zukommen lässt, dies entschädigt zumindest ein wenig, wenn die Idee nicht weiterverfolgt wird. Jedem Mitarbeiter ist aber klar, warum das Ergebnis so ausgefallen ist. Innovation bekommt dadurch im Unternehmen einen gewissen Event-Charakter, es wird eine Art sportlicher Wettkampf, ähnlich Firmen-Fußball-Turnieren, bei denen ebenfalls ehrenamtlich enormes Engagement an den Tag gelegt wird.

Begeisterung durch Führungskultur

Bei aller Euphorie für den Wettbewerbsansatz im Innovationsmanagement stimmt der Verfasser jedoch Jürgen Jaworski und Frank Zurlino zu: »Innovationen und Innovationsfähigkeit können nicht *von oben* verordnet werden. Das wird jeder bestätigen, der einmal versucht hat, einem Unternehmen nach einer harten, kostengetriebenen Restrukturierungsphase einen *Innovation-Spirit* einzuhauchen. Echte Innovationskraft *kommt von unten.* Die Begeisterungsfähigkeit vieler Mitarbeiter in Großunternehmen wie in mittelständischen Betrieben, die Leidenschaft, das Engagement und Glaubwürdigkeit der mittleren und oberen Führungsebenen in den Unternehmen sind die Grundlagen für Erfolg mit und durch Innovationen.« [4]

Alle aufwendigen Präsentationen und ausgearbeiteten Business Cases sind »für die Tonne«, wenn kein Wille (und keine Begeisterung) zur Umsetzung da ist. Durch Verwaltung lassen sich Ideen nicht in die Realität umsetzen. Dazu braucht es Menschen, die sich 100 % hinter die Idee stellen und diese gegen Widerstände und Kritiker durchsetzen – und Führungskräfte, die nicht nur ihre eigenen Ideen vorantreiben, sondern auch die ihrer Mitarbeiter.

Der Drang der Menschen, eigene Ideen hervorzubringen und diese zu realisieren, wird in Unternehmen zudem oft durch langwierige Entscheidungsprozesse erstickt. Selbst Vorschläge, die nur einen kleinen oder gar keinen Extra-Invest bedürfen, werden teilweise wochenlang aufgeschoben und erneut besprochen und aufgeschoben usw. Am Schlimmsten ist es tatsächlich, wenn Entscheidungen »ausgesessen« werden. Dann bekommen Mitarbeiter das Gefühl, dass im Unternehmen gar nichts mehr geht. Wenn die Ideen der Mitarbeiter keine Beachtung finden, besteht die Gefahr, dass die Mitarbeiter nur noch »Dienst nach Vorschrift« machen. *Ideen und Vorschläge sind Geschenke* von Mitarbeitern an das Unternehmen, und so sollten sie auch behandelt werden. Jemand, der unachtsam mit Geschenken umgeht, bekommt irgendwann keine Geschenke mehr.

Letztendlich macht aber jeder Mitarbeiter das, was sein Vorgesetzter will, das liegt in der Natur der Sache, da der Vorgesetzte schließlich über Lohnerhöhung und Prämienzahlungen entscheidet. Daher wird immer das getan, was der Vorgesetzte offensichtlich möchte. Denkt man dies weiter, sollte letztendlich jeder das machen, was der oberste Chef will. Wobei jeder weiß, dass das über mehrere Hierarchiestufen auch nicht funktioniert. Umgekehrt ist es aber eine Grundvoraussetzung, dass der Chef die ausgewählten Innovationsideen unterstützt oder zumindest nicht sabotiert, damit sie im Unternehmen erfolgreich umgesetzt werden können.

In der Führungskultur steckt demnach auch eine große Gefahr für Innovationsinitiativen, denn nicht nur bürokratische Verwaltung von Ideen, sondern auch egoistisches Führungsverhalten sorgt dafür, dass Mitarbeiter ihre Ideen für sich behalten oder aufhören darüber nachzudenken, was sie an ihrem Arbeitsplatz tun. An diesem Punkt ein Zitat von Ralph Börner, Leiter der Ideenagentur der Audi AG: »Die Betonung der weichen Faktoren, um sich als attraktiver Arbeitgeber zu präsentieren, lohnt sich als Konsequenz auch betriebswirtschaftlich. Nur wenn Vorgesetzte Ideen nicht blockieren und eine vertrauensvolle Atmosphäre im Rahmen kontinuierlicher Verbesserungsprozesse gestaltet wird, können die Ideen der Mitarbeiter, die zu 24 Prozent im Unternehmen und zu 76 Prozent in der Freizeit entstehen, zur Effizienz- und Effektivitätssteigerung auf das Unternehmen übertragen werden.« [6]

Wenn die Mitarbeiter sogar in der Freizeit an ihren Ideen arbeiten, dann ist die Begeisterung da, die eine Vision entfachen soll. Prof. Dr. Gunter Dueck vergleicht diese Begeisterung zu Recht mit der Tätigkeit von Ehrenamtlichen: »Ehrenamtliche arbeiten an »Common Dreams« der Gemeinschaft, sie verrichten keine angeordnete Arbeit. Ehrenamtliche arbeiten nicht für Geld, sondern für Erfüllung. Der »Common Dream« ist ihr eigenes Baby. Ehrenamtliche drücken das allgemein Gewünschte paradigmatisch in ihrer Tätigkeit aus und treffen damit den allgemeinen Nerv. Ihr Baby ist aller Baby. Ehrenamtliche Projekte misslingen gar nicht so oft wie die »effizienten« oder »strukturierten«, oder? Herzblut mit dem Blick für das Ganze brauchen wir. Immer, wenn etwas wirklich gelingt – wie bei Linux, Facebook, Amazon, Google oder dem iPhone –, dann war das da: Ein Baby, das wie ein Baby aller ist, wird einfach nur geliebt.« [2]

Literatur

[1] *Deutsches Arbeitnehmererfinder Gesetz (ArbEG), http://bundesrecht.juris.de/arbnerfg/*

[2] Dueck, G.: *Joint Common Dream Realization, Objekt-Spektrum 04/2008, www.omnisophie.com/downloads/dueck_os_04_08.pdf*

[3] *Institut für angewandte Innovationsforschung e.V. (idw), 01/2007, www.uni-protokolle.de/nachrichten/id/130217/*

[4] Jaworski, J.; Zurlino, F.: *Innovationskultur: Vom Leidensdruck zur Leidenschaft, Frankfurt/Main 2007*

[5] Kerka, F.; Kriegesmann, B. (Hrsg.): *Innovationskulturen für den Aufbruch zu Neuem, Wiesbaden 2007*

[6] *Projekt Management, 3/2007, S. 68*

Zusammenfassung

Wenn über Innovation geredet wird und beispielhaft Erfolge genannt werden, ist es meist die eine großartige Idee, die umgesetzt wurde. Sie dient als »leuchtendes Beispiel«. Wie viele Ideen und Projekte daneben gescheitert sind, davon wird meist nicht geredet und noch weniger, wie die Entscheidung zustande kam und dem Ideengeber vermittelt wurde. Zwar sollen die Mitarbeiter permanent zu neuen Ideen angespornt werden, erfahrungsgemäß wird aber der größte Teil der Vorschläge abgelehnt. Dabei darf die Motivation der Mitarbeiter für weitere Ideen aber nicht zerstört werden – ein schier unlösbarer Konflikt. Viele Innovationsinitiativen und -ideen scheitern, da durch die Unternehmensführung nicht die notwendige Vorarbeit in Selbstanalyse, Vision, Prozesse im Umgang mit Ideen und in der Führungs- und Entscheidungskultur im Unternehmen geleistet wurde. Je besser die Voraussetzungen und Zielbeschreibung für gewünschten Innovationen sind, desto wahrscheinlicher werden sie eintreten. Ansätze zur Schaffung eines innovationsfreundlichen Klimas liegen in:

- ⇨ verständlichen Visionen und Strategien,
- ⇨ klaren Zuständigkeiten (Wer?) und transparenten Prozessabläufen (mit Wem?),
- ⇨ der Einbeziehung der Ideengeber in Besprechungen und Entscheidungen,
- ⇨ der Anerkennung von Engagement,
- ⇨ der Führungskultur und Entscheidungskraft,
- ⇨ Methoden und Vorlagen (erhöhen Effizienz).

Über Erzählungen und Diskurse Innovationschancen aufspüren

Dienen Narrative, die kleinen und großen »Geschichten«, wirklich nur der Unterhaltung? Wenn sich die Narrative ändern, lassen sich daraus womöglich Ansätze für Innovationen ableiten? Die Autoren entwerfen ein Layout für die Nutzung narrativer Veränderungen im unternehmerischen Handeln.

In diesem Beitrag erfahren Sie:
- welche Möglichkeiten der »Früherkennung« es gibt (Signale als Entscheidungsbasis),
- wichtige Informationen zum Thema »Strategie und Innovation« sowie »Narrative«,
- Wesentliches bezüglich der methodischen Grundlagen (plus Anwendungsbeispiele).

Lutz Becker, Andreas P. Müller

Einleitung – Zwischen Seemannsgarn und geplanter Innovation

> »Das Leben als solches ist nicht die Wirklichkeit. Wir sind es, die Steinen und Kieseln Leben verleihen.« [1]

»Da kam ein Brüllen und Röhren wie von einem heranrasenden Schnellzug. Höher und höher erhob sich das Heck. Ice Bird nahm Fahrt auf und sauste und surfte auf ihrer Nase vorwärts. Dann drehte sie gewaltsam nach Steuerbord (...). Einen Augenblick später explodierte der schwankende Brecher genau über uns und schleuderte die Yacht auf die Backbordseite. Die Pantryregale rissen aus ihrer Verankerung und krachten mit einer Kaskade von Gläsern, Töpfen und gesplittertem Holz nach unten. Ich kann mich nicht mehr erinnern, wohin ich geschleudert wurde.« [2] So schildert der Australische Einhandsegler David Lewis die Kenterung seiner zehn Meter langen Stahlyacht Ice Bird am 29. November 1972 in den arktischen Gewässern unweit des 60. Breitengrades.

Geschichten von Monsterwellen, Kaventsmännern und Freak Waves sind älter als die christliche Seefahrt. Geschichten, die vielleicht Gänsehaut verursachen, aber doch sehr weit weg von einem rationalen Weltbild zu sein scheinen. Als kurz vor dem Weihnachtsfest des Jahres 1978 der 263 Meter lange Frachter MS München mit 28 Seelen an Bord nördlich der Azoren versinkt, werden Spekulationen, sie könnte von eine Monstersee getroffen worden sein, von Experten noch als Hirngespinste und Seemanngarn abgetan – irgendwo zwischen Klabautermann, Mahlstrom und dem Ungeheuer von Loch Ness. Wellen dieser Höhe passen nicht in das Konzept klassischer Physik. Nach den Modellen der Wissenschaftler kann es solche gefährlichen Wellen gar nicht oder allenfalls alle 10.000 Jahre geben.

Doch spätestens zwei Ereignisse im Februar 1982 und im Februar des Jahres 2001 zwingen Experten und Wissenschaft zum Umdenken. Am Valentinstag 1982 zertrümmert eine mehr als 30 Meter hohe Welle ein Fenster der Ölplattform »Ocean Ranger«. Das einströmende Wasser löst einen Kurzschluss aus, die Pumpen, die sonst die Plattform stabilisieren, geraten außer Kontrolle. Die Bohrinsel kentert, 84 Besatzungsmitglieder sterben in der aufgewühlten See.

Auf einer Reise vom südlichen Argentinien nach Rio de Janeiro gerät das deutsche Kreuzfahrtschiff MS Bremen am 22. Februar 2001 in einen schweren Sturm. Der Kapitän der Bremen, Heinz Aye, wird später von einer 35 Meter hohen Riesenwelle berichten, die einen Teil der Brücke des 111 Meter Schiffes zerstört. Wassermassen dringen ein und setzen die gesamte Elektronik samt Schiffsdiesel außer Betrieb. Das angeschlagene Kreuzfahrtschiff treibt laut Logbuch mehr als eine halbe Stunde mit schwerer Schlagseite im stürmischen Atlantik. Erst als es der Besatzung gelingt, einen Hilfsdiesel zu starten, kann die prekäre Lage entschärft werden.

Heute weiß man nicht nur, dass das vermeintliche Seemannsgarn von Monsterwellen und Kaventsmännern sehr wohl einen wahren Kern hat, sondern auch, dass die wissenschaftlichen Modelle zur Beschreibung versagt haben. Inzwischen werden, zum Beispiel im Rahmen des EU-Forschungsprojekts »Maxwave«, die Ozeane systematisch nach Freak Waves abgescannt und man ist sich sicher, dass Kaventsmänner weder Seemannsgarn noch extrem seltenes Naturphänomen, sondern ein recht häufig in Erscheinung tretendes und ernsthaftes Problem für die Seefahrt sind. [3]

Szenenwechsel: Wenden wir uns der Wirtschaftskrise zu. Mitte Dezember 2008 muss der Wirtschaftsweise Bert Rürup angesichts der Wirtschaftskrise förmlich »die Hose herunterlassen«. In einem Fernsehinterview gibt er unumwunden zu, dass die Modelle versagt haben. Ähnlich äußert sich zur gleichen Zeit sein wirtschaftsweiser Kollege Peter Bofinger in den Medien. Thomas Straubhaar, Direktor des HWWI, bringt das Problem so auf den Punkt: »Wir haben alle versagt. Keiner hat die Rezession in ihrer Stärke erkannt. Andererseits ist die Krise einmalig und so schnell gekommen, dass sie mit unseren herkömmlichen Forschungsansätzen nicht identifizierbar war. Bei solchen starken Krisen versagen unsere bisherigen Modelle.« [4]

Wenn man dagegen nach den ersten Warnhinweisen für eine Wirtschaftskrise sucht, stellt man fest, dass es schon um das Jahr 2003/2004 herum nicht nur eine Verdichtung von Signalen, sondern bereits eine handfeste Diskussion über eine drohende Krise gab. [5] Der Karlsruher Jurist Harald Wozniewski warnt bereits seit Jahren mit guten Argumenten vor strukturellen Problemen der Weltwirtschaft und einem möglichen Zusammenbruch. [6] Zudem erinnert einer der Verfasser an ein Gespräch mit einem Freund, der vor einigen Jahren nach einer USA-Reise besorgt von den zahlreichen »For Rent«- und »For Sale«-Schildern erzählte. Er hatte seinerzeit das Gefühl, dass das nicht gut gehen kann.

Solche Geschichten werfen spannende Fragen auf. Gibt es so etwas wie emergente Narrative, die gesellschaftliche, politische oder ökonomische Umbrüche vorwegnehmen? Kann man diese operationalisieren und wie kann man sie operationalisieren? Hätte man den Crash vermeiden oder wenigsten die Wirtschaft darauf vorbereiten können, wenn man mahnende Stimmen ernst genommen hätte? Hätte man das Unglück der München und andere Schiffskatastrophen vermeiden können, wenn man auf die alten Erzählungen, das Seemannsgarn, gehört hätte? Wenn das Versagen von Modellen, das Nichtfunktionieren von Prognosen, das Zusammenbrechen von Planungen in einer komplexen und die dynamischen Welt die Regel ist, und wenn die Erzählungen, also das, was wir Narrative nennen, den Fakten und Modellen vorauseilt, hat das interessante Konsequenzen.

Was ist, wenn sich in dem, was erzählt wird, verstecktes Wissen widerspiegelt, das ökonomisch verwertet werden kann? Oder um noch einen Schritt weiter zu gehen: Könnten diese Geschichten im Rahmen von Innovationssystematiken Verwertung finden? Genau mit diesem Aspekt wollen wir uns im Folgenden befassen.

Früherkennung und »schwache Signale« als Entscheidungsbasis

1976 erscheint, geprägt von den Erfahrungen der Ölkrise der 1970er Jahre, in der Zeitschrift für betriebswirtschaftliche Forschung ein Beitrag des russischstämmigen US-Amerikaners H. Igor Ansoff (1918-2002). In seinem Beitrag wirft Ansoff die Frage nach strategischen Überraschungen und schwachen Signalen, die diesen Überraschungen möglicherweise vorauseilen, sowie der daraus abgeleiteten Frage nach Möglichkeiten der strategischen Früherkennung auf. [7] Ansoff geht es um »strategic preparedness« – das Vermeiden von strategischen Überraschungen »before the fact«, also bevor sich Diskontinuitäten auf das Unternehmenssystem beziehungsweise seine Umwelt durchschlagen. »Gelingt es, Schwache Signale zu erkennen und zu verarbeiten, so wird die Wahrnehmungszeit verkürzt und damit Zeit für ein gezieltes Agieren anstelle eines Reagierens unter erhöhtem Zeitdruck gewonnen.« [8]

Hierfür gibt zwei grundlegende Voraussetzungen: *Erstens* das Wahrnehmen beziehungsweise Erkennen schwacher Signale (Scanning) und *zweitens* die Verarbeitung und tiefergehende relevanzbezogene Analyse (Monitoring). [9] Die Herausforderung ist allerdings, dass Früherkennungsinformationen über sich anbahnende Diskontinuitäten und Umbrüche nicht im Informationskern angesiedelt sind. Sie sind in den peripher angesiedelten »schwachen Signalen« zu suchen, die den Empfänger in den seltensten Fällen auf formalen Informationswegen, wie das monatliche Berichtswesen, SWOT-Analysen oder Balanced Scorecards, erreichen. [10]

Und genau da liegt Crux der schwachen Signale: Bislang ist es nicht, oder wenigstens nicht mit hinreichender Sicherheit, gelungen, ex ante vorherzusagen, was als schwaches Signal einzuordnen ist und was nicht, da es sich hierbei um schlecht strukturierte Information handelt, bei der sich der Empfänger in einem hohen Stadium der Ignoranz befindet. [11]

Dieses grundlegende Problem wird auch nicht ohne weiteres durch immer leistungsfähigere Informationsverarbeitungssysteme und -methoden zu lösen sein, da immer die Gefahr von Algorithmisierung und Verdichtungen zu Lasten schwacher, peripherer oder implizierter Informationen besteht. In ihrem Grunde wirken die gleichen cartesianisch-reduktionistischen Mechanismen, die dazu führen, dass man Monsterwellen aus vermeintlich gutem wissenschaftlichen Grunde als Seemannsgarn abtut: »Aber während sich der Reduktionismus auf Teile konzentriert, um das Ganze zu verstehen – d. h. um die Rationalität von Dingen zu etablieren – übersieht er die Verbindungen zwischen den Teilen und ignoriert ihre Bedeutung. In der letztendlichen Analyse wird Komplexität geopfert auf Kosten der Rationalität von Reduktionismus und deterministischer Kausalität, die in der Sequenz von Ursache und Wirkung ausgedrückt wird.« [12] Statt vordergründiger Ursache-Wirkungsbeziehungen haben wir es in soziotechnischen und sozioökonomischen Systemen mit Phänomenen wie Parallelität der Ursachen oder Gegenläufigkeit der Wirkungen zu tun. [13] Der von Frank Schätzing geprägte Begriff »Kausalitätenfilz« [14] spiegelt das Problem am ehesten wider: In komplexen, dynamischen Welten gibt nicht immer so einfache Antworten, dass sie sich in einem Spreadsheet darstellen ließen.

Spätestens wenn Datenänderungen im SAP-System auftauchen, kann man nicht mehr ruhigen Gewissens von »schwachen Signalen« oder gar Früherkennung sprechen. Schon das Argument, dass die Ist-Daten eines betrieblichen Informationssystems immer eine Rückschau darstellen, zeigt dabei anschaulich die Dimension des Problems: Der zur Verfügung stehende Wissensvorrat ist zu oft eine hermetische und nicht wandelbare Größe. Die meisten Prognose- und Planungsverfahren fußen auf einer Interpretation der Vergangenheit und deren mehr oder minder linearen Fortschreibung in die Zukunft – und somit auf der Hoffnung, dass das Erfahrungswissen und die Interpretation auch für die Zukunft Gültigkeit haben. Allein wird das, was man im Rückspiegel zu sehen glaubt, nach vorne auf die Straße projiziert. Instabilitäten, Diskontinuitäten, Sprungverhalten, Krisen, Kaskadeneffekte und Verwerfungen wie Tsunamis, explodierende Space Shuttles, manipulierte Irak-Akten, Lehmann-Pleiten und Milliardenbetrüger (beispielsweise Bernard Madoff) sind da einfach nicht vorgesehen. Die Kapitulationserklärungen von Bert Rürup, Thomas Straubhaar [15] und anderen Ökonomen sprechen Bände. Doch selbst wenn man einmal solch extreme Diskontinuitäten außer Acht lässt, bieten die typischen quantitativen Verfahren nur eine vordergründige und deshalb nicht ungefährliche Gewissheit. Der Tübinger Emeritus Joachim Starbatty kritisiert deshalb: »Ökonomen nehmen immer weniger wahr, was um sie herum vorgeht. Sie reduzieren ökonomische Realität auf statistische Zeitreihen. Diese können uns helfen zu erklären, was passiert ist, nicht aber zu erkennen, was sich zusammenbraut. Was nicht in gerade modischen, mathematisch gefassten Modellen behandelt wird, existiert nicht mehr.« [16]

Um Missverständnisse zu vermeiden: Es läge uns trotz der sicherlich etwas provokanten Darstellung äußerst fern, die hervorragende, sinnvolle und wichtige Arbeit der Kollegen zu kritisieren. Im Gegenteil: Wir benötigen diese Modelle und deren Aussagen dringend, um uns als Unternehmer, Wissenschaftler, Politiker und Bürger in einer komplexen Welt ein wenig orientieren zu können – sie stellen aber ohne Zweifel nur bestimmte Perspektiven zur Annäherung an eine mögliche Realität dar. Um mit Paul Watzlawick zu sprechen, ist die Landkarte aber nicht das Land. Die Modelle und ihre Ergebnisse interpretieren die Dinge aus bestimmten und somit eingeschränkten Perspektiven und ermöglichen so zusätzliche Konstruktionen sowie Interpretationen der Wirklichkeit. Nicht mehr. Nicht weniger. Und genau hier liegt der Anspruch, den wir auch an unser Modell haben, nämlich zusätzliches Verständigungs- und Orientierungswissen anzubieten.

Es geht um die Frage, wie Wahrnehmung als solche verbessert und besser instrumentalisiert werden kann. Uns interessiert vor allem das, was H. Igor Ansoff als First-Level-Information oder Allgemeinwissen (»Common Knowledge«) bezeichnet: was wir von Mund zu Mund oder durch Publikationen aufnehmen. [17] Dabei nehmen wir an, dass solche Informationen mit der Zeit vom kontextualen über das transaktionale Umfeld (»Contextual« beziehungsweise »Transactional Environments«) [18] in das Insystem des Unternehmens hinein diffundieren und dabei an »Schwäche« (Diffusität und Ambiguität) verlieren, um gleichzeitig stärker, präziser, konkreter und kritischer – aber auch wertloser – zu werden. Wenn eine Information bereits Allgemeingut ist, sind strategischer Nutzen und daraus resultierende Innovationspotenziale allenfalls marginal, oder wie es »Rumelts Proposition« formuliert: »*The more public the information, the longer the information has existed, the more stable the trends, and the more analysis done on the information, the less the opportunity for profit from the information.*« [19]

Vor dem Hintergrund dieses Dilemmas interessieren uns vor allem die sich in den Kommunikationsprozessen manifestierenden Mythen, geteilten Weltbilder und subjektiven Wirklichkeiten und das, was mit Bruce Sterling [20] als Veränderung im »Consensus Narrative« bezeichnet werden kann. Wie kann man Verschiebungen im »Consensus Narrative« frühzeitig erkennen, um daraus Innovationssystematiken und nicht zuletzt strategische Erfolgsoptionen ableiten?

Über das aktuelle Projekt »Narrative und Innovation«

Die Karlshochschule in Karlsruhe wurde 2005 als Business School mit dem Ziel gegründet, engagierte junge Menschen für die Übernahme von Management- und Führungsfunktionen in Wirtschaft und Gesellschaft zu qualifizieren. »Dazu gehört neben kognitiv-theoretischem Wissen (»rules«) und Verfügungswissen (»tools«) auch Orientierungswissen. Orientierungswissen ist ein Wissen um ethisch gerechtfertigte Zwecke und Ziele. Orientierungswissen entsteht in der Konstruktion von Sinn. Orientierungswissen bedeutet Kultur, reflektiertes Leben.« [21] In diesem Sinne ist die Hochschule durch eine kulturwissenschaftlich-konstruktivistischen Ausrichtung von Forschung und Lehre geprägt.
2009 wurde das interdisziplinäre Forschungsprojekt »Narrative & Innovation« unter Leitung von Prof. Dr. Lutz Becker und Prof. Dr. Andreas P. Müller ins Leben gerufen, bei dem es vor allen um die Identifikation von wirtschaftlichen, gesellschaftlichen und politischen Innovationspotenzialen und deren (strategische) Anschlussfähigkeit im gesellschaftlichen Diskurs geht.

Strategie und Innovation

»Innovation ist kein Selbstzweck, sondern immer an den situativen unternehmerischen Erfolgs- und Rationalisierungskriterien zu messen.« [22]

Folglich wollen wir uns auch weniger mit Innovation im Sinne des Engineering, sprich: neue Produkte und neue Verfahren, oder gar der singulären Erfindung des singulären Erfinders befassen. In den letzten Jahren ist nämlich ein anderer Innovationsbegriff in den Mittelpunkt des Interesses gerückt. Die Innovation hat ihren Kernbereich, die Werkstätten, Forschungs- und Entwicklungsabteilungen, verlassen. Wir sprechen heute von Open Innovation, von überbetrieblicher Innovation und Marketinginnovation, von organisatorischer Innovation und Managementinnovation. Gerade in einer komplexen und dynamischen Gesellschaft entfernt sich die Innovation von der singulären technischen Durchbruchinnovation hin zu einer strategisch geplanten Entwicklung der Unternehmung. [23] Innovationen sind demnach nicht mehr allein eine Sache der Unternehmer-Erfinder oder der »Brains« und »Eggheads« in den Laboren. Sie durchziehen nicht nur das gesamte Unternehmen, sondern beziehen Lieferanten, Kunden und Stakeholder – das gesamte gesellschaftliche Umfeld – mit ein.

[24] In der Konsequenz sind Strategie und Innovation für uns zwei Seiten einer Medaille. Strategien sind ohne Innovation undenkbar. Auf der anderen Seite kann Innovation kaum funktionieren, wenn sie nicht in einen strategischen Kontext eingebettet ist – Ausnahmen mögen die Regel bestätigen.

Innovation ist folglich Teil einer komplexen strategischen Konstellation mit einer Vielzahl von Rückkopplungsprozessen mit dem Ziel, die Unternehmung auf eine mögliche Zukunft vorzubereiten und das Geschäft weiter zu entwickeln (Business Development). Richard P. Rumelt von der Anderson School of Management sagt: »It remains a fact that business strategy operates on the very edge what can be understood.« [25] Es entstehen so vollkommen neue Innovations- und Strategiekonstellationen als kulturelle Angebote an die Gesellschaft: »Strategische Programme von Unternehmen sind gesellschaftliche Kommunikationsangebote, wie die Dinge gesehen und wie die Gesellschaft weiterentwickelt werden sollte.« [26] Ein solches Angebot zu entwickeln und umzusetzen setzt Kenntnis und Verständnis der konkreten Mechanismen voraus, die Kultur im Allgemeinen, aber auch kulturellen Bedingungen und Pfade im Konkreten ausmacht. Wir gehen dabei von der These aus, dass die Unternehmung (oder jede andere gesellschaftliche Organisationsform) als solche bar jeder Intention oder jedes eigenen Bewusstseins ist. Die kognitiven Leistungen werden in der Dynamik des kommunikativen Zusammenwirkens von Akteuren im Unternehmen und im Unternehmensumfeld (Stakeholder) erbracht. [27]

Wir gehen ferner davon aus, dass dabei eine immanente Spannung besteht – und zwar auf der einen Seite zwischen Innovationsnotwendigkeit und -anspruch der Akteure im Unternehmen und darüber hinaus; sowie auf der anderen Seite, dem Verharrungsvermögen der (möglicherweise gleichen) Akteure, »das Hin- und Hergerissensein zwischen *Transformation* und *Stabilisierung*«. [28] Nur wenn Anschlussfähigkeit zwischen dem Einen und dem Anderen besteht, werden sich Innovationen verwirklichen lassen: »Hinreichend groß muss die Radikalität sein, um tatsächlich als Innovation auftreten zu können. Hinreichend klein muss die Radikalität sein, um die notwendige Akzeptanz zu bekommen und überhaupt realisiert werden zu können.« [29]

Die Wirklichkeit ist nicht einfach so, wie sie ist, sondern wie wir sie kommunizieren. Heinz von Foerster fasst dies in der Formel zusammen:

»Wirklichkeit = Gemeinschaft« [30]

Betrachten wir zum Beispiel Märkte, Moden, Stimmungen oder Werte als kollektives Verhalten, so ist dieses kollektive Verhalten nur möglich, weil zwischen den Beteiligten eine Kommunikation stattfindet.

Erfahrungen aus der Praxis

Lutz Becker berichtet aus seiner Erfahrung als Geschäftsführer einer IT-Sicherheitsfirma und Leiter der Fachgruppe Daten- und Netzwerksicherheit des Bundesverbandes Informations- und Kommunikationstechnik e. V. (heute: BITKOM): »Als in den 1990er die Welle der Viren- und Hackerangriffe anschwoll, war es wichtig, frühzeitig neue Trends in der Hackerszene zu erkennen, um sich bei Strategie und Produktentwicklung darauf einstellen und sich frühzeitig einen Wettbewerbsvorteil sichern zu können. Man muss sich vor Augen führen, dass Anfang des Jahrzehnts noch quartalsweise Updates der Virensignaturen vollkommen ausreichend waren, dann kamen Schlag auf Schlag monatliche, wöchentliche, tägliche und schließlich Live-Updates. In Zeiten des Internet-Booms und immer sophistischere Angriffszenarien waren wir mitten in einem sich rasant beschleunigenden Katz und Maus Spiel. Neben der Analyse von Hacker-Chats und »konspirativen« Treffen mit den Vordenkern aus der Szene – ich erinnere mich an ein Treffen in einer Hochschulmensa – spielten vor allem Hintergrundgespräche mit Fachjournalisten und Gespräche am Rande einschlägiger Konferenzen, zum Beispiel ICSA, EICAR oder vom Chaos Computer Club, aber auch Gespräche mit Wettbewerbern, vor allem auf Verbandsebene, eine entscheidende Rolle. Selbst in dieser konspirativen und verschwiegenen Szene konnte man sich Stück für Stück ein Bild über die Mythen der Szene machen, welche Themen und Konzepte die »Nerds« fesselten, und wo »die Truppen hinmarschierten«. Bestimmte Angriffsszenarien waren uns im Prinzip bekannt, bevor der erste Angriff startete. Zum Beispiel wussten wir frühzeitig, wie Hacker die großspurig angekündigte Virenresistenz neuer Betriebssysteme unterlaufen würden, oder dass eine damals neue Bedrohung von Makroviren oder bestimmten Internetwürmern ausgehen würde. Natürlich wurden auch wir von Attacken und »Outbreaks« neuer Viren überrascht, wir kannten ja weder die einzelnen Entwickler oder technologische Details, wie Zeitpunkte oder Programmcodes. Aber es ging zunächst nicht um diese Details. Es ging darum, dass wir unsere eigenen Leute, unsere Partner und Kunden, frühzeitig für bestimmte Entwicklungen und Szenarien sensibilisieren und so in einem ureigenen strategischen

Sinne Stärken ausbauen und Risiken vermeiden konnten. Es ging darum, die Erkenntnisse mit den internationalen Entwicklung-, Marketing- und Vertriebsgruppen abzustimmen und sich auf eine Innovations-Roadmap zu einigen. Deshalb haben unsere Ingenieure einige wirklich wegweisende Innovationen entwickeln können – und deshalb war die Entwicklergruppe auch in der Lage, sehr schnell, oft in wenigen Stunden, auf vermeintlich radikal neue Virentechnologien zu reagieren.«

Narrative

Die narrative Konstruktion der Wirklichkeit

Narrative sind – als eine der Grundformen der Kommunikation sowie auch als Grundform des menschlichen Denkens – an dieser Stelle in besonderer Weise anschlussfähig. Narrative sind zunächst nichts weiter als Erzählungen oder Diskurse, die Merkmale von Erzählungen auf sich vereinen, so etwa:

⇨ eine rekonstruierende Sachverhaltsdarstellung, also die Wiedergabe von etwas bereits Geschehenem, wobei im Moment des Erzählens eine sinnhafte Ordnung entsteht; Narrative repräsentieren also bereits eine Auswahl, eine Interpretation und stiften Konsens;
⇨ eine Verwendung fixer Topoi, also von vorgeprägten »Orten« aus unserer Lebenswelt, die relativ fest liegende Bedeutungen evozieren und unsere Handlungen in einen Kontext stellen; Case Studies oder Best-Practice-Betrachtungen sind beispielsweise in der Regel Narrative, die einen solchen Topos exemplarisch präsentieren und uns damit Orientierungen liefern;
⇨ eine Klimax-Bildung, also eine Aneinanderreihung von Elementen mit steigender Bedeutung und einem Höhepunkt;
⇨ Erklärungs- oder Erläuterungsfunktionen, insofern sichergestellt sein soll, dass die Bedeutung einer Geschichte oder einer Erzählung beim Adressaten »ankommt« (vergleiche beispielsweise das die Fabel abschließende: »und die Moral von der Geschicht'«).

Der Akt des Erzählens selbst ist eine auf das Denken und auf die Sprache unmittelbar rückgebundene Handlung. Denken und Sprache werden von uns als so selbstverständlich wahrgenommen, dass wir ihre Mechanismen kaum reflektieren. Dadurch schränken wir, und das ist hier entscheidend, unsere Wahrnehmungsmöglichkeiten systematisch ein. Es lohnt deshalb der Blick auf die Möglichkeiten, die aus einer Beseitigung der Einschränkungen erwachsen. Narrative bilden hierfür einen Zugang.

Narrative basieren auf archetypischen, chronologischen Reihungen von Handlungsschritten, die in ihrer Abfolge relativ festliegen, in ihrer jeweiligen Gestalt aber jeweils sinnvolle Anreicherungen des Wissens stiften. Sie sind gleichsam Bausteine der Wirklichkeit. Sie sind Grundlage für die Wissensweitergabe in Kulturen, sie repräsentieren die kulturell geprägten Bauprinzipien für die Wissensorganisation in Kulturen und sie werden von den Menschen variiert, um neue Möglichkeiten des Handelns in der sich wandelnden Welt aufzuzeigen.

Ein bekanntes Beispiel für solche Archetypen ist der uralte Faust-Mythos, der ab dem 16. Jahrhundert unzählige Male literarisch gefasst wurde, in seiner wohl bekanntesten Version von Goethe in dem in Madrigalverse gegossenen Drama um den Gelehrten Dr. Faust. Im Prinzip geht es in dem Mythos um die Konfrontation des Menschen mit seinen tiefen inneren, widersprüchlichen Kräften, was in der Preisgabe der eigenen Seele gipfelt – ein Kampf, der bereits biblisch belegt ist und den Ausschluss aus dem Garten Eden zur Folge hatte.

In der Logik der Aufeinanderfolge von erzählten Handlungsschritten oder Argumenten folgt diese Geschichte einem relativ simplen Aufbau und es wechseln, je nachdem, welche Bedeutungshorizonte den textimmanenten Mechanismen Antworten bieten können, lediglich die Akteure, die Modalitäten der Umsetzung und die Ideologien – etwa hinsichtlich der Frage, was in einer gesellschaftlichen Lebenswelt zu einem bestimmten Zeitpunkt als vom Menschen erstrebenswert, als ethisch vertretbar, als politisch korrekt, als verletzlich, als schutzbedürftig, aber auch, was als schädlich gilt. Die zentrale Frage ist, welche Bestandteile der kontextuellen sozialen Praxis das

»Sagbare« (Platon) in einer Gesellschaft repräsentieren und welche Bestandteile den exklusiven Teil der Tabubereiche, des Irrelevanten, des Esoterischen, womöglich sogar des Undenkbaren oder des Wunderbaren ausmachen. Ein »Wirtschaftswunder« ist beispielsweise nicht beliebig wiederholbar, sondern Teil einer kollektiven Gesamtentwicklung, die aus Randbereichen der sozialen Identität zentrale kollektive Orientierungen werden lässt. Solche Randbereiche können in den Hauptstrom des kollektiven Interesses rücken und dann sehr rasch Konfigurationen verschiedener Aspekte der sozialen Identität fordern und schaffen, die bis dahin als radikal gegolten hätten.

Innovationen – so ein Gemeinplatz – müssen in die Zeit passen. Betrachtet man beispielsweise den Hybrid-Audi 100, der 1989 auf der Internationalen Automobil Ausstellung (IAA) in Frankfurt vorgestellt wurde, so findet man dort bereits ein Konzept, mit dem erst 20 Jahre später, etwa mit dem Toyota Prius, ein Durchbruch möglich scheint. Ein Blick lohnt auch auf den Dreiliter-Audi A2 von 1999, dessen Produktion bereits nach wenigen Jahren wieder eingestellt wurde, der heute auf dem Gebrauchtwagenmarkt aber weit über dem realen Schätzwert gehandelt wird. [32] Ist eine Innovation von Erfolg gekrönt, wenn ihr eine gesellschaftliche Trendwendung antwortet (zum Beispiel ein neues Umweltbewusstsein), wenn sich so die vermeintliche Radikalität relativiert und die Akzeptanzschwelle senkt? Waren die damaligen Öko-Automobile ihrer Zeit voraus, oder waren sie Peripherie – ohne Anschlussmöglichkeit an den gesellschaftlichen Mainstream? Woher wissen wir, wann die Zeit gekommen ist?

Unternehmen sind der Ungewissheit ausgeliefert, sich an nicht oder nur schwer prognostizierbare Veränderungen anpassen zu müssen. Zwar birgt dieses Ausgeliefertsein die Chance einer kontinuierlichen Optimierung der betrieblichen Prozesse und einer Bewahrung grundsätzlicher Anpassungsfähigkeit. [33] Aber die Erwartbarkeit von gesellschaftlichen Veränderungen, von der obligaten, allgemein legitimierten Modernisierung und Erneuerung bis hin zu einem Auftreten unkalkulierbarer Veränderungen der Sachlage sind fließend. Das Management befindet sich also unter dem Zwang, Ambiguitäten zuzulassen und sich darüber hinaus an der Herstellung zukünftiger Trends zu beteiligen. Denn freilich sind Innovationen und deren Platzierung *Elemente interaktiver Weiterentwicklung* der gesellschaftlichen Wirklichkeit. Unter interaktiver Weiterentwicklung verstehen wir dabei das kreative Zusammenwirken der Akteure im Unternehmen und der Stakeholder vor dem Hintergrund der komplexen Umwelt, die die oben beschriebenen narrativen Folien für die Repräsentation des Kollektiven liefert. Es handelt sich also eigentlich nicht um einen Dialog, sondern um einen »Trilog« der inhaltlichen Auseinandersetzung mit den Möglichkeiten des Handelns. Um eventuelle Zugangsmöglichkeiten zu verstehen und erfolgreiche Einstiegsszenarien zu finden oder herzustellen, sind qualitative, interpretative Instrumentarien notwendig.

Der Mannheimer Ökonom Alfred Kieser hat an mehreren Stellen vorgeschlagen, »Stories« für die Organisationsentwicklung einzusetzen, da diese einerseits eine sinnvolle Entsprechung zu den »Alltagstheorien« der Mitarbeiter und für deren Wissensorganisation darstellten und andererseits Wege eröffneten, neue Managementkonzepte als »Meta-Stories« einzuführen. [34] Freilich seien Stories aber nicht wie ein Konzept vom Reißbrett den Mitarbeitern überzustülpen, sondern im Rahmen einer interaktiven Implementierung zu legitimieren und in geeigneten Arenen auszugestalten: »Thus, the strengths and weaknesses, chances and risks of the company are not simply facts that are evaluated, but the result of an interpretation process, within which suppliers and clients are interviewed, and opinions of shareholders and the public are drawn from the economic press, etc.« [35] Einen Schritt weitergehend schlagen wir vor, auch gesellschaftliche Narrative als Ressource zu nutzen und dabei die für das Unternehmen sinnvollen, erweiterten Handlungsoptionen in den interessierenden Bereichen zu identifizieren.

Aufgrund der unübersehbaren Vielzahl der Optionen, Beobachtungsbereiche, Interdependenzen und Indikatoren, mit denen das Management konfrontiert ist, scheint es uns allerdings nicht sinnvoll, dass wir uns mit Frühwarnung im Sinne des flächendeckenden »Scannens« und »Monitorens« emergenter potenzieller Gefahren- und

Gefährdungspotenziale beschäftigen. Nicht nur, dass eine solche Risikoorientierung immer defizitär bleiben muss, weil Risiken zwar vermieden, kreative Potenziale jedoch nicht entdeckt werden. Echtes Unternehmertum lässt sich vielmehr »allgemein auch als die Fähigkeit charakterisieren, aus einem Problem eine *unternehmerische Gelegenheit* und Möglichkeit zu machen.« [36] Wir wollen uns folglich auf die Antizipation von Chancen und Innovationspotenzialen als Ausgangspunkt eines »creative response« [37] im Schumpeter'schen Sinne fokussieren.

Wie kann man nun anstehende sozio-ökonomische Transformationen oder Paradigmenwechsel, die alte Regeln und Regelmäßigkeiten in Frage stellen und mit denen die Karten dieser Welt neu gemischt werden, frühzeitig erkennen? »There's a big transformation coming, a change in the story line. There aren't many ways to go through it.« [41] Dies lässt Bruce Sterling seinen Protagonisten Leggy Starlitz in seinem Roman »Zeitgeist« sagen. Wie lassen sich die Veränderungen, Umbrüche und Verzweigungen in der von unserer Gesellschaft gelebten »Storyline« aber vorhersagen? Lässt sich das Wissen über anstehende Transformationen operationalisieren?

Narrative sind ein Wissensspeicher der Gesellschaft

Narrative sind kommunikative Konstrukte, die einerseits eine geteilte Wirklichkeitskonstruktion in einer Gemeinschaft widerspiegeln (»Consensus Narrative«), andererseits aber nur eine von vielen möglichen sozialen Wirklichkeiten repräsentieren – einschließlich der Handlungsmöglichkeiten, die Menschen in dieser Wirklichkeit haben. Die Inhalte von Narrativen stehen in der Regel für das geglückte Experiment des Menschen, eine der Herausforderungen, vor die das Leben ihn stellt, gemeistert zu haben. Der Major Consensus Narrative ist die in einer Situation (quantitativ) vorherrschende Geschichte einer Gemeinschaft, aufbauend auf und definiert durch den Kulturkreis und grundlegende Archetypen. [42] Narrative sind also eine Art Gedächtnis der Gesellschaft.

Immerhin ist eine »Voraussetzung für die Nutzung solcher Chancen (...) die Fähigkeit des Managements, Informationen frühzeitig zu registrieren, auf ihre potenziellen Effekte hin zu bewerten sowie die notwendige Handlungsbereitschaft und -fähigkeit zu entwickeln.«

[44] Diese Fähigkeit muss aus den vorhandenen Potenzialen des Unternehmens zusammen mit den zu identifizierenden Transformationsansätzen verknüpft werden.

Abb. 1: *Barack Obamas Antrittsrede [43]*

Methodische Grundlagen

Wir schlagen an dieser Stelle für die strategische und innovative Entwicklung des Unternehmens den Einsatz von Diskursanalysen vor. *Diskursanalysen* beschäftigen sich mit der Veränderung gesellschaftlicher Strukturen in Zusammenhang mit der diskursiven Praxis. Diese besteht – vereinfacht gesprochen – aus der Summe der sprachlichen Äußerungen, die die Gesellschaft hervorbringt und mit deren Hilfe sie ihre kollektiven sozialen Orientierungen bestimmt. Veränderungen in der Gesellschaft werden durch Veränderungen in der diskursiven Praxis angekündigt, begleitet, unterstützt oder auch ausgelöst. Die

Auslöser können dabei aus dem wirtschaftlichen, kulturellen, politischen oder einem anderen Umfeld kommen, wobei es für uns vor allem von Interesse ist, diese Auslöser zu identifizieren. Es handelt sich im Prinzip um schwache Signale, die in der Folge zu Katalysatoren werden können und die folgenreiche Prozesse »triggern«. In der Regel entstehen diese Auslöser an der Peripherie der diskursiven Praxis, und zwar durch minimale Veränderungen einer Komponente der kommunikativen Prozesse:

- ⇨ sei es, dass Sprecher die Modalitäten verändern (Wahl der Ausdrucksmittel), dass neue Themenbereiche erschlossen werden, während andere in den Hintergrund rücken;
- ⇨ sei es, dass neue Akteure und Interessengruppen auftreten, die den Markt verändern.

In jedem Falle handelt es sich um kleinräumige Verschiebungen, die größere Prozesse anschieben können. In ihrer Form sind die Auslöser – so unsere Arbeitshypothese – in Narrativen gefasst, den Grundformen der Wissensorganisation. Für die Identifizierung solcher Phänomene sind qualitative Diskursanalysen notwendig.

Untersuchungen dieser Art von Diskursanalyse basieren auf sprach- und textwissenschaftlichen Grundlagen und Methoden, die bei den interpretativen Auswertungen ihrer Materialien (Texte, Gespräche, Interviews etc. aus authentischen Zusammenhängen) auf gesprächsanalytische, mikrosoziologische und weitere sozialwissenschaftliche Instrumente zurückgreifen. Diese Art von Sprachanalysen ist insofern sozialwissenschaftlich inspiriert; sie zielt auf »rich interpretations« einzelner Phänomene, das heißt auf die Entwicklung eines Begriffsverständnisses, das auf einen weiten Bedeutungsspielraum setzt, auf methodisch kontrollierte Art und Weise semantische Ambiguitäten und Bedeutungen im Spannungsfeld von Kern- und Randsemantik zulässt und das zunächst Unscheinbare dem Denken erschließt. Prinzipiell bewegen sich die Analysen deshalb im Spannungsfeld von Mikrostrukturen des kommunikativen Handelns und Makrophänomenen gesellschaftlichen Wandels, wobei insbesondere die ideologischen Anteile am kommunikativen Handeln im Mittelpunkt stehen. Ideologien meinen hier das Sag- und Denkbare in einer Gesellschaft, das wir allzu häufig als selbstverständlich voraussetzen, mit dem uns aber, wie oben beschrieben, die eigene Rationalität im Wege steht. Gerade die a priori wertende Interpretation von Inhalten drängt neue Denkmöglichkeiten (in der Regel) in den Hintergrund. Unsere Interpretationen sind an das Bekannte gebunden.

Anwendungsbeispiel

Die textwissenschaftliche Analyse vermag hier klärend Perspektiven aufzuzeigen. Betrachten wir ein Beispiel – wobei wir uns hier allerdings auf ein recht holzschnittartiges Outline beschränken müssen. Der HR-Director der Volkswagen AG Italia, Paolo Lombardi, hinterlässt in einem Prospekt eines Herstellers von Sprachlernsoftware ein Testimonial [45], das in folgendem Satz endet:

⇨ Mit den ausgereiften Lernsoftware-Produkten gehen (1. Zeile)
⇨ unsere Mitarbeiter mit Spaß in Richtung der Lernkultur, (2. Zeile)
⇨ die wir als e-driven-company zukünftig brauchen. (3. Zeile)

Der Autor setzt das Unternehmen in einen speziellen Bedeutungszusammenhang, indem er den Begriff *Lernkultur* (Z. 2) gleichsam als Ziel und den Begriff *e-driven company* (Z. 3) als Ursache verwendet. Der Begriff wird nach Verweisen auf *Lernsoftware* (Z. 1) und *Lernkultur* (Z. 2) platziert, die auch als zeitliche Abfolge mit Kulminationspunkt gelesen werden können (*gehen … in Richtung*, Z.1-2) – ein Beleg für narrative Strukturen. Wir möchten zunächst den Ausgangspunkt, den Begriff *e-driven-company* und im Anschluss das mit *Lernkultur* formulierte Ziel betrachten.

Der Begriff *e-driven company* wird als Kausalität – in unmittelbarer Nachbarschaft von *zukünftig* (Z. 3) – am Ende und in exponierter Stellung formuliert, wobei er zum einen wie selbstverständlich eingeführt wird und zum anderen metaphorisch verstanden werden kann. Denn das vorsilbische *»e-«* kommt in Verbindungen wie E-Commerce oder E-Business vor, wo es prototypisch die digitale und internetbasierte Unternehmenskultur indiziert – eine Verweiskraft, die hier sozusagen entlehnt wird; das Partizip *driven* steht außerdem doppeldeutig sowohl für das technische »Betreiben« des Automobilunternehmens als auch für das »Getrieben-Sein« in der schnelllebigen Automobilbranche.

Der Begriff *e-driven-company* ist vergleichsweise neu, liefert bei einer Recherche wenig Belege, wirkt modern und womöglich visionär und innovativ, was wir allerdings kritisch näher betrachten wollen: Die Vorsilbe *E-* kam in den 90er Jahren auf und erfuhr mit der Aufschwungphase und dem raschen Niedergang der New Economy gegen Ende der 90er Jahre eine Anreicherung ihrer Semantik, in der wir auch die negativen Ergebnisse irrationaler Start-ups verankert sehen. Im operativen Bereich (und aufgabenbezogen) hat sich die Semantik hingegen positiver konsolidiert (zum Beispiel als E-Procurement, E-Teaching) und ist sachbezogen fokussiert (computergestütztes Arbeiten). Nun ist und war der Trend zur computergestützten Automatisierung und Standardisierung bei den Automobilbauern erwartbar gewesen. Er stellt keine Neuerung dar, sondern eine zentrale Linie von deren Entwicklung. Insofern ist *e-driven* eine Art Blitzlichtaufnahme des heutigen Tages, aber nicht unbedingt innovativ. Der Begriff selbst hat einen geringeren Umfang an abstrakter Semantik als etwa *Lernkultur*, und insofern ist seine Funktion im Text sachbezogen.

Auffallend ist in dem Zusammenhang, dass der Begriff *e-driven* die kulturelle Tradition des Unternehmens eher ausblendet. Der Zusammenhang mit der Massenproduktion bei Volkswagen, der Belegschaftsintegration und der Gesellschaftsschichten übergreifenden Kundenresonanz wird nicht berührt. Dabei sind gerade bei Automobilbauern die alten Werte unter anderem deshalb besonders wichtig, weil es sich um High Involvement-Produkte handelt. Im Werk Wörth der Daimler AG werden die Kabinen der LKW beispielsweise immer noch größtenteils von Hand geschweißt und damit nicht nur Qualität, sondern die »traditionellen Werte der Gründerzeit« [46] konserviert. Erfolgreicher unternehmerischer Wandel hat diese kulturelle Komponente neben der systemischen zu berücksichtigen.

An dieser Stelle ist *Lernkultur* (Z. 2) nur bedingt anschlussfähig. Natürlich steht »Lernkultur« für ein innovatives Konzept der Unternehmensentwicklung, insofern es den Wandel sozusagen programmatisch enthält und in der sich rasch verändernden und von technischen Entwicklungen geprägten Automobilbranche einen sinnvollen Weg vorgibt. Lernkulturen können zudem Bewusstseinssysteme der Lernenden, Handlungsmuster, Präferenzordnungen von Beteiligten berücksichtigen und sich systematisch anpassen. [47] Diese Berücksichtigung kann in einer Bestandsaufnahme der kommunikativ gewachsenen, lebensweltlich verankerten Verhaltensstandards von Mitarbeitern erfolgen, vor welchem Hintergrund entsprechende Umsetzungsinitiativen erfolgen. Potenziell verspricht das Konzept »Lernkultur« also passgenaue Neuerungen in einem dynamischen Umfeld zuzulassen. Dazu muss jedoch Konsens hinsichtlich der Ausgangsbasis bestehen. An dieser Stelle halten wir den Begriff *e-driven* für wenig aussagekräftig im Verhältnis zur performativen Sprecherintention, Lernkultur als Ziel einer Entwicklung zu projizieren. Er liegt sicherlich im Trend von »*E*-tikettierungen« und damit einer aktuellen Modalität von Arbeits- oder Prozessbezeichnungen, konnotiert jedoch semantisch ambivalente Bereiche und lässt Lücken.

Fazit dieser sehr kurzen und nur beispielhaften Analyse ist, dass der im Text postulierte Kausalzusammenhang nicht klar ist, sondern Zweideutigkeiten erkennen lässt, die sowohl Fragen bezüglich der Anbindung der Aussage an die Kernwerte der Unternehmenskultur als auch bezüglich der Seriosität des Managements wegen der unkritischen Übernahme von Trends aufwirft.

Für die Fortsetzung der Arbeit wäre es nun notwendig und sinnvoll, den Abgleich mikrotextueller Analyse und gesellschaftlich-kultureller Semantik zu systematisieren und daraus operative Aufgaben abzuleiten. Hierzu wird ein dialogisches Format benötigt, das die analytischen Grundlagen vor Ort möglich macht und das ein Maximum an Authentizität gewährleistet, um die unternehmerische Systematik und Kultur optimal zu integrieren. Wir schlagen hierfür die PTAP-Methode vor – eine Innovationssystematik, die wir nach Gesichtspunkten der textwissenschaftlichen Arbeit fokussieren wollen.

Innovationssystematiken

»Es gibt im Hintergrund unseres Bewusstseins verborgene Annahmen, Vorlieben und Vorurteile, die bestimmen, wie wir die Realität wahrnehmen, auf welche Tatsachen wir achten und wie wir deren Wichtigkeit und Vorteile einzuschätzen. Wir benötigen explizite oder implizite Modelle, die uns befähigen:

- ⇨die Realität zu ordnen und allgemeine Aussagen über sie zu treffen;
- ⇨Kausalbeziehungen zwischen Phänomenen zu verstehen;
- ⇨künftige Entwicklungen abzuschätzen und womöglich vorauszusagen;
- ⇨Wichtiges von Unwichtigem zu unterscheiden;
- ⇨und zu erkennen, welche Wege wir einschlagen müssen, um diese Ziele zu erreichen.

Jedes Modell, jede Landkarte ist eine Abstraktion und wird für bestimmte Zwecke besser geeignet sein als andere.« [48]

In diesem Sinne sind Innovationssystematiken zu verstehen: Sie bestehen im Wesentlichen aus einem Modell- und Methodenbündel, das heißt einer Vielzahl unterschiedlicher Analytiken, Kreativitätstechniken, Projektmanagementmethoden et cetera, sowie einer Art Methodenfahrplan oder Metamethode (vielleicht sollte man besser von Programm oder Metaprojekt sprechen). Ziel ist es, ein Innovationsproblem systematisch und sinnvoll aufeinander aufbauend aus verschiedenen Perspektiven zu beleuchten, um die einzelnen Erkenntnisse zu einer möglichen Lösung hin zu verdichten.

Zu den bekanntesten Innovationssystematiken zählen *TRIZ* (die »Theorie des erfinderischen Problemlösens«, die von einem sowjetischen Team um den Wissenschaftler Genrich Saulowitsch Altschuller entwickelt wurde [49]) und die später daraus abgeleitete System *Innovative Thinking Method* (SIT). Beide haben ihre Stärken im Bereich der Produktentwicklung und technischer Problemlösungen. Der Stage-Gate-Prozess von Robert Cooper, der im Grunde nur ein standardisierter Meilenstein-Prozess ist, hat seinen Fokus auf die Erzielung der Marktreife von Produkten. Die Stärke der im Text vorgestellten PTAP-Methode *(Prospect/Targeting/Alignment/Program)* liegt vor allem in der strategiebezogenen Integration der Beteiligten.

Die PTAP-Methode

Die *PTAP-Methode* [50] wurde entwickelt, um gezielt strategische und organisatorische Änderungen vorzubereiten und umzusetzen, um damit schnell und gezielt auf Markt- oder Umfeldentwicklungen reagieren zu können. Ursprünglich für die Entwicklung von Marketingkonzeptionen entwickelt, begleitet die Methode heute vor allem

Change Management-, Innovations- oder Unternehmensentwicklungsprojekte von der Problemanalyse und Ideengenerierung über das konsequente Umsetzen in Projekten bis zur abschließenden Erfolgskontrolle. Die PTAP-Methode synchronisiert das Vorgehen in der Organisation und erhöht damit die Erfolgsaussichten von komplexen innovativen Vorhaben.

Die PTAP-Methode verbindet system- und kommunikationstheoretische Ansätze mit einer projektmethodischen Führungskonzeption. Das Ziel ist es, mit Komplexität und Dynamik gezielt umzugehen und Organisationen zu Innovation und Wandel zu führen. Die praktische Umsetzbarkeit im betrieblichen Alltag steht im Mittelpunkt der Arbeit. Als Grundlage für die Umsetzbarkeit innovatorischer Vorhaben formulieren wir drei Hypothesen:

Die erste PTAP-Hypothese besagt, dass man eine Organisation, wie ein Unternehmen, eine Abteilung oder eine Verwaltungseinheit, als Folge von Etappen oder Episoden betrachten kann: Überlebensfähige Organisation sind weder statisch, noch lassen sie sich treiben. Sie werden immer ein bestimmtes Ziel ansteuern, wobei es niemals das Ziel im Sinne eines absoluten Endzustandes geben kann. Stattdessen ändern sich die Ziele analog zu den Rahmenbedingungen im Zeitverlauf. Das Bild entspricht also eher eine Reise, wo nach der Erreichung einer Etappe das Ziel der nächsten Etappe je nach Rahmenbedingungen oder bis dato gemachten Erfahrungswerten festgelegt wird.

Die PTAP-Methode basiert zweitens auf der Hypothese, dass jeder Mensch mit einer individuellen Perspektive auf »die Dinge« blickt. Man kann diese Perspektive mit einer Art Landkarte oder Navigationssystem vergleichen, wobei der eine sein Navigationssystem auf die kürzeste Route einstellt, der nächste auf die schnellste. Der Tourist mag seine Route aus dem Reiseführer genommen haben, und der Pendler fährt die Strecke, die er immer fährt. Welche Route ist aber die richtige? Jeder Mensch hat seine ureigenste – aber auch mit anderen Menschen geteilte – Landkarte, die seinen Weg bestimmt. Die Darstellungen, Routen und Regeln des Navigationssystems in Kopf und Bauch werden vor allem durch Herkunft, Erziehung, Emotionen,

Wissen, Erfahrung, den sozialen Kontext und die Kommunikation geprägt. Diese Landkarte hilft uns, den Dschungel des Lebens zu überwinden – sie macht es uns aber unendlich schwer, die einmal eingezeichneten Wege zu verlassen. Ganz schwierig wird es, wenn zwei unterschiedlich geprägte Landkarten übereinander gebracht werden müssen, etwa die des Ingenieurs und die des Designers. Hier prallen, wie man so schön sagt, Welten aufeinander.

Eine weitere Grundhypothese der PTAP-Methode ist es, dass die Führungskraft nur so gut sein kann wie ihre Mitarbeiter: Es wird von den Beteiligten gerne übersehen, dass zu einem Kommunikations- beziehungsweise Führungsproblem immer zwei Parteien gehören. Wenn sich nun unter der Oberfläche schleichend eine Kultur aus Kommunikationsblockaden oder Vertrauensdefiziten breit macht, dann kann das die unterschiedlichsten Auswirkungen und Konsequenzen haben. Deshalb muss der Dreiklang aus Führung, Strategie und Organisation harmonieren. Wenn eine Organisation trotz Know-how und guten Willens nicht in der Lage ist, auf Veränderungen in Märkten oder Rahmenbedingungen zu reagieren, sollte das ein Anlass sein, nach den tiefer liegenden Ursachen zu suchen.

Die Übergänge zwischen unterschiedlichen mentalen Karten- und Repräsentationssystemen bezeichnen wir als organisationsinterne »Schwellen«. Sie sind einerseits potenzielle Ursachen für Störungen im Führungsprozess, in der Innovationsfähigkeit oder Schwächen in der Zielerreichung. Sie können andererseits Potenziale für Veränderungen und Verbesserungen bieten, die es noch zu identifizieren gilt. Die Synchronisierung der Organisation setzt deshalb zunächst voraus, dass diese Schwellen identifiziert, nivelliert und gegebenenfalls überwunden werden.

Der innovatorische Prozess basiert darauf, die verschiedenen Positionen (»Prospects«) zu vermessen, die eigenen Fähigkeiten und die Umweltbedingungen einzuschätzen und ein sinnvolles nächstes Ziel in verschiedenen Dimensionen abzustecken (»Targeting«). Nach verschiedenen Vorbereitungsschritten (»Alignment«) sind Projekte (»Program«) aufzusetzen, die notwendig sind, dass Ziel zu erreichen.

Dafür muss aber Konsens über die Ziele und die Route sowie die geeigneten »Transportmittel« (Maßnahmenbündel) gefunden werden. Das Erreichte wird abschließend anhand zuvor festgelegter Kriterien vermessen, um wiederum eine erneute Standortbestimmung (siehe »Prospect«) vornehmen zu können.

Phase 1: Prospect – Potenziale identifizieren

Die erste Phase übernimmt gewissermaßen die Radarfunktion: Hier geht es darum, zu verstehen, wie eine Organisation »tickt« und wo sie aktuell steht (»Scheidewege«). Dabei werden die komplexen Beziehungsgeflechte in einer Organisation sowie deren »Verfilzung« mit Umwelt und Märkten analysiert, um die verschiedenen »Problemzonen« einer Organisation (die genannten »Schwellen«) zu identifizieren. Hierzu werden einerseits durch methodisch gesteuerte Interviews und Brain Stormings der Bestand an Narrativen der Organisation erhoben und die relevanten kollektiven Orientierungen erarbeitet (»wie arbeiten wir«, »wie entsteht unser Erfolg«, »welches Portfolio bieten wir auf«, »über was sprechen unsere Kunden«, »was sind unsere Schwächen«).
Die Prospect-Phase kann mehrere Teilphasen enthalten, um ein mehrdimensionales Bild der Situation zu ermöglichen.

Phase 2: Targeting – Alternative Zielsysteme entwickeln

In der zweiten Hauptphase geht es darum, die Zielfindung und -konkretisierung voranzutreiben. Der erhobene kollektive Bestand wird im Hinblick auf zu Grunde liegende Werte, auf beteiligte Akteure und die existierenden Modalitäten analysiert, wodurch anhand narrativer Strukturen die Kernwerte des Unternehmens prototypisch herausgearbeitet werden. Hieraus werden substanzhaltige Zielbilder (»Blueprints«) abgeleitet, die die konzeptionelle Grundlage der weiteren Aktivitäten bilden. Parallel dazu entstehen Umwelt- und Marktanalysen, die analogen Analysekriterien unterliegen. In dieser Phase ist es entscheidend, wertfrei und unvorbelastet zu arbeiten und die Zielbilder als Alternativen zu präsentieren, ohne sie bereits auf Realisierbarkeit und Realisierungswege zu prüfen.

Phase 3: Alignment (Ausrichtung) – Synchronisieren von Zielen und Vorgehensweisen

In dieser Phase geht es darum, die Anschlussfähigkeiten der Zielbilder zu überprüfen. Die unternehmensinternen Narrative werden in mehrfachen Analyseschleifen mit diskursiven Gegebenheiten im unmittelbaren Umfeld des Unternehmens (zum Beispiel Geschäftsbereiche, Portfolios, Key Accounts) in ein Verhältnis gesetzt. Dadurch, dass alle Kriterien am Material selbst entwickelt werden, können die Ziele aller Beteiligten synchronisiert und ein Zielkonsens formuliert werden. Prioritäten, Realisierungsalternativen und -wege werden gemeinsam entwickelt, um darauf aufbauend »organisatorische Energien« zu wecken und gemeinsamen Realisierungswillen zu schaffen. Im Rahmen dieser Phase werden Grundsatzfragen, nach Prozess- und Funktionsoptimierung einerseits wie nach radikalen Musterwechseln andererseits, möglich und denkbar.

Die Phase des Alignments der Aktivitäten in Richtung der identifizierten Innovationspotenziale ist sicherlich die schwierigste Etappe des gesamten Prozesses, insofern an dieser Stelle nicht nur die Situation der Umwelt, sondern auch die genannten »Schwellen« zu berücksichtigen sind. Durch den hohen Grad an Authentizität der Analysedaten und durch die systematische Einbindung der Beteiligten kann es jedoch gelingen, einen gemeinsamen »organisatorischen Willen« zu entwickeln. Vereinbarungen und gegenseitige Verantwortung und Verpflichtung sollten festgeschrieben werden (Prinzip der Manifestiertheit).

Phase 4: Program – Strukturierte Umsetzung gewährleisten

In dieser Phase geht es darum, konkrete Vorhaben und Projekte zu definieren, Verantwortlichkeiten und Kompetenzen festzulegen und konkrete Aufträge zu vergeben. Hierfür werden speziell adaptierte Methoden des Projektmanagements zum Einsatz gebracht, die unter anderem Meilensteine, Quality Gates, Ergebnisse und Messkriterien festlegen und überwachen.

Die PTAP-Methode in ihrer hier vorgestellten Fokussierung auf die textwissenschaftliche Erarbeitung unternehmerischer Innovationskraft setzt an dem methodisch sinnvollen Punkt an, in Untersuchungsschleifen zu arbeiten und die Kriterienentwicklung aus dem Unternehmen heraus zu generieren. Dadurch bleibt die Authentizität der unternehmerischen Konzeptbildung gewahrt und es wird kein Fremdsystem an das Unternehmen herangetragen, was in der Regel neue Schwellen aufbaut. Der tatsächliche Nutzen für das Unternehmen ist zweifach, insofern einerseits eine Konfrontation mit dem eigenen Verhalten gegenüber dem Spannungsfeld zwischen Verharrensnotwendigkeit und Flexibilität ermöglicht wird und andererseits die Handlungsmöglichkeiten in Kern- und Peripheriebereichen der relevanten Märkte aufgezeigt werden. Insofern können mit vergleichsweise kleinem Aufwand Ausgangspunkte für innovatorische Initiativen identifiziert werden.

Fazit

»You see: The deeper reality is made out of language. (...) It means there is no such thing as ›truth‹. There's *only* language. There is no such thing as a ›fact‹. There is no truth or falsehood, just dominant processes by which reality is socially constructed. In a world of language nothing else is even possible.« [51]

Narrative stellen eine zusätzliche Perspektive in einen geplanten Innovationsprozess dar. Über die Analyse von Narrativen werden Erkennen und Interpretation bestimmter schwacher Signale überhaupt erst möglich. Die Methode kann in unterschiedlichen »Ausbaustufen« im Rahmen von Innovationssystematiken pragmatisch und mit überschaubarem Aufwand eingesetzt werden. Die Erkenntnisse müssen jedoch auf zwei Weisen in den konzeptionellen Kontext der Unternehmensführung eingebunden werden.

Erstens ist eine bereits von Ansoff identifizierte Lücke zu schließen. Diese klafft zwischen Angebot und Nutzung von Früherkennungsinformation durch den oder die Entscheidungsträger – ohne Zweifel eine gewaltige Lücke: »Again, it is the familiar, surprise-threatening information, that is typically rejected by managers (until the moment of crisis), as ›too abstract‹ unreliable, unrelated to past experience and therefore irrelevant to the problems of the firm.« [52] Oder mit anderen Worten formuliert: Informationen werden allzu gerne ausgeblendet, wenn sie nicht in das Weltbild der Beteiligten passen, geschweige denn, dass sie für das herhalten, was Dirk Baecker »kluge Entscheidungen« nennt: »Von Entscheidungen sprechen wir, wenn es der Kommunikation von Innovation und Routine gelingt, mit dem Blick auf erwartete Zukünfte und angesichts sowohl technologischer Ungewissheiten als auch evaluativer Unsicherheiten Reversibilitätschancen von Festlegungen gleich mit festzulegen. Von klugen Entscheidungen sprechen wir, wenn diese Festlegungen von Reversibilitätschancen in der Lage sind, auf schwache Signale rechtzeitig zu reagieren, ohne sich von der Aufmerksamkeit auf Signale dieses Typs blockieren zu lassen.« [53] Dies wird nur gelingen, wenn der hier beschriebene Umgang mit Narrativen als Teil eines systematischen Innovations- und Strategieprozesses aufgefasst und implementiert werden. [54]

Zweitens ziehen eine effektive Früherkennung und daraus abgeleitete gute Entscheidungen die Notwendigkeit einer schlagkräftigen Umsetzung nach. Früherkennung und Reagibilitätsmanagement, oder das, was man im Düsseldorfer Henkel-Konzern »Sense und Response« nennt, sind zwei Seiten einer Medaille. Dazu müssen Führungskompetenz sowie strategische und organisatorische Kompetenzen mit der Fähigkeit zur Früherkennung Hand in Hand gehen. Es ist fatal, Chancen nicht zu erkennen. Es ist nicht minder fatal, sie zu sehen, aber nicht angemessen handeln zu können. [55]

Literatur

[1] Frederick Sommer (1905-1999), *Fotograf, zitiert nach: Sonntag, S. (1980): Über Fotografie, Hamburg (Fischer): 179*

[2] Lewis, D. (1982): *Ice Bird – Einhand in Eis und Sturm, Frankfurt/Berlin/Wien (Orig. 1975, Übers. Zimmermann-Kamler, B.; Ullstein): 57*

[3] vgl. Grotelüschen, F. (2009): *Mit Formeln gegen den Untergang; in: Technology Review 1/2009: 27-32, vgl. Janositz, P. (2001): Neptuns Faust; http://www.tagesspiegel.de/weltspiegel/Welt;art118,2108873 (17.12.2001; Abr.: 26.12.2008), vgl. Frankenfeld, Th. (2005): Die tödlichen Irrtümer über Riesenwellen; http://www.abendblatt.de/daten/2005/02/16/399502.html?s=1 (16.02.2005, Abr. 26.12.2008); vgl. BMBF – Bundesministerium für Bildung und Forschung – Referat »System Erde« (o. J.): Die Freaks unter den Wellen, http://www.planet-erde.de/aktuelles/planeterde-news/die-freaks-unter-den-wellen-gefahren-durch-monsterwellen (Abr. 26.12.2008)*

[4] Thomas Straubhaar Direktor des HWWI, Hamburgisches WeltWirtschaftsInstitut, in einem Interview mit dem Hamburger Abendblatt: Kranz, B. (2009): *Sieben Gründe für Optimismus, in: Hamburger Abendblatt, 03.01.2009 (http://www.hwwi.org/Einzelansicht.5045.0.html?&no_cache=1&tx_wilmediencenter_pi1%5Bid%5D=996&tx_wilmediencenter_pi1%5Bback%5D=2881&cHash=04d40d0402, Abr.: 06.12.2009)*

[5] *Nur als Beispiele: http://articles.latimes.com/2008/aug/25/business/fi-mortgagefraud25; http://www.wallstreet-online.de/diskussion/889048-neustebeitraege/das-deflationsszenario-von-guenter-hannich-und-stormy; http://www.ohio.com/news/break_news/35304189.html*

[6] Wozniewski, H. (2007): *Wie der Nil in der Wüste; Norderstedt (Books On Demand) sowie ders. (2009): Finanzkrise verstehen und Konsequenzen ziehen; in: Becker, L./Gora, W./Ehrhardt, J.; Führung in Krisenzeiten, Düsseldorf (Arbeitstitel, erscheint 2009 bei Symposion)*

[7] Ansoff, H. I. (1976): *Managing Surprise and Discontinuity – Strategic Response to Weak Signals; in; ZfbF, 28. Jg.: 129 ff.*

[8] Bea, F. X./Haas, J. (2005): *Strategisches Management; 4. Aufl. Stuttgart (Lucius & Lucius): 302*

[9] vgl. Bea, F. X./Haas, J. (2005): *Strategisches Management; 4. Aufl. Stuttgart (Lucius & Lucius): 302*

[10] Becker, L.; *Früherkennungs- und Reagibilitätsmanagement: Silberstreifen am Horizont; in: Gablers Magazin Nr. 8/93*

[11] *vgl.* Müller, G. (1987): *Probleme im Umgang mit »schwachen Signalen« – Erfahrungen aus der Verwirklichung einer strategischen Frühaufklärung; in: Blick durch die Wirtschaft;*

Nr. 21/30.01.1987: 4 sowie Bea, F. X./Haas, J. (2005): Strategisches Management; 4. Aufl. Stuttgart (Lucius & Lucius): 302

[12] NADIN, M. (2002): *Anticipation. Die Ursache liegt in der Zukunft; Baden (Lars Müller): 22*

[13] *vgl.* BECKER, L. (2008): *Führung, Innovation und Wandel; in: Becker, L./Ehrhardt, J./Gora, W. (Hg.): Führung, Innovation und Wandel; Düsseldorf (Symposion)*

[14] SCHÄTZING, F. (2006): *Nachrichten aus einem unbekannten Universum – Eine Zeireise durch die Meere; Köln (Kiepenheuer & Witsch): 510*

[15] *siehe hierzu auch:* HEUSER, J. (2008): T*urbulente Krise: Wirtschaftsweiser Rürup zweifelt an Prognosen; http://www.spiegel.de/wirtschaft/0,1518,596909,00.html (17.12.2008, Abr. 26.12.2008), siehe auch oben*

[16] STARBATTY, J. (2008): *Warum die Ökonomen versagt haben; in: FAZ vom 3.11.2008 (http://www.faz.net/s/RubB8DFB31915A443D98590B0D538FC0BEC/Doc~EBDB1A14 571A54DDB8BC4DEBB5CA46930~ATpl~Ecommon~Scontent.html, Abr. 06.01.2009)*

[17] VGL. ANSOFF, H. I. (1976): *Managing Surprise and Discontinuity – Strategic Response to Weak Signals; in; ZfbF, 28. Jg.: 132*

[18] *zur Unterscheidung »Contextual« bzw. »tranactional environment« vgl. Ramirez, R./Van der Heyden, K. (2007): Interactive Role for Scenarios in Strategy; in: Shape, B./ Van der Heyden, K.; Scenarios for Success: Turning Insights into Action; (John Wiley & Sons):*

[19] RUMELT, RICHARD P. (1996): *»Comment on 'Forecasting: Its Role and Value for Planning and Strategy',« International Journal of Forecasting, 12 (1996): 552 (im Orig. kursiv)*

[20] *»The only direction we can move, is into different flavours of the dominant social discourse, or across the grain of the consensus narrative, or - this would be the worst part - into the Wittgenstein empty spaces were things can's be said, cant's br spoken can't be thought…"; Sterling, B. (2000): Zeitgeist, New York (Bantam Books): 152*

[21] *Leitbild der Karlshochschule in Karlsruhe*

[22] BECKER, L. (2008): *Führung, Innovation und Wandel; in: Becker, L./Ehrhardt, J./Gora, W. (Hg.): Führung, Innovation und Wandel; Düsseldorf (Symposion)*

[23] *Ein Beispiel dafür ist die geplante und planbare Innovation der Düsseldorfer Henkel KGaA, siehe: Müller-Kirschbaum, Th./Wuhrmann, J.-C. (2008): Innovationskultur bei Henkel, in: Becker, L./Ehrhardt, J./Gora, W. (Hg.): Führung, Innovation und Wandel; Düsseldorf (Symposion)*

[24] *vgl.* BECKER, L. (2008): *Führung, Innovation und Wandel; in: Becker, L./Ehrhardt, J./Gora, W. (Hg.): Führung, Innovation und Wandel; Düsseldorf (Symposion)*

[25] RUMELT, R. P. (1996): *»Comment on 'Forecasting: Its Role and Value for Planning and Strategy'«, International Journal of Forecasting, 12 (1996): 552*

[26] PFRIEM, R. (2004), *Unternehmensstrategien sind kulturelle Angebote an die Gesellschaft; in: Forschungsgruppe Unternehmen und gesellschaftliche Organisation (FUGO) (Hg.): Perspektiven einer kulturalistischen Theorie der Unternehmung, Marburg (Metropolis): 375 ff.*

[27] VGL. RUSCH, G. (2006): *Konturen konstruktivistischer Ökonomik; in: ders. (Hg.): Konstruktivistische Ökonomik; Marburg (Metropolis): 17 f.*

[28] VGL. BECKER, L. (2009): *Strategische Führung als Projektführung; in: Becker, L./Ehrhardt, J./Gora, W. (Hg.): Projektführung und Projektmanagement; Düsseldorf (Symposion)*

[29] PFRIEM, R. (2006): *Unternehmensstrategien – Ein kulturalistischer Zugang zum strategischen Management; Marburg (Metropolis): 212*

[30] VON FOERSTER, H. (2008): *Das Konstruieren einer Wirklichkeit; in: Watzlawick, P.; Die erfundene Wirklichkeit – Wie wissen wir, was wir zu wissen glauben? Beiträge zum Konstruktivismus; 4. Aufl.: München/Zürich (Piper): 59*

[31] FOERSTER, H. VON (2008): *Das Konstruieren einer Wirklichkeit; in: Watzlawick, P.; Die erfundene Wirklichkeit – Wie wissen wir, was wir zu wissen glauben? Beiträge zum Konstruktivismus; 4. Aufl.: München/Zürich (Piper): 59*

[32] FLOHR, U. (2008): *Zu viel Vorsprung. http://www.spiegel.de/auto/aktuell/0,1518,546187,00.html (Abr. 09.01.2009)*

[33] MENZ, F. (2008): *Postbürokratische Organisationen und Ungewissheit: Zum Verhältnis von Identitätsmanagement und Selbstorganisation, in; Menz, F./Müller, A. (2008): Organisationskommunikation; München/Mering (Hampp), Baecker, D. (2003): Organisation und Management; Frankfurt/Main (Suhrkamp)*

[34] *Etwa, zusammen mit* ANJA MULEY, IN: KIESER, A./MULEY, A. (2003): *The Importance of the Storyline; in: Müller, A. P./Kieser, A. (Hrsg.) (2003): Kommunikation in Organisationen; Frankfurt/Main (Lang)*

[35] KIESER, A./MULEY, A. (2003): *The Importance of the Storyline; in: Müller, A. P./Kieser, A. (Hrsg.) (2003): Kommunikation in Organisationen; Frankfurt/Main (Lang): 127*

[36] PFRIEM, R. (2006): *Unternehmensstrategien – Ein kulturalistischer Zugang zum strategischen Management; Marburg (Metropolis): 209*

[37] SCHUMPETER, J. A. (1947): *The Creative Response in Economic History, in: Journal of Economic History, Nov.: 149-159*

[38] Becker, L.; *Früherkennungs- und Reagibilitätsmanagement: Silberstreifen am Horizont; in: Gablers Magazin Nr. 8/93*

[39] Rumelt, Richard P. (1996): *»Comment on 'Forecasting: Its Role and Value for Planning and Strategy',« International Journal of Forecasting, 12 (1996): 552 (im Orig. kursiv)*

[40] *In Anlehnung an:* Lindhult, E./Berlund, K. (o. J.): *Conzeptualizing Everyday Entrepreneurship: The case of college students at the risk of dropping out; http://web.vkl.se/dropin/pdf/070918/Paper%20ICSB%20Conceptualizing%20everyday%20entrepreneurship%20Lindhult%20Berglund.pdf (Abr. 28.12.2008)*

[41] Sterling, Bruce (2000): *Zeitgeist, New York (Bantam Books): 151*

[42] *vgl.* Rieger, F./Ron (2007): *Die Wahrheit und was wirklich passierte, in: 24C3 2334*

[43] *Quelle: http://news.bbc.co.uk/1/shared/spl/hi/pop_ups/08/americas_enl_1225882748/html/1.stm (Abr 28.12.2008)*

[44] Becker, L.; *Früherkennungs- und Reagibilitätsmanagement: Silberstreifen am Horizont; in: Gablers Magazin Nr. 8/93*

[45] Quelle: o.V. (2009): *Digital publishing. Corporate Language Training. Prospekt (16 Seiten). München: 5.*

[46] Neuberger, O./Kompa, A. (1987): *Wir, die Firma. Der Kult um die Unternehmenskultur. München (Beltz): 14.*

[47] *Vgl. hierzu* Kösel, E. (2007): *Die Modellierung von Lernwelten. Bd. 2. Die Konstruktion von Wissen. Bahlingen (SD-Verlag).*

[48] Hunington, S. P. (1996): *Kampf der Kulturen – Die Neugestaltung der Weltpolitik im 21. Jahrhundert; Hamburg (zitiert nach der Spiegel Edition 2006/2007): 34 f.*

[49] *ausführlich beschrieben in:* Gundlach, C./Nähler, H. (2008): *Innovation mit Triz; Düsseldorf (Symposion)*

[50] *PTAP = Prospecting, Targeting, Alignment, Programs*

[51] Sterling, B. (2000): *Zeitgeist, New York (Bantam Books): 151*

[52] Ansoff, H. I. (1976): *Managing Surprise and Discontinuity – Strategic Response to Weak Signals; in; ZfbF, 28. Jg.: 132*

[53] Baecker, D. (o. J.): *Organisation als temporale Form: Ein Ausblick; http://homepage.mac.com/baecker/papers/OrganisationalstemporaleForm.pdf (Erscheint in: Meissner, J. O./Wimmer, R./Wolf, P. (Hg.), Praktische Organisationswissenschaft: Eine systemtheoretische Einführung, Heidelberg: Carl-Auer Verlag, im Druck - Abr. 26.12.2008): 4*

[54] *An dieser Stelle sei nochmals explizit auf den im gleichen Verlag erschienen Band* BECKER, L./EHRHARDT, J./GORA, W. (HG.) (2008): *Führung, Innovation und Wandel; Düsseldorf (Symposion) verwiesen*

[55] *Diese Dualität aus Früherkennungs- und Reagibilitätsmanagement wurde Anfang der 1990er Jahre von Lutz Becker thematisiert und aktuell als »Früherkennung und Responsivität« von Günther Ortmann wieder aufgegriffen, vgl.* BECKER, L.; *Früherkennungs- und Reagibilitätsmanagement: Silberstreifen am Horizont; in: Gablers Magazin Nr. 8/93;* ORTMANN, G. *(2008): Management in der Hypermoderne – Kontingenz und Entscheidung; Wiesbaden (VS-Verlag für Sozialwissenschaften): 223 ff. siehe auch:* MÜLLER-KIRSCHBAUM, TH./WUHRMANN, J.-C. (2008): *Innovationskultur bei Henkel, in:* BECKER, L./EHRHARDT, J./GORA, W. (HG.): *Führung, Innovation und Wandel; Düsseldorf (Symposion): 341. Die Frage der Implementierung von Strategien wird zudem ausführlich behandelt in:* BECKER, L./EHRHARDT, J./GORA, W. (HG.) (2009): *Projektführung und Projektmanagement; Düsseldorf (Symposion)*

Zusammenfassung
Veränderungen der gesellschaftlich-ökonomischen Rahmenbedingungen, so die Ausgangsüberlegung, deuten sich in Narrativen – den vorherrschenden Geschichten, die erzählt werden, sowie der Art und Weise, wie sie erzählt werden – an. Hier greift der Beitrag das Konzept der »schwachen Signale« von H. Igor Ansoff auf und versucht, dieses mit der Frage zu verknüpfen, inwieweit Narrative für die Früherkennung von Trendverschiebungen und -brüchen herhalten können, und wie diese Erkenntnisse als Ausgangspunkt für Innovationssystematiken verwertbar sind. Auf Grundlage des Forschungsprojektes »Narrative & Innovation« an der Karlshochschule in Karlsruhe werden in diesem Beitrag die Rahmenbedingungen sowie, am Beispiel der Diskursanalyse, Ansätze zur praktischen Umsetzung innerhalb eines systematischen Innovationsprozesses dargestellt. Der Beitrag richtet sich vorrangig an Führungskräfte der Wirtschaft, nichtsdestotrotz können Politik und Verwaltung erheblich davon profitieren.

Futuring – Unternehmen auf das Unbekannte vorbereiten

Angesichts von Krisen und wachsendem Veränderungsdruck stellt sich für viele Branchen die Zukunftsfrage dringender denn je. Mit Hilfe des Futuring können Unternehmen Alternativen vordenken, Marktunsicherheiten minimieren und das strategische Potenzial unterschiedlicher Pfade in die Zukunft ausloten.

In diesem Beitrag erfahren Sie:
- wie Zukunftsforschung Unternehmen bei der Orientierung für künftige Entwicklungen hilft,
- wie sich Veränderungsmöglichkeiten frühzeitig erkennen lassen,
- wie Futuring die Strategieentwicklung und -überprüfung unterstützt.

Stefan Reschke, Birgit Weimert

Was ist Futuring?

Unter dem Begriff Futuring versteht man angewandte Zukunftsforschung, also das systematische und zielgerichtete Erschließen zukünftiger Entwicklungsmöglichkeiten in Wirtschaft und Gesellschaft. Die Zukunftsforschung als Grundlage des heutigen Futuring entstand nach dem 2. Weltkrieg als eigenständiger Wissenschaftszweig, das heißt, zur Untersuchung eines noch nicht existenten Objektbereichs wurden neue analytische Methoden eingesetzt und wissenschaftliche Qualitätskriterien angelegt. Das Futuring beinhaltet die Ermittlung wahrscheinlicher, möglicher (also auch unwahrscheinlicher) und wünschbarer Zukünfte und deren Gestaltungsoptionen. So kann es in einer Zeit zunehmender Dynamik und Komplexität fundierte Orientierungshilfen bieten und Handlungsoptionen aufzeigen.

Derzeit existieren zwei Hauptströmungen, die sich unterscheiden lassen in:

⇨ Foresight und
⇨ technologieorientierte Vorausschau einschließlich Technikfolgenabschätzung.

Foresight widmet sich hauptsächlich sozio-ökonomischen, politischen und ökologischen Entwicklungen insbesondere in der ferneren Zukunft. Hier geht es in einem zunehmend partizipativen Prozess darum, gemeinsam getragene Zukunftsvisionen zu entwickeln sowie nachhaltige Gestaltungs- und Entscheidungsprozesse anzustoßen.

Technologieorientierte Vorausschau befasst sich mit der Identifizierung und Beobachtung emergenter Technologien sowie der Extrapolation technologischer Entwicklungsstränge von »übermorgen« bis in die ferne Zukunft.

Beim Futuring begegnet man sehr verschiedenen Qualitäten von Zukunftsentwicklungen. Ein Gefühl für die Vielfalt und unterschied-

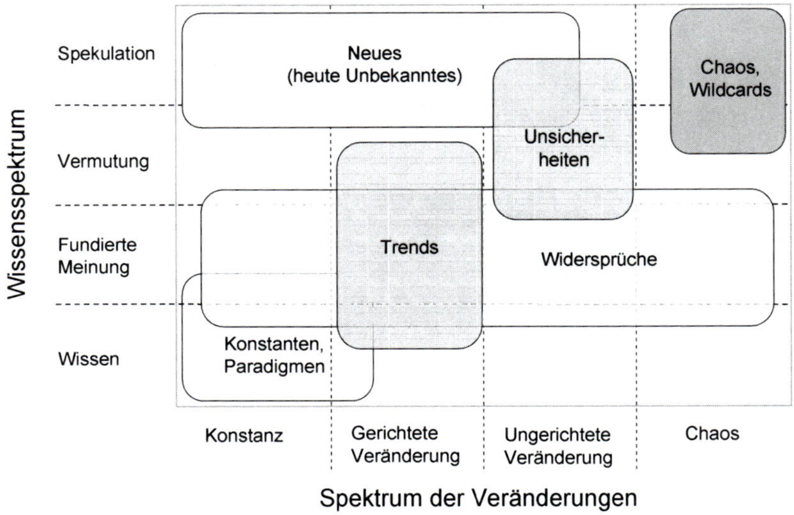

Abb. 1: *Zukunftsmodell als Spektrum der Veränderungen und des Wissens (Quelle: [14])*

lichen Aspekte der (angewandten) Zukunftsforschung gibt zum Beispiel Pillkahns Zukunftsmodell als Spektrum der Veränderungen und des Wissens (siehe Abb. 1).

Das Futuring kennt inzwischen sehr viele Methoden, Varianten und Bezeichnungen, unterschiedlichste Akteure und Motivationen – Kennzeichen einer sehr dynamischen Entwicklung. In diesem Beitrag wollen wir uns nach einer Einführung in die Thematik exemplarisch mit einigen ausgewählten Methoden für eine eher technologieorientierte Vorausschau befassen.

Relevanz des Futuring für die strategische Planung und in der Frühphase des Produktentstehungsprozesses

Die Zukunft erscheint uns oft wie ein Buch mit sieben Siegeln, gerade in Zeiten wirtschaftlicher Instabilität. Und – mit den Worten des Kabarettisten Karl Valentin – sie ist auch nicht mehr das, was sie einmal war. Valentins Ausspruch zeigt das Dilemma: Wir können noch so viel aus Vergangenheit und Gegenwart lernen, selbst die nahe Zukunft kann gehörig neben unseren Erwartungen liegen, die wir normalerweise wiederum aus unserer Lebenserfahrung ableiten. Dies gilt für das Individuum, die Gesellschaft und insbesondere auch für die Wirtschaft.

Auf der anderen Seite motiviert ein Zitat des Autors William Gibson: »Die Zukunft ist schon da, sie ist nur noch nicht gleichmäßig verteilt«. In Bezug auf Technologien mag hier die deutsche Industrie als Negativbeispiel stehen: In Deutschland wurden zwar über die letzten Jahrzehnte viele, später bahnbrechende Erfindungen gemacht und Entwicklungen initiiert, gleichmäßig verteilt wurden sie aber zum Beispiel von der japanischen oder amerikanischen Industrie. Hierzu gehören Produkte wie Computer (Zuse, 1941), Kreiskolbenmotor (Wankel und Paschke, 1957), Video2000 (Grundig, 1963), Compact Disc (Philips/Grundig, 1974) oder das MP3-Format (Fraunhofer IIS, 1992).

Bei kürzer werdenden Produktzyklen, einer zunehmenden Zahl von Alternativen, einer sich beschleunigenden Entwicklung des technischen Fortschritts, sich sättigenden, teils inkohärenten Märkten und schrumpfenden Ressourcen wird es immer wichtiger, die richtigen Innovationen zur rechten Zeit am richtigen Platz bereit zu haben. Das heißt nicht nur, den künftigen Kundenwunsch zu erkennen, sondern auch, gewappnet zu sein gegenüber wirtschaftlichen und technologischen Diskontinuitäten. Eine zentrale Aufgabe der Strategischen Planung in Unternehmungen ist es dabei, ferne mögliche Zukünfte in Wirtschaft, Gesellschaft und Technologie zu antizipieren, daraus relevante künftige Produkt- und Technologieentwicklungen »vorherzusehen«, rechtzeitig entsprechende Weichenstellungen vorzunehmen und Frühwarnsysteme zum Erkennen von Chancen und Risiken zu installieren. Das Futuring stellt dafür einen Satz an geeigneten und anpassbaren Methoden zur Verfügung. Sie lassen sich zum Teil recht einfach in Standardprozesse des Produktentstehungsprozesses einbinden beziehungsweise an sie anfügen, oder ihre Ergebnisse können auch in das bestehende Technologie- und Innovationsmanagement eingebracht werden.

Das Futuring ist die Kernaktivität der firmeninternen Wissensgewinnung in Bezug auf Zukunftsfragen. Insbesondere im angelsächsischen Raum wird das Futuring längst nicht mehr als reines Mittel zur Informationsbeschaffung gesehen, sondern als eigenständiger strukturierter Prozess sowie als eine Plattform für zukunftsgerichteten Erkenntnisaustausch und strategisches Denken. Dadurch integriert es die strategische Frühaufklärung und Vorausplanung, das Innovationsmanagement und gegebenenfalls auch das Risikomanagement. In Deutschland wird ein solch umfassendes Zukunftsmanagement bislang nur von wenigen, überwiegend großen Unternehmen konsequent praktiziert.

Grundprinzipien

Sowohl die sozio-ökonomische Foresight als auch die technologieorientierte Vorausschau haben eine Vielfalt an Einzelmethoden und Verfahren oder adaptierten Methoden aus anderen Bereichen wie dem Pool der Kreativtechniken oder dem Innovations- und Technologiemanagement entwickelt. Oft ähneln sie einander und zeigen fast immer die gleiche prinzipielle Abfolge in der Vorgehensweise:

- ⇨ Problemabgrenzung und Präzisierung,
- ⇨ Datensammlung und -strukturierung,
- ⇨ Entwurf der Zukunftsbilder,
- ⇨ Bewertung der künftigen Zustände mit Entscheidungsfindung,
- ⇨ Kommunikation der Ergebnisse und ihre Umsetzung.

Es lassen sich grob zwei Ansätze unterscheiden, nämlich datenbasierte und expertenbasierte Methoden. Ihr Charakter kann qualitativ oder quantitativ sein, ihre Zielrichtung explorativ (Erkunden möglicher Zukünfte) oder normativ (Entwurf wünschbarer Zukünfte). Aus den eher schlechten Erfahrungen mit rein quantitativen Methoden heraus, die unter anderem auf unzureichende Datenlage und Modelle für die exakte mathematische Abbildung von Zukünften zurückzuführen sind, verlagert sich seit einiger Zeit der Anwenderfokus auf qualitative oder semi-quantitative Methoden. Je weiter der Beobachtungszeitraum in der Zukunft liegt, desto sinnvoller sind qualitative Ansätze.

Methodenklassen

Aus anwendungsorientierter Sicht ist eine Unterteilung der Futuring-Methoden in bestimmte Klassen sinnvoll. Unser hier genutzter Strukturierungsansatz clustert über 100 Methoden auf einer zweidimensionalen »Landkarte« in fünf ineinandergreifenden Gruppen:

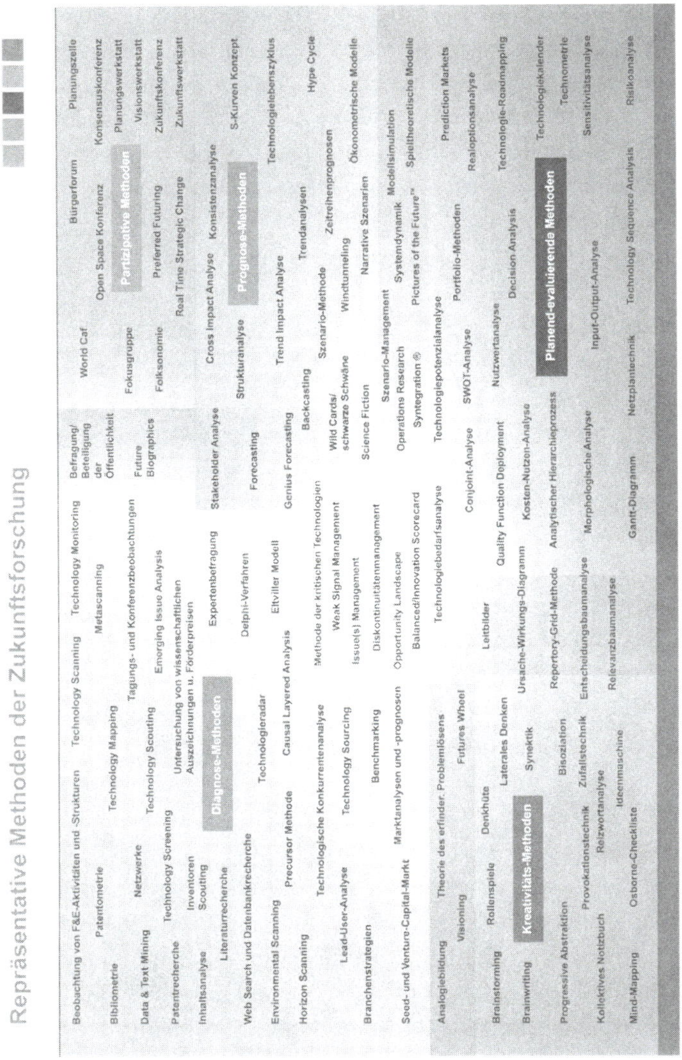

Abb. 2: *Methodenlandschaft des Futuring (Dr. Birgit Weimert, Fraunhofer INT 2008)*

- ⇨ Diagnosemethoden,
- ⇨ Prognosemethoden,
- ⇨ Kreativmethoden,
- ⇨ planend-evaluierende Methoden und
- ⇨ partizipative Methoden (siehe Abb. 2.).

Darüber hinaus kann auch eine methodische Metaebene identifiziert werden, auf der sich Rahmenkonzepte finden, die situationsangepasst setzkastenartig mit unterschiedlichen Einzelmethoden ausgefüllt werden können. Die jeweilige Position einer Methode auf der Landkarte hängt dann davon ab, welcher Akzent als der jeweils wesentliche herausgestellt werden soll. Bei den hier aufgeführten Methoden handelt es sich also sowohl um klar abgegrenzte Einzelmethoden mit genau festgelegten Schritten (zum Beispiel Zukunftswerkstatt), als auch um Verfahren, die einen Methoden-Mix darstellen (zum Beispiel Szenario-Methoden), aber auch um Konzepte wie das Eltviller Modell.

Mit Hilfe der *Diagnosemethoden* wird eine sachliche Wissensbasis geschaffen. Sie dienen somit der Gewinnung eines Gesamtbildes. Mit *Prognosemethoden* lassen sich Aussagen über zukünftige Entwicklungsverläufe erzielen. Sie beruhen unter anderem auf Daten oder begründbarem Erfahrungswissen. Aussagen über die Zukunft können sich auch durch *planend-evaluierende Verfahren* gewinnen lassen. Sie dienen insbesondere der Einbindung der gewonnenen Erkenntnisse in die Planung und Umsetzung. *Kreativmethoden* werden überwiegend unterstützend innerhalb anderer methodischer Ansätze angewandt. *Partizipative Methoden* werden hauptsächlich eingesetzt, wenn es um die Gestaltung der Zukunft oder die Entwicklung einer gemeinsamen Vision geht. Grundgedanke hierbei ist, dass Zukunftsentwicklungen primär durch Faktoren wie Glauben und Handeln von Individuen, Organisationen und Institutionen getragen werden.

Diagnosemethoden

Bei den Diagnosemethoden handelt es sich um Verfahren zur Durchforstung von geeigneten Quellen im Sinne eines Erkenntnisgewinns.

In einer explorativen Phase werden aus verschiedenen Quellen, von wissenschaftlichen Publikationen bis zum abgefragten Expertenwissen, Informationen zur Ortung, Erfassung und Kategorisierung von technologischen Veränderungen und Potenzialen gesammelt. Diese Informationen werden dann vertieft analysiert und aufbereitet. Die Diagnosemethoden dienen der Erstellung von einer Art aktuellem Lagebild. Beispiele für Diagnosemethoden sind:

⇨ Technology Scouting,
⇨ Horizon Scanning,
⇨ Delphi-Verfahren,
⇨ Szientometrie.

Prognosemethoden

Hierunter verstehen wir Methoden, die eigene wissenschaftlich fundierte Aussagen über den Verlauf zukünftiger Entwicklungen ermöglichen. Dieser lässt sich zum Beispiel mit Hilfe von Extrapolationen, durch Erkennen und Anwenden von Mustern oder auch normativ erarbeiten. Prognosemethoden lassen sich in quantitative (zum Beispiel Zeitreihenentwicklungen oder Modellsimulationen) und qualitative Verfahren unterteilen. Die qualitativen Verfahren beruhen auf subjektiven Einschätzungen, in der Regel von Experten. Beispiele für Prognosemethoden sind:

⇨ Szenariomethoden,
⇨ Forecasting,
⇨ S-Kurven.

Planend-evaluierende Methoden

Diese Verfahren dienen überwiegend der Einbindung der gewonnenen Erkenntnisse in die Planung und Umsetzung. Hier gibt es die größten Überlappungen zu anderen Themenbereichen wie dem F&E-Management, dem Technologie- und Innovationsmanagement, dem Risikomanagement, der Technikfolgenabschätzung beziehungsweise Technikbewertung sowie der strategischen Planung. Der bekannteste

Ansatz ist das Technologie-Roadmapping mit dem Beispiel der normativen ITRS-Roadmap der Halbleiterindustrie. Weitere Methoden sind unter anderem:

⇨ Opportunity Landscape (Kompetenz- und Innovationsmanagement),
⇨ Futures SWOT-Analysis.

Kreativmethoden

Kreativität, also die Fähigkeit zu schöpferischem Denken und Handeln, ist ein wichtiger übergeordneter Aspekt, um Zukunftsbilder zu erschließen, ohne auf deren Umsetzbarkeit achten zu müssen. Sie ist aber auch bei der Entwicklung von Reaktionsstrategien sehr hilfreich. Daher sind Kreativtechniken in fast allen Futuring-Methoden vertreten. Prinzipiell lassen sich die Kreativmethoden unterscheiden nach dem jeweiligen Grundcharakter, nämlich Assoziieren, Kombinieren oder Verfremden, welche zum Beispiel bei Verfahren wie Brainstorming, morphologische Analyse oder Synektik Anwendung finden. Häufig wird auch einfach zwischen diskursiven, intuitiven und kombinierten Verfahren unterschieden. Vor allem die beiden letzteren lassen sich einsetzen, um unwahrscheinliche Ereignisse zu ermitteln, die große Auswirkungen auf die Unternehmung haben können. Diese Ereignisse werden gelegentlich als Wildcards oder Trendbruchereignisse bezeichnet und zum Beispiel in der Gestaltung von Szenarien berücksichtigt. Diskursive Verfahren wie zum Beispiel nach dem Prinzip der Osborn-Checklisten ermöglichen ein systematisches Behandeln der Fragestellung nach vorgegebenen Kriterien. Kombinierte Methoden wie TRIZ (Theorie des erfinderischen Problemlösens) lassen sich gut zur Lösungsfindung einsetzen, wenn Undenkbarkeiten oder andere Hindernisse auftauchen. Beispiele für Kreativmethoden sind:

⇨ Mind-Mapping,
⇨ Morphologische Analyse,
⇨ Ideenmaschine,
⇨ Theorie des erfinderischen Problemlösens (TRIZ).

Partizipative Methoden

Partizipative Methoden werden häufig im Bereich der Zukunftsgestaltung eingesetzt. Hier wird davon ausgegangen, dass die Zukunft primär durch Wissen, Glauben und Handeln von Individuen, Gruppen, Organisationen oder Institutionen getragen wird. In den zugehörigen Veranstaltungen findet man häufig eine Mischung aus Experten und Laien, die gemeinsam Zukunftsbilder entwickeln. Wichtige Beispiele sind hier:

⇨ Zukunftswerkstatt,
⇨ Open Space.

Untersuchungen zum Einsatz von Futuring-Methoden in Unternehmen

Die Qualität der Ergebnisse der angewandten Zukunftsforschung hängt stark vom Einsatz geeigneter Methoden und Prozesse ab (siehe Abb. 3). In der Regel ist in den Unternehmungen eine ausgeprägte Sachkompetenz vorhanden, aber vielfach mangelt es an entsprechender Methoden- und Prozesskompetenz.

Abb. 3: *Einflussfaktoren auf die Qualität der Ergebnisse von Futuring-Methoden (nach Weimert, Fraunhofer INT 2009)*

Es gibt eine Reihe von Erhebungen zum Einsatz von Methoden zur Vorbereitung auf die Zukunft und zur Unterstützung der strategischen Planung, die aus unterschiedlichen Branchen und Regionen stammen. In einer reinen Zusammenfassung der Ergebnisse nach Häufigkeit ergibt sich folgende Rangfolge:

- ⇨ Literaturanalysen,
- ⇨ Expertenbefragungen (Interviews, Workshops),
- ⇨ Szenario-Methoden,
- ⇨ Scanning,
- ⇨ Delphi-Verfahren (mehrstufige Expertenbefragungen),
- ⇨ Roadmapping.

Literaturanalysen und *Expertenbefragungen* dominieren in diesem Ranking. Sie werden in Unternehmen aller Größen und Branchen im F&E-Kontext als Kernaktivitäten grundsätzlich eingesetzt, denn die benötigte Sachkompetenz ist bereits explizit vorhanden oder kann zugekauft werden. Da in Unternehmungen eine »Futuring-Kompetenz« häufig im F&E-Umfeld aufgebaut wird, liegt es außerdem nahe, dass dort verwendete Methoden der Wissensgewinnung übernommen werden. Die Literaturrecherche wird zunehmend durch Tools wie softwarebasiertes Data- und Textmining unterstützt und erleichtert.

Szenario-Methoden sind in unterschiedlicher Ausprägung und Eindringtiefe zu finden. Sie werden überwiegend von Großunternehmen angewandt, da sie neben einer Sachkompetenz auch erhebliche Methoden- und Prozesskompetenz erfordern, die sich kleinere Unternehmungen oft nicht leisten können. Das *Scanning*, also das primär zweckfreie und ungerichtete Abtasten der Wissenslandschaft nach bislang Unbekanntem, ist eine Aktivität, deren wirtschaftlicher Nutzwert sich relativ schwer begründen lässt. Expertenbefragungen nach der *Delphi-Methode* wie auch das *Roadmapping* erfordern wieder erhebliche Methoden- und Prozesskompetenz und sind auch zeit- und personalintensiv, was ihren relativ seltenen Einsatz in der unternehmerischen Praxis erklärt.

Futuring in der Unternehmung

Das Futuring als Bestandteil eines ganzheitlichen Innovationsmanagements hat zur Aufgabe, bei der strategischen Gesamtausrichtung und bei taktischen Entscheidungen der Unternehmung wesentliche Randbedingungen, idealerweise sogar klare Zielvorstellungen aufzuzeigen. Dazu dient sicher nicht die akademische Zukunftsforschung, sondern ein pragmatischer Ansatz, der dem jeweiligen Zeithorizont (zum Beispiel 15 oder 25 Jahre in der Zukunft), dem Kerngeschäft, dem Technologieportfolio und dem für den Prozess selbst möglichen zeitlichen wie personellen Aufwand der Unternehmung angepasst ist. In der Regel wird es sich hierbei um eine individuelle Kombination einzelner Methoden handeln. Sie decken sowohl den Zeithorizont von der Gegenwart bis über 30 Jahre in die Zukunft ab, als auch die Bandbreite von rein qualitativer bis zu rein quantitativer Datenerfassung und Analyse (siehe Abb. 4).

Als ein in diesem Kontext relativ neues Tool gewinnt derzeit die *Bibliometrie*, also die Vermessung von Publikationen, erheblich an

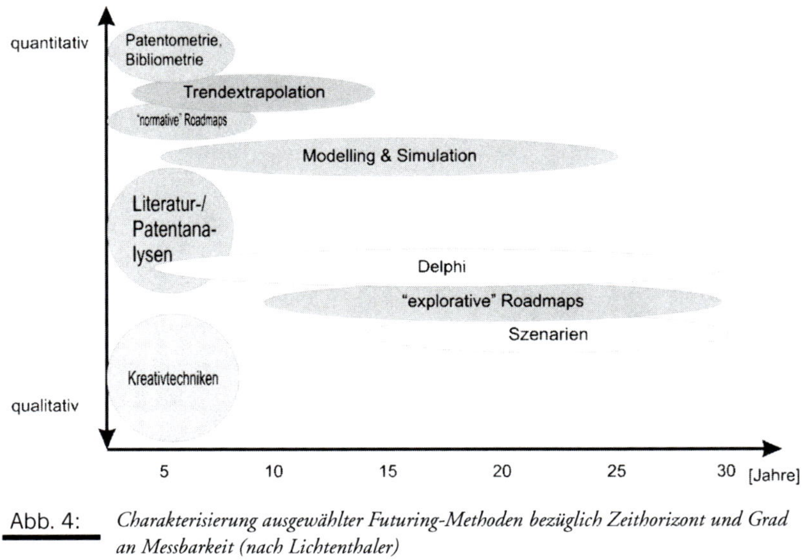

Abb. 4: *Charakterisierung ausgewählter Futuring-Methoden bezüglich Zeithorizont und Grad an Messbarkeit (nach Lichtenthaler)*

Bedeutung. Die Dimensionen, die in der Bibliometrie gemessen werden, sind Publikationshäufigkeit und Zitationen, Publikationsort und -jahr, publizierendes Institut, publizierender Wissenschaftler, die Keywords, die Länge der Publikationen etc. Diese Dimensionen werden teilweise auch zu Indikatoren kombiniert, wie zum Beispiel der Zitationsrate, dem Impact Factor oder dem H-Index. Die Auswertung von Messzahlen sowie einiger Indikatoren ermöglicht zum Beispiel die Identifizierung von relevanten wissenschaftlichen Beiträgen, emergenten Forschungsthemen und Technologien oder von Experten zu einem Thema.

Um die richtigen, marktrelevanten technologischen Entwicklungen anzustoßen und voranzutreiben, müssen *Technologiebedarf* und *Käuferstruktur* der Zukunft möglichst genau eingeschätzt werden. Das hierzu nötige Basiswissen wird überwiegend in Foresight-Studien staatlicher, regionaler oder nichtstaatlicher Organisationen erarbeitet. Deren Auswertung selbst regt schon das Denken in Zukunftsbildern an und kann Ausgangspunkt für eigene Visionen sein. Auch einige Großkonzerne betreiben seit Längerem sozio-ökonomische Studien mit weitgefasstem Fokus, allerdings fast ausschließlich aus firmenbezogenem Blickwinkel. Dabei werden häufig auch so genannte Megatrends herausgearbeitet, die für sich schon wesentliche Anregungen für neue Forschungsfelder, Arbeitsgebiete oder Märkte geben können. Die Mehrzahl der Studien ist zum Beispiel über das Internet öffentlich zugänglich.

Aus diesen vorhandenen Foresight-Studien lassen sich oft recht einfach mögliche künftige *Szenarien* ableiten, die für die Unternehmung relevant werden können. Über diese Szenarien lassen sich auf abstrakter wie konkreter Ebene mögliche künftige Technologiebedarfe ermitteln, die in die strategischen Überlegungen und Firmenkonzeptionen einbezogen werden sollten. Je weiter die Szenarien in der Zukunft liegen, desto eher bietet sich eine Unterteilung der Zeitstrahlen durch Zwischenszenarien in handhabbare Intervalle an. Häufig wird pragmatisch eine 5-Jahres-Stufung gewählt. Dies ist neutraler als das Zugrundelegen firmentypischer Innovations- oder Produktlebenszyklen und erleichtert so vom Tagesgeschäft entkoppeltes Denken und Vorausschauen. Dabei können sich bezüglich des Wissensgewinns explorative Extrapolationen aus der Jetztzeit in die Zukunft (z.B. Roadmapping) und analytische Retropolationen aus fernliegenden Zukunftsszenarien in Richtung Jetztzeit (z.B. eine in Zeitscheiben aufgefächerte technologische Bedarfsanalyse) ideal ergänzen.

Auf der anderen Seite können mittels verschiedener Prozesse des Technologie- und Innovationsmanagements aus Unternehmenssicht recht genaue Lagebilder der Jetztzeit und näherer Zukünfte angefertigt werden. Gut geeignet ist beispielsweise das Tool »Qualitätshaus« (House of Quality, HoQ) aus dem QFD-Werkzeugkasten. Hiermit können in unterschiedlicher Auflösung aktuelle und künftige Kundenforderungen mit möglichen technischen Merkmalen potenzieller Produkte korreliert werden, wobei die technischen Merkmale mit sich selbst korreliert das so genannte Dach des HoQ bilden und schon erste Hinweise auf Synergien und Unverträglichkeiten geben. Das HoQ bietet damit zum einen eine Ausgangslage für das Futuring an, die aus Unternehmenssicht wichtige und vordifferenzierte Markt- und Technologieoptionen umfasst. Zum anderen ist es ein Instrument, mit dem auch Zwischenszenarien auf den Zeitstrahlen in die Zukünfte analysiert werden können.

Außerdem ist ein möglichst kontinuierliches Technologie-Scanning und Technologie-Monitoring erforderlich, welches dafür Sorge trägt, dass permanent ein aktueller Wissensstand weit über das Technologie- und Kompetenzportfolio der eigenen Unternehmung hinaus gewährleistet ist. Eine sehr schöne Analogie hierfür bieten die Bilder »Radar« (als Rundumblick mit zeitlicher Tiefenstafflung von erfassten Ereignissen) und »Horizon Scanning« (das Absuchen des Horizonts nach frühen Signalen).Ein regelmäßiger Abgleich der Ergebnisse aus den Analysen der Foresight-Studien mit denen des Technologiemonitorings ergibt im Idealfall klare Entscheidungskriterien für die kurz- und gegebenenfalls mittelfristige Technologieplanung sowie Leitlinien für die mittel- und langfristige Technologieplanung. Der Gesamtprozess erfordert ein nachhaltiges Wissensmanagement, das von allen Mitarbeitern der Unternehmung getragen werden sollte.

Um dem Futuring-Prozess den richtigen Stellenwert beizumessen und ihn entsprechend in der Unternehmung zu verankern, sollte er von der obersten Leitungsebene initiiert sowie mitgestaltet und mitgetragen werden. Idealerweise ist das zuständige Projektteam dann sehr heterogen aufgebaut, um möglichst viele unterschiedliche Blickwinkel beleuchten und integrieren zu können. Gelegentlich bietet sich die Einbindung von Lead-Usern ebenso wie die von Laien an.

Im Folgenden gehen wir näher auf einige aus unserer Sicht wichtige Methoden des Futuring ein: Technologie-Roadmapping, Szenario-Methoden, Expertenbefragung mittels Delphi, Zukunftswerkstatt sowie als Beispiel aus der Praxis der Ansatz von Siemens – Pictures of the Future (TM).

Technologie-Roadmapping

Das Technologie-Roadmapping dient der systematischen Erfassung, Bündelung und Bewertung von Entwicklungspfaden sowie der Identifikation konkreter Handlungsoptionen. Es fördert das Erkennen möglicher Wechselwirkungen, Synergien und Diskontinuitäten und damit neuer technologischer Optionen und Märkte. In Analogie zu einer Straßenkarte bildet eine Technologie-Roadmap Wege und Informationen ab, wann welche Einzeltechnologien (für welche Märkte) zur Verfügung stehen werden beziehungsweise könnten.

Technologie-Roadmapping in engerer Auslegung befasst sich nur mit Technologien, in weiterer Auslegung auch mit Produkten, Prozessen, Funktionen, Markttreibern etc. Es findet seine Grundlage im Mehrebenenmodell, das die EIRMA (European Industrial Research Management Association) 1998 vorgestellt hat (siehe Abb. 5). Aufgrund seiner wachsenden Beliebtheit und vielfältiger Einsatzmöglichkeiten haben sich mit den verschiedenen Arten wie Markt-, Produkt-,

Technologie-, Forschungs- oder Branchen-Roadmaps auch eine Reihe unterschiedlicher Ansätze und Formate herauskristallisiert.

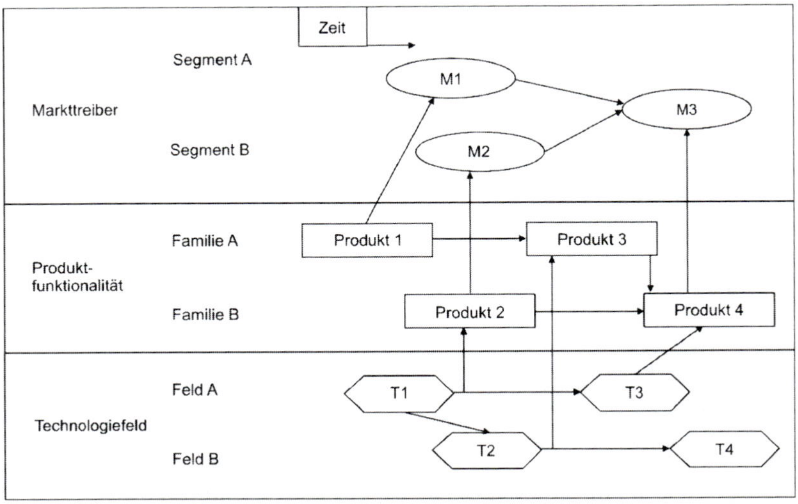

Abb. 5: *Mehrebenenmodell der European Industrial Research Management Association (nach EIRMA)*

Die allgemeinen Kernfragen beim Technologie-Roadmapping sind:

⇨ Wo stehen wir heute?
⇨ Wohin wollen wir?
⇨ Was sind die Hindernisse auf dem Weg?
⇨ Was müssen wir tun, um diese Hindernisse zu überwinden oder zu umgehen?

Diese Fragestellungen sind selbstverständlich auch in anderem Kontext im Methodenpool des Technologie- und Innovationsmanagements zu finden, zum Beispiel im Rahmen des QFD-Prozesses (Quality Function Deployment) oder des KVP (Kontinuierlicher Verbesserungsprozess), und können zum Teil beispielsweise mittels TRIZ (Theorie des erfinderischen Problemlösens) bearbeitet und beantwortet werden.

Die Frage *Wo stehen wir heute?* lässt sich je nach Fokus durch Auswertung vorhandener Informationen aus der Unternehmung wie einer entsprechenden Balanced Scorecard, dem Produkt- und Technologieportfolio, den Ergebnissen aktueller Markt- und Umfeldanalysen, einem übergreifend angelegten beziehungsweise aus vielen einzelnen Ergebnissen zusammengeführten HoQ oder einer SWOT-Analyse beantworten.

Die Frage *Wohin wollen wir?* definiert den abzudeckenden Zeitraum und sucht die hierfür optimalen Zwischen- und Ziellösungen beziehungsweise -produkte. Je weiter die Zielzeit in der Zukunft liegt, desto schwieriger gestaltet sich eine reine Extrapolation bestehender technologischer Entwicklungslinien. Entsprechende normative Roadmaps mit terminlicher Festlegung der Umsetzung technologischer Meilensteine wie die »International Technology Roadmap for Semiconductors« (ITRS) lassen sich nur für relative kurze Perioden definieren. Strategische Überlegungen reichen meist 15 und mehr Jahre in die Zukunft. Hierfür bietet es sich an, rein qualitativ angelegte Zukunftsbilder zu entwerfen und diese dann hinsichtlich ihres Technologiebedarfes auszuwerten.

Zum Entwurf dieser Zukunftsbilder gibt es verschiedene Vorgehensweisen wie die Analyse frei zugänglicher sozio-ökonomischer Foresight-Studien oder die Anwendung von Szenario-Methoden. Aus der Zusammenschau mehrerer Foresight-Studien lassen sich zum einen von einer großen Zahl von Experten mitgetragene Megatrends extrahieren, von denen erwartet wird, dass sie sicher die nächsten 25 Jahre Bestand haben werden, wie zum Beispiel der Trend zur Überalterung der Gesellschaft in westlichen Industrienationen. Zum anderen lassen sich so eine Reihe »firmenneutraler« Zukunftsszenarien unterschiedlicher Ausprägung ableiten. Szenario-Methoden werden im folgenden Kapitel angesprochen, sie führen zu einer stärker vom Projektteam geprägten Sicht der Zukünfte.

Die aus den Zukunftsbildern abgeleiteten End- und Zwischenszenarien werden auf ihr Produkt- und Technologiepotenzial hin analysiert – zum Beispiel mittels eines HoQ-Ansatzes unter Verwendung wichtiger Aussagen dieser Szenarien – und alle jeweils gefundenen Optionen entlang der Zeitstrahlen gruppiert. Auf diese Weise ergibt sich ein recht klares Bild zukünftiger Möglichkeiten, aber noch keine Aussage zu deren Realisierungswahrscheinlichkeiten.

Die Frage *Was sind die Hindernisse auf dem Weg?* erörtert für jeden Entwicklungsstrang mögliche Wege zur Umsetzung der zugehörigen Technologien und dabei auftretende Schwierigkeiten und Hemmnisse. Im Allgemeinen werden an dieser Stelle nur rein technologische Aspekte in Betracht gezogen und deren Wahrscheinlichkeiten analysiert, jedoch geben die Szenarien oft auch Hinweise auf mögliche Situationen in Wirtschaft und Gesellschaft, die sich von denen der Jetztzeit unterscheiden. So führt gerade in diesem Stadium der Einsatz von *Wildcards*, also von sehr unwahrscheinlichen Ereignissen oder Entwicklungen, zu wirklich neuen Erkenntnissen und technologischen Optionen, da so eingefahrene Denkmuster durchbrochen werden können. Ebenso hilfreich ist hier die so genannte *Sabotagemethode*, mit der untersucht wird, welche Möglichkeiten es gibt, die Entwicklung oder das Funktionieren einer neuen Technologie zu stören oder zu verhindern. Dabei können Hindernisse identifiziert werden, die bei konventioneller Betrachtungsweise nicht erkannt worden wären. Auch die *Betrachtung des Technologiekomplexes*, bestehend aus vor- und nachgelagerten sowie komplementären und substituierenden Technologien, in den die Technologie selbst eingebettet ist, kann zu vertieften Einsichten führen.

Diese Erkenntnisse werden dann direkt als Grundlage zur Bearbeitung der letzten Fragestellung *Was müssen wir tun, um die Hindernisse zu überwinden oder zu umgehen?* eingesetzt. In der Regel werden hier Kreativmethoden genutzt, bei auftretenden technologischen Widersprüchen insbesondere die Methode TRIZ.

Abschließend werden alle Ergebnisse in einer vorab vereinbarten Form zusammengeführt und kommuniziert. Ungeachtet der jeweils herausgearbeiteten Wahrscheinlichkeiten sollte dieses Dokument vollständig als Wissensspeicher aufgehoben und zu gegebenem Anlass erneut zur Diskussion vorgelegt werden. In der Regel wird aus diesen

Ergebnissen eine bindende Roadmap vereinbart und ihre Umsetzung geplant.

Das Technologie-Roadmapping ermöglicht nachvollziehbare Entscheidungen, eine gute Erkennbarkeit von Wechselwirkungen und Synergien, eine transparente Steuerung des Ressourceneinsatzes sowie flexible Anpassung an die jeweilige Anwendungssituation. Darüber hinaus dient es als recht übersichtliches Kommunikations- und Visualisierungsmedium und eignet sich zur Abdeckung eines kurz- bis langfristigen Betrachtungszeitraums. Allerdings kann es zu Schwierigkeiten bei einer klaren Abgrenzung des Suchraums kommen, und auch das üblicherweise lineare Vorgehen schränkt das Potenzial dieser Methode erheblich ein. So wird das Ergebnis häufig nur als statischer Schnappschuss gestaltet.

Eine interessante Variante stellt das TRIZ-basierte Technologie-Roadmapping dar. Hier wird zur Technologieprognose auf die *Theorie des erfinderischen Problemlösens* beziehungsweise auf die *Theorie des Methodischen Erfindens* zurückgegriffen, aus der vor allem die Entwicklungsmuster technischer Systeme Verwendung finden. Mit ihrer Hilfe lassen sich zum Beispiel technologisch neuartige Lösungen zu den abstrahierten Problemen gezielt und systematisch erarbeiten, mögliche technologische Diskontinuitäten aufdecken und Alternativstrategien entwickeln. Der Aufwand reicht von einem Personentag zum Beispiel für eine F&E-Einheit bis hin zu mehreren Personenmonaten, wenn sich eine Branche auf eine gemeinsame Roadmap einigen will.

Szenario-Methoden

Der Szenario-Ansatz stammt ursprünglich aus der militärischen Planung und wurde in den wirtschaftlichen und gesellschaftlichen Bereich übertragen. Er bildet ein Kerninstrument der Zukunftsforschung und kennt eine Vielzahl von Varianten. Szenarien sind keine Vorhersagen, sondern bündeln konsistente Annahmen zu Umfeldänderungen, Entwicklungstrends sowie Maßnahmen. Wesentlichen Fragestellungen, zu deren Beantwortung Szenario-Methoden sinnvoll eingesetzt werden können, kommen zum Beispiel aus den Bereichen:

- ⇨ Technologien (Welche neuen Technologien sind künftig für unsere Unternehmung relevant? Wie werden künftige Kundenanforderungen unser Technologieportfolio verändern?),
- ⇨ Unternehmung (Welche Kernkompetenzen werden wir in der Zukunft brauchen? In welchen Geschäftsbereichen werden massive Entwicklungsstörungen zu erwarten sein?) und
- ⇨ Produkte (Wie sind die zukünftigen Chancen unseres aktuellen Produktportfolios einzuschätzen? Welche Produkte wird der Kunde der Zukunft kaufen wollen?).

Typisch ist eine explorative Vorgehensweise, bei der ausgehend vom Ist-Zustand der Jetztzeit Blicke in die Zukunft geworfen, mögliche Entwicklungsverläufe abgeschätzt und dabei verschiedene Momentaufnahmen als Szenarien beschrieben werden. Zunehmende Beliebtheit erfährt die Retropolation beziehungsweise das Back-Casting von (technologischen) Entwicklungssträngen aus den Szenarien in Richtung Jetztzeit, die durch Extrapolationen, zum Beispiel durch Technologie-Roadmapping aus der Jetztzeit komplementiert wird. Bei diesem antizipativen beziehungsweise normativen Ansatz steht die Frage im Mittelpunkt, was im Hinblick auf ein vorgegebenes Zielszenario heute (und in Schritten Richtung Zukunft) an Maßnahmen ergriffen werden muss, um diesem Zielszenario zu einer hohen Eintrittswahrscheinlichkeit zu verhelfen.
Szenario-Projekte sind üblicherweise in die drei Abschnitte

- ⇨ Szenario-Planung,
- ⇨ Szenario-Genese und
- ⇨ Szenario-Transfer untergliedert.

In der *Planungsphase* wird eine dem Auftrag angepasste Situationsanalyse durchgeführt. Daraus werden Aufgaben und Ziele für das Projekt abgeleitet. Auf diese Weise wird eine thematische, räumliche und zeitliche Abgrenzung einer bestimmten Fragestellung erzielt. In der *Genesephase* werden die für die Fragestellung relevanten Einflussbereiche und diejenigen Faktoren identifiziert und beschrieben, die auf die derzeitige und zukünftige Entwicklung Einfluss haben können. Aus diesen werden die bedingenden Schlüsselfaktoren identifiziert. Zu jedem dieser Schlüsselfaktoren werden mögliche Zukunftsprojektionen entwickelt, die dann über eine Konsistenzanalyse – zum Beispiel in Matrixform – auf ihre wechselseitige Verträglichkeit miteinander untersucht werden. Die Konsistenzanalyse erlaubt das Bündeln geeigneter Zukunftsprojektionen, aus denen dann die eigentlichen Szenarien als Bilder der Zukunft formuliert werden. Im letzten Abschnitt, dem *Szenario-Transfer*, werden Ziele, Strategien und Leitbilder entwickelt, die dann in Handlungsoptionen sowie konkrete Maßnahmen zur Vorbereitung der Unternehmung auf die Zukunft heruntergebrochen und umgesetzt werden. Im Rahmen des Szenario-Transfers ist eine Auswirkungsanalyse hilfreich, bei der die Konsequenzen der Zukunftsszenarien auf das Umfeld untersucht werden.

Optional lässt sich durch das Einbauen primär unvorhersehbarer Veränderungen (Wildcards wie zum Beispiel technologische oder wirtschaftliche Diskontinuitäten) in die Szenarien eine Störfallanalyse durchführen und damit die erstellten Szenarien neu beurteilen. Dadurch erhält man Zukunftsbilder, die potenzielle Störereignisse berücksichtigen und so das Spektrum an künftigen Handlungsoptionen erweitern.

Szenario-Methoden können je nach Zeithorizont, betrachtetem Spektrum und Eindringtiefe sehr zeit- und personalintensiv werden und bedürfen der Anleitung bzw. Begleitung durch einen erfahrenen Moderator. Bei aufwendigeren Verfahren kommen in der Regel unterstützende Software-Tools zum Einsatz, zum Beispiel bei der Konsistenzanalyse und der Bündelung von Projektionen.

Expertenbefragung mittels Delphi-Verfahren

Auch das mehrstufige Delphi-Verfahren wurde im Rahmen militärischer Studien entwickelt. Bei einem typischen Delphi-Verfahren handelt es sich um eine systematische interaktive Methode mit dem ursprünglichen Ziel einer möglichst genauen Vorhersage von Ereignissen und ihrem Eintrittszeitpunkt. Heute wird sie überwiegend zu semi-quantitativer oder qualitativer Vorausschau von Ereignissen, ihren möglichen Eintrittszeiträumen und den Bedingungen für eine erfolgreiche Realisierung genutzt. Das Verfahren bedient sich einer anonymen schriftlichen Befragung von sorgfältig ausgewählten Experten, die in zwei oder mehr Durchgängen mit zwischengeschalteten Auswerte- und Feedbackphasen durchgeführt wird. Es handelt sich also um einen kontrollierten Prozess der Meinungsbildung, der zum Beispiel dazu dient, die Wichtigkeit von emergenten Technologien und ihre Realisierungszeiträume, Trends oder zukünftige Ereignisse möglichst gut einschätzen zu können. Üblicherweise wird das Delphi-Verfahren in zwei Stufen durchgeführt, der Erstbefragung und einer Feedbackrunde.

Die Prozessschritte im Delphi-Verfahren lassen sich wie folgt unterteilen: Nach Auswahl der Themengebiete werden zu den einzelnen Themen Thesen erstellt. Dies geschieht durch das Projektteam. Dann folgt die Erstellung des Fragebogens aus den Thesen, die Identifizierung und Auswahl von Experten und deren Befragung. Die in der ersten Runde zurückgesandten Fragebögen werden statistisch ausgewertet und erneut verschickt. Begleitend werden den Experten in dieser zweiten (und eventuell weiteren) Runde die ausgewerteten und zusammengefassten Antworten aller Befragungen anonymisiert vorgelegt. Dadurch erhalten sie die Möglichkeit, ihre Aussagen erneut zu diskutieren und gegebenenfalls zu überarbeiten. Im Falle einer starken Abweichung von einer Mehrheitsmeinung ist die jeweilige Aussage schriftlich zu begründen, um gegebenenfalls Fehler in der Fragestellung oder von der Mehrheit unbeachtet gebliebene Aspekte zu erkennen.

Der Einsatz der Delphi-Methode bietet sich dann an, wenn verlässliche Informationen nicht vorhanden sind, vorhandene Informationen kritisch hinterfragt werden sollen oder mehr Fachleute erforderlich sind, als in einer Arbeitsgruppe effizient zusammenarbeiten können. Durch die enorme Reduktion des Aufwands, vor allem des Zeitaufwands, und die gestiegene Erreichbarkeit von Experten durch die Nutzung elektronischer Medien werden Delphi-Verfahren ein immer interessanteres Tool. Bei der automatisierten Realtime-Delphi-Technik (RT Delphi) beispielsweise ist es den Experten häufig möglich, die durchschnittlichen Schätzungen aller beteiligten Experten, deren Veränderung mit der Beteiligung sowie eventuelle Erläuterungen zu abweichenden Meinungen online einzusehen sowie über neue Informationen benachrichtigt zu werden. So kann der Meinungsbildungsprozess sehr verzögerungsarm erfolgen.
Zu den Vorteilen der Delphi-Verfahren gehören zum Beispiel:

⇨ die Möglichkeit zu einer ganzheitlichen Betrachtung der Fragestellungen durch die Auswahl des zu befragenden Expertenkreises,
⇨ die Möglichkeit, sehr viele Experten erreichen zu können, ohne eine gemeinsame Veranstaltung ermöglichen zu müssen,
⇨ sowie die Anonymität.

Zu den Nachteilen zählt vor allem, dass Fragestellung und Auswahl des Expertenkreises das Ergebnis beeinflussen, und dass die Experten ihre einmal geäußerte Meinung trotz Anonymität in den folgenden Runden bestenfalls marginal ändern, selbst wenn neue überzeugende Argumente hierfür vorgebracht wurden. Insofern ist der Zusatznutzen weiterer Runden oft klein, was zu der Konzentration auf den zweistufigen Prozess führte.

Zukunftswerkstatt

Die Zukunftswerkstatt (Future Workshop) ist ein dreistufiger Prozess und geht auf Jungk und Müllert zurück. Grundidee war, in moderierter Gruppenarbeit die individuelle Fantasie anzuregen, um mit neuen Ideen Lösungen für gesellschaftliche Probleme zu entwickeln. In Gruppen von circa 15 bis 20 Personen – der Personenkreis kann jedoch auch wesentlich größer sein – mit unterschiedlicher fachlicher Bildung, vom Laien bis zum Experten, sowie aus allen Hierarchieebenen können über einen bis mehrere Tage grundsätzlich beliebige Gestaltungsprozesse und Zeiträume bearbeitet werden. Die Zukunftswerkstatt ist nicht als einmaliges Ereignis angelegt, sondern als ein zyklischer Prozess, in dem nach abgesprochenen Zeiträumen das Thema erneut aufgegriffen und neu bearbeitet wird. Dabei kann auch der Teilnehmerkreis teilweise oder komplett neu besetzt sein. Heute findet sich dieser Ansatz häufig im KVP wieder, allerdings zum Beispiel im monatlichen oder gar wöchentlichen Rhythmus, dann jedoch nur für 15 bis 60 Minuten pro Durchgang.

Zu Beginn erfolgt in der *Kritikphase* die Bestandsaufnahme, Clusterung und Gewichtung von Missständen und Problemen, die heute bereits erkannt sind oder auf dem Weg in die Zukunft gesehen werden. Hier erfolgt keine Analyse der gesammelten Beiträge, ihr Sinn neben der Themensammlung ist eine Art Katharsis und Bewusstmachung. Die Kritikphase ist in drei Arbeitsschritte unterteilt:

- ⇨ Überblick über Ziele, Inhalte und Methoden sowie eine Einweisung in die Moderationsregeln vor dem Plenum,
- ⇨ Kritikaufnahme in Kleingruppen von circa drei bis acht Teilnehmern,
- ⇨ Ergebnispräsentation, -diskussion und -clusterung vor dem Plenum.

In der folgenden *Fantasiephase* werden Vorschläge zu wünschenswerten Situationen, Fantasien und Utopien gesammelt und strukturiert. Gelegentlich werden in dieser Phase bereits Lösungsvorschläge zu Realisationen erarbeitet. Auch die Fantasiephase gliedert sich in drei Abschnitte:

- ⇨ Überblick über Ziele, Inhalte und Methoden sowie gemeinsame Fantasielockerungsübungen vor dem Plenum,
- ⇨ Ideensammlung und -vorstrukturierung in Kleingruppen,

⇨ Ergebnispräsentation, -diskussion und -clusterung vor dem Plenum sowie Anlegen eines Ideenspeichers.

In der abschließenden *Umsetzungs- beziehungsweise Verwirklichungsphase* erfolgt in der Regel die Ausarbeitung möglicher Lösungen, die sich aus den Ergebnissen der Fantasiephase ableiten lassen, sowie eine Auswahl realistischer Lösungsvorschläge. Anschließend werden konkrete Maßnahmen zu deren Um- beziehungsweise Durchsetzung entwickelt. In der dritten Phase werden also die entscheidenden Fragen gestellt: *Was wollen wir? Was davon ist möglich? Wie könnte die Umsetzung erfolgen?* In dieser Phase sind fünf Einzelschritte vorgesehen:

⇨ Überblick über Ziele, Inhalte und Methoden sowie gegebenenfalls Begründungen für die Auswahl realistischer Lösungsansätze für die weitere Bearbeitung vor dem Plenum,
⇨ Erarbeitung von ersten Planungsschritten, Maßnahmen und Vorgehensweisen in Kleingruppen,
⇨ Präsentation aller Umsetzungsideen vor dem Plenum,
⇨ Begutachtung und Überarbeitung dieser Ergebnisse in Kleingruppen,
⇨ Präsentation der überarbeiteten Vorschläge vor dem Plenum sowie Konsensfindung.

Eine Zukunftswerkstatt bedarf aufgrund der Gruppengröße und der fachlichen wie hierarchischen Heterogenität der Gruppe einer intensiven Vorbereitung und Betreuung durch geschulte Moderatoren. Besonders der Übergang von der Fantasiephase in die Realität der Umsetzungsphase gestaltet sich häufig schwierig, wenn nach dem Urmodell von Jungk und Müllert vorgegangen wird. Allerdings kann man die Zukunftswerkstatt auch als ein Rahmenmodell betrachten und den drei Phasen zur Generierung von Ergebnissen unterschiedliche Methoden des Futuring und des Technologie- und Innovationsmanagements zuordnen, zum Beispiel der Kritikphase eine Selbstanalyse oder Bestandsaufnahme der Unternehmung in Form einer Balanced Scorecard oder eines HoQ, der Fantasiephase den Entwurf von Zukunftsbildern und der Umsetzungsphase einen Roadmapping-Prozess, der die Bestandsaufnahme mit den Zukunftsbildern verbindet.

Beispiel aus der Industrie: Siemens – Pictures of the Future (TM)

Ein sehr interessanter ganzheitlicher Ansatz wird von der Siemens AG mit den *Pictures of the Future* verfolgt. Ihr Zweck ist, Technologien mit hohem Wachstumspotenzial zu identifizieren, technologische Durchbrüche zu erkennen sowie künftige Kundenbedürfnisse oder neue Geschäftsmöglichkeiten aufzuspüren. In diesem Ansatz werden zwei gegenläufige, aber komplementäre Sichtweisen kombiniert: Die Extrapolation aus der »Welt von heute« wird durch die Retropolation aus der »Welt von morgen« ergänzt. Im ersten Fall bedient man sich des Technologie-Roadmappings, im zweiten der Szenariotechnik (siehe Abb. 6).

Beim Roadmapping werden die derzeit bekannten Technologien und Produktfamilien in die Zukunft fortgeschrieben, wobei man versucht, möglichst präzise abzuschätzen, was zu welchem Zeitpunkt verfügbar ist beziehungsweise sein muss. Im Allgemeinen lassen sich

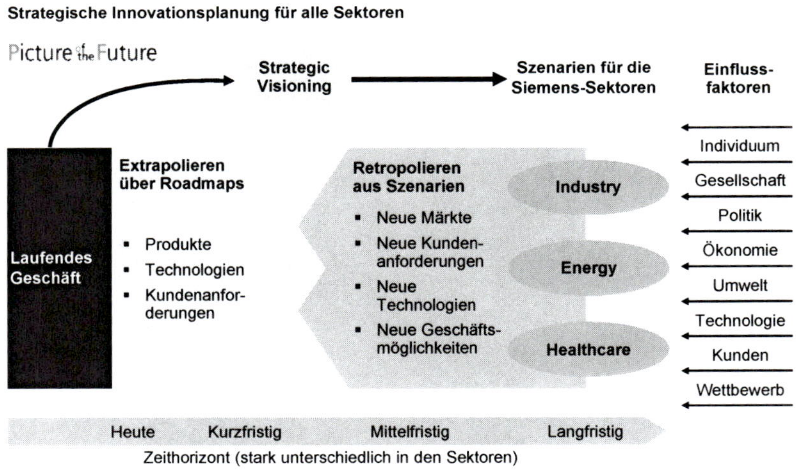

Abb. 6: *Siemens-Methoden der Zukunftsplanung (Quelle: Siemens AG)*

hiermit keine Diskontinuitäten und Entwicklungssprünge voraussagen. Diese lassen sich jedoch in die Szenario-Methoden integrieren bzw. aus ihnen in Form von technologischen Anforderungen ableiten, die zur Befriedigung der ermittelten künftigen Kundenbedürfnisse erfüllt werden müssen. Hier wird für einen gewählten Zeithorizont in der Zukunft ein umfassendes Szenario entworfen, das die wichtigsten Einflussfaktoren im sozio-ökonomischen, politischen, ökologischen und technischen Umfeld berücksichtigt. Durch Retropolation in die Gegenwart lassen sich diejenigen Aufgaben identifizieren, die heute sowie zu bestimmten Meilensteinen in der Zukunft angegangen werden müssen, um die Welt von morgen gewinnbringend mitzugestalten.

Indem beide Betrachtungsweisen, nämlich Extra- und Retropolation, abgeglichen und in Einklang gebracht werden, lassen sich konsistente Bilder der Zukunft für die verschiedenen Arbeitsgebiete der Firma entwerfen, die Pictures of the Future. Dieses Vorgehen dient nicht nur zur Darstellung strategischer Visionen, sondern als konkreter Prozess, um Zukunftsmärkte zu qualifizieren und quantifizieren. Daraus ergeben sich neue Marktoptionen für firmeneigene Produkte, Systeme, Anlagen oder Dienstleistungen sowie die Möglichkeit, gezielt langfristig wirksame Lasten- und Pflichtenhefte zu entwerfen.

Literatur

[1] Boos, Evelyn: *Das große Buch der Kreativitätstechniken. München: Compact 2007*

[2] Burmeister, Klaus; Neef, Andreas; Beyers, Bert: *Corporate Foresight. Unternehmen gestalten Zukunft. Hamburg: Murmann 2004*

[3] Cagnin, Cristiano; Keenan, Michael u.a. (Hrsg.): *Future-Oriented Technology Analysis. Strategic Intelligence for an Innovative Economy. Berlin: Springer 2008*

[4] *European Foresight Monitoring Network: Global Foresight Outlook 2007*

[5] Fink, Alexander; Schlake, Oliver; Siebe, Andreas: *Erfolg durch Szenario- Management. Prinzip und Werkzeuge der strategischen Vorausschau. Frankfurt/Main: Campus 2001*

[6] Gassmann, Oliver; Kobe, Carmen: *Management von Innovation und Risiko: Quantensprünge in der Entwicklung erfolgreich managen. Berlin: Springer 2006*

[7] GAUSEMEIER, JÜRGEN (HRSG.): *Vorausschau und Technologieplanung. Paderborn: HNI-Verlagsschriftenreihe Band 198, 2006*

[8] HIEMSTRA, GLEN: *Turning The Future Into Revenue. Hoboken: John Wiley & Sons 2006*

[9] JOHANSON, BOB: *Get There Early. Sensing the future to compete in the present. San Francisco: Berrett-Koehler 2007*

[10] MIČIČ, PERÓ: *Das Zukunftsradar - Die wichtigsten Trends, Technologien und Themen für die Zukunft. Offenbach: Gabal 2006*

[11] *Ministère de l'Économie, de l'Industrie et de l'Emploi, DGE Direction Générale des Entreprises: Technologies clés 2010. Frankreich 2006*

[12] MÖHRLE, MARTIN G.; ISENMANN, RALF (HRSG.): *Technologie-Roadmapping: Zukunftsstrategien für Technologieunternehmen. Berlin: Springer 2007*

[13] *National Institute of Science and Technology Policy (NISTEP): 8th Science and Technology Foresight Survey Delphi Analysis 2005*

[14] PILLKAHN, ULF: *Trends und Szenarien als Werkzeuge zur Strategieentwicklung. Der Weg in die unternehmerische Zukunft. Publicis Corporate Publishing 2007*

[15] RAND CORPORATION: *The Global Technology Revolution 2020. In-Depth Analyses Bio/Nano/Materials/Information. Trends, Drivers, Barriers, and Social Implications 2006*

[16] STEINMÜLLER, ANGELA & KARLHEINZ: *Wild Cards - Wenn das Unwahrscheinliche eintritt. Hamburg: Murmann 2004*

[17] TOLFREE, DAVID; SMITH, ALAN: *Roadmapping Emergent Technologies – Planning the Future. Leicester: Matador 2009*

Zusammenfassung

Futuring ist das zentrale Element der Zukunftsgestaltung von Unternehmungen. Seine wesentliche Funktion ist die systematische Entwicklung, Ausgestaltung und Analyse von Zukunftsbildern. Ziel dabei ist, die Unternehmung auf mögliche Zukünfte vorzubereiten, Alternativen vorzudenken, Marktunsicherheiten und technologische Unsicherheiten zu minimieren und das strategische Potenzial unterschiedlicher Pfade in die Zukunft auszuloten. Wichtig ist, Futuring als kontinuierlichen oder periodisch wiederkehrenden Prozess in der Firmenphilosophie zu verankern, um für das Innovationsmanagement ein aktuelles Lagebild der Zukunft vorzuhalten. Hierdurch wird auch die Identifikation von beziehungsweise die Vorbereitung auf potenzielle Diskontinuitäten möglich, die durch genuin neue oder bereits emergente Technologien, alternative Geschäftsmodelle, veränderliche politische oder legislative Gegebenheiten sowie Verschiebungen im sozio-kulturellen Gefüge auftreten können. Futuring ermöglicht Unternehmen somit die Konzeption alternativer Pfade in die Zukunft und gibt dem Innovationsmanagement damit sehr konkrete Leitlinien und Benchmarks an die Hand, die gegen Fehlinvestitionen vorzubeugen helfen. Es öffnet den Blick für systemisches Denken und Handeln, kann alle Mitarbeiter einbeziehen, auf den Weg in die Zukunft mitnehmen und so ein sehr ausgeglichenes und innovationsfreudiges Betriebsklima schaffen.

Open Innovation und Kundenintegration

Open Innovation – Risiken erkennen, Chancen nutzen

Unternehmen brauchen Innovationen. Zugleich fördert wachsender Kostendruck das Überdenken von bestehenden Innovationsprozessen. Einige Unternehmen setzen inzwischen verstärkt auf Open Innovation, um externes Wissen für sich zu erschließen. Welche Chancen und Risiken damit einhergehen, zeigt dieser Beitrag.

In diesem Beitrag erfahren Sie:
- warum Prozess- und Produktinnovationen allein nicht mehr Erfolg versprechend sind,
- wie Open Innovation Unternehmen neue Wege der Ideensuche und -verwertung eröffnet,
- welche Chancen und Risiken damit verbunden sind.

Serhan Ili

Gefangen in der Produktivitätszange

Die Automobilbranche ist eingekeilt zwischen Kosten- und Innovationsdruck und steuert auf einen tiefgreifenden Umbruch zu: dem Aufbrechen ihrer traditionellen Wertschöpfungskette (vgl. [1], S. 1). Diese treffende Aussage von Albers und Ili spricht ein zentrales Problem der Automobilbranche an. Die aktuell stagnierenden Umsätze und die konstante Preisentwicklung auf den nahezu gesättigten Hauptabsatzmärkten USA, Japan und Europa zwingen die Unternehmen zu Effizienzsteigerungen, um auf der Kostenseite am Markt konkurrenzfähig zu bleiben. Der Präsident des Verbandes der Automobilindustrie, Matthias Wissmann, stellt fest: »Die Automobilmärkte haben eine Talfahrt genommen, die in dieser Geschwindigkeit und Ausprägung noch nie vorher stattgefunden hat.« (VDA-Meldung vom 03.12.2008)

Zudem erhöhen Kundenerwartungen, strengere Umwelt- und Sicherheitsauflagen sowie steigender Wettbewerb den Innovationsdruck. Doch Innovationen werden immer teurer. So lagen im Jahre 2006 die Ausgaben für Forschung und Entwicklung (F&E) pro Innovation bei der Porsche AG, BMW AG und Volkswagen AG bei 70 bis 80 Millionen Euro und bei der Daimler AG sogar bei über 150 Millionen Euro (vgl. [4], S. 57f.).

Gleichzeitig verschärfen weitere Trends der vergangenen Jahre den Druck auf die Unternehmen. So bietet die Globalisierung zwar die Chance, auf neuen Wachstumsmärkten aktiv zu werden, aber sie bringt durch die länderspezifischen Varianten eine zunehmende Komplexität der Entwicklungs-, Produktions- und Vertriebsstrukturen mit sich. Zudem haben kürzer werdende Produktlebenszyklen und die gleichzeitige Individualisierung und Fragmentierung des Marktes zur Folge, dass Umsatzmöglichkeiten ausbleiben, die mit einem Produkt am Markt erzielt werden können.

In der Kfz-Zulieferindustrie verkürzte sich die durchschnittliche Lebenszeit einer Komponente bis zum Jahre 2000 um knapp 30 Prozent von 7,8 auf 5,5 Jahre (vgl. [26], S. 5). Bei Automobilherstellern ist diese Verkürzung sogar noch größer. Während in den 1980er Jahren ein Kraftfahrzeug noch einen Lebenszyklus von circa 10,6 Jahren hatte, lag dieser in den Jahren nach 2000 nur noch bei 6 Jahren. Die Produktlebenszeit der Kraftfahrzeuge hat sich somit um über 40 Prozent verringert (vgl. [14], S. 37).

Die geringeren Umsatzmöglichkeiten und die steigenden Kosten für Innovationen zwingen die Unternehmen zu höchster Produktivität. Innovationen müssen schneller in die Profitzone gelangen. Dies geht nur über eine steigende Verwertung der Innovationen – auch außerhalb der gegenwärtigen Geschäftstätigkeit.

Die Automobilindustrie befindet sich in der Produktivitätszange: Steigenden F&E-Kosten stehen sinkende Erlöse gegenüber, wodurch die Produktivität von Innovationen abnimmt. Unternehmen begegnen diesen Herausforderungen meist mit Prozess- und Produktinnovationen und bedienen so den Effizienz- und Effektivitätshebel.

Mittels Prozessinnovationen versuchen sie gezielt, ihre Entwicklungskosten zu senken. Gleichzeitig setzen Produktinnovationen entscheidende Kaufimpulse für Kunden, um den Umsatz zu steigern (Abb. 1).

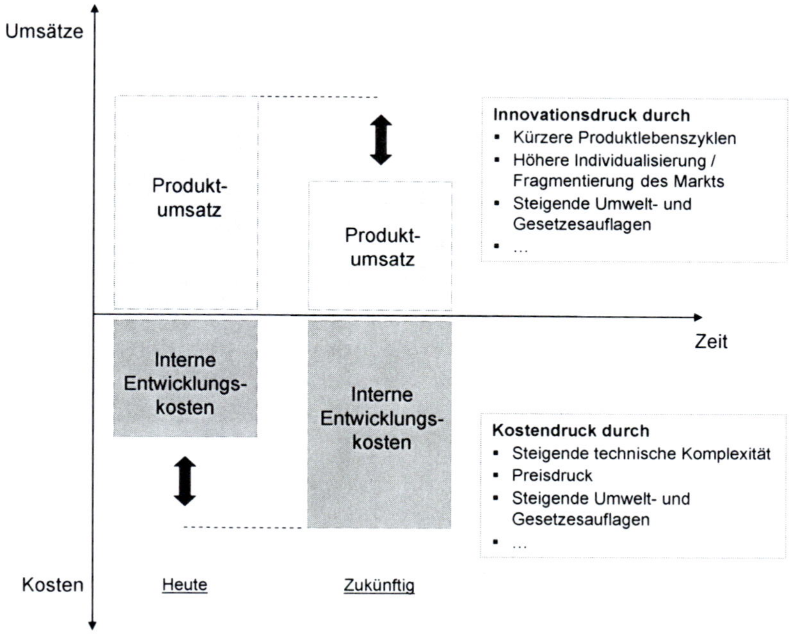

Abb. 1: *Produktivitätszange in der Automobilindustrie*

Damit die Unternehmen ihre aktuelle Marktstellung halten können, müssen sie ihre Innovationsfähigkeit und ihre Kosteneffizienz steigern. Ein vergleichbarer Mechanismus bezüglich einer imperativen Steigerung der Leistungsfähigkeit lässt sich an einem Beispiel aus der Evolutionsbiologie verdeutlichen: Die Red-Queen-Hypothese des US-amerikanischen Biologen van Valen besagt, dass eine Art ständig leistungsfähiger werden muss, um ihre aktuelle Stellung aufrecht zu erhalten (vgl. [22], S. 20f.). Der Grund ist nach van Valen folgender: Die Leistungssteigerung einer Art führt in der Regel zu Nachteilen für eine andere Art. Diese muss folglich ebenfalls eine evolutionäre Leistungssteigerung durchführen, um ihre Stellung behalten zu können. Diese Dynamik kann zu einem evolutionären »Hochrüsten« führen, aus dem keine Art einen Vorteil zieht.

Nicht nur die Automobilindustrie muss sich gegenüber diesen Herausforderungen behaupten. Samuel Pisano, Vorstandsvorsitzender von IBM, erklärte auf dem IBM Leadership Forum, wie betroffene Industriezweige diesen Umfeldbedingungen entgegentreten können: »The way you will thrive in this environment is by innovating – innovating in technologies, innovating in strategies *and* innovating in business models.«

Marc Chapman, Global & Americas Leader, Strategy & Change Service IBM, untermauert diese Aussage, indem er zeigt, dass Produkt- oder Prozessinnovationen alleine in Zukunft nicht mehr ausreichen, um die vorgestellten Herausforderungen optimal anzugehen (vgl. [6], S. 34f.). Vielmehr bedarf es ebenso einer Innovation des zugrundeliegenden Geschäftsmodells, also der Art und Weise, wie Mehrwert für Kunden generiert wird und wie diese Produkte oder Dienstleistungen mit dem wirtschaftlichen Erfolg verknüpft werden.

Die Notwendigkeit einer Steigerung der Innovationsintensität – die Innovationsintensität beschreibt das Verhältnis von Innovationsaufwendungen zum Umsatz – bei gleichzeitiger Reduzierung der dafür aufgewendeten F&E-Kosten erfordert ein grundsätzliches Umdenken in der Gestaltung von Innovationsprozessen. Die bisher verfolgten Geschäftsmodelle erscheinen dabei angesichts der heutigen Wirtschaftsdynamik als nicht mehr ausreichend. Genau hier setzt der vorliegende Beitrag an.

Geschäftsmodellinnovationen werden auch in der Automobilindustrie zukünftig eine große Rolle spielen, da mit den bestehenden Prozessen und Methoden die aktuellen Herausforderungen nicht mehr zu bewältigen sind. Bisher reagiert auch diese Branche mit Prozess- und Produktinnovationen. Diese werden zwar weiterhin die Grundvoraussetzung für wirtschaftliches Wachstum sein, aber allein nicht mehr ausreichen.

Einen Weg aus diesem Dilemma bietet ein neues Geschäftsmodell, das zunächst nur bei großen multinationalen Unternehmen beobachtet wurde und schließlich auch in der akademischen Welt hohe Beachtung erhalten hat: *Open Innovation.*

Open Innovation ist eine Anpassung des Geschäftsmodells an die heutigen Trends und Herausforderungen und bezeichnet die Öffnung des eigenen Unternehmens für neue Ideen, die außerhalb der eigenen Forschungs- und Entwicklungsabteilung entstehen, sowie die Öffnung für neue Wege, Innovationen am Markt zu verwerten.

Ein Beispiel hierfür liefert IBM. Neben dem starken Fokus auf die Integration externer Wissensquellen und der Ideen von Kunden, Zulieferern und Partnern in die Frühphase des Innovationsprozesses, hat das Unternehmen eine intelligente Patentstrategie entwickelt. Diese Strategie erlaubt die Kommerzialisierung von Technologien durch aktive Know-how-Transferprojekte und Lizenzierung von Patenten, die innerhalb der Unternehmung nicht effizienter realisiert werden können oder nicht ins gegenwärtige Produktportfolio passen.

Dabei lässt sich mit dem Open-Innovation-Ansatz nicht nur die Kostenposition eines Unternehmens verbessern, sondern zugleich kann auch die Innovationsfähigkeit und der Gesamtumsatz gesteigert werden (Abb. 2).

Open Innovation ist keine Modeerscheinung, sondern vielmehr eine konsequente Weiterentwicklung des Innovationsmanagements. Mit Open Innovation sind zahlreiche Chancen aber auch Risiken verbunden. Die Aufgabe des Innovationsmanagements ist es, diese entsprechend im Unternehmen zu adressieren.

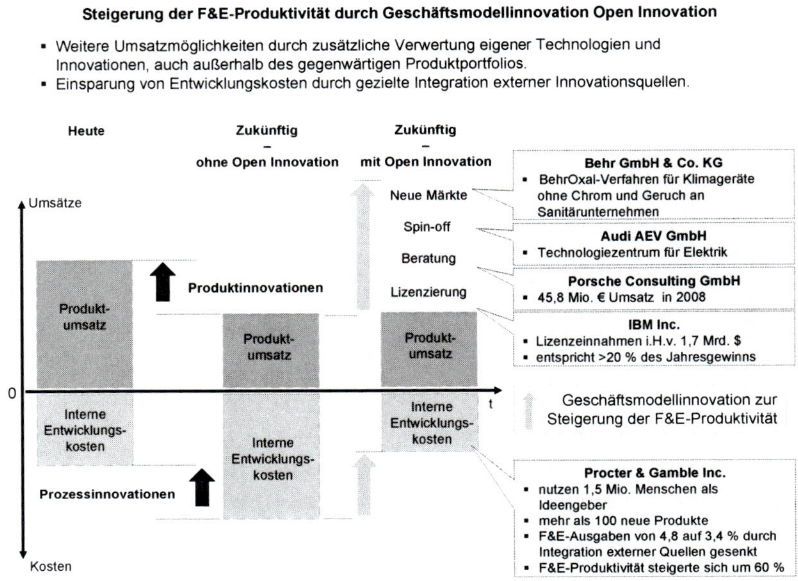

Abb. 2: *Der Weg aus der Produktivitätszange mittels Open Innovation*

Chancen und Risiken durch Open Innovation

Das Open-Innovation-Modell

Henry Chesbrough (Haas School of Business/University of Berkley) hat den Begriff Open Innovation geprägt und definiert ihn als »the use of purposive inflows and outflows of knowledge to accelerate internal innovation, and expand the markets for external use of innovation, respectively. Open Innovation is a paradigm that assumes that firms can and should use external ideas as well as internal ideas, and internal and external ideal paths to market, as they look to advance their technology.« (vgl. [10], S. 1)
Abbildung 3 stellt Open Innovation als Modell dar.

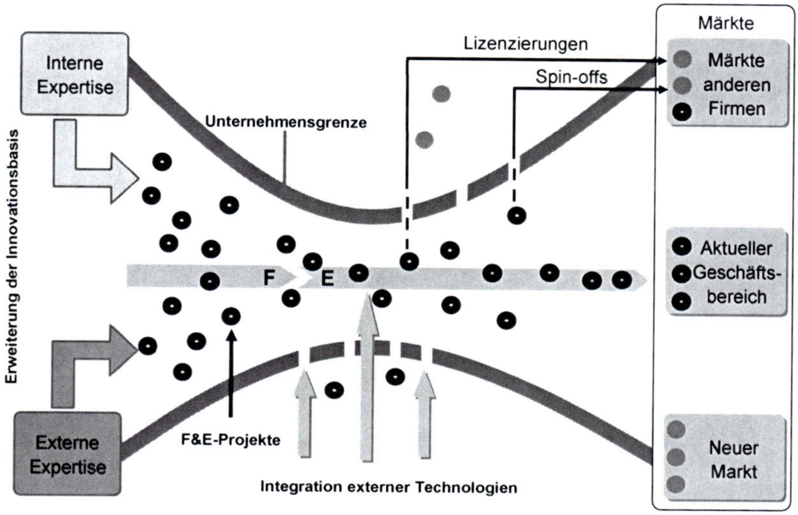

Abb. 3: *Open-Innovation-Modell (eigene Darstellung, in Anlehnung an [9], S. 3)*

Open Innovation umfasst jedoch mehr als die systematische Suche nach externen Ideenquellen außerhalb des Unternehmens oder die gezielte Lizenzierung eigener Patente. Open Innovation bedeutet zudem die Erneuerung des eigenen Geschäftsmodells. Chesbrough beschreibt ein Geschäftsmodell als »a useful framework to link ideas and technologies to economic outcomes« ([10], S. 108). Denn durch die gezielte Nutzung von externen Ideen und Technologien können Unternehmen ihre Innovationsbasis für ihre gegenwärtige Geschäftstätigkeit erweitern. Gleichzeitig können Unternehmen nach neuen Absatzmöglichkeiten suchen, um ihre eigenen (ungenutzten) Ideen und Technologien auch außerhalb ihres angestammten Geschäftsbereichs zu verwerten. Ein offenes Geschäftsmodell erfordert demnach die Öffnung der eigenen Unternehmensgrenzen, damit mehr Ideen und Technologien *in* das Unternehmen von außerhalb einfließen und gleichzeitig aber auch *aus* dem Unternehmen ausströmen können (vgl. [10]).

Im klassischen Geschäftsmodell, von Chesbrough als »Closed Innovation Model« bezeichnet, generieren Unternehmen ihre Produktideen selbst, entwickeln sie zur Marktreife, fertigen und vertreiben sie anschließend durch eigene oder von ihnen kontrollierte Vertriebskanäle (siehe Abb. 4). Sie verlassen sich dabei auf ihre eigene Kompetenz und folgen dem Motto: »If you want something done right, you've got to do it yourself.« (vgl. [9], S. XX)

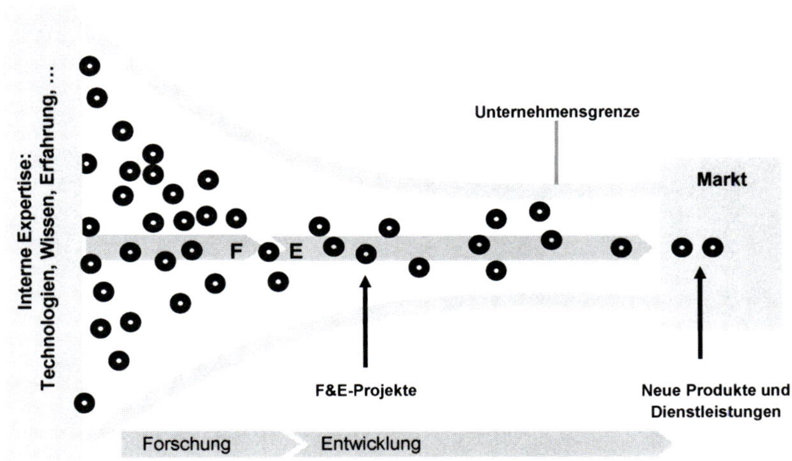

Abb. 4: *Closed-Innovation-Modell (eigene Darstellung in Anlehnung an [10], S. 3)*

Unternehmen investieren in ihre eigene F&E, um möglichst viele Innovationen zu generieren und sie mit einem hohen Differenzierungsmerkmal als erste auf den Markt zu bringen. Gleichzeitig schützen die Unternehmen ihr eigenes geistiges Eigentum gegen Einblicke der Wettbewerber.

Obwohl ein klarer Trend zu Open Innovation beobachtet werden kann und Unternehmen wie Procter & Gamble oder IBM ihr Geschäftsmodell erfolgreich verändert haben, sind Geschäftsmodellinnovationen nicht für jedes Unternehmen und jede Branche geeignet. Die sture Umsetzung beziehungsweise völlige Abkehr vom klassischen

Innovationsprozess kann nicht für jeden Industriezweig vorgenommen werden. Vielmehr ist eine branchen- und unternehmensspezifische Anpassung erforderlich, um auch künftig die Innovationsfähigkeit eines Unternehmens zu wahren.
Im Folgenden soll verdeutlicht werden, welche potenziellen Chancen und Risiken sich durch Open Innovation ergeben.

Chancen bei der Integration externer Innovationsquellen

Neben der Erweiterung der Ideenbasis gibt es weitere Vorteile, die die Integration externer Quellen in den Produktentstehungsprozess mit sich bringt:

- ⇨ *Verkürzte Time-to-Market:* Das technologische Wissen in der eigenen F&E zu generieren, kann aufwändiger und langsamer sein als die externe Beschaffung desselben Wissens. Eine bereits funktionierende Technologie zu integrieren, geht in aller Regel schneller, als bei der Entwicklung mit eigenen Spezifikationen zu beginnen (vgl. [21]; [27]; [20]).
- ⇨ *Geringere Entwicklungskosten:* Wissenschaftskooperationen reduzieren die Stückkosten und steigern die Erfolgswahrscheinlichkeit der Einführung von Markt- und Sortimentsneuheiten (vgl. [19], S. 265; [20]; [13).
- ⇨ *Vorbeugung gegen Betriebsblindheit:* Eine rein interne Sichtweise fördert Selbstzufriedenheit und eine routinemäßige Arbeitsweise, an der keine Selbstkritik geübt und keine Veränderungsmöglichkeit gesehen wird. (vgl. [27], S. 113)
- ⇨ *Exklusivität neuer Erkenntnisse:* Chesbrough sieht Potenziale bezüglich der Exklusivität von Innovation durch den frühen Kontakt zu Entrepreneuren (vgl. [12]).
- ⇨ *Technologische Früherkennung:* Durch die Beobachtung universitärer Forschung kann man mehr als fünf bis acht Jahre vor Produkteinführung neue Technologietrends identifizieren (vgl. [13], S. 234).

- *Eintritt in neue Geschäftsfelder:* Die Integration externer Kompetenzen kann intern vorhandenes Wissen ergänzen oder erweitern – oder eine ganz neue Wissensbasis schaffen (vgl. [7]).
- *Zugang zu qualifiziertem Personal:* Durch die Kooperation mit Universitäten wird die Einbeziehung von fachkundigem Personal ermöglicht (vgl. [19], S. 88).
- *Geringeres Entwicklungsrisiko und niedrigerer Kapitalbedarf:* Witzeman und Gaso zeigen in diesem Zusammenhang Potenziale auf, die insbesondere durch Kooperationen mit Konkurrenten und Unternehmen anderer Branchen entstehen können (vgl. [24]; [13], S. 3).
- *Größere Ideenbasis:* »The best way to have a good idea is to have lots of ideas.« (vgl. [10], S. 2)

Risiken bei der Integration externer Innovationsquellen

Neben den vorgestellten Chancen der Integration externer Quellen müssen allerdings auch mögliche Risiken bedacht werden. Zusammenfassend lassen sich vier Risikofaktoren identifizieren, die verdeutlichen, warum eine Suche nach Innovationsquellen in zu vielen Gebieten einen negativen Einfluss auf die Leistung eines Unternehmens hat. Diese Faktoren werden im Folgenden erläutert.

Begrenzte Absorptive Capacity

Cohen und Levinthal definieren *Absorptive Capacity* wie folgt: »[...] the ability of a firm to recognize the value of new, external information, assimilate it, and apply it to commercial ends is critical to its innovative capacity.« ([25], S. 128)

Damit externe Innovationsimpulse aufgenommen werden können, müssen auf individueller Ebene die notwendigen kognitiven Fähigkeiten vorhanden sein. Darüber hinaus müssen auf der organisatorischen Ebene die entsprechenden Prozesse und Voraussetzungen für die Verteilung geschaffen werden. Um neues Wissen erkennen zu können, muss ein Grundstock an Wissen vorhanden sein, mit dem die neuen Informationen verknüpft werden können. Zudem lässt sich der Wert der neuen Information nur mit der notwendigen Erfahrung beurteilen. Deshalb ist das Wissen der eigenen F&E ein wichtiger Bestandteil, um neues Wissen aufzunehmen und zu bewerten. Die Suche nach externen Lösungen kann somit kein Ersatz für die unternehmenseigene F&E sein, sondern nur eine sinnvolle Ergänzung, um die potenzielle Wissensbasis zu vergrößern (vgl. [25]; [23]; [12]).

Wichtig in diesem Zusammenhang ist die adäquate *Anzahl* der externen Quellen und die Frage, wie *intensiv* deren Betreuung ist. Laursen und Salter weisen in einer Untersuchung von 2.700 Industriebetrieben in Großbritannien nach, dass die Innovationsleistung – gemessen in Umsatzanteil mit Produkten, die neu am Markt sind

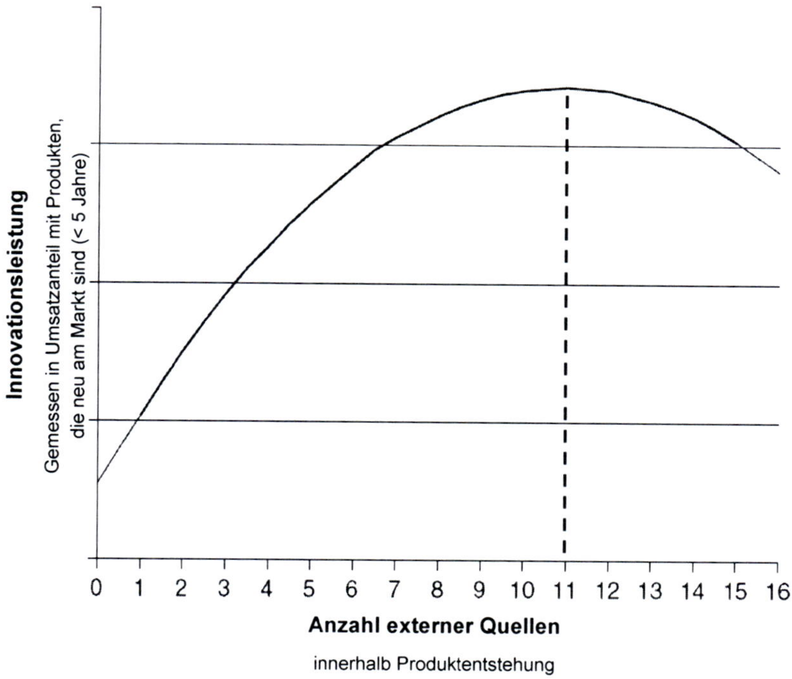

Abb. 5: *Innovationsleistung in Abhängigkeit von der Anzahl genutzter Quellen*

(< fünf Jahre) – durch Integration von externen Quellen bis zu einer gewissen Anzahl deutlich steigt. Sobald allerdings elf externe Quellen überschritten werden, fällt die Innovationsleistung wieder ab, da die Komplexität und der Koordinationsaufwand dann drastisch zunehmen (siehe Abb. 5). ([18], S. 143)

Die Autoren betrachten aber auch die Innovationsleistung in Abhängigkeit der Quellen, die *intensiv* in den Produktentwicklungsprozess integriert werden. In dem Fall stellt sich der Effizienzverlust bereits bei drei Quellen ein, da eine intensive Betreuung zahlreiche Ressourcen verbraucht und der Grenznutzen zusätzlicher Quellen deren Mehraufwand nicht mehr rechtfertigt (siehe Abb. 6). (vgl. [18], S. 145)

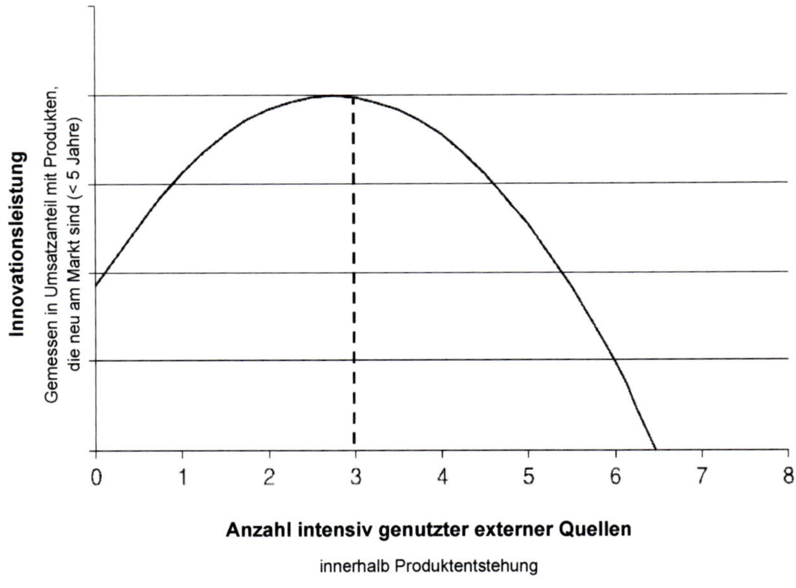

Abb. 6: *Innovationsleistung in Abhängigkeit von der Anzahl intensiv genutzter Quellen*

Der anfängliche Zuwachs der Innovationsleistung insgesamt lässt sich dadurch erklären, dass durch die Integration externer Quellen die Wissens- und Ideenbasis erweitert wird. Orientiert man sich dagegen nur an den internen Innovationsquellen, verpassen die Unternehmen all jene Chancen, die von außen angeregt werden oder durch Zusammenarbeit mit branchenfremden Unternehmen entstehen können (vgl. [8]).

Not-Invented-Here-Syndrom (NIH)

Das NIH-Syndrom bezeichnet eine negative Einstellung beziehungsweise ablehnende Haltung gegenüber dem externen Erwerb von technologischem Wissen. Katz und Allen definieren das NIH-Syndrom als »tendency of a project group of stable composition to believe it possesses a monopoly of knowledge of its field, which leads it to reject new ideas from outsiders to likely detriment of its performance [...]. Such a group therefore does not consider very seriously the possibility that outsiders might produce important new ideas or information relevant to the group.«(vgl. [16], S. 7)

Dabei nimmt der NIH-Effekt mit längerer Zusammengehörigkeit eines Teams zu. Um ihn zu vermeiden, empfiehlt sich zum einen die Einrichtung von Promotoren, die die Integration externer Innovationsimpulse bezüglich deren Integration aktiv fördern (vgl. [15]), zum anderen die intensive Integration von Experten aus den eigenen Fachbereichen in den Ideensuchprozess (vgl. [13], S. 218).

Entscheidend für die Überwindung einer Nicht-hier-erfunden-Einstellung bei Mitarbeitern ist das uneingeschränkte Bekenntnis des Top-Managements zu externer Suche und Verwertung. Oft entstehen NIH-Probleme deshalb, weil Mitarbeiter nicht die Zeit haben, Ideen vollständig zu durchdringen.

Timing-Problem

Viele Innovationsideen tauchen zur falschen Zeit am falschen Ort auf, um voll genutzt werden zu können. Ein Ideenspeicher, der moderne Web-2.0-Technologien (z. B. Wikiprinzip) nutzt, kann ein effektives Mittel sein, um Innovationsimpulse zur richtigen Zeit zu platzieren.

Attention-Allocation-Problem
Da die Anzahl der Ideen insgesamt sehr groß ist, steht für jede einzelne Idee nicht mehr genug Zeit zur intensiven Prüfung und kreativen Interpretation zur Verfügung. Auf dieses Risiko weist auch ein BMW-Manager im Interview hin. Das Unternehmen erhält über 1.000 Ideen pro Jahr, die aber nicht immer direkt umsetzbar sind. Den Mitarbeitern fehlt häufig die notwendige Zeit, externe Ideen an die unternehmensspezifischen Bedürfnisse anzupassen:

»Ein indianischer Stammesführer hatte z. B. vorgeschlagen, auf die Alarmanlage im Fahrzeug zu verzichten. Es würde genügen, wenn er sich an das Ende des Fließbands stellt und jedes Fahrzeug mit einem Fluch belegt. Diese Idee ist zwar nicht umsetzbar, aber folgende Überlegung wert: ‚Was wäre denn ein Fluch für jemanden, der ein Auto stiehlt?' Maßnahmen, die den Straßenverkehr gefährden, kommen nicht in Frage; aber es ließen sich z. B. die Heizung und Sitzheizung auf unerträgliche Temperaturen erhöhen und die Musik könnte ständig lauter werden. Bei solchen Unannehmlichkeiten wird ein Dieb das Fahrzeug wohl bald wieder verlassen.« [28]

Chancen der externen Ideenverwertung

Die Verwertung des eigenen technologischen Wissens auch außerhalb der gegenwärtigen Geschäftstätigkeit bietet wichtige Chancen, die nachfolgend erläutert werden.

Zusätzliche Umsätze
Durch externe Wissensverwertung können Erlöse generiert werden, wenn eine monetäre Gegenleistung für die Überlassung von technologischem Wissen anfällt ([5], S. 31). Immer mehr Unternehmen erkennen die Vorteile, die sich aus einer externen Verwertung ergeben. Durch die Lizenzierung bereits entwickelter Technologien lässt sich der Gewinn direkt erhöhen und damit auch die Effizienz der F&E-Ausgaben beziehungsweise die Profitabilität der gesamten F&E.

Durch eine gezielte externe Verwertung erzielte zum Beispiel IBM 2001 einen Jahresumsatz von 1.700 Millionen US$ durch Lizenzeinnahmen bei einer Umsatzrendite von 98 Prozent. Das entsprach etwa 20 Prozent des Reingewinns von IBM.

Steigende F&E-Produktivität

Dem traditionellen Produktentstehungsprozess steht die Abschöpfung des vollen F&E-Potenzials entgegen. Nur durch die integrierte Betrachtung interner und externer Verwertungsmöglichkeiten bereits während des Produktentstehungsprozesses kann das vollständige Potenzial einer internen Entwicklung erkannt werden.

Einer der zentralen Punkte von Open Innovation in Bezug auf die Verwertung ist – neben der Umsatzgenerierung – die Chance, abgebrochene Projekte weiter verfolgen und gegebenenfalls wieder aufnehmen zu können. Oft entfalten Ideen im Kontext eines anderen Geschäftsmodells ganz neues Potenzial, das nicht entdeckt worden wäre, wenn man die Idee nur aus dem Blickwinkel des bestehenden Geschäftsmodells des Unternehmens betrachtet hätte (vgl. [21]).

Chesbrough untersuchte in diesem Zusammenhang 35 abgebrochene Projekte von Xerox, aus denen Spin-Offs entstanden sind. Der kumulierte Marktwert von elf dieser Ausgründungen ist heute doppelt so groß wie der von Xerox. Zu den prominentesten Spin-Offs von Xerox zählen 3Com und Adobe. Hätte Xerox externe Verwertungsoptionen in Erwägung gezogen, hätten sie am wirtschaftlichen Erfolg der neuen Technologien teilhaben können (vgl. [10]).

Durch eine standardmäßige Einbindung externer Verwertungsmöglichkeiten in den Produktentstehungsprozess bietet sich die Chance, die Umsetzungsrate von Forschungsprojekten in Entwicklungsprojekte der verschiedenen Geschäftsbereiche zu steigern.

Beeinflussung der Konkurrenzsituation

Ein weiterer Vorteil der Lizenzierung eigener Technologien ist, dass sich der Markt und die Konkurrenzsituation in bestimmte Bahnen lenken lassen, wenn Wettbewerbern technologisches Wissen überlassen wird. Adler beschreibt diesen Sachverhalt wie folgt: »When your competitors license your core technology, you control the movement of the ball [...]. Plus, since you know the technology better than anyone else [...] you also have the edge in developing complementary technologies and products.«([17], S. 37)

Außerdem kann Konkurrenten der Anreiz genommen werden, Technologien zu umgehen oder selbst eine bessere Technologie zu erarbeiten. Denn oft finden Wettbewerber legitime Wege, die bestehenden Patente zu umgehen.

Motivation der Mitarbeiter

Wenn die Mitarbeiter dank einer Kultur der externen Technologieverwertung wissen, dass vielversprechende Ideen nicht einfach in der Schublade verschwinden, kann diese Maßnahme helfen, die Mitarbeiter zu motivieren, eigene Ideen auch außerhalb der gegenwärtigen Geschäftstätigkeit zu verwirklichen und kreative Köpfe im Unternehmen zu halten (vgl. [20]). Außerdem erhalten die Entwickler so zusätzlich Rückmeldung darüber, wie sie die Technologie noch weiter verbessern können (vgl. [10], S. 33f.).

Risiken der externen Ideenverwertung

Die gezielte externe Verwertung erfordert umfangreiche Anpassungen der Unternehmenskultur und der Denkweise der Mitarbeiter. Der Ingenieur in der F&E muss quasi als Unternehmer seiner eigenen Idee fungieren und mögliche Absatzwege finden. Den oben genannten Vorteilen stehen aber auch verschiedene Risiken gegenüber, die im Folgenden skizziert werden.

Schwächung der eigenen Wettbewerberposition

Bei der zusätzlichen Verwertung ist darauf zu achten, dass beim Technologietransfer die eigene Wettbewerbsposition nicht geschwächt wird. Durch die Veräußerung der eigenen Technologie außerhalb der eigenen Produktpalette wächst die Wissensbasis des Technologiekäufers, womit sich auch seine Handlungsmöglichkeiten ausweiten.

Fasst man bestimmtes technologisches Wissen als Teil seiner Kernkompetenz auf, so kann dieses Wissen die Quelle relevanter Wettbewerbsvorteile sein, sofern ein Unternehmen dieses Wissen exklusiv besitzt. Mit der externen Verwertung dieses Wissens geht der Exklusivitätscharakter einer Technologie verloren. Wird dadurch ein Wettbewerbsvorteil aufgegeben, können die Wettbewerbsfähigkeit und der mögliche Gewinn sinken.

Informationsparadoxon

Bevor ein Käufer sich für eine Technologie entscheidet, möchte er diese genau verstehen. Indem der Verkäufer dem Käufer die Technologie erklärt, hat er aber bereits den größten Teil seines Wissens transferiert, ohne dafür die Leistung bekommen zu haben. Das bedeutet, dass der Verkäufer im Vorfeld viel Wissen preisgeben muss, wobei er Gefahr läuft, keinen monetären Gegenwert zu erhalten.

Arrow beschreibt dieses Phänomen als allgemeines Unmöglichkeitstheorem. Es beschreibt das Dilemma des Innovators, der für die erfolgreiche Lizenzierung einer Erfindung die Offenlegung eines Teils der Information über die Erfindung preisgeben muss. Dadurch erlangt der potenzielle Kunde Wissen über die Wirkmechanismen der Erfindung und könnte sich opportunistisch handelnd die Erfindung zu eigen machen, ohne dafür bezahlen zu müssen (vgl. [3], S. 615). Diese Gefahr ist besonders dann gegeben, wenn kleine Unternehmen mit großen Konzernen in Verhandlung treten. Eine Möglichkeit zum Schutz dagegen bieten Innovationsintermediatoren, die als Dritte eine Art Maklerfunktion einnehmen und zwischen den beiden Parteien treuhänderisch fungieren.

Rechtliche Risiken und interne Akzeptanz

Kline weist daraufhin, dass eine offene Lizenzierungspolitik bei Patentstreitigkeiten vor Gericht negative Auswirkungen haben kann (vgl. [17]). Versucht man, die Nutzung einer Technologie gerichtlich zu unterbinden, könne es bei einer großzügigen Lizenzierungspolitik schwierig werden, den Richter von seinem Anliegen zu überzeugen. Auch die Aktionäre könnten eine großzügige Lizenzierung an andere Unternehmen falsch auffassen.

Für die einzelnen Geschäftseinheiten kommt noch hinzu, dass Mitarbeiter unter Rechtfertigungsdruck geraten, wenn sich eine Idee außerhalb des eigenen Unternehmens als wertvoll erweist, die sie selbst nicht als gewinnbringend erachtet hatten. Dann kommt die Frage auf, warum man den Wert der Idee nicht erkannt und diese nicht umgesetzt hat. Um diesen Druck zu vermeiden, werden Mitarbeiter eine Öffnung des Unternehmens nach außen nicht befürworten (vgl. [10], S. 32).

Handlungsempfehlungen

Eine empirische Untersuchung von Albers, Ili und Miller zeigt, dass zahlreiche Unternehmen die Potenziale von Open Innovation nicht in vollem Umfang ausnutzen und darüber hinaus auch nicht über die notwendigen Voraussetzungen hinsichtlich der Prozesse und Methoden innerhalb ihres Unternehmens verfügen (vgl. [2]).

Der Fokus der Unternehmen liegt bei der Suche und Generierung von Innovationen zu sehr auf dem direkten Umfeld. Um Innovationen mit Differenzierungscharakter zu generieren, ist eine Vergrößerung des Suchradius unumgänglich. Hierzu ist ein eigens dafür vorgesehener Prozessschritt notwendig.

Die Wertschöpfung wird zu eng definiert und fokussiert sich hauptsächlich auf den gegenwärtigen Geschäftsbereich. Ein wichtiger Schritt in Richtung Open Innovation ist die Einrichtung eines Prozessschrittes für den Umgang mit Ideen, die nicht weiterverfolgt werden. Darüber hinaus sollten bestehende Technologien regelmäßig auf zusätzliche Verwendungsmöglichkeiten überprüft werden.

Unternehmensstrategie und Kultur der einzelnen Mitarbeiter unterstützen zurzeit keine externe Orientierung. Die nachhaltige Unterstützung von Open Innovation durch das Top-Management ist hierbei die entscheidende Voraussetzung. Die Öffnung des Unternehmens nach außen muss in der Unternehmensstrategie verankert sein und im Referenzprozess entsprechend berücksichtigt werden.

Zur Steigerung der Aufnahmefähigkeit externer Innovationsimpulse und zur gezielten externen Verwertung benötigen Unternehmen darüber hinaus eine koordinierende Stelle, die den Informationsfluss steuern und neue Erkenntnisse an die richtigen Ansprechpartner weiterverteilen kann. Eine zentrale Organisationseinheit ist bezüglich der externen Suche besonders effizient. Aufgrund ihres Stabscharakters innerhalb der Organisation können zentrale Organisationseinheiten einen starken Einfluss auf Entscheidungen des Unternehmens nehmen und gleichzeitig die verschiedenen Geschäftsbereiche untereinander koordinieren.

Zur Verwertung der eigenen Technologien außerhalb des angestammten Geschäftsbereichs empfiehlt sich ebenfalls eine unabhängige, bereichsübergreifende und zentrale Organisationseinheit. So können Entscheidungen über die externe Verwertung zum Wohle des gesamten Unternehmens getroffen werden. Um Synergieeffekte zwischen der Suche nach externen Innovationen und der Suche nach externen Verwertungsmöglichkeiten nutzen zu können, empfiehlt es sich, beide Aspekte in einen zentralen Bereich zusammenzufassen. Dadurch können Transaktionskosten gesenkt und gleichzeitig eine Transaktionskompetenz aufgebaut werden.

Für Informationen über neue Trends, Technologien oder Benchmarks aus anderen Branchen müssen entsprechende Berichtstrukturen und Kommunikationsprozesse eingerichtet werden. So wird sichergestellt, dass der verantwortliche Entscheider Kenntnis über neue Entwicklungen erlangt, die seinen Bereich betreffen. Um die Prüfung von Ideen im Sinne des Unternehmens zu gewährleisten, empfiehlt es sich, entweder neutrale Stellen in die Prüfung mit einzubeziehen, oder die Technologie mehreren potenziellen Abnehmern gleichzeitig anzubieten. Nur wenn alle Beteiligten im Gesamtprozess eingebunden und alle Optionen neutral untersucht werden, wird sich das Denken in Geschäftsmöglichkeiten statt in Abteilungs-, Unternehmens- und

Branchengrenzen durchsetzen und neue Innovationen und Gewinnpotenziale im Sinne des Unternehmens ermöglichen.

Literatur

[1] ALBERS, A.; ILI, S.: *The Adoption of Open Innovation in the Automotive Industry. The International Society for Professional Innovation Management – ISPIM Conference Paper, Tours, France, 2008*

[2] ALBERS, A.; ILI, S.; MILLER, A.: *Open Innovation in the Automotive Industry. R&D-Management, Special Issue Open R&D and Open Innovation, Vol. 39, Special Issue 1, 2009*

[3] ARROW, K.J.: *Economic Welfare and the Allocation of Resources for Invention, in: Nelson, R.R. (Hrsg.): The Rate and Direction of Inventive Activity, Princeton, S.609-625, 1962*

[4] BRATZEL, ST.; TELLERMANN, R.: *Automotive INNOVATIONS 2006/2007: Die Innovationen der globalen Automobilkonzerne. Arbeitspapier Nr. 2007-07, Schriftenreihe des FHDW Center of Automotive, 2007*

[5] BOYENS, K.: *Externe Verwertung von technologischem Wissen. Wiesbaden: Deutscher Universitäts-Verlag, 1998*

[6] CHAPMAN, M.: *Building an innovative organization: consistent business and technology integration – IBM 2006 CEO study. In: Strategy & Leadership, Jg. 34, Nr. 4, S. 32-38, 2006*

[7] CHATTERJI, D.: *Accessing external sources of technology. In: Research Technology Management, Jg. 39, Nr. 2, S. 48-56., 1996*

[8] CHESBROUGH, HENRY W.: *The Era of Open Innovation. In: MIT Sloan Management Review, Jg. 44, Nr. 3, S. 35-41, 2003*

[9] CHESBROUGH, H. W.: *Open Innovation – The new imperative for Creating and Profiting from Technology. Boston: Harvard Business School Press, 2003*

[10] CHESBROUGH, H. W.; VANHAVERBEKE, W.; WEST, J.: *Open Innovation – Researching a New Paradigm. New York: Oxford University Press Inc., 2006*

[11] CHESBROUGH, H. W.: *Open Business Models – How to Thrive in the New Innovation Landscape. Boston: Harvard Business School Press, 2006b*

[12] CHESBROUGH, H. W.; CROWTHER, A. C.: *Beyond high tech: early adopters of open innovation. In: R & D Management, Jg. 36, Nr. 3, S. 229-236, 2006*

[13] GASO, B.: *Management of Technological Listening Posts in Decentralized Firms. Dissertation an St. Gallen, Institute of Technology Management, 2005*

[14] GOTTSCHALK, B.; KALMBACH, R.; DANNENBERG, J.: *Markenmanagement in der Automobilindustrie. Wiesbaden: Gabler Verlag, 2005*

[15] HAUSCHILDT, J.: *Innovationsmanagement. 3. Auflage, München: Verlag Franz Vahlen GmbH, 2004*

[16] KATZ, R.; ALLEN, T.J.: *Investigating the Not Invented Here (NIH) syndrome: A look at the performance, tenure, and communication patterns of 50 R&D Project Groups. In: R & D Management, Jg. 12, Nr. 1, S. 7-19, 1982*

[17] KLINE, D.: *Sharing the Corporate Crown Jewels. In: MIT Sloan Management Review, Jg. 44, Nr. 3, S. 89-93, 2003*

[18] LAURSEN, K.; SALTER, A.: *Open for innovation: the role of openness in explaining innovation performance among U.K. manufacturing firms. In: Strategic Management Journal, Jg. 27, Nr. 2, S. 131-150, 2006*

[19] RAMMER, C.; PETER, B.; SCHMIDT, T.; ASCHOFF, B.; DOHERR, T.; NIGGEMANN, H.: *Innovationen in Deutschland – Ergebnisse der Innovationserhebung 2003 in der deutschen Wirtschaft. Baden-Baden: Nomos Verlagsgesellschaft, 2005*

[20] RIGBY, D.; ZOOK, C.: *Open-Market Innovation. In: Harvard Business Review, Jg. 80, Nr. 10, S. 80-89, 2002*

[21] VAN DE VRANDE, V.; LEMMENS, C.; VANHAVERBEKE, W.: *Choosing governance modes for external technology sourcing. In: R&D Management, Jg. 36, Nr. 3, S. 347-363, 2006*

[22] VAN VALEN, L.: *A New Evolutionary Law, in: Evolutionary Theory, Jg.1, Nr. 1, S. 1-30, 1973*

[23] WEST, J.; *Gallagher, S.: Challenges of Open Innovation – The paradox of firm investment in open-source software. In: R & D Management, Jg. 36, Nr. 3, S. 319-332, 2006*

[24] WITZEMAN, S.; SLOWINSKI, G.; DIRKX, R.; GOLLOB, L.; TAO, J.; WARD, S.; MIRAGLIA, S.: *Harnessing External Technology for Innovation. In: Research Technology Management, Jg. 49, Nr. 3, S. 19-28, 2006*

[25] COHEN, W. M.; LEVINTHAL, D. A.: *Absorptive Capacity: A New Perspective on Learning and Innovation. In: Administrative Science Quarterly, Jg. 35, Nr. 1, S. 128-152, 1990*

[26] HAUSS, I.: *Engineering Solution Center – Kooperative, virtuelle und integrierte Produktentwicklung. Stuttgart: Fraunhofer Institut Arbeitswirtschaft und Organisation, 2000.*

[27] BROCKHOFF, K.: *Forschung und Entwicklung. Planung und Kontrolle. München, 1994.*

[28] ERTL, M.: *Interview mit Martin Ertl, Leiter Innovationsimpulse BMW AG, im Rahmen einer Forschungsarbeit von Serhan Ili, 2007*

[29] ILI, S.: *Open Innovation in der Automobilindustrie. Strategien zur Steigerung der FuE-Produktivität. Dissertation Serhan Ili, Universität Karlsruhe, 2009.*

Zusammenfassung
Zweige wie die Automobilbranche sind eingekeilt zwischen Kosten- und Innovationsdruck. Geringere Umsatzmöglichkeiten und steigende Entwicklungskosten wirken sich negativ auf die Produktivität der Unternehmen aus. Unternehmen können ihre Innovationen nur schwer am Markt amortisieren. Neben Prozess- und Produktinnovationen beschreibt Open Innovation eine Strategie zur Steigerung der Produktivität. Open Innovation ist eine Geschäftsmodellinnovation, die weitere Umsatzmöglichkeiten durch zusätzliche Verwertung eigener Technologien und Innovationen – auch außerhalb des gegenwärtigen Produktportfolios empfiehlt und die Einsparung von Entwicklungskosten durch gezielte Integration externer Innovationsquellen fordert.
Der vorliegende Beitrag gibt Industrieunternehmen einen Überblick, welche Chancen und Risiken mit dem Open-Innovation-Ansatz im Produktentstehungsprozess verbunden sind.

Innovationswettbewerb und Open Innovation

Heute ist es – viel besser als je zuvor – möglich, Kunden in Innovationsprojekte einzubeziehen. Open Innovation verspricht nicht nur erhebliche Kostenvorteile in der Entwicklung, sondern auch einen besseren Fit-to-Market. Ein vielversprechender Ansatz ist dabei der Innovationswettbewerb.

In diesem Beitrag erfahren Sie:
- worum es beim Thema Open Innovation geht,
- worauf Unternehmen bei der Umsetzung achten sollten,
- wie man mit Hilfe eines Innovationswettbewerbs Probleme lösen kann.

Simon Bley

Einleitung

»I not only use all the brains that I have, but also all that I can borrow.«
Woodrow Wilson, US-Präsident von 1913 bis 1921

Waren Innovationen in der Vergangenheit regelmäßig das Ergebnis eines rein intern fokussierten Innovationsprozesses, so existieren heute Methoden und Instrumente, die eine einfache Integration externer Akteure ermöglichen. Diese Methoden, welche unter dem Begriff Open Innovation zusammengefasst werden, versprechen einen einfacheren Zugang zu Bedürfnis- und Lösungsinformationen und somit einen besseren »Fit-to-Market«. In der Wissenschaft werden insgesamt vier Instrumente im Zusammenhang mit Open Innovation diskutiert: Ideen- oder Innovationswettbewerbe, die Lead-User-Methode, virtuelle Toolkits und Communities für Open Innovation. Der vorliegende Artikel liefert zunächst eine kurze Einführung in das Thema Open Innovation und beschreibt dann, am Beispiel der US-Amerikanischen Internetplattform Innocentive.com, wie sich Unternehmen externes Wissen mit Hilfe von Innovationswettbewerben nutzbar machen können.

Vom Closed zum Open Innovation Paradigma

Henry Chesbrough, Professor an der Haas Business School der University of Berkley, der den Begriff Open Innovation zum ersten Mal prägte, beschreibt in seinem Buch »Open Innovation – The New Imperative for Creating and Profiting from Technology«, wie erfolgreiche Unternehmen in der Vergangenheit innoviert haben, vor welchen neuen Realitäten diese heute stehen und daraus resultierend, welche Vorgehensweise Unternehmen beim Management von Innovationen in Zukunft verfolgen sollten. Er beobachtet einen Paradigmenwechsel weg vom Closed Innovation Paradigma hin zum Open Innovation Paradigma.

Die Betrachtungsweise, die dem Closed Innovation Paradigma zu Grunde liegt, und auf der die meisten Unternehmen in der Vergangenheit ihre Strategien aufbauten, bringt Chesbrough mit einem Satz auf den Punkt: »If you want something done right, you've got to do it yourself.« [1]

Als Beispiel für diese Betrachtungsweise nennt er Lucent Technologies, welches aus dem Zusammenbruch von AT&T Ende des letzten Jahrhunderts hervorgegangen ist, und einen großen Teil der berühmten Bell Labs erbte. Bei den Bell Labs handelte es sich um eine der besten industriellen Forschungseinrichtung der Welt, was für Lucent wiederum eine Art strategische Waffe darstellte [1]. Lucent investierte weiterhin in die Bell Labs und wurde dadurch immerwährend mit neuen, innovativen Technologien versorgt. Diese neuen Technologien trug Lucent in Form von neuen Produkten und Dienstleistungen in den Markt und erzielte dadurch höhere Umsätze und Erträge, die dann ihrerseits wiederum in Form von Investitionen zurück in die Bell Labs flossen. Das geistige Eigentum an den Erfindungen wurde patentiert und konnte gegenüber anderen Unternehmen geschützt werden [1]. Dieses Modell eines rein intern fokussierten Innovationsmanagements nennt Chesbrough Closed Innovation Paradigma oder Closed Innovation Modell.

Der ehemalige Forschungsdirektor von IBM James McGroddy vergleicht das Management des Closed Innovation Paradigma mit Schach: »When you're targeting your technology to your current business, it's like a chess game. You know the pieces, you know what they can do and cannot do. You know what your competition is going to do, and you know what your customer needs from you in order to win the game. You can think out many moves in advance, and in fact, you have to, if you're going to win.« [2]

Im Closed Innovation Modell fließen die Ideen traditionell von einer Seite in das Unternehmen hinein und verlassen es auf der anderen Seite in Richtung Markt wieder. Während des Entwicklungsprozesses werden die Ideen untersucht und gefiltert. Die Ideen, die diesen Prozess überleben, gehen in die Entwicklung über und werden auf den Markt gebracht. Innerhalb dieses Prozesses ist es möglich, so genannte »false positives« auszusortieren. Es handelt sich dabei um Ideen, die auf den ersten Blick interessant erschienen, sich dann aber gezeigt hat, dass diese Einschätzung ein Fehler war.

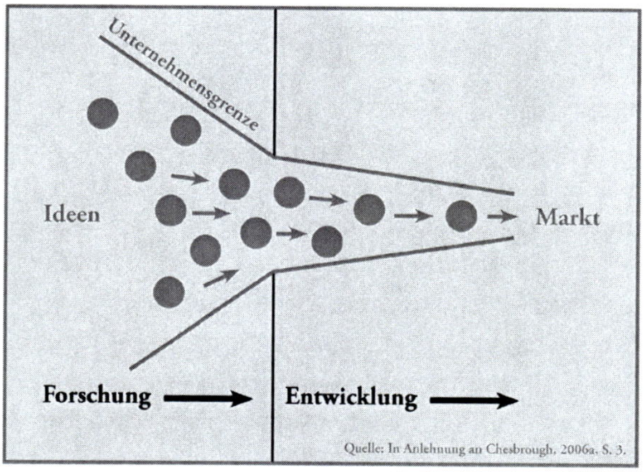

Abb. 1: *Closed Innovation Modell*

In der Zwischenzeit haben verschiedene Faktoren zu einer Erosion des Closed Innovation Paradigma geführt. Ein Faktor ist die steigende Anzahl und Mobilität sehr erfahrener und gut ausgebildeter Mitarbeiter. Verlässt ein Mitarbeiter nach mehreren Jahren ein Unternehmen, nimmt er einen großen Teil seines gewonnen Wissens mit zu seinem neuen Arbeitgeber, ohne dass dieser das andere Unternehmen dafür entschädigt [1]. Ein verwandter Faktor ist die universitäre und postuniversitäre Ausbildung, in deren Genuss heute viel mehr Menschen kommen können. Diese hat dazu geführt, dass sich Wissen aus den Wissenssilos der zentralen Forschungseinheiten von Konzernen in andere Unternehmen, verschiedener Größen und Industrien, ausbreiten konnte. Ein weiterer Faktor ist die zunehmende Präsenz von privatem Risikokapital. Dadurch konnten risikofinanzierte Unternehmen externe Forschungsarbeit kommerzialisieren und sich selbst zu wertvollen Unternehmen entwickeln [1]. Es bleibt festzuhalten, dass zwar ein Paradigmenwechsel zu beobachten ist, andererseits aber weiterhin viele Abstufungen zwischen den beiden Extremen Closed und Open Innovation zu beobachten sein werden.

Möchte man die Betrachtungsweise, die dem Open Innovation Paradigma zu Grunde liegt, beschreiben, bietet sich ein Zitat an, das dem ehemaligen amerikanischen Präsidenten Woodrow Wilson zugeschrieben wird: »I not only use all the brains that I have, but also all that I can borrow.« [3]

Chesbrough leitet das Open Innovation Paradigma her, indem er die Historie des Konkurrenzkampfes zwischen Lucent und seinem größten Konkurrenten Cisco näher analysiert. Obwohl Lucent mit den innovativen Bell-Labs gesegnet war, und Cisco nahezu keine interne Forschung betrieb, schaffte es Cisco immer wieder mit Lucent gleichzuziehen (die Erträge ihrer Innovationen betreffend). Teilweise war Cisco mit vergleichbaren Produkten sogar früher am Markt als Lucent. Die Ursache hierfür war, dass beide Unternehmen auf unterschiedliche Art und Weise ihre Innovationen generierten – obwohl sie ähnliche Produkte vertrieben. Cisco bediente sich anderer Mittel im Kampf um die Innovationsführerschaft und konzentrierte sich beispielsweise darauf, die Welt der Start-up Unternehmen zu beobachten [2]. Dort fanden sich viele junge Unternehmen, paradoxerweise oftmals von ehemaligen Mitarbeitern der Firmen Lucent, AT&T oder Nortel gegründet. Diese Mitarbeiter nahmen ihre Ideen, an denen sie bei den Unternehmen arbeiteten, mit und versuchten damit ein eigenes Unternehmen zu gründen. Cisco bediente sich dieser Ideen, indem es mit den Unternehmen kooperierte oder in sie investierte. Nicht selten kaufte Cisco das ganze Unternehmen. Das von Cisco angewandte Modell eines in- und extern fokussierten Innovationsmanagements nennt Chesbrough Open Innovation Paradigma oder Open Innovation Modell.

James McGroddy von IBM setzt das Management von Innovationen im Open Innovation Paradigma mit Poker gleich: »In a new market, you have to plan your technology entirely differently. You're not playing chess anymore; now you're playing poker. You don't know all the information in advance. Instead, you have to decide whether to spend additional money and stay in the game to see the next card.« [2]

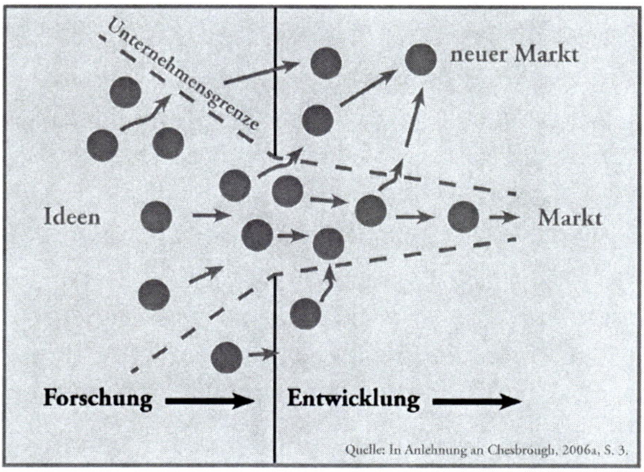

Abb. 2: *Open Innovation Modell*

Im Open Innovation Modell können Ideen nach wie vor dem traditionellen Forschungs- und Entwicklungsprozess entspringen. Dieselben oder andere Ideen können das Unternehmen jedoch auch in Form eines ausgegründeten Start-ups wieder verlassen. Andere Wege, auf denen Ideen ein Unternehmen verlassen können, sind zum Beispiel Mitarbeiter, die das Unternehmen verlassen oder die Lizenzierung von Produkten [1]. Gleichzeitig können Ideen aber auch von außerhalb der Unternehmensgrenzen kommen und sich, zum Zweck der Kommerzialisierung, in das Unternehmen hinein bewegen [1]. Im Gegensatz zum Closed Innovation Modell sind die Unternehmensgrenzen im Open Innovation Modell porös, was die Möglichkeit des Hin- und Herbewegens von Ideen impliziert. Auch im Open Innovation Modell werden »false positives« aussortiert, jedoch erlaubt es zudem den umgekehrten Prozess, nämlich die Rückgewinnung von Ideen, die zu Anfang als nutzlos betrachtet wurden. Das Beispiel der Xerox Corporation zeigt, dass es für Unternehmen sehr schmerzhaft sein kann, Ideen nicht weiterzuverfolgen, in die sie zu Anfang viel Geld investiert hatten. Das Palo Alto Research Center (PARC), das Forschungslabor der Xerox Corporation, hatte in den 1980er Jahren unter anderem die grafische Benutzeroberfläche entwickelt, die später von Apple und Microsoft erfolgreich kommerzialisiert wurde, weil Xerox sie als »negative« eingeschätzt und nicht weiterverfolgt hatte [1]. Im Nachhinein stellte sich dann heraus, dass es ein »false negative« war. Von »false negatives« spricht man im Zusammenhang mit Ideen, die wenig aussichtsreich erscheinen, sich aber zu einem späteren Zeitpunkt als vielversprechend herausstellen.

Eine nicht zu unterschätzende Hürde im Kontext des Open Innovation Ansatzes stellt das so genannte »Not-Invented-Here«-Syndrom (NIH) dar. Unter diesem Begriff wird ein Problem diskutiert, dass sowohl beim Transfer von Nutzerideen ins Unternehmen, aber auch zwischen verschiedenen Abteilungen im Unternehmen auftritt [4]. Katz und Allen sehen darin »(...) the tendency of groups of stable composition to believe that it posseses a monopoly of knowledge in its field, which leads it to reject new ideas from outsiders to the detriment of its performance« [5]. Klassischerweise wurde das Problem beim Transfer von Input zwischen verschiedenen Abteilungen im Unternehmen nachgewiesen und kann durch geeignete, interaktionsförderliche Anreize bekämpft werden. Im Rahmen seines Connect & Develop Programms, dessen Ziel es ist, 50 Prozent aller Innovationen außerhalb des Unternehmens zu generieren, versucht Proctor & Gamble (P&G) beispielsweise dem NIH-Syndrom mit der »Proudly-Found-Elsewhere«-Haltung (PFE) zu begegnen [6]. Zudem soll sich auch die Wahrnehmung und die Definition der eigenen F&E-Abteilung (Forschung & Entwicklung) ändern. Die ursprünglich 7.500 Forscher und Entwickler bekommen durch die Öffnung des Innovationsprozesses nach außen geschätzte eineinhalb Millionen [6] neue Kollegen, die auf freier Basis für das Unternehmen arbeiten, außerdem erhält jeder Mitarbeiter eine Prämie für eine Idee, die er extern akquiriert hat.

Der Kunde als Quelle von Innovationen

Entschließt sich ein Unternehmen, externe Partner in den Innovationsprozess zu integrieren, so bieten sich neben Lieferanten, Universitäten, privaten oder staatlichen Forschungseinrichtungen auch Kunden, Nutzer oder Anwender an. Letztere bilden die Gruppe, auf die sich der vorliegende Artikel im weiteren Verlauf konzentriert, wobei eine exakte Abgrenzung in einigen Anwendungsgebieten nicht immer möglich ist.

Kunde, Nutzer und Anwender

In der Literatur verwenden viele Autoren die Begriffe Kunde und Nutzer bzw. Anwender synonym [16]. Dies mag daran liegen, dass in manchen Bereichen Kunde und Nutzer dieselbe Person sind. Gerade in Konsumgütermärkten ist der Kunde, also der Käufer eines Produktes oder einer Dienstleistung, in vielen Fällen auch der Nutzer bzw. Anwender. Eric von Hippel, Professor am Massachusetts Institute of Technology (MIT), plädiert dagegen für eine Unterscheidung der beiden Begriffe, da beispielsweise in Industriegütermärkten Käufer und Nutzer eines Produktes häufig zwei verschiedene Akteure sind. So kann der Käufer einer Software ein Unternehmen sein, der Nutzer bzw. der Anwender ist in diesem Fall jedoch ein Mitarbeiter [4]. Von Hippel definiert Nutzer folgendermaßen: »Users (...) are firms or individual consumers that expect to benefit from using a product or a service.« [7] Reichwald und Piller, deren Definition von Open Innovation die Grundlage dieses Artikels bildet, verwenden die Begriffe in ihrem Buch hingegen synonym [8]. Diese Vorgehensweise soll an dieser Stelle übernommen werden, da sie sich als praktikabel erwiesen hat.

Vom Manufacturer-Active- (MAP) zum Customer-Active-Paradigma (CAP)

Das im letzten Abschnitt beschriebene Konzept von Open Innovation bleibt weiterhin in der Vorstellung des Manufacturer-Active-Paradigma, innerhalb dessen der Hersteller die Initiative für sämtliche Aktivitäten im Innovationsmanagement übernimmt [4]. Er sammelt mit Hilfe klassischer Marktforschungsinstrumente Daten über die Kundenbedürfnisse, transferiert diese eigenständig oder in Kooperation mit anderen Herstellern in eine Lösungsidee und testet die Akzeptanz sowie das Potenzial, bevor es zur finalen Markteinführung kommt [9]. Der Kunde hat dabei eine passive Rolle und wird erst aktiv, wenn er vom Unternehmen angesprochen wird – »speaking only when spoken to« [4]. Er selbst fungiert dabei nur als statistische Durchschnittsgröße. Seine Hauptaufgaben sind die Übermittlung von Bedürfnisinformationen und die Bewertung der vom Hersteller entwickelten Lösungen. Innerhalb des MAP wird dem Kunden selbst keine Lösungskompetenz zugesprochen. Von Hippel bewies jedoch bereits 1978, dass die Vorstellung eines rein herstellergetriebenen Innovationsprozesses zu kurz greift. MAP sollte um einen weiteren zentralen Akteur erweitert werden – und zwar den Kunden bzw. Nutzer einer

Leistung. Er untersuchte zahlreiche Innovationsprojekte und fand heraus, dass je nach Branche bis zu 90 Prozent aller Neuproduktentwicklungen auf die Idee eines Nutzers zurückzuführen sind [10]. Die Annahme, dass ein CAP existiert, innerhalb dessen der Kunde bzw. Nutzer als Quelle und Initiator von Innovationen angesehen werden kann, wurde dadurch bestätigt [11]. Innerhalb des CAP kommt dem Kunden eine aktive Rolle zu, in der er ein neues Bedürfnis schafft oder entdeckt und gleichzeitig mit Hilfe von Lösungsinformationen eine Idee entwickelt, wie dieses Bedürfnis befriedigt werden kann [10]. Nicht selten transferieren Nutzer diese Idee danach in einen funktionsfähigen Prototyp. Befriedigt der Prototyp ihre Bedürfnisse, ist der Innovationsprozess für sie damit beendet. In anderen Fällen treten Kunden mit Ihren Lösungsinformationen an einen Hersteller heran – in der Hoffnung, dass er ein funktional besseres Produkt herstellen kann, weil er Zugang zu besseren Fertigungsmethoden und Materialien hat. Eine weitere Möglichkeit wäre, dass der Hersteller die Verbesserung, Weiter- oder Neuentwicklung selbst erkennt und diese aus eigenem Antrieb in ein marktfähiges Produkt überführt.

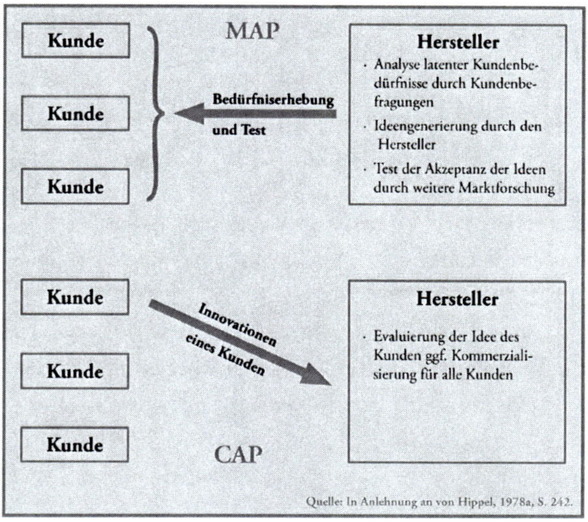

Abb. 3: *Vom MAP zum CAP*

Im Rahmen des CAP kommt dem Kunden eine neue Rolle zu: Er dient dem Unternehmen nicht nur zur Übertragung von Bedürfnisinformationen, sondern er ist Initiator und Quelle von Innovationen zugleich, indem er auch Lösungsinformationen bereit hält, mit denen er eigenständig oder mit Hilfe von Herstellern in der Lage ist, seine eigenen Bedürfnisse zu befriedigen. Um Bedürfnisinformationen handelt es sich bei Wünschen, Präferenzen und Anforderungen von Kunden an eine Leistung sowie an deren Leistungsfähigkeit, Qualität, Design oder Preis. Lösungsinformationen hingegen dienen dazu, Bedürfnisinformationen von Kunden in ein konkretes, marktfähiges Leistungsangebot zu übersetzen [4].

Open Innovation in der Praxis

Hat sich ein Unternehmen entschieden, die Methoden und Instrumente der Open Innovation zu nutzen, so reicht es nicht diese einfach einzusetzen. Mindestens genauso wichtig ist es, sich mit der veränderten Organisation der Arbeitsteilung und einem anders gestalteten, weil interaktiven Innovationsprozess, auseinander zu setzen.

Organisation der Arbeitsteilung

Aufgrund der Existenz von »sticky information« und der Notwendigkeit des Transfers von Bedürfnis- und Lösungsinformationen zwischen Herstellerunternehmen und Kunden scheint eine Arbeitsteilung zwischen beiden Parteien sinnvoll zu sein. Mit Benklers Modell der »Commons-based Peer Production« steht nun ein Ansatz zur Verfügung, der eine neue Herangehensweise zur Lösung des Informationsproblems im Zusammenhang mit kollaborativen Produktionssystemen bietet. Wurde die Produktion bisher entweder über Märkte oder Firmen abgewickelt, so existiert nun ein drittes Modell, das auf einer dezentralen Sammlung und Verteilung von Informationen beruht [4]. Die Beteiligten suchen sich ihre Aufgaben durch Selbstselektion aus und lösen diese dann aufgrund einer Vielzahl verschiedener Beweggründe. Benkler identifiziert dabei drei verschiedene Typen von Aufgaben: Generierung von Inhalt (z. B. die Identifikation von Kratern auf dem Mars), die Festlegung von Relevanz (z. B. das Schreiben von Rezensionen bei Amazon) und die Verbreitung von Mehrwert (z. B. das Korrigieren von Artikeln in der Online-Enzyklopädie Wikipedia) [12]. Zentrales Charakteristikum der »Commons-based Peer Production« ist, dass Gruppen oftmals in sehr großen Projekten zusammenarbeiten und durch eine Vielzahl unterschiedlicher Anreize und sozialer Signale, die nichts mit hierarchischen Anweisungen oder Marktpreisen zu tun haben, motiviert werden [4]. Benkler sieht die Vorteile seines Ansatzes vor allem in der besseren Identifikation und Allokation der Humankapazitäten sowie in der Existenz von Skaleneffekten durch Spezialisierungseffekte. Bezogen auf das Modell der interaktiven Wertschöpfung sehen Reichwald und Piller die Hauptaufgabe in der Übertragung der Gedanken Benklers auf die Organisationsform einer klassischen Netzwerkorganisation (zur Erweiterung der Möglichkeiten der Problemlösung im Unternehmen) [4]. Dabei sollen nicht alle Wertschöpfungsaufgaben vom Kunden übernommen werden, es soll vielmehr eine kooperative Arbeitsteilung zwischen Hersteller und Kunden stattfinden. Zudem werden bestimmte Bereiche weiterhin klassisch hierarchisch oder über den Marktmechanismus koordiniert.

Grundsätzlich müssen aus Unternehmenssicht zwei Problembereiche, nämlich das Motivationsproblem und das Koordinationsproblem, gelöst werden, so dass eine Arbeitsteilung nach dem Modell der »Commons-based Peer Production« funktioniert. Es müssen also ausreichend Anreize für die Beteiligten zur Verfügung gestellt werden, was z. B. durch die Beteiligung aller am Resultat der gemeinschaftlichen Arbeit erreicht werden kann. Gleichzeitig wird von Unternehmen eine exakte Koordinationsleistung verlangt, um die einzelnen Teilbeiträge der Nutzer zu einem Gesamtbeitrag integrieren zu können. Benkler identifiziert im Wesentlichen drei Stellschrauben, die für eine erfolgreiche Arbeitsteilung relevant sind: eine Modularität der Teilaufgaben, eine Granularität der Teilaufgaben und eine kostengünstige Integrationsfähigkeit [12]. Ein aktueller Kritiker des Modells ist Nicholas Carr mit seinem Artikel »The Ignorance of Crowds«. Darin stellt er die Frage »What's the bazaar good for, and what isn't it good for?« und meint damit die »Commons-based Peer Production« [13]. Er behauptet, dass das Modell von Benkler außerordentlich gut ist, wenn es darum geht, bereits existierende Ideen zu verbessern. Man sollte jedoch die Grenzen kennen, die seiner Meinung nach in der Entwicklung grundsätzlich neuer Ideen liegen.

Der interaktive Innovationsprozess

Eine Integration des Kunden ist grundsätzlich in jeder Phase des Innovationsprozesses möglich, wenngleich der Lösungsraum immer enger wird, je später der Nutzer integriert wird. Mit der folgenden Beschreibung sollen Anhaltspunkte für die Rolle von Kunden und Nutzern im interaktiven Innovationsprozess gegeben werden.

Ideengenerierung

Ziel dieser Phase ist es, den Ideenvorrat des Unternehmens aufzubauen bzw. zu vergrößern [4]. Dabei kann es sich einerseits um inkrementelle Ideen handeln, die bestehende Produkte oder Dienstleistungen verbessern, oder andererseits um Ideen für völlig neuartige Produkte. Die Basis dieser Ideen bilden entweder Informationen über mögliche unbefriedigte Bedürfnisse von Kunden, die dann später durch die Innovation befriedigt werden sollen, oder existierende Technologien, die neue Kundenbedürfnisse anregen. In der Vorstellung des traditionellen Innovationsmanagements kommen vor allem Mitarbeiter aus der Forschungs- und Entwicklungsabteilung, aber auch aus angrenzenden Bereichen, wie dem Marketing und dem Vertrieb, in Betracht. Der Open Innovation Ansatz erschließt aber zusätzlich externe Quellen, indem er versucht, neben Zulieferern und externen Forschungseinheiten auch Kunden und Nutzer in die Ideengenerierung und -bewertung mit einzubinden [4].

Konzeptentwicklung

Ideen, die positiv bewertet wurden gehen in die Phase der Konzeptentwicklung über. Hier werden die noch recht unscharfen Ideen durch Mitarbeiter der Forschung und Entwicklung weiterentwickelt. Zunächst werden die gefilterten Ideen mit Hilfe von Skizzen, Mockups oder Animationen visualisiert, bevor dann anhand detaillierter Ausarbeitungen die technische Realisierbarkeit und das Marktpotenzial abgeschätzt werden. Innerhalb des Konzeptes der interaktiven Wertschöpfung könnte ein Hersteller unter Verwendung der Lead-User-Methode oder des Innovationswettbewerbs genau in dieser Phase ansetzen, um mit besonders fortschrittlichen Kunden Problemlösung zu betreiben.

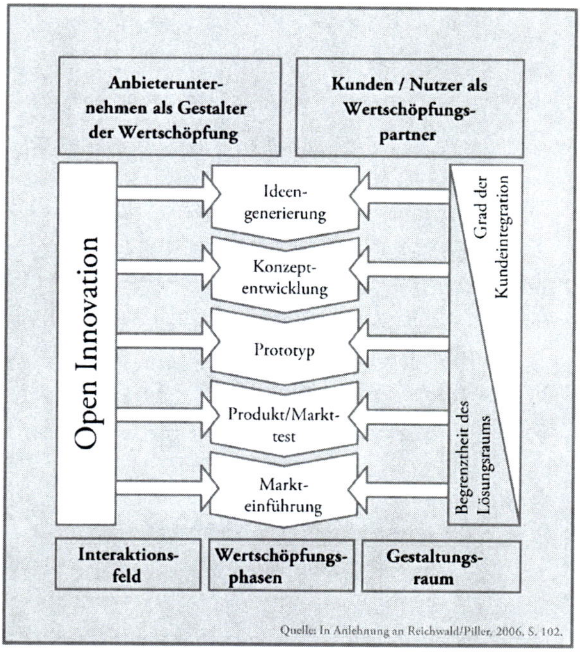

Abb. 4: *Der interaktive Innovationsprozess*

Prototyp

Gegenstand der dritten Phase ist die Überführung des Innovationskonzeptes in ein voll funktionsfähiges Versuchsmodell. Dieser Prototyp kann im Rahmen des Rapid Prototyping, unter Verwendung modernster Technologien, in kürzester Zeit hergestellt werden. Anschließend wird er verschiedenen Tests unterzogen, um festzustellen, ob er den Anforderungen des Konzeptes standhält [4]. Auch in dieser Phase können Nutzer eine wichtige Rolle spielen. Beispielsweise überführen Lead-User ihre Lösungsinformationen in vielen Fällen gleich in einem funktionsfähigen Prototyp, um ihr Bedürfnis zu befriedigen. Weiterhin kann ein Hersteller seine Kunden zur Mitarbeit motivieren, indem er ihnen ein virtuelles Toolkit zur Verfügung stellt, mit dem sie dann wiederum befähigt werden, den Prototyp virtuell selbst herzustellen.

Produkt- und Markttest

Im klassischen Innovationsprozess wird das Versuchsmodell anschließend in den Produktionsprozess überführt und in kleinen Stückzahlen produziert. Das Leistungsverhalten und die Zustimmung durch die Kunden werden dann in einem kleinen Testmarkt evaluiert, um anhand der Ergebnisse Rückschlüsse auf mögliche Modifikationen ziehen zu können. Diese Tests können innerhalb der interaktiven Wertschöpfung auf den Kunden übertragen werden; teilweise sind sie aber nur noch in wesentlich geringerem Umfang notwendig, sofern die Innovation vom Kunden stammt. Produkt- und Markttest werden nicht überflüssig, jedoch laufen sie unter erheblich geringerem Risiko ab.

Markteinführung

Das Marketing übernimmt zentrale Aufgaben im Rahmen der Markteinführung der Innovation. Diese umfassen beispielsweise die Preisfindung, die Auswahl der Distributionskanäle, das Marken- und Kommunikationsmanagement und die Schulung von Verkaufspersonal [4]. Open Innovation integriert den Kunden auch in dieser Phase des Innovationsprozesses. So können Kunden aktiv Diffusionsaufgaben erledigen, indem sie direkt in die Vermarktung und Distribution der Produkte mit einbezogen werden. So nehmen beispielsweise die Kunden von Threadless [14] aktiv an der Vermarktung teil, in dem Sie sich als Modell zur Verfügung stellen und sich fotografieren lassen [15].

Der Innovationswettbewerb als Methode der Open Innovation

Auszug aus dem Artikel »Tausche Geist gegen Geld« von Jens Uehlecke in ZEIT Wissen [16]:

Die kleinste Forschungsabteilung des Weltkonzerns Procter & Gamble liegt auf halbem Weg nach Roseto, an der Landstraße 150 in den italienischen Abruzzen. Abends, wenn Tochter Daiane endlich schläft und Ehemann Alessandro auf dem Sofa mit der Eisbärendecke eingenickt ist, verwandelt Giorgia Sgargetta ihre Einbauküche in ein Labor. Sie schlüpft in einen Kittel, schiebt Olivenöl und Messerblock zur Seite und holt ihre Ausrüstung vom Speicher: ein paar Glaskolben, eine Präzisionswaage und die Flaschen mit den Chemikalien. Und dann löst sie Probleme, an denen die bestbezahlten Wissenschaftler in High-Tech-Labors bisher gescheitert sind. Ihre Aufträge findet die 34-Jährige im Internet, auf der Seite der amerikanischen Firma Innocentive. Der Name ist eine Mischung aus »Innovation« und »Incentive«, Erfindung und Anreiz. Die Kunden sind Konzerne, deren Produktentwickler sich das Hirn zermartern und einige Probleme dennoch nicht lösen können. Wie sortiert man riesige Mengen Kartoffelchips der Größe nach, ohne sie zu zerbrechen? Wie macht man Tablettenverpackungen kindersicher? Irgendwann geben sie schließlich auf, veröffentlichen ihre Probleme samt Formeln auf der Innocentive-Website und loben ein Preisgeld aus, meist zwischen 10.000 und 100.000 Dollar. (...) Lösungsvorschläge darf jeder einsenden, Hausfrauen und Universitätsprofessoren, Rentner und Erstsemesterstudenten. Rund 100.000 Freizeiterfinder aus 175 Ländern, im Innocentive-Slang »Solver« genannt, haben sich bereits registriert. Und mehr als zwei Millionen Dollar hat das Unternehmen bisher im Auftrag seiner Kunden, der »Seeker«, an die freien Mitarbeiter ausgezahlt. Von den Firmen verlangt Innocentive eine Jahresgebühr von 80.000 Dollar, für jede veröffentlichte Aufgabe ein paar tausend Dollar extra und bei Erfolg eine Provision von 80 bis 100 Prozent des Preisgeldes. Für die Kunden rechnet sich das: An einer Innocentive-Lösung verdienen sie im Schnitt 20-mal mehr, als sie dem Erfinder zahlen. Die Idee zu diesem Geschäft hatte der Arzneimittelhersteller Eli Lilly, als er 2001 einen Ausweg aus einem Dilemma suchte, das die ganze Pharmabranche plagt: Einerseits explodieren die Entwicklungskosten für neue Medikamente, andererseits müssen die Unternehmen ihre Produktpaletten dauernd vergrößern, wollen sie im globalisierten Wettbewerb mithalten. Anstatt wie die Konkurrenz neue Labore in China oder Indien zu errichten, beschloss Eli Lilly, Teile seiner Forschung in Tausende Küchen, Hobbykeller und WG-Zimmer auszulagern. Innocentive war geboren – und zugleich ein neuer Trend in der Industrieforschung: Nach Outsourcing, dem Verlegen von Labors in Billiglohnländer, kommt nun das »Crowdsourcing«, das Einbinden der Masse in den Innovationsprozess. Draußen vor den Werkstoren gibt es Millionen kluge Köpfe. Man muss sie nur zum Mitdenken bewegen. (...) So hatte auch Giorgia Sgargetta nicht die geringste Ahnung, für wen und an was für einem Produkt sie arbeitete, als sie sich vor drei Jahren an ihre erste Aufgabe machte. Sie wusste nur, dass sie ihr Job als Qualitätsmanagerin in einer Pflanzenschutzmittelfabrik unterforderte. Dass sie die Arbeit im Labor vermisste. Und dass sie im Netz von diesem Chemieproblem gelesen hatte, das ihr einfach nicht mehr aus dem Kopf gehen wollte. »Meine Mutter hielt das Ganze für einen riesigen Internet-Schwindel, und mein Mann sagte: ‚Du glaubst echt alles'«, erinnert sich Sgargetta. Trotzdem zelebrierte sie über Wochen, was ihr so lange gefehlt hatte: Sie durchforstete Fachliteratur, stöberte in Datenbanken, hantierte mit durchsichtigen Flüssigkeiten. Sie mixte, schüttelte und ließ den Chemiecocktail auf dem Küchenherd brodeln, bis der Dampf durch das ganze Haus zog. Als sich das Gebräu dann eines Tages blau färbte, war das der Himmel auf Erden. Sie hatte es geschafft! Und als ein paar Wochen später 30.000 Dollar auf dem Kontoauszug erschienen, war endlich auch die Mama überzeugt. Nur durch Zufall erfuhr Sgargetta doch noch, in wessen Auftrag sie experimentiert hatte. Ein Bekannter fand im Internet ein Patent, das auf sie und ihre Entdeckung verweist: Offenbar hatte sie einen Farbstoff erfunden, der Spülwasser blau färbt, sobald man eine ausreichende Menge Spülmittel hineingeschüttet hat. Zugleich verhindert er, dass die Lauge nach einer Weile dreckig aussieht, obwohl sie eigentlich noch zum Reinigen taugt. Inhaber des Patents 60/615839 vom 4. Oktober 2004: Procter & Gamble aus Cincinnati, Ohio.

Die Methode Innovationswettbewerb

Bekannte Ökonomen wie Smith, von Hayek und Schumpeter attestierten dem Wettbewerb früh positive Auswirkungen auf das Gemeinwohl, den technischen Fortschritt oder die Entdeckung von neuem Wissen. Wettbewerb ist auch das zentrale Charakteristikum eines Ideen- oder Innovationswettbewerbs im Rahmen von Open Innovation, der an dieser Stelle näher betrachtet werden soll. Walcher definiert einen Ideenwettbewerb als »(...) Aufforderung eines privaten oder öffentlichen Veranstalters an die Allgemeinheit oder eine spezielle Zielgruppe, themenbezogene Beiträge innerhalb eines bestimmten Zeitraums einzureichen, die von Experten an Hand verschiedener Beurteilungsdimensionen bewertet und leistungsorientiert prämiert werden« [17]. Innerhalb des Innovationsprozesses stellt der Ideenwettbewerb eine Integration des Kunden in die frühen Phasen des Innovationsprozesses, nämlich die Ideengenerierung und -bewertung dar [18]. Der Wettbewerbscharakter des Ideenwettbewerbs soll die Teilnehmer dabei nicht nur zur Teilnahme motivieren, sondern auch die Qualität der eingereichten Ideen steigern. Laut Ernst ist das Einsatzspektrum des Ideenwettbewerbs zudem sehr breit und reicht von einzelnen Aktionen, bei dem spezifische Probleme gelöst werden, bis hin zu einem kontinuierlichen Einsatz [19]. Um die praktische Bedeutung des Ideenwettbewerbs als Methode im Innovationsprozess herauszustellen lohnt sich eine Internetsuche mit Google. Dabei lässt sich die Relevanz der Methode Ideenwettbewerb nicht nur an der großen Anzahl von Beiträgen festmachen, sondern auch an der heterogenen Verteilung bezüglich der Anwendungsbereiche. Zusammengerechnet findet man für die Begriffe Ideenwettbewerb und Innovationswettbewerb 338.300 Einträge, welche zu einem Großteil direkt auf einen noch laufenden Wettbewerb verweisen [20]. So veranstaltet beispielsweise das Bundesministerium für Wirtschaft und Technologie einen Ideenwettbewerb zum Thema »Internet der Zukunft«.

Auch das Ministerium für Stadtentwicklung in Berlin möchte mit Hilfe eines Ideenwettbewerbs Ideen für die Weiternutzung des Flughafens Berlin-Tempelhof sammeln. Aber vor allem privatwirtschaftliche Unternehmen nutzen immer häufiger einen Ideenwettbewerb, um ihr eigenes Ideen- und Innovationsmanagement zu ergänzen. Der IT-Hersteller Fujitsu-Siemens veranstaltet zur Zeit einen »Innovation Contest« mit dem Titel »IT-Services for tomorrow's data center« [21]. Auch IBM nutzt diese Art der Ideengenerierung und ruft einen »Innovation Jam« aus, mit dem Ziel Ideen für verschiedenste Bereiche zu sammeln [22]. Trotz einer nachgewiesenermaßen hohen praktischen Relevanz finden sich aber nur wenige systematische Untersuchungen der Thematik in der Wissenschaft. Eine davon liefert Dominik Walcher mit seiner Dissertation über den Ideenwettbewerb als Methode der aktiven Kundenintegration.

Veranstalter

Die Nachfrage nach Innovationen aus allen Bereichen des wirtschaftlichen, kulturellen und gesellschaftlichen Lebens lässt erahnen, dass auch die Veranstalter von Ideenwettbewerben aus verschiedensten Bereichen kommen können. Neben privatwirtschaftlichen Unternehmen, wie z. B. LEGO [23] oder der Deutschen Telekom [24], treten auch öffentliche Einrichtungen, wie das österreichische Bundesministerium für Verkehr, Innovation und Technologie als Veranstalter auf [25].

Zeitraum

Ein konstituierendes Attribut des Ideenwettbewerbs ist sein abgeschlossener Zeitraum, wenngleich der Ideenwettbewerb als solches kontinuierlich eingesetzt werden kann. Die Dauer eines Ideenwettbewerbs kann sehr stark variieren, wobei ein Einsatz von mehreren Wochen oder Monaten im betrieblichen Innovationsprozess die Regel ist [17].

Prämierung

Wie bereits erwähnt, spielt beim Ideenwettbewerb der Wettbewerbsgedanke eine nicht zu unterschätzende Rolle, da er bei den Teilnehmern für eine gewisse Grundmotivation sorgt. Zusätzlich werden aber in der Regel zudem Prämien ausgelobt, deren Art und Umfang sich allerdings sehr stark unterscheiden. So existieren Ideenwettbewerbe, wie z. B. der jährlich stattfindende Snowboard-Designwettbewerb der Firma Salomon, bei dem die fünf besten Einsendungen insgesamt 4.500 Euro Preisgeld bekommen [26]. Diese Prämien erscheinen jedoch sehr gering – im Vergleich zu Prämien von bis 1 Million Dollar, die von der Firma Innocentive ausgeschüttet werden. Bei Innocentive handelt es sich um ein professionelles Unternehmen, welches sich auf Innovationswettbewerbe spezialisiert hat [27]. Innocentive unterhält eine virtuelle Community von derzeit etwa 145.000 Wissenschaftlern aus 175 Ländern, deren Fachwissen sich auf rund 60 verschiedenen Disziplinen verteilt. Andere Unternehmen können ihre Innovationsprobleme von den Wissenschaftlern der Community innerhalb eines vordefinierten Zeitraums gegen Zahlung einer Prämie lösen lassen. Innocentive tritt dabei als Vermittler auf und stellt dafür Gebühren in Rechnung. Die eingehenden Lösungen werden von den Unternehmen selbst bewertet und prämiert [3].

An dieser Stelle wird die Frage nach der Vorgehensweise bei der Bewertung der eingereichten Ideen aufgeworfen, auf die es mehrere Antworten gibt. In einer Studie von Kristensson et al. sollten gewöhnliche Nutzer, fortschrittliche Nutzer und professionelle Entwickler Ideen für einen neuen Mobilfunk-Service liefern. Zur Bewertung der Kreativität der Ideen wurden vier Dimensionen identifiziert: die Originalität, der strategische Wert, die Realisierbarkeit und die Anzahl der eingereichten Ideen [28]. Dabei repräsentiert die Dimension Originalität den Neuheitsgrad eines Produktes, wohingegen sich hinter der Dimension strategischer Wert die Frage verbirgt, ob ein Produkt ein bestehendes Problem lösen könnte. Unter der Dimension Realisierbarkeit subsumieren sich Fragen nach der Begabung und der Fähigkeit eine Idee in ein kommerzielles Produkt umzusetzen. Letztlich beschreibt die Dimension Anzahl der eingereichten Ideen die Fähigkeit des Ideengebers divergierend zu denken und viele Ideen zu entwickeln. Walcher hingegen sieht in der so genannten »Consensual Assessment Technique« (CAT) eine geeignete Methode zur Bewertung der Kreativität einer Idee [17]. Die subjektive Bewertung der Kreativität eines Produktes wird dabei von unabhängigen Experten anhand der Dimensionen Neuheitsgrad, Angemessenheit und Umsetzung vorgenommen. Wichtiges Kriterium der Technik ist die Beurteilungsreliabilität, die dann gegeben ist, wenn eine hohe Übereinstimmung der Einzelurteile der Jurymitglieder vorliegt. Zu guter Letzt wäre auch eine Beurteilung durch die Nutzer selbst denkbar, wie beispielsweise im Fall der amerikanischen Firma Threadless. Hier werden die Nutzer aufgerufen Ideen für neue T-Shirt Designs einzureichen, welche dann wiederum von der Nutzercommunity selbst bewertet werden. Sagt die Mehrheit der Community »I love it, I'd buy it«, produziert Threadless die T-Shirts und verkauft sie fast ohne Marktrisiko [4].

Themenbezogenheit und Zielgruppe

In der Regel werden Ideenwettbewerbe zu einem speziellen Thema ausgeschrieben, wie z. B. der »Netflix Prize«, bei dem es darum geht, die Vorhersagegenauigkeit des Empfehlungssystems von Netflix, einem amerikanischen Videoportal, zu verbessern [29]. Aus den spezifischen Merkmalen der Aufgabenstellung bestimmt sich die Zielgruppe des Ideenwettbewerbs, da in den meisten Fällen besondere Eigenschaften und Kompetenzen gefragt sind, um die Aufgabe überhaupt angehen zu können [17]. Diese können jedoch sehr stark variieren: So richtet sich der »Ideenwettbewerb 2009« [30] der Bundeszentrale für politische Bildung an die gesamte Öffentlichkeit, wohingegen sich die Zielgruppe des Ideenwettbewerbs »Academicus« [31] auf Studierende, Mitarbeiter, Wissenschaftler, Professoren und Alumni der Technischen Universität München beschränkte.

Systematisierung

An dieser Stelle bietet sich eine Systematisierung von Ideenwettbewerben anhand der Dimensionen Ausarbeitungsgrad und Spezifität der Aufgaben vor. Dabei bezieht sich der Ausarbeitungsgrad »auf den Umfang, die Qualität und die Beschaffenheit der Aufgabenausarbeitung« und die Spezifität der Aufgaben »auf den Detaillierungsgrad der Ausschreibung« [17].

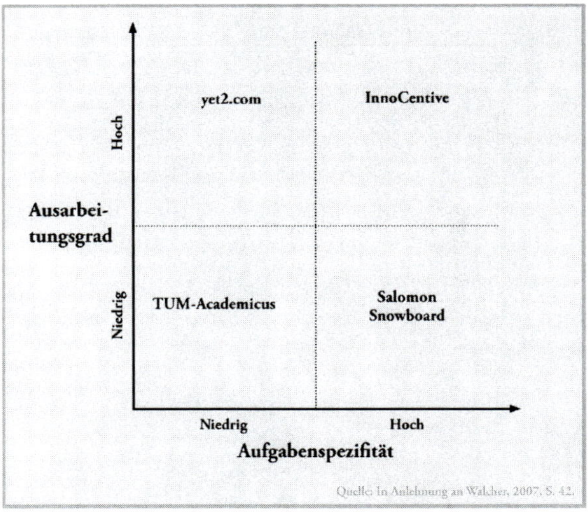

Abb. 5: *Systematisierung von Innovationswettbewerben*

Ein seltenes Beispiel für einen Ideenwettbewerb, bei dem eine sehr hohe Aufgabenspezifität gegeben ist, aber vom Unternehmen nur ein wenig detaillierter Ausarbeitungsgrad gefordert wird, ist der von Salomon Snowboards durchgeführte Ideenwettbewerb »Art Work Contest«. Innocentive hingegen liefert sehr detaillierte Aufgabenstellungen und fordert von seinen Teilnehmern auch hochgradig ausgearbeitete Ideen, welche teilweise sogar zusammen mit einem funktionsfähigen Prototyp eingesandt werden müssen. Ein Beispiel für einen Ideenwettbewerb mit einer niedrigen Aufgabenspezifität und einem niedrigen Ausarbeitungsgrad liefert die Technische Universität München mit dem Ideenwettbewerb »Academicus«, bei dem allgemeine Verbesserungsideen zum Thema »Besser lehren und studieren« gefragt waren. Als Beispiel für die letzte Kategorie dient yet2.com. Bei yet2.com handelt es sich um einen kontinuierlich stattfindenden Ideenwettbewerb von P&G, bei dem wenig spezifische Aufgaben einem sehr detaillierten Ausarbeitungsgrad gegenüberstehen [32].

Fallbeispiel Innocentive

Wie bereits erwähnt: Das amerikanische Unternehmen Innocentive hat sich auf die Durchführung von Ideen- bzw. Innovationswettbewerben spezialisiert. Innocentive tritt dabei als Mittler zwischen dem Unternehmen auf, das eine Innovation sucht – »Innovation Seeker« – und dem Wissenschaftler, der die Lösung vorhält – »Solution Provider« [3]. Im Grunde besteht das Unternehmen aus einer Community von Wissenschaftlern, die sich gegen Zahlung einer Erfolgsprämie bereit erklären an der Lösung von Problemen mitzuwirken, welche in den F&E-Abteilungen großer Konzerne nicht gelöst werden können. Innocentive berät die Firmen bei der Auswahl und Formulierung der Problemstellungen und anonymisiert diese, um den Firmen zu garantieren, dass kein potenzieller Konkurrent erfährt, woran die Firma gerade arbeitet.

Arten von Herausforderungen

Innocentive unterscheidet grundsätzlich vier Arten von Herausforderungen, nämlich »Ideation«, »Theoretical«, »Reduction to Practice« und »Electronic Request for Proposal« (eRFP), welche im Folgenden näher beschrieben werden [3].

Das Produkt »Ideation« bietet dem Unternehmen die Möglichkeit zur Suche nach einem neuen Ansatz für ein lange bestehendes Problem oder eine neue Anwendung für ein existierendes Produkt. Das suchende Unternehmen zahlt dabei die Prämie für die beste Lösung, wobei kein Transfer von geistigem Eigentum stattfindet. Bei der Kategorie »Theoretical« handelt es sich um eine Herausforderung mit sehr genau definierten Erfolgskriterien und Lieferumfängen. Die Prämie wird nur bezahlt, wenn die Erfolgskriterien erfüllt sind. Zudem tritt der Ideengeber alle Rechte bzw. Patente an der Lösung an die Lösung suchende Firma ab. Das Produkt »Reduction to Practice« umfasst, ebenso wie das »Theoretical«, Herausforderungen mit sehr genau definierten Erfolgskriterien und Lieferumfängen. Dem Lösungsgeber entsteht dabei zusätzlicher Aufwand, weil er einen Beweis, z. B. in Form eines Prototyps, für seine schriftlich formulierte Lösung liefern muss. Die Lösung suchende Firma hat zudem das Recht, die Lösung zu validieren. Auch hier wird die Prämie nur bezahlt, wenn alle Erfolgskriterien erfüllt sind. Mit der Prämienzahlung tritt der Ideengeber wieder alle Recht an der Lösung an das Unternehmen ab. Das Produkt »eRFP« bietet Unternehmen die Möglichkeit, einen Projektmitarbeiter, einen Lieferanten oder einen Partner für ein gemeinsames Entwicklungsprogramm zu suchen. Da Innocentive hierfür kaum Kosten entstehen, zahlt das suchende Unternehmen nur eine relativ kleine Veröffentlichungsgebühr.

Prämiensystem

Am Umfang der gewählten Herausforderungsart bemessen sich die zu zahlenden Gebühren bzw. Prämien, bei der sich grundsätzlich drei Arten unterscheiden lassen: die »Access Fee«, die »Posting Fee« und die »Award Fee« [3].

Bei der »Access Fee« handelt es sich um eine reine Zugangsgebühr, mit deren Zahlung ein Unternehmen sich das Recht erkauft das Innovationsnetzwerk von Innocentive für eine bestimmte Anzahl an wissenschaftlichen Problemen zu nutzen. Außerdem beinhaltet diese Gebühr eine oder mehrere Beratungssitzungen, bei denen die Wissenschaftler des Unternehmens mit den Beratern von Innocentive die Auswahl der Probleme und die Formulierungen der Problemstellung besprechen können. Die zweite Gebührenart, die »Posting Fee«, bemisst sich an der Höhe der »Access Fee«, die man gezahlt hat. Hat ein Unternehmen einen großen Rahmenvertrag mit Innocentive abgeschlossen und sich somit das Recht erkauft, bis zu zwölf Herausforderungen veröffentlichen zu können, wird die Gebühr pro Veröffentlichung relativ gering ausfallen. War sich ein Unternehmen jedoch bei Abschluss des Vertrages nicht sicher, ob Innocentive das richtige Instrument für das Unternehmen ist und hat es nur einen kleinen Rahmenvertrag abgeschlossen, so muss es nun eine relativ hohe Gebühr pro Veröffentlichung bezahlen. Als letzte und wohl wichtigste Gebührenart existiert die »Award Fee«, also die Prämie, die der Wissenschaftler für seine Idee bekommt. Diese ist von den Unternehmen frei wählbar und beläuft sich in der Regel auf einen fünfstelligen Dollarbetrag. Auch hierbei berät Innocentive die Firmen: Muss ein Wissenschaftler bspw. eine theoretische Ausarbeitung und einen Beweis in Form eines Prototypen abliefern, so rät Innocentive zu einer relativ hohen Prämie, da sonst die Gefahr besteht, dass kein Wissenschaftler sich des Problems annimmt.

Der Innocentice-Prozess

Hat sich ein Unternehmen entschlossen, ein oder mehrere Probleme zusammen mit der Innocentive Community zu lösen, so durchschreitet es in der Regel einen dreistufigen Prozess, wobei es auf dem ganzen Weg von Innocentive beraten wird [3].

In der ersten Phase arbeiten die Wissenschaftler des Lösung suchenden Unternehmens mit Beratern von Innocentive an der Auswahl und Formulierung der Herausforderung. Anschließend findet eine betriebsinterne Überprüfung statt, bei der letzte rechtliche und wissenschaftliche Fragen geklärt werden. Schließlich werden die gewünschten Lösungskriterien von beiden Seiten bestätigt, der Einsendeschluss und die Belohnung festgesetzt sowie die Fragestellung in der Community veröffentlicht.

Mit Beginn der zweiten Phase gewährt man jedem Besucher der Innocentive Homepage einen kurzen Einblick in die Problemstellung, um dessen Interesse zu wecken. In der Regel lesen sich mehrere hundert, in manchen Fällen sogar mehrere tausend Wissenschaftler diese Übersicht durch.

Im nächsten Schritt wird eine etwas genauere Beschreibung der Herausforderung, aber weiterhin ohne vertrauliche Informationen, ausschließlich den registrierten Nutzern zugänglich gemacht. Hier findet zum ersten Mal eine Selbstselektion durch die Lösungsgeber statt, worin eine der größten Stärken dieser Art von Lösungsprozess liegt. Nur die Wissenschaftler, die glauben, das Problem lösen zu können und die motiviert sind, an der Lösung zu arbeiten, werden sich eine detaillierte Beschreibung der Problemstellung ansehen. In einem letzten Schritt werden eine Verschwiegenheitserklärung und eine Erlaubnis zur Bewertung der eingereichten Lösung zwischen dem Lösung suchenden Unternehmen und dem potenziellen Lösenden ausgetauscht. Innocentive sorgt während des ganzen Prozesses dafür, dass die Anonymität beider Parteien gewahrt wird.

Spätestens an diesem Punkt stellt sich die Frage, wie effektiv die Innocentive Plattform arbeitet. Nach eigenen Angaben hat die Community von Innocentive 220 von 550 veröffentlichten Fragestellungen gelöst. Hierzu sei angemerkt, dass es sich ausschließlich um Innovationsprobleme handelt, welche von F&E-Abteilungen renommierter Unternehmen nicht gelöst werden konnten. Lakhani et al. analysierten anhand der Innocentive Plattform, wie wirksam die Lösung von Problemen ist, wenn problemrelevante Informationen veröffentlicht werden [33]. Dazu untersuchten sie 166 wissenschaftliche Probleme, die von 26 Unternehmen auf der Plattform von Innocentive zur Lösung angeboten wurden. Mit Hilfe von Innocentive konnten 49 der 166 Probleme gelöst werden, was einer Quote von 29,5 Prozent entspricht. In 71 Prozent der Fälle wurde nur eine Belohnung bezahlt, bei den restlichen 29 Prozent wurden sogar für mehrere Lösungen Belohnungen ausgeschüttet.

Literatur

[1] CHESBROUGH, HENRY: *The Era of Open Innovation. In: MIT Sloan Management Review, 44, 3, 2003*

[2] CHESBROUGH, HENRY: *Open Innovation. The New Imperative for Creating and Profiting from Techmology. Boston: Harvard Business School Press, 2006*

[3] ACKMAN, BRUCE: *Accessing External Talent Pools in Research and Development 2007*

[4] REICHWALD, RALF; PILLER, FRANK: *Interaktive Wertschöpfung. Open Innovation, Individualisierung und neue Formen der Arbeitsteilung. Wiesbaden: Gabler, 2006*

[5] KATZ, RALPH; ALLEN, THOMAS J.: *Investigating the Not-Invented-Here (NIH) syndrome: A look at the performance, tenure and communication patterns of 50 R&D Projects Groups, 1982*

[6] HUSTON, LARRY; SAKKAB, NABIL: *Connect and Develop. Inside Proctor and Gamble's New Model for Innovation. In: Harvard Business Review. 84, 2006*

[7] LETTL, CHRISTOPHER (2004): *Die Rolle von Anwendern bei hochgradigen Innovationen. Eine explorative Fallstudienanalyse in der Medizintechnik. Wiesbaden: Gabler-Verlag, 2004*

[8] VON HIPPEL, ERIC: *Democratizing Innovation. Cambridge: The MIT Press, 2005*

[9] VON HIPPEL, ERIC (1978b): *Successful industrial products from customer ideas. Presentation of a new customer-active paradigm with evidence and implifications. In: Journal of Marketing, 42, 1, S. 39-49, 1978*

[10] VON HIPPEL, ERIC (1978a): *A customer-active paradigm for industrial product idea generation. In: Research Policy, 7, 3, S. 240-266, 1978*

[11] VON HIPPEL, ERIC (1998): *Economics of Product Development by Users: Impact of »Sticky« Local Information. In: Mangement Science, 44, 5, S. 629-644, 1998*

[12] BENKLER, YOCHAI (2002): *Coase's Penguin, or, Linux and the Nature of the Firm. In: The Yale Law Journal, 112, 3, S. 369-445, 2002*

[13] CARR, NICHOLAS G. (2007): *The Ignorance of Crowds. In: Strategy + Business, Issue 47, S. 1-5, 2007*

[14] Bei Threadless *handelt es sich um ein junges Modeunternehmen aus Chicago, welches T-Shirts in allen Varianten vertreibt. Die Designs werden sowohl von privaten als auch von kommerziellen Designern entworfen. Jede Woche entscheidet die Nutzer-Community, welche Designs ihr am besten gefallen. Der Gewinner erhält 1.000 Dollar und sein Name wird auf das T-Shirt gedruckt. Vgl. Ogawa/Piller, (2006), S. 66ff*

[15] SEYBOLD, PATRICIA B. (2006): *Outside Innovation. How Your Customers will Co-Design Your Company's Furture. New York: Harper Collins, 2006*

[16] UEHLECKE, JENS: *Tausche Geist gegen Geld, ZEIT Wissen, 01/2007*

[17] WALCHER, DOMINIK: *Der Ideenwettbewerb als Methode der aktiven Kundenintegration: Theorie, empirische Analyse und Implikationen für den Innovationsprozess. Wiesbaden: Gabler, 2007*

[18] HERSTATT, CORNELIUS; VERWORN, BIRGITT: *Management der frühen Innovationsphasen: Grundlagen – Methoden – Neue Ansätze. Wiesbaden: Gabler, 2007*

[19] ERNST, HOLGER: *Virtual Customer Integration – Maximizing the Impact of Customer Integration on New Product Performance. In: Albers, Sönke (Hg): Cross-functional Innovation Management. Perspectives from Different Disciplines. Wiesbaden: Gabler, 2004*

[20] Die Internetsuche mit Hilfe der Suchmaschine von Google wurde am 12.01.2009 durchgeführt

[21] http://www.innovation-contest.fujitsu-siemens.com [Stand: 12.1.2009]

[22] https://www.collaborationjam.com/get_started2006 [Stand: 12.1.2009]

[23] http://www.mindstorms.lego.com [Stand: 12.1.2009]

[24] http://www.interactive-tv-award.de [Stand: 12.1.2009]

[25] http://www.ideenreich.at [Stand: 12.1.2009]

[26] http://www.artworkcontest.com [Stand: 12.1.2009]

[27] http://www.innocentive.com/solvers-contract-research.php [Stand: 12.1.2009]

[28] KRISTENSSON, PER; GUSTAFFSON, ANDERS; ARCHER, TREVOR: *Harnessing the Creative Potential Among Users. In: The Journal of Product Innovation Management, 21, 1, S. 4-14, 2004*

[29] http://www.netflixprize.com [Stand: 12.1.2009]

[30] http://www.bpb.de/veranstaltungen/4Z7WVR [Stand: 12.1.2009]

[31] http://portal.mytum.de/tum/honoratioren/Academicus/index_html [Stand: 12.1.2009]

[32] http://www.yet2.com/app/about/usingsite [Stand: 12.1.2009]

[33] Lakhani, Karim R.; Jeppesen, Lars Bo; Lohse, Peter A.; Panetta, Jill A. : *The Value of Openness in Scientific Problem Solving. Harvard Business School Working Paper #07-050, 2006*

Zusammenfassung
Beim Thema Innovation sind viele Unternehmen einem grundsätzlichen Dilemma ausgesetzt, nämlich einem hohen Innovationsdruck auf der einen und einer hohen Misserfolgsquote auf der anderen Seite. Sucht man nun einen Ausweg aus diesem Dilemma, lohnt es, sich mit den Erfolgsfaktoren von Innovationen zu beschäftigten. Während in der Vergangenheit eher unternehmensinterne Faktoren, wie beispielsweise die Unternehmensstrategie und -führung als positive Einflussfaktoren angesehen wurden, herrscht heute in der Literatur Einigkeit über die Bedeutung der Kundenorientierung im Innovationsprozess, als einem wesentlichen externen Faktor. In der Wirtschaft sieht dies teilweise ganz anders aus, denn dort sitzen bei vielen Unternehmen die Entwickler noch immer in einem Elfenbeinturm und ignorieren die Wünsche der Kunden. Kundenorientierung kann einerseits durch eine relativ oberflächliche Marktbeobachtung im Rahmen von Marktforschung erreicht werden. Andererseits existieren heutzutage aber Methoden und Instrumente, die eine wirkliche Integration des Kunden in den Innovationsprozess erlauben. Diese Methoden werden unter dem Begriff Open Innovation zusammengefasst und versprechen einen besseren Zugang zu Bedürfnis- und Lösungsinformationen – und damit einen besseren »Fit-to-Market« der Innovation.

Personal Identity in der Produktkonzeption

Mit fortschreitenden Innovationszyklen verändern Nutzer ihre Produkte oft selbst und überschreiten dabei zunehmend die vom Hersteller eingeräumten Anpassungsspielräume. Um einem unerwünschten Kontrollverlust über das Endprodukt entgegenzuwirken, kann die Produktentwicklung frühzeitig reagieren.

In diesem Beitrag erfahren Sie:
- wie sich das Konzept der Personal Identity (PI) in den Individualisierungstrend einordnet,
- welche Herausforderungen durch Personal Identity für die Produktentwicklung entstehen,
- wie man Design for PI in die frühen Phasen der Produktentwicklung einbinden kann.

Claudia Hentschel

Einleitung

Technische Produkte nahmen während der Nutzungsphase lange Zeit nur eingeschränkt Rücksicht auf persönliche Präferenzen, Aufgaben und Situationen des Benutzers. Zu Beginn eines Lebenszyklus' funktionieren innovative technische Produkte einer Kategorie zunächst gleich, zudem muss sich der Nutzer dem System anpassen. Mit nachfolgenden Produktlebenszyklen und wachsendem Vorwissen nimmt der Nutzer zunehmend selbst Änderungen am Produkt vor. Mittlerweile kann der Nutzer mit vielen technischen Produkten auch eine persönliche Identität, seine »Personal Identity« ausdrücken, und es steht zu erwarten, dass sich dieser Trend verstärkt.

Dem Trend zu Personal Identity ging die Personalisierung voraus. Sie wurde auf technischer Ebene mit Produkten der Informations- und Kommunikationstechnik eingeläutet. So hat beispielsweise die

Firma Apple vor ca. 25 Jahren ihren Kunden erstmals die Möglichkeit geboten, Bildschirmoberflächen nach eigenen Vorlieben einzustellen. Andere Branchen folgten. Moderne Fahrzeuge sind in der Lage, individuelle, auf den Benutzer angepasste Sitz- und Lenkradeinstellungen zu speichern und in Abhängigkeit der Fahrzeugsituation Licht- und Gurteinstellungen anzupassen. Mit modernen Mobiltelefonen wird nun der Trend zu noch weiter reichender Personalisierung deutlich: nach selbst komponierten Klingeltönen, beliebigen Tastenbelegungen sowie Bildsymbolen ist nun die dekorierte oder sogar austauschbare Handyschale Ausdruck von Personal Identity bei technischen Serienprodukten.

In dem Maße, wie dieser Trend sich verstärkt, werden im Rahmen der Individualisierung die Begriffe Customizing, Personalisierung und Personal Identity deutlicher voneinander zu trennen sein, da Personal Identity neue Anforderungen an die Entwicklung und Innovation technischer Produkte stellt: Der Entwickler wird zunehmend mit einem Kontrollverlust über das Endprodukt konfrontiert, da sich durch Personal Identity das Produkt während der Gebrauchsphase nach Wünschen und Aufgaben des Nutzers stark verändern kann. Diese Veränderungen müssen nicht notwendigerweise mit den ursprünglichen Vorstellungen des entwickelnden Unternehmens übereinstimmen. Der Trend zu mehr Personal Identity wird den Innovationsprozess in den frühen Phasen der Produktentstehung weiter öffnen, wenn persönliche Anpassbarkeit und Freiräume im Sinne eines Design for Personal Identity berücksichtigt werden sollen.

Frühe Phasen der Produktentstehung

Die Produktentstehung reicht von der ersten Idee in der Produktplanung über die Entwicklung und Test bis hin zur Fertigung [1] und Auslieferung [2, 3, 4]. Zentrales Element ist die Produktentwicklung mit den Aufgaben Konzipieren, Entwerfen, Ausarbeiten und Erproben. Die frühen Phasen der Produktentstehung umfassen alle Tätigkeiten von der Potenzialfindung bis zur Erstellung des Produktkonzeptes. Diese Tätigkeiten werden in der Literatur auch als frühe

Phasen der Produktentwicklung bezeichnet [5]. Im Sinne eines Simultaneous Engineering werden diese Phasen nicht sequenziell, sondern überlappend abgearbeitet. Dabei kommt der Produktkonzipierung eine besondere Aufgabe zu [6]: Ausgangspunkt ist ein Produktvorschlag, der mit einer Funktionsbeschreibung und den Anforderungen der Produktidee in eine geeignete prinzipielle Lösung umgesetzt wird. Diese Prinziplösung beschreibt die physikalische und logische Wirkungsweise des späteren Produktes und stellt damit die funktionsbestimmende Spezifikation [5] – eine wesentliche Schnittstelle aller beteiligten Unternehmensbereiche. Mit ihr wird die Produktstruktur festgelegt, auf welcher der weitere Entwicklungsprozess und die Realisierung aufbauen.

In dem Maße, wie der Kunde das Produkt beeinflussen kann, indem er sich zwischen bestimmten Eigenschaften des Produktes entscheidet, haben sich in der Produktentwicklung Konzepte der Individualisierung entwickelt [7]. Customizing und Personalisierung sind dabei die bislang bekanntesten Ausprägungen, in die Personal Identity einzuordnen ist.

Personal Identity als weiteres Individualisierungskonzept

Sowohl Customizing als auch Personalisierung sind Teilbegriffe der Individualisierung. Individualisierung bedeutet, dass der Hersteller am Produkt Einstellungen oder Änderungen vornehmen kann, die er auf einen bestimmten Kunden zuschneidet und die er mit dem Kunden als Wunscheigenschaft vor oder während des Produktgebrauchs vereinbart. Damit besteht für individualisierte Produkte der Serienfertigung das Ziel, zusätzliche Varianten zu ermöglichen und damit Vielfalt gezielt durch flexible Produktstrukturen zu erzeugen [1]. Im Gegensatz zu vollständig individuellen Produkten (beispielsweise des Sondermaschinenbaus) sind Individualisierungsoptionen bei Serienprodukten nur in dafür zugelassenen, optimierten Produktstrukturbereichen zugelassen.

Unter Customizing sind Anpassungen zu verstehen, die der Hersteller vor oder während der Produktnutzung für ausgewählte Produktnutzer in gleicher Weise vornimmt [8]. Dabei ist die erhöhte Leistungsdifferenzierung meist mit dem Ziel einer Kostenführerschaft verbunden. Diese hybride Strategie wird unter anderem als Mass Customization bezeichnet [1, 9, 10]. Die Leistungsdifferenzierung besteht in einem individuellen Leistungsangebot, während sich Kosteneffekte aus der verstärkten Integration des Kunden in die Wertschöpfungskette und aus flexiblen Leistungssystemen ergeben. In jedem Falle handelt es sich um Anpassungen, die der Hersteller im Voraus anbietet oder mit dem Kunden vereinbart.

Auf physischer Ebene kann dies seitens des Herstellers beispielsweise durch das Anbringen von Teilen oder Baugruppen erfolgen, die auch das äußere Erscheinungsbild des Produktes verändern können. Bei digitalen Produkten erfolgt die Änderung typischerweise auf Software-Ebene, so dass das Produkt zwar gänzlich anders aussehen kann, die Veränderung aber dennoch eher die Oberfläche des Produktes betrifft. Ein Beispiel hierfür ist die Anpassung einer Eingabemaske auf die spezifischen Belange eines Unternehmens durch Einbindung von firmenspezifischen Farben, Bezeichnungen oder Logos. Besonderes Kennzeichen des Customizing ist die individuelle Interaktion mit dem Kunden, die im Unternehmen durch eine individuelle Auftragsabwicklung und nachlaufende Produktanpassungsprozesse abgebildet werden müssen.

Personalisierung bezeichnet das Anzeigen von auf den jeweiligen Benutzer abgestimmten Inhalten – basierend auf den über den Benutzer gespeicherten Informationen [11]. Diese Informationen können die Kaufhistorie, das Verhalten auf einer Website, psychografische oder soziodemografische Elemente beinhalten. Durch die Analyse dieser Benutzerdaten lassen sich Regeln aufstellen, mit deren Hilfe die Anpassung von Produkteigenschaften erfolgen kann. Unter Personalisierung sind also benutzerspezifische Anpassungen zu verstehen, die beispielsweise die Arbeit mit dem Produkt beschleunigen helfen [8]. Als Beispiel sei die individuelle Belegung von Software-Feldern wie Adressdaten mit persönlichen Vorgaben genannt. Diese Vorgaben sind für jeden Benutzer verschieden, auch wenn die Nutzung des Produktes ähnlich oder gleich ist.

In der englischsprachigen Literatur ist diese Kombination aus Benutzerspezifik und Technologie gut zu erkennen. Dort wird Personalisierung beispielsweise verstanden als »the combined use of technology and customer information to tailor interactions between a business and each individual customer. Using information either previously obtained or provided in real time about the customer and other customers, the exchange between the parties is altered to fit that customer's stated needs so that the transaction requires less time and delivers a product best suited for that customer.« [12] Personalisierung ist dabei nicht nur Marketingziel, sondern wird gesehen als »the logical result of technology's impact on all business relationships, from those with customers to employees, suppliers, and partners.« [13] Sie allein ermöglicht das Setzen von Präferenzen für personalisierbare Variablen – entweder durch den Nutzer oder durch das Produkt. Allenthalben wird also bei der Definition von Personalisierung die intensive Kommunikation und Interaktion zwischen Kunde und Hersteller in den Mittelpunkt gestellt.

Personal Identity geht nun über den bekannten Personalisierungsansatz hinaus. In der Philosophie wird mit dem Begriff Personal Identity versucht zu erklären, was eine Person über ihren Lebensweg zu ein und derselben Person macht [vergleiche hierzu 14, 15]. In der Übertragung dieses Begriffs auf die Welt der Produktentwicklung sei hier nun der Begriff als benutzerspezifische Anpassung des Produkts während seiner Gebrauchsphase verstanden und danach gefragt, inwieweit ein Produkt über seine Gebrauchsphase hinweg das Produkt bleibt, das der Hersteller ursprünglich entwickelt hat. Hier geht es nicht um normale Gebrauchs- oder Abnutzungsspuren, sondern um persönliche Anpassungen durch den Nutzer, die über die vom Hersteller eingeräumten Anpassungsspielräume hinausgehen, auf die der Hersteller im Voraus nur wenig oder gar keinen Einfluss nehmen kann und die ihm das Produkt im Extremfall völlig entfremden.

Diese Veränderungen drücken zunehmend das Bedürfnis des Nutzers aus, seinem Produkt durch eigene Markierungen oder Einstellungen eine persönliche Identität zu geben, etwas über seine Person auszusagen und/oder das Produkt seinen speziellen persönlichen Bedürfnissen und Aufgaben bei der Nutzung anzupassen. Somit kann es sich in diesem Fall um Anpassungen handeln, die der Hersteller im Vorfeld nicht explizit angeboten oder vorgesehen hat und über die nicht unbedingt eine Kommunikation oder Rückkopplung zwischen Hersteller und Produktnutzer stattfindet.

Die Anpassungen finden allein durch den Benutzer, weitgehend ohne Interaktion mit dem Hersteller und vorwiegend dann statt, wenn er bereits mit dem Produkt vertraut ist und soviel Erfahrung damit erlangt hat, dass er selbst singuläre Attribute oder Kombinationen von Attributen schafft, die das Produkt als allein seines kenntlich machen und/oder die allein seine persönliche Realität widerspiegeln. Personal Identity kann im Extremfall die Funktionalität des Produktes verändern, stärker als bisher individuelle Wahlmöglichkeiten ausdrücken und das Produkt dem Hersteller sogar gänzlich entfremden.

Hersteller technischer Produkte sollten den Aspekt der persönlichen Identität des Nutzers explizit in den frühen Entwicklungsprozess aufnehmen und im Sinne eines Design for Personal Identity berücksichtigen. Es müssen formale Ansätze in der Produktentwicklung erarbeitet werden, die den technologisch getriebenen Trend zu mehr Personal Identity als ganzheitliches Optimierungsziel aufgreifen und im Produktentstehungsprozess aktiv einfließen lassen.

Das Spannungsfeld der Personal Identity

Möchte der Hersteller Ansatzpunkte für mehr Personal Identity des Produktes in der frühen Entwicklungsphase einarbeiten, so muss er noch weitergehende Freiräume im Produkt vorsehen, als das beim Customizing und bei der Personalisierung der Fall ist. Damit steht Personal Identity in einem Spannungsfeld zwischen der Anpassungsfähigkeit des Produktes an die persönlichen, individuellen Anforderungen, Situationen und/oder Aufgaben des Nutzers einerseits, der damit verbunde-

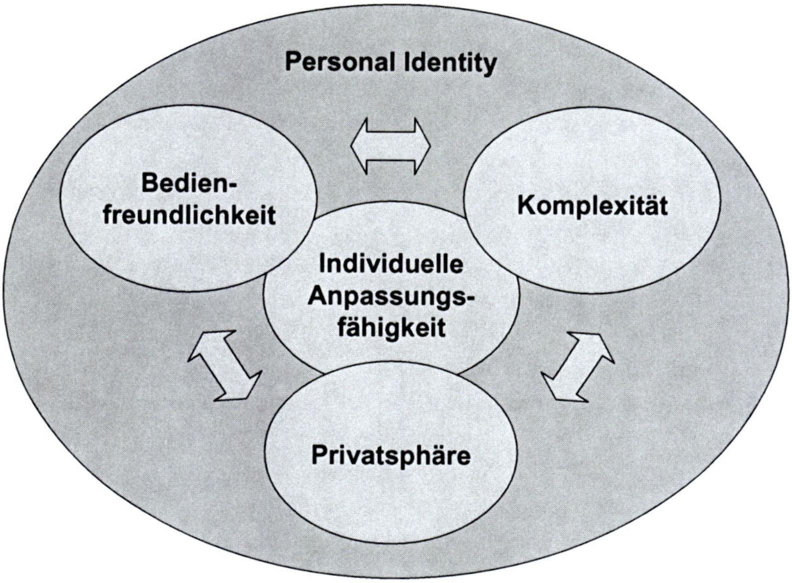

Abb. 1: *Spannungsfeld der Personal Identity bei zunehmend digitalen Produktkomponenten*

nen steigenden Produktkomplexität, dem Wunsch des Nutzers nach Bedienungsfreundlichkeit des Produktes und seinem gleichzeitigen Bedürfnis, insbesondere bei digitalen Produktkomponenten, die eigene Privatsphäre zu wahren, andererseits (siehe Abbildung 1).

Derzeit bestehende Ansätze betrachten die Anforderungen individuelle Anpassungsfähigkeit, angemessene Komplexität und Bedienungsfreundlichkeit des Produktes eher singulär [14, 15], oder sind stark produktionsorientiert und thematisieren weniger die durch persönliche Kundenwünsche induzierten Produktänderungen [1]. Die Ausprägung von mehr Personal Identity durch den Produktnutzer geht gleichzeitig mit einer neuen Anforderung einher. Bereits bei der Personalisierung kommt (durch zunehmend digitale Komponenten) als zusätzliche Anforderung die Wahrung der Privatsphäre des Nutzers bei der Ausgestaltung von generellen Freiräumen hinzu [13].

Individuelle Anpassungsfähigkeit

Die Anpassung des Produktes an persönliche Präferenzen im Rahmen der Personal Identity kann äußerlich durch dekorative Elemente geschehen, die zwar wie beim Customizing »nur« auf der Produktoberfläche erscheinen, aber stärker dazu dienen, beispielsweise eine gewisse Gruppenzugehörigkeit auszudrücken, die auch nach außen hin sichtbar sein soll. So ist bereits ein Aufkleber auf einem Auto als einfachster Fall einer Personal Identity zu verstehen. Im Extremfall kann das ursprüngliche Erscheinungsbild des Produktes allerdings so stark verändert werden, dass eine Marke oder sogar Produktfunktion nicht mehr eindeutig erkennbar ist (Beispiele: http://maisha.ti-da.net).

So sind beispielsweise mit Glaskristallen dekorierte Mobiltelefone häufig nicht mehr eindeutig einem Hersteller zuzuordnen oder schwer von anderen Produktkategorien wie Digitalkameras zu unterscheiden. Diese Art von Personal Identity soll das Serienprodukt äußerlich als einen persönlichen Gegenstand ausweisen und etwas über die Identität des Nutzers aussagen.

Werden interne Produkteinstellungen verändert, so wird das Gerät an individuelle Bedürfnisse und Aufgaben angepasst, die dem Nutzer die gewünschte Funktion leichter erfüllen helfen. Dazu gehört die Gestaltung von persönlichen Visitenkarten als Anhänge in einem Mail-Programm durch den Benutzer, so dass er seine Arbeit durch Voreinstellungen nicht nur beschleunigen, sondern darüber hinaus eine Auswahl von gestalterischen Elementen aus zuvor erstellten persönlichen Vorbelegungen treffen kann.

Anpassungsfähigkeit im Sinne einer möglichen Personal Identity hat, analog der Personalisierung, zunehmend digitale Komponenten. Sobald eine Funktion mit Software realisiert ist, steigt ihre Anpassungsfähigkeit an persönliche Präferenzen. Dies wird am Beispiel des Mobiltelefons deutlich. Allein das Vorhandensein von Tasten beschränkt die Anpassungsfähigkeit. Zwar konnte man Tastenbelegungen umprogrammieren, dennoch erlaubt erst das Weglassen von

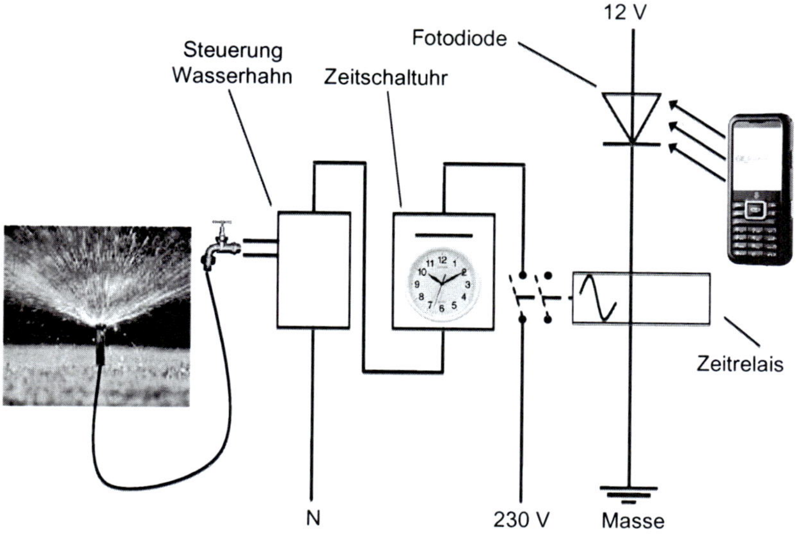

Abb. 2: *Prinzipschaltbild Gartenbewässerungssteuerung mit dem Mobiltelefon [18]*

Tasten zugunsten eines Touchscreens mit anpassbaren und frei konfigurierbaren Bildschirmelementen die weitgehende Personalisierung in der Mobiltelefonie. Gleiches kann für die Gestaltung des Cockpits eines Autos festgestellt werden, wenn es auf frei konfigurierbaren Bildschirmelementen basierte und dadurch eine individuelle Anpassung an persönliche Bedürfnisse des Fahrers erlaubte.

Personal Identity wird weiterhin realisiert, wenn individuelle Zusatzfunktionen gefunden und genutzt werden. So hat eine findige Studentin im Rahmen einer Projektarbeit an der HTW Berlin [18] das Mobiltelefon zur Fernsteuerung einer Gartenbewässerung umfunktioniert und auf persönliche Bedingungen angepasst: Ziel war es, einen entfernt liegenden Garten (bei gleichzeitig geringem Zeitbudget für die wetterabhängige Bewässerung) zu bewässern (siehe Abbildung 2).

In diesem Fall wurde am Display eines Mobiltelefons eine Fotodiode angebracht, die bei Lichteinfluss durch den Fotoeffekt an der p-n-Schicht der Diode das Licht in elektrischen Strom umwandelt und als

Schalter funktioniert. Diese Diode wiederum schaltet ein Zeitrelais, das über eine Schaltuhr die Sprinkleranlage für eine festgelegte Zeit ansteuert. Damit die Steuerung über das Mobiltelefon dauerhaft funktionieren kann, ohne dass Kosten wie Grundgebühren anfallen, wurde es mit einer Prepaid-Karte ausgestattet. Weiterhin wurde das Gerät am Netzstecker angeschlossen. Um die Fotodiode vor unvorhergesehenen Lichteinflüssen zu schützen, integrierte die Studentin das Mobiltelefon in einen lichtundurchlässigen Schaltschrank oder Abzweigkasten. Um nun die Bewässerung des entfernt liegenden Gartens einzuschalten, ruft der Nutzer das mit der Diode ausgestattete Gerät an und löst durch das Licht des Displays die Steuerung aus.

Diese Art der Nutzung eines Mobiltelefons ist durchaus innovativ, erfordert einiges technisches Vorwissen, eine individuelle Problemstellung und das intensive Bedürfnis zur Problemlösung. Zusätzlich unterbricht das manuelle Setzen von Präferenzen und das Einstellen von persönlichen Variablen am Produkt den eigentlichen Nutzungsprozess im Sinne einer oder mehrerer Hauptfunktionen, wie hier das Telefonieren oder Nachrichten versenden. Die Anpassung an persönliche Anforderungen erfordert vom Nutzer also ein Mindestmaß an Produktverständnis, Spieltrieb und Zeit. Dies ist typisch für viele Personal Identity Realisierungen – daher muss durch die Anpassung für den Nutzer ein deutlich erkennbarer Vorteil entstehen.

Ein wichtiger Schritt besteht zukünftig darin, einzelne Produktmodule funktional mit der Umgebung, auch im Hintergrund, leichter kommunizieren zu lassen, so dass sich das System eigenständig an variierende Bedingungen anpassen kann. Anstatt ein Mobiltelefon vor einem Konzertbesuch selbst stumm zu schalten oder zum Schutz vor Regen in eine Hülle zu stecken, wäre es denkbar, dass es beispielsweise besondere Einsatzbedingungen generell eigenständig erkennen und sich autonom an veränderte Situationen anpassen kann. Mehr Anpassungsfähigkeit konfrontiert den Hersteller seit jeher mit höherer Produktkomplexität.

Produktkomplexität

Ein wesentlicher Unterschied zur variantenreichen Serienproduktion und zur Individualisierung nach dem bisherigen Verständnis des Konfigurierens besteht bei der Forderung nach mehr Personal Identity von Produkten im Umgang mit Komplexität. Wie bei der Personalisierung soll durch flexible Produktstrukturen Vielfalt explizit gefördert werden. Während aber bei den bisher bekannten Individualisierungstendenzen das Anpassen in dafür vorgesehenen Bereichen der Produktstruktur erfolgt, sind Produkte mit möglicher Personal Identity dadurch gekennzeichnet, dass Freiräume ermöglicht oder genutzt werden, deren Ausgestaltung der Benutzer oder das System während der Nutzungsphase selbst vornimmt.

Bei definierten Freiräumen ist eine individuelle Gestaltung von vornherein vorgesehen. Bei den für Personal Identity zudem erforderlichen allgemeinen Freiräumen ist die Anpassung völlig offen und erlaubt beispielsweise die Realisierung einer ganz neuen Produktoptik oder einer zusätzlichen Produktfunktion. Neben dem oben genannten Fernauslöser für eine Gartenbewässerung ist ein älteres Beispiel hierfür die Nutzung der begrenzten Texteingabemöglichkeit in Mobiltelefonen als technische Grundlage, Short Messages zu versenden – eine Anwendung, die von Mobilfunkbetreibern zunächst allein für Netztechniker vorgesehen war und nicht für den eigentlichen Produktnutzer. Dass daraus ein eigenständiges Geschäftsmodell werden konnte, ist wohl Ergebnis des Spieltriebes einiger junger Produktnutzer mit hinreichendem Verständnis für die Produktstruktur.

Ein jüngeres Beispiel: Die Funktion des Sudden Motion Sensors wurde in mobilen Computern von Apple durch den Nutzer im Sinne einer Personal Identity verändert. Ursprünglich sollten die Festplatte vor Stößen geschützt und die Lese- und Schreibköpfe der Festplatte gesichert werden, sobald der Sensor eine ruckartige Bewegung registriert. Kreative Nutzer haben den Sensor zur Ermittlung und Abfrage von Bewegungskoordinaten zweckentfremdet, so dass sich durch Neigung des Laptops das Bild automatisch mitbewegt. Gleichzeitig konnte der Sensor als Diebstahlsicherung genutzt oder durch leichte Stöße die Ansicht der geöffneten Programmfenster gewechselt werden. Hier wurde eindeutig die Produktfunktion an persönliche Anforderungen des Nutzers erweitert, so dass er auch von der gestiegenen Bedienfreundlichkeit profitierte.

Bedienungsfreundlichkeit

Diese Freiräume werden jedoch vom Nutzer nicht immer ausgeschöpft. Viele User begnügen sich mit Voreinstellungen und nutzen, mangels Vorwissen, Zeit oder Spieltrieb, diese Möglichkeiten nur eingeschränkt. Viele Nutzer beklagen zudem die zunehmende Komplexität von Produkten. Wollte man beispielsweise alle Funktionen einer Textverarbeitungs-Software auf der obersten Ebene sichtbar haben, so bliebe in einigen Textverarbeitungsprogrammen für die eigentliche Texteingabe nur noch ein briefmarkengroßes Feld übrig. Also verschwinden diese Funktionen in Untermenüs – und werden häufig erst von Experten wieder hervorgeholt. Viele Anwender nutzen die versteckten Funktionen gar nicht. Insbesondere Menschen ohne oder mit wenig Vorwissen scheinen funktionsfähige Grundeinstellungen eher zu akzeptieren und legen oft weniger Wert darauf, technische Anpassungen an ihre persönlichen Bedingungen vorzunehmen, wenn das Produkt seinen Hauptnutzen erfüllt.

In der Literatur wird zwischen konservativen und visionären Produktnutzern unterschieden [19]. Visionären ist es egal, ob eine Anwendung noch unreif ist. Sie akzeptieren gern disruptive Innovationen und nehmen den Aufwand zur Produktanpassung in Kauf, solange sie ihnen einen Nutzen verschafft. Konservative hingegen akzeptieren eher kontinuierliche Innovationen. Dabei nehmen sie Nutzeneinschränkungen in Kauf, wenn das Produkt nur leicht zu bedienen ist. Dennoch ist es keine Lösung, wieder nur Einheitsprodukte zu konzipieren und die Komplexität auf einen kleinsten gemeinsamen Nenner zu reduzieren. Innovationen würden hier gar nicht erst entstehen.

Privatsphäre

Ein neuerer Anforderungstyp ist die Wahrung der Privatsphäre bei der Nutzung des Produktes. Wenn Personalisierung und Personal Identity zunehmend digitale Komponenten aufweisen, um höchste Anpassungsfähigkeit zu gewährleisten, steigt die potenzielle Auswertbarkeit der gespeicherten Informationen und es kommt automatisch die Frage nach dem Schutz der Privatsphäre ins Spiel.

Verändert der Nutzer die Eigenschaften oder das Aussehen eines Produktes nicht selbst, sondern das technische System passt sich eigenständig an bestimmte Gewohnheiten, Bedingungen oder Situationen des Nutzers an, spricht man von Selbstadaption. Hier muss Sensorik und/oder Software die für den Nutzer typischen Produktanforderungen erkennen und das Produkt eigenständig an die Bedürfnisse des Nutzers anpassen. Ein Beispiel hierfür aus dem Softwarebereich ist das Collaborative Filtering bei amazon.com, wo entsprechend des Nutzerprofils eine Produktauswahl vorgeschlagen wird, die den hinterlegten und ständig aktualisieren Interessen des Nutzers am nächsten kommt.

Aber auch bei physischen Produkten ist dieser Trend erkennbar. So kann ein Adidas-Laufschuh heute schon per Sensor die Kraft messen, mit der der Schuh die Schritte abfedert, dieses Signal an einen Prozessor im Fußgewölbe übertragen und die Dämpfung in der Sohle veränderlichen Bedingungen anpassen [20]. Werden nun diese Daten über eine Schnittstelle einem Rechner übertragen, so kann der Nutzer nicht nur selbst die Daten auswerten – es wäre ein direkter Dialog mit dem Hersteller denkbar, der dem Nutzer auf Basis der gesammelten Informationen ein auf seine Bedürfnisse angepasstes Laufprogramm oder Produktergänzungen zusammenstellt. In diesem Fall ist es wichtig, dass der Nutzer über die Daten, die er über sich herausgibt, die Kontrolle bewahrt – damit zeigen sich zugleich die Grenzen der Personal Identity.

Nutzen und Grenzen von Personal Identity

Personal Identity scheint immer dann sinnvoll, wenn es beim Produkt neben der reinen Produktfunktion eine hedonistische Komponente gibt, wie beim Wohnen, beim Sport, bei Konsumgütern wie Bekleidung, oder bei technischen Produkten wie dem Automobil oder dem sehr persönlich gewordenen Mobiltelefon, das bereits den Status einer persönlichen Brief- oder Handtasche erlangt hat.

Personal Identity erlaubt eine emotionale Bindung zum Produkt, da sie externe aber auch interne Produktmerkmale zu variieren erlaubt, die eine bestimmte Gruppenzugehörigkeit ausdrücken. Dem Hersteller eröffnen sich dadurch Möglichkeiten zur Ergänzung des Produktes mit zusätzlichen Accessoires.

Personal Identity erlaubt zudem, gewisse Schwachstellen des Produktes zu überwinden. Die Einstellung größerer Symbole auf einem Display kann das Produkt für Kinder oder Ältere erst bedienbar machen, ohne das dies sofort von außen sichtbar ist. Dieser Vorteil verkehrt sich ins Gegenteil, wenn die Gewöhnung an die eigene Produktanpassung dermaßen groß ist, dass die Umstellung auf ein neues Produkt erschwert wird, das diese Anpassung nicht erlaubt.

Personal Identity kann und soll den Umgang mit Technik erleichtern und/oder auch spielerischer gestalten. Etwas auf seine eigenen Bedürfnisse zuzuschneiden bedeutet aber auch, etwas anderes in den Hintergrund zu schieben. So kann Personal Identity als ein Ansatz verstanden werden, Produkte für Behinderte zu entwickeln, ohne dass man dies den Produkten später ansieht. Der Aufwand für die persönliche Anpassung muss dabei im Verhältnis zum Nutzen stehen; der Anwender muss den Mehrwert der Änderung klar erkennen können.

Grenzen der Personal Identity liegen dort, wo der Nutzer einen Kontrollverlust über das Produkt und darüber hinaus über seine Privatsphäre befürchten muss. Auch wenn die Kontrolle über das individuell gestaltete Produkt so groß geworden ist, dass ein extremer Gewohnheitseffekt eingetreten ist und der Nutzer einen Produktwechsel als zu aufwändig einschätzt, ist eine Grenze zu sehen. Personal

Identity kann erschwert werden, wenn mehrere Personen dasselbe Produkt nutzen.

Mit der Art und Weise, wie die tatsächliche Produktnutzung aufgezeichnet und ausgewertet wird, fällt auch die Beurteilung von Personal Identity durch den Nutzer: Wenn zukünftig mehr produktbegleitende Informationssysteme Zustand und Abnutzung des Produktes aufzeichnen, Ausfallwahrscheinlichkeiten bestimmen [vergleiche hierzu 21, 22] sowie Nutzungsmuster ermitteln können, ist Personal Identity dann kritisch zu beurteilen, wenn der Nutzer nicht weiß, welche Daten gesammelt und zu welchen Zwecken sie ausgewertet werden. Das Ziel, Personal Identity zu ermöglichen, sollte also nicht »so viel wie möglich« lauten, sondern »so viel wie nützlich«.

Design for Personal Identity

Design for Personal Identity wird bereits in der funktionalen Produktkonzeption realisiert. Personal Identity bedeutet, dass die funktionale Produktstruktur nicht nur in einen fixen und einen variablen Bereich gegliedert sein kann, sondern der variable Bereich in einen vordefinierten (für optionale Einstellungen) und einen freien Bereich (für individuelle Anpassungen) unterteilt sein muss, so dass sich die Produktstruktur und -funktion für persönliche Präferenzen des Benutzers öffnet.

Es muss ein Konzept für Personal Identity entwickelt werden, dass sich an den drei Phasen orientieren kann, die ein visionärer, innovativer Produktnutzer durchläuft (siehe Abbildung 3).

Die erste Phase besteht darin, dass sich der Nutzer mit dem Produkt vertraut macht. In dem Maße, wie er das Produkt versteht und bereit ist, auch Primärfunktionen und Konventionen in der Produktnutzung zu überwinden, wird er sich die Freiheit zu Produktveränderungen oder auch Zweckentfremdungen nehmen.

Die zweite Phase besteht darin, dass er zunehmend eigene Problemstellungen lösen möchte und dabei spielerisch mit dem Produkt experimentiert. Dies kann durchaus mit einigem zeitlichen und

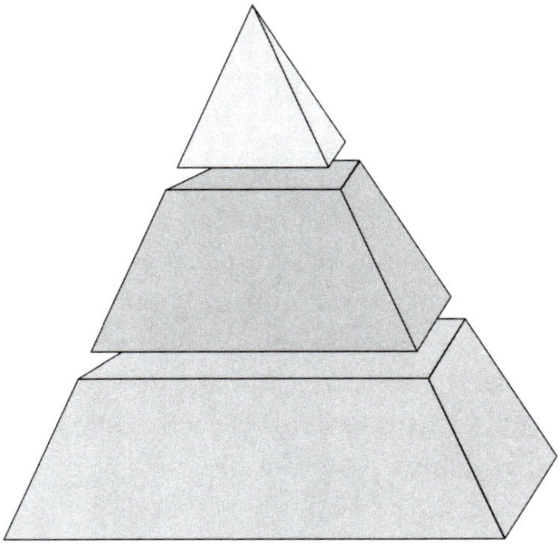

Abb. 3: *Phasen der Ausprägung von Personal Identity in der Produktentwicklung*

zusätzlichem materiellen Aufwand sowie einer Nicht-Nutzung der eigentlichen Produkthauptfunktion einhergehen.

Die dritte Phase ist dadurch gekennzeichnet, gestalterische und funktionale Veränderungen am Produkt vorzunehmen, um Problemlösungen zu realisieren, und diese dann gegebenenfalls hauptsächlich zu nutzen, wie das beim Beispiel des Mobiltelefons zur Fernsteuerung für die Gartenbewässerung der Fall ist.

Aus Sicht des herstellenden Unternehmens können diese Phasen als Strukturierungshilfe in der Entwicklung von möglichen Personal Identity Konzepten in der technischen Produktentwicklung genutzt werden. Insbesondere die erste Phase erfordert seitens der Entwicklung eine Loslösung von der eigentlichen oder dominanten Produktfunktion hin zu einer bewussten Zweck- und Designverfremdung [23]. Für die zweite Phase kann das Produkt – ohne Nennung der Hauptfunktion – visionären Nutzern (Lead User) übergeben werden. Hier ist anscheinend besonders der spielerische Umgang mit dem Produkt zu initiieren. In der dritten Phase geht es um die Gestaltung eines maximal möglichen Designfreiraums, beispielsweise durch das

Erstellen von Prototypen, die von der herkömmlichen Form und Funktion abweichen. So kann ausprobiert werden, was es bedeutet, ehemals starre Strukturen in weiche und biegeschlaffe Strukturen zu übersetzen. Hier liefert nicht nur die Automobilindustrie aktuelle Anregungen, wenn sie Karosserie- und Ausstattungsteile in Studien, wie im BWM GINA Light Concept Car, aus dehnbaren Folien konzipiert, um Gehäuse- und andere bislang starre Bauteilformen für den Kunden noch anpassungsfähiger und flexibler zu halten. Diese Lösung ist übertragbar auf die Branche der Informations- und Kommunikationstechnik, in der beispielsweise über die Integration von Mobiltelefonen in die Kleidung nachgedacht wird.

Open Innovation Szenarien

Das Konzept der Personal Identity impliziert eine noch stärkere Verzahnung von Mensch, Technik und Kultur. Insofern liegt es nahe, frühzeitig auch nicht-technische sowie branchenfremde Fachdisziplinen in den Produktentwicklungsprozess einzubeziehen. Die Einbindung von Aspekten der Personal Identity in die frühen Phasen der Produktentwicklung provoziert eine visionäre Produktnutzung und unterstützt damit den Innovationsprozess. Bindet man auch visionäre Nutzer früherer Produktzyklen in diesen Prozess ein, so nähert man sich durch die Öffnung des Innovationsprozesses dem Konzept der Open Innovation [10, 24]. Der Einfluss des Nutzers auf die Produktgestaltung kann unter den genannten Voraussetzungen zunehmen und die Grenze zwischen Hersteller und Nutzer weiter verschwimmen.

Weitergehende Szenarien bezeichnen die Verschmelzung von Produzent und Konsument mit dem Begriff des Prosumenten [25, 26]; und die Symbiose zwischen Mensch, Technik und Kultur als Technolution [27]. Die Zukunft wird zeigen, wie weit diese Entwicklung tatsächlich gehen wird. Sicherlich wird es aus Herstellersicht zunehmend weniger darum gehen, genügend Kunden für die eigenen Produkte, sondern genügend Produkte für die Kunden zu finden.

Literatur

[1] KRAUSE, F.-L.; FRANKE, H.-J.; GAUSEMEIER, J. (Hrsg.) (2007): *Innovationspotenziale in der Produktentwicklung. München: Hanser.*

[2] EHRLENSPIEL, K. (2003): *Integrierte Produktentwicklung – Denkabläufe, Methodeneinsatz, Zusammenarbeit. 2., überarbeitete Auflage. München: Hanser Verlag.*

[3] N.N. (1997): *VDI-Richtlinie 2222, Blatt 1: Konstruktionsmethodik – Methodisches Entwickeln von Lösungsprinzipien. Berlin: Beuth Verlag.*

[4] PAHL, G.; BEITZ, W., FELDHUSEN, J.; GROTE, K.H. (2005): *Konstruktionslehre. Grundlagen erfolgreicher Produktentwicklung – Methoden und Anwendung. 6. Auflage, Berlin: Springer Verlag.*

[5] RIEPE, B. (2003): *Integrierte Produktstrukturmodellierung in den frühen Phasen der Produktentstehung. Dissertation. Universität Paderborn.*

[6] HENTSCHEL, C. (2006): *Concept Management in der Produktentwicklung mit TRIZ. In: Innovation mit TRIZ. Gundlach, C.; Nähler, H. T. (Hrsg.). Düsseldorf: Symposion Publishing, S. 125 - 162.*

[7] LINDEMANN, U.; REICHWALD, R.; ZÄH, M. (Hrsg.) (2006): *Individualisierte Produkte – Komplexität beherrschen in Entwicklung und Produktion. Berlin: Springer Verlag.*

[8] ABELE, P.; HURTIENNE, J.; PRÜMPER, J. (Hrsg.) (2007): *Usability Management bei SAP-Projekten. Grundlagen – Vorgehen – Methoden. Wiesbaden: Vieweg.*

[9] PILLER, F. T. (2006): *Mass Customization. Ein wettbewerbsstrategisches Konzept im Informationszeitalter. 4. überarb. und erweiterte Auflage, Wiesbaden: Gabler Verlag.*

[10] TSENG, M. M.; PILLER, F. T. (Hrsg.) (2003): *The Customer Centric Enterprise. Berlin: Springer Verlag.*

[11] REICHWALD, R.; PILLER, F. T. (2006): *Interaktive Wertschöpfung. Open Innovation, Individualisierung und neue Formen der Arbeitsteilung. Wiesbaden: Gabler Verlag.*

[12] PAL, N.; RANGASWAMY, A. (2003): *The power of one. Gaining Business Value from Personalization Technologies. Victoria B. C.: Trafford Pubishing.*

[13] KASANOFF, B. (2001): *Making it personal. How to profit from Personalization without inviding Privacy. New York: John Wiley & Sons.*

[14] PERRY, J. (Hrsg.) (2008): *Personal Identity. 2nd rev. edition. Berkeley and Los Angeles: California University Press.*

[15] NOONAN, H.W. (2005): *Personal Identity. 2nd edition. New York: Routledge Chapman & Hall.*

[16] HASHEMIAN, M. (2005): *Design for Adaptability. Thesis. University of Saskatchewan: Dept. of Mechnical Engineering.*

[17] DIEDERICHS, H. (2004): *Komplexitätsreduktion in der Softwareentwicklung. Ein systemtheoretischer Ansatz. Dissertation. Universität Paderborn: DS & OR.*

[18] WORSCH, B. (2007): *Produkthaftung vs. Zweckentfremdung. Unveröffentlichte Projektarbeit bei Hentschel, C. Berlin: FHTW.*

[19] MOORE, G. A. (2006): *Crossing the Chasm. Marketing and Selling Disruptive Products to Mainstream Customers. New York: Collins Business Essentials.*

[20] SAFFER, D. (2007): *Designing for Interaction – Creating smart Applications and clever Devices. New York: New Riders.*

[21] BUCHHOLZ, A; SELIGER, G. (2004): *Produktbegleitende Informationssysteme für die Zustandsdiagnose von Produkten. In: Futur 1-2004, 6. Jahrgang. Berlin: Produktionstechnisches Zentrum.*

[22] SELIGER, G.; GEGUSCH, R. (2008): *Knowledge Generation in the PSS Use Phase. In: Transregio 29. Product-Service Systems. Dynamic Interdependency of Products and Services in the Production Area – International Seminar on PSS, January 21-22, 2008, Bochum, Germany. Aachen: Shaker Verlag, S. 25 - 29.*

[23] HENTSCHEL, C. (2007): *Tracing unorthodox use – A TRIZ-related ideation method in systematic product innovation. In: Proceedings of the TRIZ-Future Conference Nov. 6th - 8th, 2007, Frankfurt/Main. Gundlach, C., Lindemann, U. und Ried, H. (Hrsg.). Kassel: kassel university press, S. 65 - 72.*

[24] BLEY, S. (2008): *Open Innovation in der Automobilindustrie – Möglichkeiten und Grenzen. Diplomarbeit bei Hentschel, C. und Minx, E. Berlin: FHTW.*

[25] FRIEBE, H.; RAMGE, T. (2008): *Marke Eigenbau. Der Aufstand der Massen gegen die Massenproduktion. Frankfurt: Campus Verlag.*

[26] GERSHENFELD, N. (2005): *FAB. The Coming Revolution on your Desktop – From Personal Computers to Personal Fabrication. New York: Basic Books.*

[27] HORX, M. (2008): *Technolution. Wie unsere Zukunft sich entwickelt. Frankfurt: Campus Verlag.*

Zusammenfassung

Bestehende Ansätze der Individualisierung von Produkten sind sehr produktionsorientiert und behandeln individuelle Produktveränderungen während der Gebrauchsphase nur eingeschränkt. Personal Identity geht über Personalisierung hinaus, so dass in der Praxis vorherrschende Ansätze zur individuellen Konfiguration um solche zur individuellen Produktadaption während der Nutzungsphase ergänzt werden müssen. Das Konzept eines Design for Personal Identity ist ein Vorstoß in diese Richtung und orientiert sich an den Phasen, die ein visionärer Produktnutzer bei der Anpassung des Produktes an seine persönlichen Bedürfnisse in der Regel durchläuft. Design for Personal Identity öffnet den Innovationsprozess speziell für technische Serienprodukte der Konsumgüterindustrie hin zur Open Innovation. In dem Maße, wie es gelingt, die frühen Phasen der Produktentwicklung um diesen Aspekt zu ergänzen, werden langfristig auch komplexe, mechatronische und hochintegrierte Produkte mit individuellen Anpassungsmöglichkeiten während der Nutzungsphase verfügbar sein.

Kundenintegration bei Dienstleistungsinnovationen

Viele Innovationen scheitern, weil Chancen zur frühzeitigen Einbindung der Kunden in den Innovationsprozess nicht genutzt werden. Dabei drängt sich die Kundenintegration mit Lead Usern bei Dienstleistungsinnovationen geradezu auf. Der Markterfolg wird aber nur durch einen systematischen Prozess möglich.

In diesem Beitrag erfahren Sie:

- warum gerade bei Service-Innovationen eine frühzeitige Kundenintegration wichtig ist,
- wie sich die Erfolgschancen von Innovationen mit dem Lead-User-Ansatz steigern lassen,
- wie die Einbindung von Lead Usern im Innovationsprozess konkret aussieht.

Andreas Mengen, Werner Ziemen

Besonderheiten des Innovationsmanagements bei Dienstleistungen

Merkmale von Dienstleistungen

Das erfolgreiche Management von Dienstleistungen stellt an Unternehmen besondere Anforderungen. Dies ist Grund genug, sich im Zeitalter der so genannten »Dienstleistungsgesellschaft« mit diesem Thema, insbesondere dem Management von Innovationen, auseinanderzusetzen. Als Anknüpfungspunkte wollen wir in diesem Beitrag zunächst auf die besonderen Merkmale von Dienstleistungen eingehen und darauf aufbauend Möglichkeiten und Vorteile der frühzeitigen Kundenintegration im Innovationsprozess aufzeigen.

Die Besonderheiten von Dienstleistungen, die nach unserem Begriffsverständnis auch als »Produkte« oder Services bezeichnet werden können, werden in der Literatur vielfach über so genannte spezifische Merkmale erfasst, welche eine eindeutige Abgrenzung von Sachleistungen erlauben [1]. Diese Merkmale dienen dann als Ausgangspunkte für die Ableitung »Besonderheiten des Dienstleistungsmarketings«. Spezifische Merkmale lassen sich dabei aus der *Phasenbetrachtung von Dienstleistungen* erkennen [2]:

⇨ *Potenzialphase:* Dienstleistung als Fähigkeit und Bereitschaft zur Ausübung einer dienstleistenden Tätigkeit.
⇨ *Prozessphase:* Dienstleistung als »dienstleistende Tätigkeit«, also als »sich vollziehender (noch nicht abgeschlossener) Prozess«.
⇨ *Ergebnisphase:* Dienstleistung im Sinne von »Ergebnis einer abgeschlossenen (beendeten) dienstleistenden Tätigkeit«.

Aus der Betrachtung der Potenzialphase ergibt sich ein erstes dienstleistungsspezifisches Merkmal. Ein Unternehmen kann dem Nachfrager eines Dienstleistungsproduktes keine fertige Leistung offerieren – es kann nur sein Dienstleistungspotenzial anbieten, also die Fähigkeit und Bereitschaft zur Verrichtung von Leistungen für die Kunden signalisieren. Das Angebot einer Dienstleistung ist im Gegensatz zu einem Sachleistungsangebot somit für die Kunden nicht greifbar und kann ausschließlich im Rahmen eines immateriellen Leistungsversprechens dargeboten werden. Als erstes konstitutives Dienstleistungsmerkmal können wir daher die Tatsache festhalten,

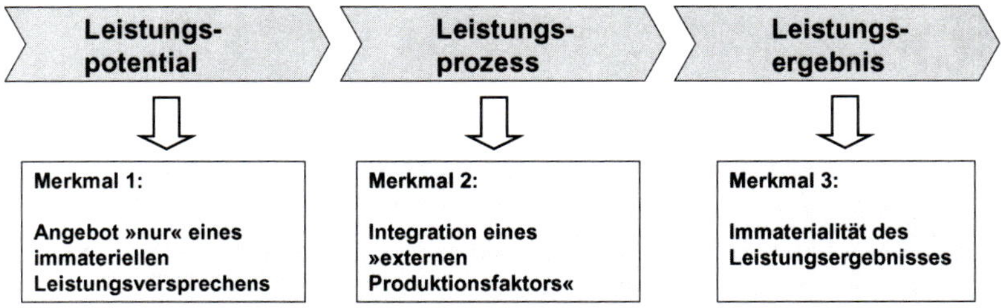

Abb. 1: *Dienstleistungsspezifische Merkmale*

dass Dienstleistungsanbieter im Gegensatz zu Anbietern von Sachleistungen lediglich immaterielle Leistungsversprechen als Produkte am Markt anbieten können.

Die Prozessphase liefert uns ein zweites Merkmal. Im Gegensatz zu Sachleistungen, die zunächst produziert und nach dem Verkauf vom Kunden konsumiert werden, kommt bei Dienstleistungen der Kunde bedeutend früher ins Spiel. Ohne den Kunden als »externen Produktionsfaktor« kann ein Dienstleistungsunternehmen nicht produzieren, was am Beispiel einer Airline ohne Passagiere oder eines Friseurs ohne Kunden deutlich wird. Erst wenn sich der Kunde eingebracht hat, kann die eigentliche Produktion beginnen. Als weiteres Merkmal wollen wir somit den *Kunden als notwendigen externen Produktionsfaktor* festhalten. Insbesondere dieser Tatbestand liefert konkrete Anknüpfungspunkte für das Innovationsmanagement von Dienstleistungen, die in dem folgenden Kapitel aufgegriffen werden.

Schließlich lässt sich aus der Ergebnisphase ein drittes Merkmal ableiten. Nach Abschluss des Produktionsprozesses einer Dienstleistung liegt in der Regel keine materielle Ware vor, wie das bei Sachleistungsproduktionen der Fall ist. Vielmehr ist das Ergebnis nicht greifbar, das heißt immateriell. Dies steht in enger Verbindung mit der häufig erwähnten »Nicht-Lagerbarkeit« von Dienstleistungen – eine Produktion auf Vorrat ist nicht möglich.

Konsequenzen für das Innovationsmanagement

Welche Erkenntnisse lassen sich nun aus den oben dargestellten Besonderheiten beziehungsweise Merkmalen für das Management von Produktinnovationen bei Dienstleistungen gewinnen? Vor allem die Sicht auf den Dienstleistungsprozess (vergleiche Merkmal 2, siehe Abbildung 1) ist hier interessant. Es wird deutlich, dass nicht nur die Produktion von bereits bestehenden Dienstleistungen ohne den Kunden unmöglich ist. Genauso gilt diese »Einschränkung« zudem für ganz neue, noch weit vor ihrer Markteinführung stehende Produkte, die sich noch im Innovationsprozess befinden und im übertragenen Sinne nur als Prototypen existieren. Auch für die Herstellung eines »Dienstleistungsprototyps«, der noch ein umfangreiches Programm an Veränderungen, Tests und Verbesserungen zu durchlaufen hat, werden Kunden gebraucht. Ohne Kunden geht es einfach nicht, dass gibt die Natur der Dienstleistung vor.

Wir wollen daher festhalten: *Im Innovationsprozess spielen die Kunden bei Dienstleistungen eine deutlich wichtiger Rolle als bei Sachleistungen, denn die Unternehmen sind auf ihre Mitwirkung zwingend angewiesen.* Jegliche »Vorserienproduktion« oder Probeproduktion von Services oder einzelner Komponenten bedarf der Kundenmitwirkung, was eine besonders frühe Einbindung der Kunden in den Innovationsprozess erfordert. Diese Notwendigkeit birgt aber letztlich große Chancen. Der wichtigste Baustein für erfolgreiche Dienstleistungsinnovationen ist von vornherein »mit an Bord«, denn die Kundenperspektive ist stets zum Greifen nahe – dies sollten Dienstleistungsunternehmen verstehen und nutzen. Eine hervorragende Möglichkeit dazu bietet der Lead-User-Ansatz.

Neue Dienstleistungen kundenorientiert mit dem Lead-User-Ansatz entwickeln

Kundenintegration als Grundidee

Grundsätzlich können wir zwischen markt- und technologiegetriebenen Innovationen unterscheiden. Erstere gehen von nicht- oder nur schlecht erfüllten Kundenbedürfnissen aus, Zweitere sind auf naturwissenschaftlich technologische Entwicklungen zurückzuführen. Trotz der unbestreitbar hohen Bedeutung der technologisch- und oft anbieterinduzierten Innovationen, ist letztlich für den Markterfolg einer Innovation entscheidend, inwieweit bestehende oder latente Kundenbedürfnisse befriedigt werden.

Diesem Gedanken folgend ist die Integration der Kunden in den Innovationsprozess ein probates Mittel, die Kundenbedürfnisse in den

Mittelpunkt aller Anstrengungen zu rücken. Allerdings ist es nicht ausreichend, die Kunden bei der Suche nach Innovationen zu fragen: »Was sollten wir als Unternehmen denn Neues anbieten?« *Vielmehr geht es um eine frühzeitige und systematische Einbindung der Kunden in den Prozess, so dass die Kunden nicht nur als permanentes Korrektiv der eigenen (vielleicht abwegigen) Ideen fungieren, sondern zudem Quelle für neue wertvolle Anregungen sein können.*

Mögliche Anwendungsfelder des Lead-User-Ansatzes

Der Lead-User-Ansatz setzt die Kundenintegration um, in dem unmittelbar nach der Entwicklung erster Ideen im Unternehmen die richtigen Kunden (Lead User) als Begleiter des weiteren Innovationsprozesses identifiziert und gewonnen werden. *Lead User* sind dabei unter anderem gekennzeichnet durch:

- ⇨ die eigene Erfordernis und das Interesse, sich mit neuen Trends auseinanderzusetzen,
- ⇨ eine hohe Motivation, innovative Produkte frühzeitig verfügbar zu haben, da diese für sie einen wirtschaftlichen und/oder strategischen Vorteil bedeuten und
- ⇨ die Eignung, als Referenzkunde fungieren zu können, um so die spätere Vermarktung eines innovativen Produktes zu unterstützen.

Der Lead-User-Ansatz besitzt ein breites Anwendungsspektrum und ist prinzipiell sowohl im B2C- als auch im B2B-Geschäft nutzbar. Die Möglichkeit, Lead User zugleich zu Referenzkunden zu entwickeln, verdeutlicht allerdings einen besonderen Vorteil für Anwendungen im B2B-Geschäft, da Referenzen bei B2C eine im Vergleich geringere Rolle spielen. Auch wenn wir uns in diesem Beitrag auf Dienstleistungen beziehen, so ist der Lead-User-Ansatz keineswegs auf diese beschränkt, sondern genauso auf Sachleistungen anwendbar. Wie oben ausgeführt, drängt sich der Ansatz bei Dienstleistungen allerdings aufgrund der »naturgegebenen« großen Kundennähe geradezu auf.

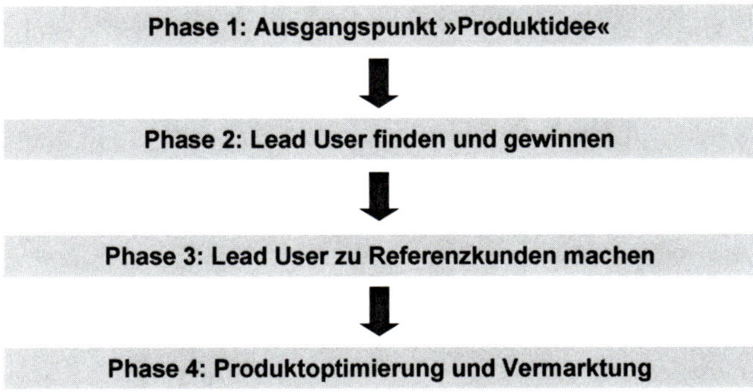

Abb. 2: *Phasen des Lead-User-Ansatzes*

In Abbildung 2 haben wir den Innovationsprozess mit dem Lead-User-Ansatz in den Phasen (1) Produktidee, (2) Finden und Gewinnen von Lead Usern, (3) Referenzkunden sowie (4) Produktoptimierung und Vermarktung dargestellt. Im nachfolgenden Kapitel wollen wir die Phasen zunächst erläutern und dann jeweils am Anwendungsbeispiel »Elektronische Rechnung« verdeutlichen.

Kundenintegration im Innovationsprozess für Dienstleistungen am Praxisbeispiel

Phase 1: Ausgangspunkt »Produktidee«

Gute Ideen bilden das Innovationsfundament

Ohne Veränderungen und neue Ideen sind Unternehmen auf Dauer nicht überlebensfähig, Neue Produkte nehmen dabei eine Schlüsselrolle ein, denn nur durch sie können Unternehmen sich ändernden Marktanforderungen gerecht werden. Insofern ist die permanente Entwicklung von neuen Produktideen, in unserem Beitrag sind damit neue Services gemeint, eine Kernaufgabe des unternehmerischen Handelns.

Allerdings führt bei weitem nicht jede Produktidee, sei es eine Verbesserung bestehender Angebote oder ein gänzlich neuer Service, zum Markterfolg. Es muss sichergestellt werden, dass die knappe

Managementkapazität auf die Ideen mit den größten Erfolgschancen konzentriert wird. In unserem Beitrag wollen wir als Startpunkt des Lead-User-gestützten Innovationsprozesses auf eine vom Unternehmen bereits in groben Zügen entwickelte Produktidee aufsetzen. Die im weiteren Verlauf des Prozesses mit den Lead Usern zu beantwortenden *Fragen* sind dann unter anderem:

- ⇨ Besitzt die Produktidee ein ausreichend großes Kundennutzenpotenzial, um sie weiterzuverfolgen?
- ⇨ Wie ist das Produkt, das heißt in unserem Fall der Dienstleistungsproduktionsprozess, im Detail zu gestalten, um Anbieter und Usern jeweils Wettbewerbsvorteile zu bieten?
- ⇨ Welche Änderungs- und Verbesserungsvorschläge können die Lead User einbringen?
- ⇨ Welches Absatzpotenzial und welche Wirtschaftlichkeit ist für das Produkt zu erwarten?

Am Praxisbeispiel eines neuen elektronischen Rechnungsservice wollen wir die Phase 1 des Lead-User-Ansatzes nun verdeutlichen.

Praxisbeispiel: Produktidee »eRechnungsService«

Während Bestellungen heute Online und Warenlieferungen innerhalb von 24 Stunden oder Just-in-Time ablaufen, hat sich in der Rechnungs- und Zahlungsbearbeitung vergleichsweise wenig geändert. Der Rechnungsverkehr zwischen Lieferanten und Kunden ist in Deutschland derzeit noch zu über 90 % papierbasiert. Die Bearbeitungsdauer und die Prozesskosten bei der Rechnungsverarbeitung sind dementsprechend hoch. Hierzu zählen Versand-, Prüf-, Lauf- und Liegezeiten sowie Druck-, Kuvertierungs-, Porto- und Datenerfassungskosten.

So beträgt im Rechnungsausgang die durchschnittliche Bearbeitungsdauer immer noch zwölf Tage; auf der anderen Seite, im Rechnungseingang, durchschnittlich sechseinhalb Tage von der Erfassung über Prüfung bis zur Zahlungsfreigabe.

Bei dem neuen Produkt in dem folgenden *Praxisbeispiel* handelt es sich um den *elektronischen Rechnungsservice* (»eRechnungsService«)

eines Finanzdienstleisters. Bei dem Verfahren werden Rechnungen elektronisch verarbeitet und versendet. Das Besondere hierbei ist, dass nicht nur, wie beispielsweise bei Telefonrechnungen heute schon üblich, PDF- oder Bilddateien übermittelt werden, sondern alle relevanten Rechnungs- und Leistungsdaten dem Empfänger in digitaler Form für die Weiterverarbeitung in seinem IT-System zur Verfügung stehen (zum Beispiel Verbräuche, Einsatzorte, Zeiten). Das Verfahren bietet für Unternehmen erhebliche Einsparpotenziale, da es standardisiert ist und im Vergleich zum bereits existierenden EDIF-ACT-Verfahren nicht für jede einzelne Kunden-Lieferantenbeziehung individuell mit hohem Projektaufwand eingerichtet werden muss. Investitionen in neue Hard- und vor allem Software sind in der Regel gering. Das *Prinzip der elektronischen Rechnung* wird in der nachfolgenden Abbildung 3 verdeutlicht:

Der Rechnungssteller schreibt seine Rechnung wie bisher mit dem jeweiligen Buchungssystem. Anstatt die Rechnung auszudrucken und in Papierform zu versenden, werden die Rechnungsdaten direkt an den Rechnungsempfänger gesendet. Parallel zu Versand an den Empfänger erhält der Rechnungssteller die signierte Rechnung zum Nachweis zurück. Die Ablage erfolgt papierlos in seinem digitalen Archiv.

Der Rechnungsempfänger erhält ein signiertes PDF der Rechnung und die digitalen Rechnungsdaten im gewünschten Buchungsformat.

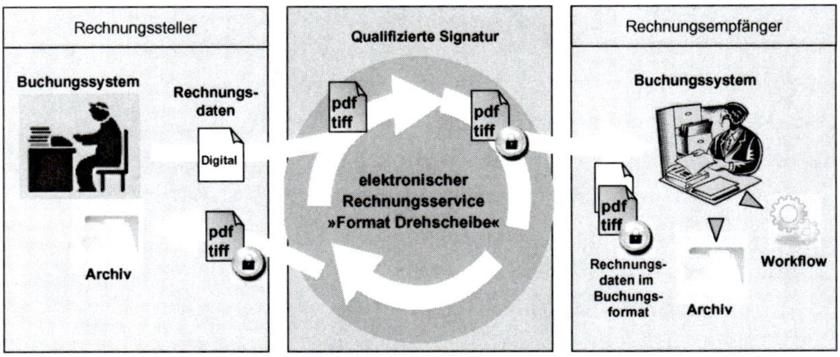

Abb. 3: *Prinzip der elektronischen Rechnung »eRechnungsService«*

Der Dienstleister bietet einen Standard, um auf einer so genannten Formatdrehscheibe die Daten in der gewünschten individuellen Form an den Empfänger zu übergeben. In den weiteren Prozessschritten wird die Rechnungsfreigabe und Buchung durch einen digitalen Workflow und anschließende Archivierung unterstützt. Die Rechnung erfüllt mit der elektronischen Signatur die formalen gesetzlichen Anforderungen zum Vorsteuerabzug.

Wesentliche *Vorteile* gegenüber dem papierbasierten Verfahren liegen in der durchgängig elektronischen Arbeitsweise ohne Medienbrüche, in der Prozessbeschleunigung und in den Kosteneinsparungen sowohl für den Rechnungssteller als auch für den Rechnungsempfänger. Hinzu kommen der optimierte Workflow und das elektronische Archiv. Der Status jeder einzelnen Rechnung ist transparent, und aus dem Archiv kann man bequem die Rechnungen eines bestimmten Lieferanten »ziehen«, um Preis- und Mengenentwicklungen zu analysieren. Auch aus ökologischer Sicht ist die Substitution der Papier- durch eine elektronische Rechnung vorteilhaft – bedenkt man den hohen Ressourcen- und insbesondere Energieverbrauch der Papierherstellung. Dazu einige Fakten:

- ⇨ Durchschnittlicher Energiebedarf für die Herstellung von 1 t Papier in kWh: 2.300.
- ⇨ Herstellungsbedingte Belastung der Atmosphäre pro t Papier in t CO2-Äquivalent: 1,4.
- ⇨ Papierverbrauch pro Einwohner in Deutschland in kg pro Jahr: ca. 224; im Vergleich dazu Äthiopien in kg pro Jahr: ca. 0,5.
- ⇨ Bedarf an Büropapier in Deutschland in t pro Jahr: ca. 800.000, davon ca. 200.000 allein für Rechnungen.

Phase 2: Lead User finden und gewinnen

Auswahl und Kontaktaufbau als Erfolgsfaktoren

Wie sollte ein Unternehmen nun bei der Suche nach den richtigen Lead Usern vorgehen? Im B2B-Bereich kommen zunächst alle Unternehmen in Frage, die von der Produktidee einen Vorteil haben könnten (und das branchenübergreifend). Besonders interessant sind dann diejenigen, die vielleicht schon für sich selbst nach einer eigenen Lösung suchen, da sie frühzeitig neuen Anforderungen auf ihren Märkten ausgesetzt sind. Wenn die neue Serviceidee für sie die gesuchte Lösung darstellen könnte, so ist die Motivation hoch, die bisherigen eigenen Erfahrungen einzubringen und so Einfluss auf die Ausgestaltung des neuen Produktes auszuüben.

Weiterhin sollten die potenziellen Lead User selbst über ein großes Abnahmepotenzial für das neue Produkt verfügen und idealerweise einer Branche angehörigen, für die permanente Veränderungen und die Suche nach neuen Lösungen zum »Normalgeschäft« gehört (zum Beispiel Telekommunikation versus Bauindustrie). Ein renommiertes Unternehmen bringt zudem gute Voraussetzungen mit, um später die Referenzkundenfunktion überzeugend übernehmen zu können.

Schließlich ist natürlich die individuelle Bereitschaft des Managements, in einem Lead-User-Projekt mitzuwirken, zwingende Voraussetzung. Sofern der Vorteil als hoch eingestuft wird, als einer der Ersten auf einen wirtschaftlich attraktiven und auf die eigenen Bedürfnisse weitgehend zugeschnittenen neuen Service zugreifen zu können, sollte die Akquisition als Lead User gelingen.

Sicherlich etwas mühsam ist dann die konkrete Lead-User-Ansprache, denn hier muss einerseits zum Beispiel anhand einer Checkliste die Eignung des Lead Users geprüft werden, andererseits sind die Lead User von der Vorteilhaftigkeit des Projekts zu überzeugen. Für die Gewinnung von wirklich passenden Lead Usern benötigen die Unternehmen eine ausreichende Portion Fleiß, Überzeugungskraft und Ausdauer. Aber es lohnt sich.

Praxisbeispiel: Lead User überzeugen

Für die Entwicklung und Vermarktung des neuen eRechnungsServices nutzte der Finanzdienstleister den Lead-User-Ansatz. Dadurch sollten unter anderem die folgenden *Vorteile* realisiert werden:

- ⇨ Einbindung von Entwicklungspartnern mit hoher Motivation und hohem Anspruchsverhalten,
- ⇨ Identifikation von branchenspezifische Lösungen mit zeitnaher Produktvalidierung,
- ⇨ Verkürzung von Entwicklungszeiten und Reduktion der »Floprate«,
- ⇨ Sogwirkung und Referenz für nachfolgende Wellen.

Für den neuen eRechnungsService wurden zunächst Zielsegmente definiert, womit zugleich auch das Feld für die Suche und Gewinnung der Lead User abgegrenzt war. Es handelt sich dabei um Unternehmen, die ein hohes Rechnungsaufkommen und signifikante Effizienz- und Kostenvorteile durch einen elektronischen Versand haben. Dies trifft insbesondere für Energieversorger, Telekommunikations-Anbieter und Versicherungen zu, die in einer ersten Auswahl als mögliche

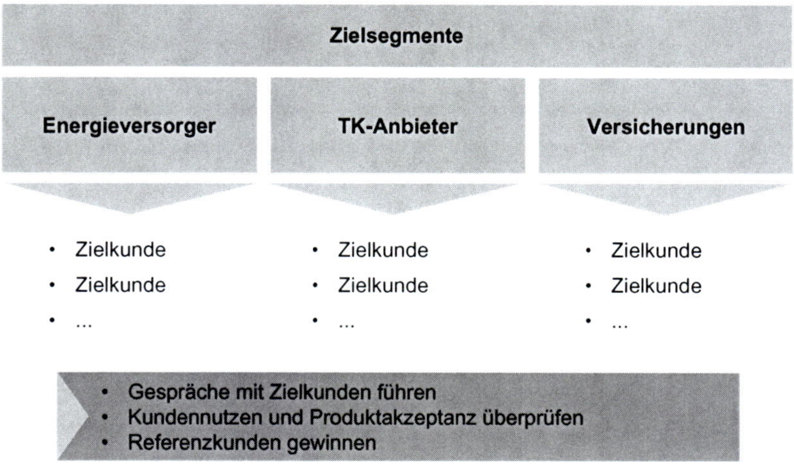

Abb. 4: *Zielsegmente für den »eRechnungsService«*

Kunden und somit potenzielle Lead User für diese Dienstleistung identifiziert wurden (vergleiche Abbildung 4).

In der ersten Welle wurden zehn Unternehmen aus den drei Branchen kontaktiert und Gesprächstermine vereinbart, um den neuen Service vorzustellen. Im Rahmen der Gespräche waren insbesondere folgende *Kernfragen* zu beantworten:

- ⇨ Wo liegt der wahrgenommene Nutzen des eRechnungsServices und wie ist die Produktakzeptanz aus Kundenperspektive?
- ⇨ Wie groß ist der Bedarf der Unternehmen?
- ⇨ Welche Geschäftspotenziale bieten die ausgewählten Zielbranchen?
- ⇨ Wie stellt sich die konkrete Entscheidungssituation dar; und besteht die Bereitschaft, Lead User zu werden?

In den Gesprächen zeigte sich, dass in den Zielbranchen deutliche Geschäftspotenziale für den eRechnungsService vorhanden sind (vergleiche Abbildung 5). Erkennbare Aktivitäten der Unternehmen und Trends im Markt werden den Anteil der elektronischen Rechnung weiter steigen lassen. So wurde bei 70 % der befragten Unternehmen

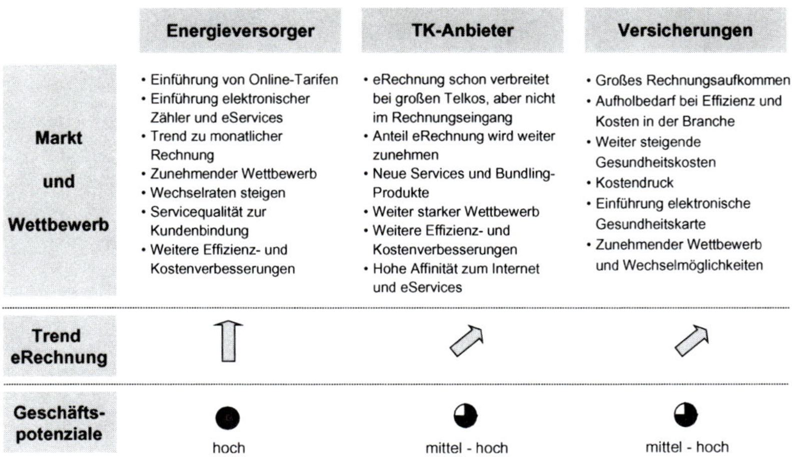

Abb. 5: *Geschäftspotenziale für die elektronische Rechnung*

ein Anstieg des Anteils der Online-Rechnung in den kommenden drei Jahren erwartet.

Nach zehn Gesprächen konnten bereits zwei mögliche Lead User, ein Energieversorgungsunternehmen und ein Unternehmen der TK-Branche, gewonnen werden. Diese waren bereit, die nächsten Schritte mit dem Finanzdienstleister zu gehen.

Phase 3: Lead User zu Referenzkunden machen

Konzeption und Produktion im Härtetest: Lead User als Pilotkunden

Im Mittelpunkt der Phase 3 steht zunächst die Service-Konzeption als grobe Produktidee, die in einem Workshop den in Phase 2 gewonnenen Lead Usern ausführlich vorgestellt und einer kritischen Prüfung (Feedback) unterzogen wird. Ziel weiterer Workshops ist die Ausarbeitung der detaillierten Service-Konzeption unter Prüfung und vor allem Mitwirkung der Lead User. Hier können die Lead User (ausgehend von ihren Anforderungen) ganz konkrete und extrem wertvolle Hinweise geben, die ansonsten möglicherweise im Innovationsprozess in anderer Gewichtung oder gar nicht beachtet worden wären. Da bekanntlich der Teufel im Detail steckt, zeigt sich in dieser Arbeitsphase sehr deutlich, was geht und was nicht. Nicht selten sind die gemeinsam durchlaufenen Iterationen übrigens wieder Quelle für neue Produktideen, sozusagen als »Abfallprodukte«.

Der Ausarbeitung der konkreten neuen Servicekonzeption folgt der Aufbau entsprechender Produktionskapazitäten. Wie oben ausgeführt ist bereits für die Produktion eines Prototypen die Kundenmitwirkung unabdingbar. Wer könnte als Pilotkunde besser geeignet sein als ein Lead User, der an dem neuen Service bereits konzeptionell mitgearbeitet hat? Erst mit dem »Hochfahren« einer Testproduktion können dann Antworten auf zwei entscheidende Fragen gefunden werden:

⇨ Funktioniert die Produktion als Dienstleistungsprozess in der Realität überhaupt – und stellt sich der angestrebte Kundennutzen tatsächlich ein?

⇨ Kann für Anbieter und Kunde eine ausreichende Wirtschaftlichkeit erreicht werden?

Insofern in dieser Innovationspartnerschaft beide Seiten gute Erfahrungen sammeln konnten, ist mit dem Testkunden zugleich die Etablierung eines Referenzkunden für den neuen Service gelungen. Vor allem bei innovativen Produkten muss in der Phase der Vermarktung seitens des Anbieters Kundennutzen und Wirtschaftlichkeit glaubhaft vermittelt werden. Das Vorweisen eines oder mehrerer Referenzkunden kann dabei Wunder bewirken.

Praxisbeispiel: Know-how-Aufbau im konkreten Einsatzbereich
Mit den Lead Usern waren in dieser Phase zunächst die konkreten Einsatzbereiche im Unternehmen und die Anforderungen zu bestimmen, um zu entscheiden, ob und wie die Produktidee umgesetzt werden kann. Hierzu wurden mehrere *Arbeitssitzungen und Workshops* durchgeführt, wobei folgende *Themen* bearbeitet wurden:

⇨ Welche Einsatzbereiche und Kundensegmente sind für die elektronische Rechnung geeignet?
⇨ Welche konkreten Anforderungen haben die Unternehmen?
⇨ Welche Leistungsmerkmale und Zusatzservices sind wichtig?
⇨ Worin liegt der Kundennutzen?
⇨ Welcher Ressourceneinsatz und Zeitbedarf ist für den Prototypen erforderlich?
⇨ Welche Kosten- und Effizienzvorteile sind zu erwarten?

Hier zeigte sich der große Vorteil des Lead-User-Ansatzes: Erst die enge Zusammenarbeit mit dem Unternehmen und der ganz konkrete Einsatzfall stellen die Relevanz zum operativen Geschäft und zu aktuellen Problemstellungen her (beispielsweise sind bei Energieversorgern der verstärkte Einsatz elektronischer Zähler und der damit verbundene Trend zu Monatsrechnungen zu sehen). Neben Kosteneinsparungen kann die elektronische Rechnung zugleich Möglichkeiten für neue Services eröffnen und den Kundendialog verbessern. Bei dem

TK-Anbieter standen Überlegungen im Fokus, wie man Unternehmensnetzwerke mit attraktiven Services ergänzen kann.

Die Praxis zeigte weiterhin, dass die Phase bis zur Entscheidung über die Nutzung des eRechnungsServices zeitaufwendig ist und eine Reihe von Gesprächen mit unterschiedlichen Ansprechpartnern zu führen sind. Teilweise sind auch Widerstände bestehender Strukturen zu überwinden. So gibt es in den Unternehmen eigene Abteilungen für Scanning, OCR-Erkennung und Rechnungserfassung sowie eigene Druckereien und Versandabteilungen. Die Mitarbeiter in diesen Abteilungen sind von den Veränderungen betroffen.

Nach Vorlage der so entwickelten konkreten Servicekonzeption ist die Entscheidung für eine Realisierung zu treffen. Die Realisierung bei den Lead Usern, die damit zu Referenzkunden werden, hilft, Kompetenzen in den Zielbranchen aufzubauen und konkrete Erfahrungen in der operativen Umsetzung zu sammeln, die für die spätere Vermarktung von erheblicher Bedeutung sind.

Phase 4: Produktoptimierung und Vermarktung

Lernen von den Referenzkunden vor der Markteinführung

Die in Phase 3 installierte Testproduktion stellt nun übergehend in Phase 4 eine ideale »Lernplattform« dar. Es erschließen sich für das Unternehmen sowohl »technische« Optimierungsmöglichkeiten in der Produktion als auch Anpassungen in der Ausgestaltung des neuen Service aufgrund geänderter Kundenanforderungen. Diese entstehen durch einen Lernprozess beim Kunden, der jetzt erst »richtig« erkennt, welche Möglichkeiten und Vorteile das neue Produkt für ihn bietet beziehungsweise bieten könnte, wenn noch gewisse Modifikationen vorgenommen werden. Die in dieser Phase vorgenommen Produktoptimierungen können gegebenenfalls von so grundlegender Natur sein, dass Produktabwandlungen oder eigenständige neue Servicekonzeptionen entstehen. Insofern ist unsere Phasenabfolge 1 bis 4 nicht als sequenzieller, sondern als iterativer (wiederholender) Prozess zu verstehen.

Nach Abschluss der Produktoptimierung kann die Markteinführung erfolgen. Aufgrund der Erfahrungen mit den Referenzkunden wird deutlich, inwieweit ein standardisierter Service angeboten werden kann, oder ob den Kunden umfangreiche Möglichkeiten zur Individualisierung eingeräumt werden sollten. Auf die wichtige Rolle der Existenz von Referenzkunden für die erfolgreiche Vermarktung von Innovationen wurde oben bereits hingewiesen.

Praxisbeispiel: Produktoptimierung und Lessons Learnt
Die Zusammenarbeit mit den Lead Usern lieferte entscheidende Informationen für die Produktoptimierung und die anschließende Vermarktung des Produktes (eRechnungsService).

Praxiserfahrungen bei der Produktoptimierung
Bezogen auf die Produktoptimierung wurden neben der Beschleunigung und Vereinfachung der Prozesse in der Rechnungsabwicklung auch neue Einsatzbereiche und Services identifiziert. Beispielsweise ist es für die Gewerbekunden eines Energieversorgers über die Bereitstellung von Rechnungsdaten hinaus attraktiv, differenzierte Verbrauchsdaten in digitaler Form zu erhalten. Die Daten können dann in den eigenen IT-Systemen ohne Medienbrüche weiterverarbeitet und ausgewertet werden. Für die Endkunden des Energieversorgers wurde die Möglichkeit geschaffen, einen neuen günstigeren Tarif in Verbindung mit der elektronischen Rechnung abzuschließen. Der TK-Anbieter wiederum bildete neue Produkt-Bundles, indem er die elektronische Rechnung um weitere Services ergänzte und mit dem Verkauf von Breitbandanschlüssen und Integrationsleistungen verknüpfte.
Weiterhin wurden bei den Arbeiten mit den Referenzkunden:

- ⇨ technische Optimierungen durchgeführt und Prozesse auf die spezifischen Belange angepasst,
- ⇨ Funktionen und Leistungsmerkmale verbessert,
- ⇨ Erfahrungen in der Einbindung von Kunden und Lieferanten gesammelt und

⇨ die in der Praxis tatsächlich erreichten Kosten- und Leistungsvorteile ermittelt.

Im Ergebnis konnten vorzeigbare branchenspezifische Referenzlösungen des eRechnungsServices für die weitere Vermarktung aufgebaut werden.

Lessons Learnt für die Vermarktung

Im Hinblick auf die anschließende Vermarktung war durch die Erfahrungen mit den Lead Usern klar, dass die Nutzenargumentation auf die verschiedenen Zielbranchen abgestellt sein muss – und die Produktspezifikation sogar auf die Unternehmensgröße.

Größere Unternehmen setzen für die Einführung der elektronischen Rechnung in der Regel ein Projekt mit einem Projektmanagement auf. Da im Vergleich zu kleineren Unternehmen mehr Partner eingebunden werden können und Zusatzservices im Vordergrund stehen, sind der Leistungsumfang und die Optimierungsmöglichkeiten deutlich größer. In einer Konzeptphase sind daher zunächst spezifische Einsatzbereiche zu identifizieren sowie Kosten-Nutzen-Aspekte und Realisierungsmöglichkeiten zu bewerten. Das heißt: Größere Unternehmen sehen das Thema als Projektgeschäft und der Anbieter muss sich mit seinem Leistungsangebot darauf einstellen.

Bei kleineren Unternehmen entscheiden meist direkt die Inhaber – diese haben keine Zeit, sich länger um das Thema zu kümmern. Gewünscht werden eher Standardfunktionen und eine schnelle Einführung. Es handelt sich daher um ein Massengeschäft, das schnell auf vergleichbare Unternehmen in der Branche übertragen werden kann.

Aus diesen Gründen muss sich der Dienstleister bei der Vermarktung des eRechnungsServices neben den Zielbranchen auch entscheiden, auf welche Kundensegmente er sich konzentrieren will – eine wichtige Erkenntnis, die durch den Lead-User-Ansatz zu Tage gefördert wurde.

Die Referenzkunden aus den unterschiedlichen Branchen bieten einen weiteren *Vorteil*: Durch die enge Zusammenarbeit weiß man, vor welchen spezifischen Problemstellungen die Unternehmen stehen. Daraus lassen sich leicht zwei bis drei zentrale Vertriebsthemen für die direkte Kundenansprache ableiten.

Darüber hinaus sind begleitende Marketing- und Kommunikationsmaßnahmen erforderlich. Zum einen, um den neuen Service im Markt bekannt zu machen; und zum anderen, um bei potenziellen Kunden eine Vorstellung vom Leistungsangebot und den Einsatzmöglichkeiten zu schaffen. Da es sich beim eRechnungsService um ein erklärungsbedürftiges Produkt handelt, sind als weitere Maßnahmen Kundenveranstaltungen und Konferenzen besonders geeignet. Hierdurch kann man auf »neutralem Boden« eine Kommunikationsplattform schaffen und die Lösungen der Referenzunternehmen vorstellen und diskutieren.

Literatur

[1] Homburg, Christian/Krohmer, Harley: *Marketingmanagement: Strategie – Instrumente – Umsetzung – Unternehmensführung, Gabler Verlag, Wiesbaden 2003, S. 809 ff.*

[2] Mengen, A./Gipp, T.: *Marketing für Beratungsleistungen – Von der Dienstleistungstheorie zu Bausteinen eines Vermarktungskonzeptes für Beratungen, in: Bayón, T./ Herrmann, A./Huber, F. (Hrsg.): Vielfalt und Einheit in der Marketingwissenschaft, Wiesbaden 2007, S. 551 - 572, hier: S. 553 ff.*

Zusammenfassung

Führende Innovatoren setzen im Innovationsprozess auf frühzeitige Kundenintegration über eine intensive Zusammenarbeit mit Lead Usern, die wiederum selbst ein Interesse haben, Kundenbedürfnisse frühzeitig zu erkennen und Wettbewerbsvorteile durch neue Services und Anwendungen aufzubauen.

Ein Vergleich von Innovationsvorhaben mit oder ohne Kundenintegration fällt eindeutig aus: Innovationsprojekte, bei denen Lead User beteiligt waren, zeigen im Hinblick auf

- ⇨ Motivation und Anspruchsverhalten der Partner,
- ⇨ Marktorientierung,
- ⇨ Verkürzung von Entwicklungszeiten (Time to Market),
- ⇨ Realisierbarkeit,
- ⇨ Innovationsgrad und
- ⇨ Vermarktungserfolg (Umsatz)

eindeutig bessere Ergebnisse. Hinzu kommt, dass als Besonderheit bei Dienstleistungen ein Unternehmen ohne den Kunden als »externen Produktionsfaktor« nicht produzieren kann. Warum ihn dann nicht gleich an der Entwicklung beteiligen? In der Praxis resultieren aus Lead-User-Projekten nicht nur Weiterentwicklungen bestehender Produkte – durch die Integration in die praktische Anwendung und im Kontext der Wertschöpfungskette beim Kunden ergeben sich vielmehr Chancen für den Aufbau neuer Produkte und die Erschließung neuer Märkte.

Innovation und Ideenschutz durch Patentmanagement

Die strategische Nutzung von Patentinformationen

Ihr enormes Informationspotenzial wird in der Praxis oft unterschätzt: Patente lassen sich im Innovationsmanagement als einfach zugängliche Quelle nutzen. Mit Hilfe der in Patentschriften enthaltenen Angaben können technologische und innovative Tätigkeiten von Unternehmen analysiert werden.

In diesem Beitrag erfahren Sie:
- warum Patente hochinteressante Informationen für das Technologie- und Innovationsmanagement bieten,
- wie sie sich für Markt- und Wettbewerbsanalysen nutzen lassen,
- wie sie das Personalmanagement unterstützen.

MICHAEL STEPHAN

Warum sich die Nutzung von Patentinformationen lohnt

Die Güte und Schlagkraft strategischer Entscheidungen in der Unternehmensplanung und insbesondere im Innovationsmanagement hängt unmittelbar von der Qualität der Informationen ab, die dem Entscheider zur Verfügung stehen. Aus Sicht der modernen und innovationsorientierten Unternehmensführung stellen Informationen den Produktionsfaktor und die Unternehmensressource schlechthin dar. [7] Strategische Entscheidungen erfordern demzufolge ein effizientes Informationsmanagement, das möglichst alle verfügbaren Informationen rechtzeitig bereitstellt. Die effektive und effiziente Nutzung verschiedener Arten von relevanten Informationen ist damit eine wichtige Managementaufgabe. [12, 4] Patente sind eine wichtige Informationsquelle für betriebswirtschaftliche Fragestellungen im Strategischen (Innovations-)Management im Unternehmen. Ziel der

Nutzung von in Patentschriften enthaltenen Informationen ist die Verbesserung der Qualität von Entscheidungen im Management, insbesondere im Technologie- und Innovationsmanagement.

Patente gelten zunächst als geeignete Informationsressource für technologische Sachverhalte. Darüber hinaus liefern die in Patentschriften enthaltenen Angaben aber auch vielfältige Hinweise für die Beantwortung von betriebswirtschaftlich relevanten Fragestellungen, insbesondere im Innovationsmanagement. Im Gegensatz zu den nicht vergleichbaren bzw. schwer zugänglichen Informationen über die unternehmerischen Aktivitäten im Bereich der Forschung- und Entwicklung (F&E) können Patente nach ihrer Offenlegung von jedermann eingesehen werden. Patentinformationen lassen sich einzelnen Unternehmen, Geschäftsbereichen, Technologiefeldern und Erfindern direkt zuordnen und können somit je nach betriebswirtschaftlicher Fragestellung gezielt ausgewertet werden. Im Unterschied zu den F&E-Aktivitäten zeichnen sich Patentaktivitäten durch einen stärkeren Marktbezug aus und sind, aufgrund des einheitlichen Anmelde- und Erteilungsverfahrens, auch für Vergleiche zwischen Akteuren im Markt nutzbar. Diese Eigenschaften machen Patente sowohl für Unternehmen als auch für externe Anwender zu einer einzigartigen und wertvollen Informationsressource.

Die Nutzung dieser Quelle hat zum einen durch die zunehmende Bedeutung von Innovationsaktivitäten in Unternehmen Auftrieb erhalten. Zum anderen verstärkte die wachsende Verfügbarkeit kostenloser, zuverlässiger und auch für den technisch nicht versierten ökonomischen Laien leicht zugänglichen Online- und CD-Rom- bzw. DVD-Datenbanken deren Verwendung. Der automatisierte Zugriff auf nationale und internationale Patentdatenbanken erlaubt eine einfache, benutzerfreundliche Beobachtung von technologischen Trends und technologischen Aktivitäten der Akteure im Markt. Somit gewinnt die systematische Auswertung von Patentinformationen im Rahmen der unternehmerischen Planungsaktivitäten zunehmend an Bedeutung. [10, 12]

Trotz der gestiegenen Popularität von Patentinformationen bestehen in der Praxis jedoch weiterhin Defizite bei der Nutzung der Informationsressource für die Zwecke der strategischen Unternehmensplanung. Eine Vielzahl von innovierenden Unternehmen nutzt diese Informationsquelle überhaupt nicht oder nur unzureichend. Im Rahmen einer empirischen Erhebung unter innovationsorientierten Unternehmen in Deutschland (Hessen) im Jahre 2008 hat sich gezeigt, dass nur etwa 45 Prozent der befragten Unternehmen Patente bzw. andere Schutzrechte wie Gebrauchsmuster oder Marken regelmäßig als Informationsquelle nutzt. Deutlich über 50 Prozent der Unternehmen nutzen diese Informationsquelle gar nicht, selten oder nur sporadisch. [11] Der vorliegende Beitrag will einen Teil zur Beseitigung dieses Anwendungsdefizits leisten.

Was sind Patentinformationen?

Patentschriften bieten sowohl technisch-inhaltliche Informationen über die zu patentierende Neuerung als auch bibliographische Angaben. Die technischen Informationen beinhalten die Beschreibung des aktuellen Standes der Technik sowie die Präzisierung der Aufgabe der Erfindung und des Hauptanspruchs des Patents. Darüber enthält der technisch-inhaltliche Teil auch ein oder mehrere Ausführungsbeispiele der Erfindung. Im technischen Teil finden sich neben technischen Beschreibungen auch Zeichnungen, Formeln und Schaubilder. Die bibliographischen Angaben finden sich im Deckblatt der Patentschrift und umfassen eine Reihe von Informationen, die insbesondere für betriebswirtschaftliche Analysen nutzbar sind. Der bibliographische Teil eines Patents enthält u. a. die folgenden Angaben:

- Ordnungsmerkmale des Patents: Angaben zum Patentamt, zur Dokumentenart/-nummer, Anmeldenummer, Prioritätsdaten etc.;
- Datumsmerkmale des Patents: Prioritätsdatum, Anmeldedatum, Veröffentlichung der Anmeldung, Veröffentlichung der Patenterteilung;

- ⇨ Internationale Patentklassifikation (IPC): Informationen zu den Technologiebereichen, in denen die technische Neuerung bzw. das Patent angesiedelt ist;
- ⇨ Name des Anmelders inklusive dessen Anschrift (Ort und Land);
- ⇨ Namen aller beteiligten Erfinder inklusive deren privater Anschrift (Ort und Land);
- ⇨ Name des Rechtsvertreters (Patentanwalt) und dessen Anschrift;
- ⇨ Patentzitationen: Informationen über die in der Patentschrift zitierten Patente und andere Quellen;
- ⇨ Territorialer Schutz: Informationen über die im Patent benannten Staaten, auf die sich die Schutzwirkung erstreckt;
- ⇨ Titel der Erfindung und zusammenfassende Beschreibung (Abstract) der Neuerung.

Abbildung 1 zeigt das Deckblatt der Europäischen Patentanmeldung EP 0906726 A2 der Bahlsen KG (»Verfahren und Vorrichtung zum Herstellen einer Dauerbackware«), welches bibliographische und technische Patentinformationen (die Zusammenfassung) enthält.

Es bleibt anzumerken, dass in den Offenlegungsschriften von bereits erteilten Patenten alle oben angegebenen bibliographischen Informationen enthalten sind, während in Patentanmeldungen bestimmte Angaben, u. a. die Patentzitationen, nicht enthalten sind. Nachfolgend werden die im bibliographischen Teil der Patentschrift enthaltenen Angaben näher erläutert, welche mit Blick auf die Nutzung von Patentinformationen zu Recherchezwecken im Rahmen des Strategischen Managements von Interesse sind. Hierzu gehören insbesondere Angaben zu den Erfindern, zur Patentklassifikation und zu den Patentzitationen.

Erfindernennung

Bei der Erfindernennung sind der oder die Erfinder anzugeben, das heißt die natürlichen Personen, die im Sinne von §6 des deutschen

(19) **Europäisches Patentamt**
European Patent Office
Office européen des brevets

(11) **EP 0 906 726 A2**

(12) **EUROPÄISCHE PATENTANMELDUNG**

(43) Veröffentlichungstag:
07.04.1999 Patentblatt 1999/14

(51) Int. Cl.[6]: **A21D 13/08**, A23G 3/00, A21C 15/02

(21) Anmeldenummer: **98113020.6**

(22) Anmeldetag: **13.07.1998**

(84) Benannte Vertragsstaaten:
AT BE CH CY DE DK ES FI FR GB GR IE IT LI LU MC NL PT SE
Benannte Erstreckungsstaaten:
AL LT LV MK RO SI

(30) Priorität: **22.09.1997 DE 19741717**

(71) Anmelder: **Bahlsen KG**
30655 Hannover (DE)

(72) Erfinder:
- **Böcker, Jochen**
31655 Stadthagen (DE)
- **Mahler, Reinhard**
31535 Neustadt (DE)
- **Siefert, Uwe**
30455 Hannover (DE)
- **Bretschneider, Uwe Dr.**
30657 Hannover (DE)
- **Rother, Rita**
28398 Bremen (DE)
- **Sitzmann, Werner Dr.**
21075 Hamburg (DE)

(74) Vertreter: **Weber, Joachim, Dr.**
Hoefer, Schmitz, Weber
Patentanwälte
Gabriel-Max-Strasse 29
81545 München (DE)

(54) **Verfahren und Vorrichtung zum Herstellen einer Dauerbackware**

(57) Die Erfindung bezieht sich auf ein Verfahren und eine Vorrichtung zur Herstellung einer sandwichartigen Dauerbackware mit einem oberen 1 und einem unteren 2, im wesentlichen jeweils plattenförmigen Gebäckteil und einer zwischen diesen befestigten, vorgefertigten plattenförmigen Füllung 3, welche beispielsweise in Form einer Schokoladentafel ausgebildet ist.

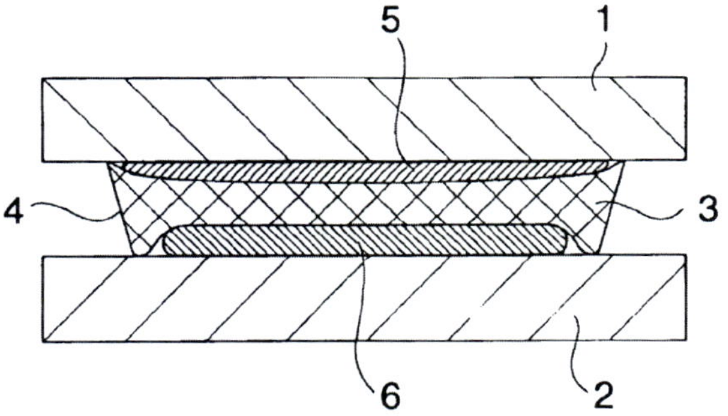

Fig. 2

Abb. 1: *Deckblatt der Europäischen Patentanmeldung EP 0906726 A2 der Bahlsen KG (»Verfahren und Vorrichtung zum Herstellen einer Dauerbackware«)*

Patentgesetztes (PatG) Erfinder sind. Dies gilt insbesondere auch für den Arbeitnehmererfinder und zwar auch, wenn nach der maßgeblichen Rechtsordnung der originäre Erwerb des Patents beim Arbeitgeber liegt. Nach §37 PatG hat der Anmelder innerhalb von 15 Monaten nach dem Anmeldetag den oder die Erfinder zu benennen und zu versichern, dass seines Wissens keine weiteren Personen an der Erfindung beteiligt sind. Es sind also alle an der Generierung der technischen Neuerung beteiligten Erfinder zu nennen. Das Deutsche Patent- und Markenamt (DPMA) nennt nach §63 Abs. 1 Satz 1 PatG den/die Erfinder in der Offenlegungsschrift (§32 Abs. 2 PatG), in der Patentschrift (§32 Abs. 3 PatG) sowie in der Veröffentlichung der Patenterteilung (§58 Abs. 1 PatG).

Im Allgemeinen prüft das Patentamt die Richtigkeit einer Erfindernennung nicht nach. [14] Es ist an die Benennung durch den Anmelder gebunden. Dadurch kann es natürlich zu inhaltlich falschen Angaben kommen, da bspw. das anmeldende Unternehmen die beteiligten Mitarbeiter in der F&E-Abteilung nicht öffentlich nennen möchte (Gefahr der Abwerbung). Auch können Erfinder eine Nichtnennung beantragen. [15] Korrespondierende internationale Richtlinien mit Blick auf die Erfindernennung finden sich in beinahe allen nationalen und internationalen Patentsystemen.

Internationale Patentklassifikation

Die technische Neuheit wird im Rahmen des Anmeldeverfahrens einschlägigen Technologiebereichen zugeordnet. Eine Erfindung kann dabei auch mehrere technische Bereiche gleichzeitig tangieren. Als Klassifikationsschema findet dabei in den meisten Ländern die Internationale Patentklassifikation (IPC) Verwendung. [10] Die IPC basiert auf dem Straßburger Abkommen über die Internationale Patentklassifikation und wird von der Weltorganisation für geistiges Eigentum (WIPO) veröffentlicht. Die Systematik wurde 1968 international eingeführt und wird heute in über 100 Ländern zur Klassifikation des technischen Inhalts von Patenten angewendet. Die IPC ist ein hierarchisch angelegtes Ordnungs- und Klassifizierungsschema für patentierbares technologisches Wissen. Die Systematik basiert auf rein technologischen und funktionalen Prinzipien und ist damit unabhängig von Produkten und Anwendungsfeldern der technischen Neuerungen. [1] Die IPC gliedert sich in acht verschiedene Sektionen (täglicher Lebensbedarf, Arbeitsverfahren, Chemie/Hüttenwesen, Textilien/Papier, Bauwesen/Bergbau, Maschinenbau, Physik, Elektrizität), die weiter unterteilt werden in Klassen und Unterklassen. Letztere gliedern sich weiter auf in Haupt- und Untergruppen. Somit basiert die IPC auf einer Gliederung von fünf Ebenen (Sektionen, Klassen, Unterklassen, Hauptgruppen und Untergruppen), wobei der Detaillierungsgrad mit der Tiefe der Ebenen zunimmt. In Abbildung 2 ist die Gliederungshierarchie der IPC dargestellt.

Jeder Patentanmeldung werden bei der Registrierung vom Patentamt eine oder mehrere Untergruppen zugewiesen. Die Zuweisung erfolgt damit auf der niedrigsten Hierarchiestufe, um eine möglichst

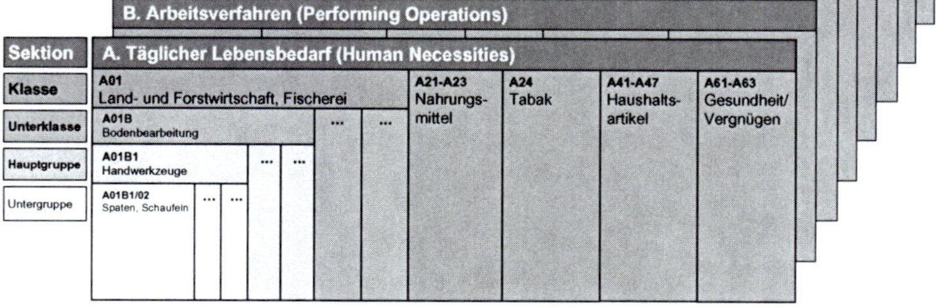

Abb. 2: *Gliederungshierarchie der Internationalen Patentklassifikation [13, S. 188, aktualisiert]*

exakte technologische Einordnung der zum Patent angemeldeten Erfindung zu realisieren. Dies ermöglicht eine sehr genaue Analyse der technologischen Position von Unternehmen in exakt definierten Technologiebereichen und lässt die detaillierte Aufdeckung unterschiedlicher Schwerpunktsetzungen zu. Die weltweite Akzeptanz der IPC und die deshalb (weitestgehend) einheitliche technologische Klassifikation von Patenten ermöglichen zudem international vergleichbare Analysen. Als einheitliche Klassifikationssymbole für die verschiedenen Hierarchiestufen werden Großbuchstaben und arabische Ziffern verwendet. Zum Zeitpunkt der Veröffentlichung der Patentanmeldung vergibt das veröffentlichende Patentamt einen entsprechenden IPC-Code.

Die IPC wird in regelmäßigen Intervallen einer Revision unterzogen. Aktuell ist die achte Auflage gültig. Diese trat am ersten Januar 2006 in Kraft und löste die siebte Auflage ab, die von Januar 2000 bis Dezember 2005 Gültigkeit besaß. Beweggrund für die regelmäßige Überarbeitung ist die möglichst zeitnahe Anpassung der IPC-Systematik an die technologischen Neuerungen und Entwicklungen. Die derzeitig achte Auflage umfasst über 600 Unterklassen sowie mehr als 70.000 Haupt- und Untergruppen. [16] Die IPC wird von den meisten großen Patentämtern verwendet. Somit stellt die IPC ein wirkungsvolles und zugleich universelles Klassifikations- und Rechercheinstrument dar. Neben der IPC existieren jedoch noch weitere (nationale) Klassifikationssysteme, welche den technischen Inhalt von Patentdokumenten systematisieren. Das Japanische System File Index (FI) ist die vom Japanischen Patentamt genutzte Systematik zur internen Patentdokumentation und -recherche. Auch das Japanische FI weist starke Ähnlichkeiten zur IPC-Struktur auf, ist aber mit einer weiteren Hierarchieebene und insgesamt 190.000 verschiedenen Einträgen noch detaillierter als die IPC. [17] Das U. S.-amerikanische Patentamt systematisiert ebenfalls nach einem eigenen Klassifizierungsschema, dem USPC. Das USPC ist zwar nach ähnlichen hierarchischen Prinzipien wie die IPC aufgebaut, nimmt aber eine abweichende Einteilung der einzelnen Technologiebereiche vor. Das

USPC wird jeden Monat aktualisiert, was eine zeitnahe Berücksichtigung der neuesten technologischen Entwicklungen erlaubt. [18]

Patentzitationen

Patentschriften enthalten Verweise auf die technologischen Grundlagen, auf denen die technische Neuerung basiert. Zur Bestimmung dieser Grundlagen werden vor bzw. im Zuge der Anmeldung Recherchen im Bestand der vorhandenen Patentschriften und in der so genannten »Nicht-Patentliteratur« durchgeführt. Das Ergebnis dieser Recherchen ist in jeder Patentschrift unter der Rubrik Patentzitationen dokumentiert, welche sich in den Patentdokumenten am Ende des bibliographischen Teils befindet. Zitierte Dokumente sind demnach Dokumente, die der Prüfer im Recherchenbericht anführt. Es kann sich dabei um Patentschriften oder um Nicht-Patentliteratur handeln. Somit enthalten Patentschriften sowohl Verweise auf andere Patente als auch Verweise auf Nicht-Patentliteratur. Im Durchschnitt verweisen zwölf Prozent der Zitationen auf Nicht-Patentquellen. In einzelnen Technologiefeldern, bspw. in der Biochemie, kann dieser Anteil jedoch bis zu 60 Prozent betragen. [8] Unterschiede bei der Zahl der angegebenen Verweise bestehen auch zwischen den Patentämtern. So weisen Patente des U. S.-amerikanischen Patentamts etwa dreimal so viele Patentzitationen auf wie Patente am EPA. Während die Patentschriften des EPA nur Verweise auf wirklich relevante Quellen beinhalten, umfassen die Patentschriften des U. S.-amerikanischen Patentamts auch Verweise auf nicht eindeutige Quellen.

Name und Wohnsitz des Anmelders und Erfinders

Als Erfinder gilt, wer in der Patentschrift als Erfinder aufgeführt ist. Dies können auch mehrere Personen sein. Das Format für die Erfindernennung in einem Patentdokument setzt sich aus Nachnamen und

Vornamen sowie aus Angaben zum privaten Wohnsitz (Postleitzahl, Wohnort und Länderkürzel) der jeweils beteiligten Erfinder zusammen (siehe Abbildung 1). Beim Anmelder handelt es sich um die Person oder Organisation (Unternehmen, Universität usw.), die die Patentanmeldung eingereicht hat. Der Anmelder kann, muss aber nicht der Erfinder sein. Die Angaben für den oder die Patentanmelder (eine Patentanmeldung kann mehr als einen Anmelder aufweisen) umfassen ebenfalls den vollen Namen, den Firmen- bzw. Wohnsitz mit Postleitzahl und das Länderkürzel.

Mit der Veröffentlichung privater Anschriften im Zuge des Patentanmeldeverfahrens werden Daten publiziert, die insbesondere mit Blick auf standortbezogene Patentrechercheziele von außerordentlichem Interesse sein können. Angesichts des häufig zentralen Anmeldeverfahrens weltweit agierender Unternehmen spielen bei einer solchen Auswertung vor allem die Angaben zu den Erfindern eine Rolle. In großen multinationalen Unternehmen sind oft mehrere Forscher unterschiedlicher Entwicklungsstandorte an einer Erfindung beteiligt. Laut Rechtsgrundlage müssen alle beteiligten Erfinder einer Innovation auch in dem zugehörigen Patent aufgeführt sein. Geht man davon aus, dass die an der Patentgenerierung beteiligten Erfinder in der Regel auch ihren privaten Wohnsitz in räumlicher Nähe zum betreffenden Arbeitsplatz wählen, lassen sich bspw. Rückschlüsse auf den genauen Ort der Innovationsentstehung oder auf die geographische Verteilung unternehmerischer Aktivitäten im Bereich der Forschung und Entwicklung ziehen. Dagegen stellen Angaben zum Patentanmelder bei großen Unternehmen keine zuverlässige Quelle für die Analyse standortbezogener F&E-Tätigkeiten von Unternehmen dar, da die Anschrift mit großer Wahrscheinlichkeit nicht mit dem tatsächlichen Ort der Innovationsentstehung übereinstimmt. Diese bezieht sich häufig auf den Sitz der Unternehmenszentrale oder auf die rechtliche Teileinheit des Unternehmens, welche mit dem Patentmanagement beauftragt ist. Eine Analyse der Erfinderanschriften hingegen liefert profunde Einblicke in die geographische Verteilung von Innovationsaktivitäten.

Die Anwendungsfelder für die Auswertung von Erfinderangaben sind vielfältig. Neben Einblicken in die geographische F&E-Strategie multinationaler Unternehmen stiften die Erfinderangaben auch im Rahmen des Personalrecruitings wichtige Informationen. Bspw. lassen sich qualifizierte Erfinder oder ganze Forscherteams leicht mit Hilfe von Patentrecherchen erkennen. Standortbezogene Patentinformationen können auch als Indikatorfunktion für andere Zwecke genutzt werden. So lassen sich mittels Patentanalysen führende F&E-Standorte für ein Unternehmen oder auch für einen gesamten Technologiebereich ermitteln.

Wie sich Patentinformationen im Innovationswettbewerb strategisch nutzen lassen

Patentinformationen als Instrument im Technologie- und Innovationsmanagement

Die stetige Auswertung und Analyse von Patentinformationen verbessert die Qualität der Entscheidungen des Strategischen (Innovations-)Managements. Im Zuge der unternehmensinternen Technologieentwicklung liefern Patentinformationen die Grundlage für Technologiebewertungen und Portfolioanalysen. Bei der externen Technologieakquisition dienen Patentinformationen der Identifikation und Bewertung der Technologiequellen. Bei der externen Verwertung der im Unternehmen vorhandenen Technologien, bspw. in Form von Patentverkäufen und Lizenzen, lassen sich ebenfalls potenzielle Partner bzw. Abnehmer ermitteln. Patentdaten stellen damit eine strategische Informationsressource für das Innovationsmanagement dar.

Erstellung von Technologieprofilen

Technologieprofile erfassen alle Technologiebereiche, in denen sich ein Unternehmen engagiert oder zukünftig engagieren möchte. Ein solches Profil bildet die technologische Diversifikation des Unternehmens ab und stellt die Basis für Technologieplanungsaktivitäten im

Rahmen der F&E-Programmplanung dar. [13] Zur Erfassung des Technologieprofils eines Unternehmens werden zunächst alle Patentaktivitäten (Patentanmeldungen) des zu untersuchenden Unternehmens identifiziert. In einem zweiten Schritt werden die jeweiligen Technologiebereiche eines Unternehmens mittels Zuordnung der Patentaktivitäten aufgedeckt. Diese Zuordnung muss jedoch einer einheitlichen Systematik folgen, um die Vergleichbarkeit von Technologieprofilen unterschiedlicher Unternehmen zu gewährleisten. Z. B. kann hier die IPC-Systematik Verwendung finden. Dadurch ist nicht nur das gesamte Volumen der Patentaktivitäten zu erkennen, sondern es lassen sich Technologieschwerpunkte und deren Veränderungen über die Zeit identifizieren. Soll die Analyse nur für einen bestimmten Zeitraum erfolgen, so ist dieser bei der Auswahl der Patentanmeldungen zu beachten. Auch kann das zu erstellende Profil auf bestimmte Technologiebereiche hin eingegrenzt werden. Abbildung 3 zeigt das Technologieprofil des Unternehmens Merck KGaA für den Zeitraum 1983-1997 basierend auf den Patentanmeldungen am Europäischen Patentamt (EPO).

Die Erstellung von Technologieprofilen erfolgt üblicherweise für einen Zeitraum von drei bis fünf Jahren, da Technologieprofile auf jährlicher Basis erheblichen zufälligen und zyklischen Schwankungen ausgesetzt wären. Die Zusammenfassung von Patentschriften zu Fünfjahresintervallen immunisiert gegen solche Schwankungen. [13] Die Untergliederung in drei Teilperioden (1983-1987, 1988-1992, 1993-1997) in Abbildung 3 zeigt die Veränderung der Schwerpunkte und damit den Bedeutungswandel im Technologieprofil des Unternehmens.

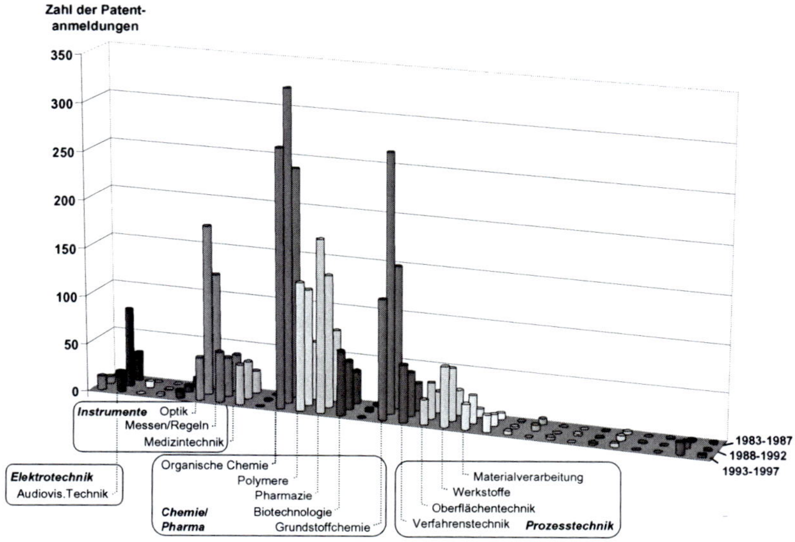

Abb. 3: *Technologieprofil der Merck KGaA basierend auf den Patentanmeldungen am EPO im Zeitraum 1983-1997 (nach Stephan 2003, S. 41)*

Qualitätskennzahlen und Technologieportfolioanalysen

Während Patent- bzw. Technologieprofile einen Überblick über die Patentaktivitäten des Unternehmens geben, lassen sich für die verschiedenen Technologiebereiche des Unternehmens im Zuge einer differenzierten Auswertung Qualitätskennzahlen bilden, welche die technologische und ökonomische Qualität der Patente bemessen. Die Verwendung von Qualitätskennzahlen erhöht die Effektivität betrieblicher Patentanalysen, da die Betrachtung auf relevante Patentdaten eingegrenzt werden kann. Ferner erlauben Qualitätskennzahlen eine differenziertere Beurteilung der unternehmerischen Patentposition. [2] Abbildung 4 fasst ausgewählte Qualitätskennzahlen der Patentanalyse zusammen.

Mittels der Erteilungsquote kann die technologische Qualität der angemeldeten Patente ermittelt werden. Zu diesem Zweck werden die Patenterteilungen für den Technologiebereich in Relation zu den

Qualitätskennzahl	Berechnung	Indikatorfunktion
Erteilungsquote oder Erfolgsrate	Patenterteilungen des Unternehmens *i* im Technologiebereich *t* / Patentanmeldungen des Unternehmens *i* im Technologiebereich *t*	technologische Qualität
Patentlaufzeit	Dauer der Patentlaufzeit	ökonomische Qualität
Zitierquote	Anzahl der auf erteilte (angemeldete) Patente des Unternehmens *i* entfallenden Zitate / Patenterteilungen (-anmeldungen) des Unternehmens *i*	technologische und ökonomische Qualität
Auslandsquote	Internationale Patentanmeldungen des Unternehmens *i* / gesamte Patentanmeldungen des Unternehmens *i*	ökonomische Qualität
Größe der Patentfamilie	Patentanmeldungen des Unternehmens *i* im Land *l* / Anzahl der Patentfamilien des Unternehmens *i*	ökonomische Qualität
Patentqualität	Summe aus Erteilungsquote, Auslandsquote und Zitierquote	durchschnittliche Gesamtqualität

Abb. 4: *Qualitätskennzahlen der Patentanalyse*

korrespondierenden Patentanmeldungen gesetzt. Wird ein Patent erteilt, so erfüllt die Erfindung die nötigen objektiven Kriterien aus Sicht der Patentbehörde. Die Innovation muss u. a. über den derzeitigen Stand der Technik hinausreichen. Somit weist ein erteiltes Patent auf die technologische Beschaffenheit einer Erfindung hin. Über den tatsächlich eintretenden ökonomischen Nutzen der Erfindung sagt diese Patentkennzahl jedoch nichts aus. Für die Ermittlung der ökonomischen Qualität stehen verschiedene Kennzahlen zur Verfügung. Unter der Annahme, dass ein Unternehmen nur Schutzgebühren entrichtet, solange der Nutzen des Patents über den Kosten der Schutzgebühr liegt, gilt die Patentlaufzeit als ein Indikator der ökonomischen Qualität. Die Laufzeit eines Patents kann jedoch erst dann ermittelt werden, wenn das Patent erloschen ist. Daher eignet sich diese Kennzahl nicht zur Früherkennung technologischer Entwicklungen. Patentzitate hingegen spiegeln neben der ökonomischen Bedeutung ebenfalls die technologische Qualität einer Erfindung wider. Die Zitierquote bemisst die durchschnittliche Häufigkeit von Zitationen in Patentschriften anderer Patentanmelder. Dabei kann die Kennzahl sowohl auf Basis von Patenterteilungen als auch von Patentanmeldungen (und begrenzt auf ein bestimmtes Technologiefeld) ermittelt werden. Auch Auslandsanmeldungen sind ein Indikator für die ökonomische Qualität von Patenten, da solche Anmeldungen im Vergleich zu nationalen Anmeldungen mit höherem Zeitaufwand und höheren Kosten verbunden sind. Die Auslandsquote ermittelt den Anteil internationaler Patentanmeldungen an den gesamten Anmeldungen eines Unternehmens. Dabei kann die Auslandsquote auch nach einzelnen Ländern oder Regionen (bspw. Anteil von Triade-Patenten) differenziert werden. Des Weiteren enthält diese Kennzahl Informationen über internationale Patentstrategien oder Marktprioritäten. Die internationale Reichweite von Patentanmeldungen bestimmt sich auch durch die Größe der zu untersuchenden Patentfamilie, d. h. der durchschnittlichen Anzahl der benannten Länder. Aus der Summe dieser Kennzahlen (Erteilungsquote, Auslandsquote und Zitierquote) ergibt sich die durchschnittliche Gesamtqualität der Patentanmeldungen eines Technologiebereichs. Diese Gesamtqualität kann schließlich als Indikator für die technologische Stärke des Unternehmens in der Technologieportfolioanalyse genutzt werden.

Mit Hilfe der skizzierten Qualitätskennzahlen lassen sich schließlich auch Technologieportfolios erstellen. Technologieportfolios haben in der Unternehmenspraxis bei der Bestimmung der Technologiestrategie eine zentrale Bedeutung erlangt. Mit Hilfe dieser Portfolios lässt sich ermitteln, in welchen Technologiebereichen Ressourcen investiert oder abgezogen bzw. verlagert werden sollen und damit auch, welchen F&E-Projekten Priorität beigemessen werden darf. Aus Technologieportfolios lassen sich demzufolge Normstrategieempfehlungen zur Durchsetzung von F&E-Investitionen ableiten. Je nach Zielsetzung existieren zahlreiche Varianten solcher Portfolios. Patentdaten dienen als wichtiger, da objektiv messbarer Indikator bei der Erstellung von Technologieportfolios. Grundsätzlich wird mit Hilfe von Technologie- bzw. Patentportfolios eine Gewichtung und Visualisierung der Bedeutung der verschiedenen Technologiebereiche vorgenommen, in denen das Unternehmen tätig ist. In der Regel stellt das Portfolio die Technologie- bzw. Patentstärke des Unternehmens auf der Abszisse

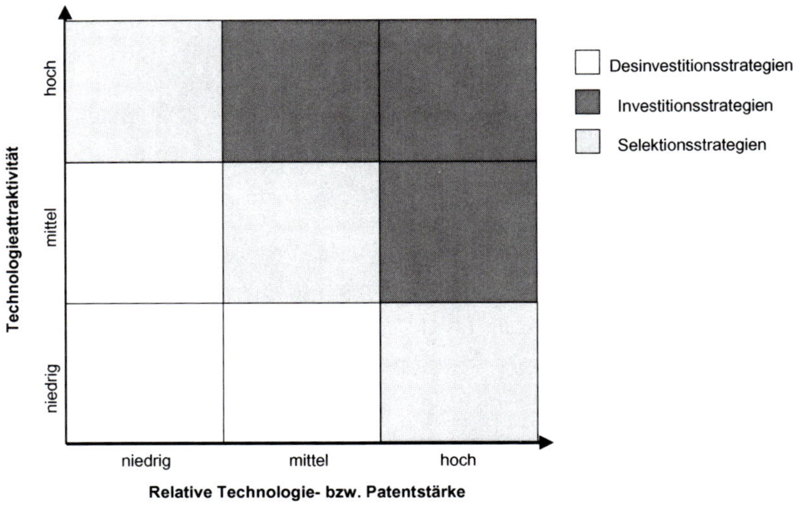

Abb. 5: *Portfolio Technologie- bzw. Patentstärke*

der Technologie- bzw. Patentattraktivität auf der Ordinate gegenüber (Abbildung 5).

Als Indikator für die Beurteilung der Technologie- bzw. Patentstärke können die oben dargestellten Qualitätskennzahlen genutzt werden. Während es sich bei der Technologie- bzw. Patentstärke um einen endogenen, also vom Unternehmen beeinflussbaren Faktor handelt, stellt die Technologieattraktivität den exogenen und damit den nicht direkt beeinflussbaren Faktor dar. Als Indikator zur Bestimmung der Technologieattraktivität wird dabei das Patentwachstum, d. h. die relative Wachstumsrate aller Patentanmeldungen aller Akteure in einem bestimmten Technologiefeld herangezogen. Ein hohes Wachstum lässt dabei auf eine hohe Technologieattraktivität schließen. Auf der Abszisse wird die Patentposition abgebildet, welche die relative Stärke eines Unternehmens in einem bestimmten Technologiebereich in Bezug auf relevante Wettbewerber beschreibt. Zur Ermittlung der Patent- bzw. Technologieposition wird vorgeschlagen, eine gezielte Stärken-Schwächenanalyse für das eigene Unternehmen im Vergleich zum Wettbewerb durchzuführen, um technologische Kompetenzfelder zu identifizieren. Diese Unternehmensvergleiche auf Basis von Patentanmeldungen lassen sich durch die Analyse von Qualitätskennzahlen für die jeweiligen Technologiebereiche ergänzen. Die Bedeutung, welche eine Technologie für ein Unternehmen besitzt, wird im Portfolio über die Größe der verwendeten geometrischen Form (i. d. R. Kreise) visualisiert. Die Größe ergibt sich durch den Anteil der Patentanmeldungen des betreffenden Technologiebereichs an den gesamten Patentanmeldungen eines Unternehmens.

Die für das Technologieportfolio auf Basis von Patentdaten ermittelte Technologieposition und Technologiestärke lässt sich auch für allgemeine strategische Managemententscheidungen heranziehen. So kann die Technologiestärke auch in die Erstellung traditioneller Marktportfolios einfließen, bspw. in das Marktattraktivitäts-Wettbewerbsvorteils-Portfolio (McKinsey-Matrix). In der McKinsey-Matrix wird der relative Wettbewerbsvorteil der Produkte bzw. der strategischen Geschäftseinheiten, welcher in diesem populären Portfoliokonzept auf der Abszisse (endogene, d. h vom Unternehmen direkt beeinflussbare Dimension) abgetragen wird, ganz wesentlich durch die zugrunde liegende Technologieposition des betreffenden Bereichs gestützt.

Abschließend ist zu bemerken, dass die Erstellung von Technologieprofilen und Portfolios einerseits dazu dienen kann, die Ausrichtung der eigenen Technologiestrategie zu bestimmen und zu optimieren. Andererseits können Profile und Portfolios natürlich ebenfalls dazu genutzt werden, die gegenwärtigen und zukünftigen Technologiestrategien von Wettbewerbern zu bestimmen (vgl. dazu den nachfolgenden Abschnitt).

Technology Intelligence

Eine weitere Aufgabe des Technologie- und Innovationsmanagements ist die Technology Intelligence. Technology Intelligence ist Teil der Business Intelligence im Unternehmen. Ziel der Technology Intelligence ist es u. a., gezielte Initiativen für mögliche und notwendige Weiterentwicklungen der technologischen Kompetenzbasis im Unternehmen abzuleiten. Zur Funktion der Technology Intelligence zählen einerseits die Technologiefrüherkennung und andererseits die Technologieprognose. Technologiefrüherkennung soll durch die rechtzeitige Bereitstellung relevanter Informationen über neue Entwicklungen die Nutzung potenzieller Chancen für neue Geschäfte und die Abwehr möglicher Gefahren für bestehende Geschäfte ermöglichen. Dabei zielt die Früherkennung auf die frühzeitige Bestimmung der Potenziale neuer Technologien sowie auf das Weiterentwicklungspotenzial und die Grenzen herkömmlicher technologischer Problemlösungen ab. Die Technologieprognose baut auf den durch die Früherkennung beschafften Informationen auf und versucht Ausblicke auf zukünftige technologische Entwicklungen zu geben. [6] Im Rahmen der Technology Intelligence stellen Patente eine wichtige formelle Informationsquelle dar. Zwei Arten der Informationsbeschaffung sind zu unterscheiden:

(1) Das Scanning dient dazu, neue Trends aufzuspüren und Umfeldbereiche zu identifizieren, die bislang noch nicht im Zentrum der Beobachtung standen, aber ein Informationspotenzial für die Frühaufklärung erkennen lassen.
(2) Das Monitoring umfasst das vertiefende und dauerhafte Beobachten des Phänomens, welches man beim Scanning aufgespürt hat. Monitoring dient damit der vertieften Beobachtung sowohl erkannter Trends als auch der bestehenden und geplanten Technologien. [6]

Problematisch für die Technology Intelligence ist die zeitliche Verzögerung beim Zugang zu den relevanten Patentinformationen. Die Frühwarnfunktion von Patenten wird durch die zeitliche Verzögerung zwischen Patentanmeldung und der wirtschaftlichen Nutzung der technischen Neuerung beeinflusst. Wird die technische Neuerung spät im Innovationsprozess im Zuge oder gar erst nach der Markteinführung zum Patent angemeldet, so büßt das Patent seine Funktion als Frühwarnindikator ein. [4] In diesem Zusammenhang sind auch Unterschiede zwischen den Patentbearbeitungsverfahren zu berücksichtigen. Bei den schnell publizierenden Patentämtern (z. B. EPA, DPA, JPO) ist die Patentschrift 18 Monate nach dem Prioritätstag öffentlich zugängig. Mit Blick auf diese Beschränkungen der Frühindikatorfunktion sollten Patentdaten nur eine Informationsquelle darstellen, auf die neben anderen formellen und informellen Quellen im Rahmen der Technology Intelligence zurückgegriffen wird.

Bestimmung der Technologieattraktivität und Lebenszyklusphase
Im Rahmen des Technologie- und Innovationsmanagements kommt der Bestimmung der Technologieattraktivität eine besondere Bedeutung zu. Informationen über die Technologieattraktivität sind u. a. für die im vorhergehenden Abschnitt diskutierten Technologieportfoliokonzepte von Bedeutung. Die Attraktivität einer Technologie wird stark von der Lebenszyklusphase bestimmt, in der sie sich befindet. Analog zu Produkten und Industrien durchlaufen auch Technologien Lebenszyklen. Während der Produktlebenszyklus die zeitliche Entwicklung der Nachfrage nach Produkten abbildet, beschreiben Technologielebenszyklen die Diffusion von Technologien in Produkten und Prozessen über die Zeit. Wesentliches Ziel der Lebenszykluskonzepte ist die Prognose der Entwicklung der strategischen Bedeutung und Wirkung einer Technologie im Wettbewerb, auf deren Grundlage strategische Investitionsentscheidungen getroffen werden können. Ein prominentes Lebenszyklusmodell ist das Technologielebenszykluskonzept nach Arthur D. Little. Dieses S-förmige Kurvenkonzept unterscheidet die Phasen Entstehung, Wachstum, Reife und Sättigung. Diese Phasen des Technologielebenszyklus bestimmen die Attraktivität von Technologien. Man unterscheidet, den vier Phasen folgend, zwischen neuen bzw. embryonischen Technologien, Schrittmachertechnologien und Basistechnologien. Attraktiv für Unternehmen sind insbesondere Schrittmachertechnologien, die über ein hohes Entwicklungspotenzial verfügen und eine starke strategische Bedeutung aufweisen. Neben dem Standardkonzept des S-kurvenförmigen Technologielebenszyklus gibt es auch alternative Lebenszykluskonzepte, wie den Gartner Euphorie-Zyklus. Der Gartner Euphorie-Zyklus (Hype

Cycle) basiert auf einem von der typischen Form abweichenden Verlauf des Lebenszyklus und stützt sich auf die Beobachtung, dass neue Technologien häufig eine Anfangseuphorie und damit ein außergewöhnlich hohes Interesse auslösen. Der Hype lässt die Technologie besonders attraktiv erscheinen und verursacht ein kurzes steiles Wachstum der Technologielebenszykluskurve. Diese frühe Euphorie findet jedoch kurz darauf ihren Niedergang, da das anfängliche Interesse der Unternehmen schwindet und einer Desorientierung weicht. Das zurückgehende Interesse der Unternehmen entsteht infolge des anfänglichen Mangels an Anwendungsmöglichkeiten, des Fehlens notwendiger Komplementärtechnologien oder aufgrund zu hoher Investitionskosten. [5]

Betrachtet man die Entwicklung der Zahl der (kumulierten) Patentanmeldungen in einem bestimmten Technologiebereich über die Zeit, so lassen sich nun Rückschlüsse darauf ziehen, in welcher Phase des Lebenszyklus sich eine Technologie befindet. Die Zahl der Patentanmeldungen dient dabei als Parameter für den Entwicklungsstand bzw. die Reife einer Technologie und stellt damit einen Phasenindikator im Technologielebenszyklus dar. [19] Wichtig für den Rückschluss von Patentanmeldungen auf die technologischen Aktivitäten der Akteure bzw. auf die Technologieattraktivität ist, dass ein konstanter Zusammenhang zwischen der F&E-Aktivität und der Anzahl der erzielten Erfindungen besteht oder dass zumindest ein konstanter Teil der Erfindungen während des Technologielebenszyklus zum Patent angemeldet wird. Im Fall vieler Patentanmeldungen kann auf eine entsprechend hohe F&E-Aktivität geschlossen werden, welche wiederum den Rückschluss auf eine hohe Attraktivität der Technologie zulässt. Der Patentanmeldezyklus korrespondiert mit einer gleichlaufenden Form des Technologielebenszyklus. [5] Zu beachten ist in diesem Kontext jedoch, dass der Anteil der Erfindungen, der zum Patent angemeldet wird, in der Realität im Zeitablauf schwankt. Grundsätzlich werden Produktinnovationen eher zum Patent angemeldet als Verfahrensinnovationen. Im Zeitablauf werden typischerweise zunächst mehr Produkt- als Verfahrenserfindungen erzielt und später mehr Verfahrens- als Produktinnovationen. [5] Der Anteil der zum Patent angemeldeten Erfindungen müsste daher in der Endphase des Technologielebenszyklus sinken. Aus diesem Grund führt die F&E-Aktivität in der Endphase des Patentlebenszyklus in der Regel zu vergleichsweise wenig Patenten. Ernst [4, S. 109 f.] stellt für den nicht kumulierten Patentanmeldezyklus die doppelte Glockenform argumentativ als idealtypischen Verlauf der Patentanmeldungen dar. So kommt es nach seiner Auffassung in der Entwicklung einer Technologie nach einer ersten Zunahme der Patentaktivität, vergleichbar zum Gartner Euphorie-Zyklus, zu einem vorläufigen Abschwung, da einige Marktteilnehmer die Zukunftsträchtigkeit der Technologie unterschätzen und ihre F&E-Aktivitäten einstellen. Es erscheint demnach angebracht, zwischen Einführungs- und Wachstumsphase eine Phase der Konsolidierung einzufügen.

Neben der Anfangseuphorie können weitere Einflussfaktoren verzerrend auf die Zahl der Patentanmeldungen als Indikator für die Technologielebenszyklusphase einwirken. So werden Unternehmen in frühen Phasen der Technologieentwicklung tendenziell zu Geheimhaltungsstrategien neigen, während in späteren Phasen Patente auch als Blockmittel zur Wettbewerbsbeeinflussung genutzt werden.

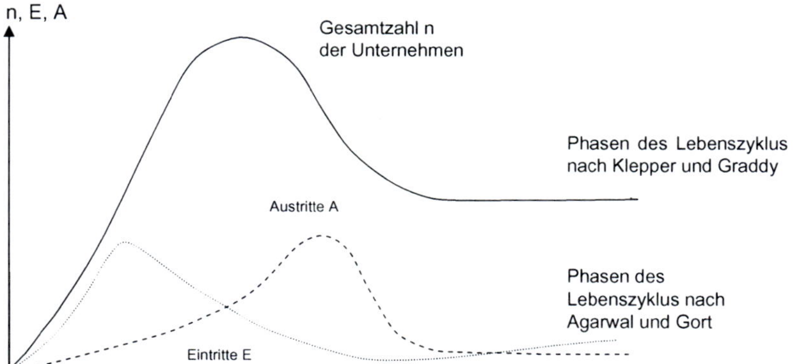

Abb. 6: *Eintritte, Austritte und Gesamtzahl der Unternehmen im Zeitablauf [3 in Anlehnung an Haid und Münter (1999), S. 12]*

Bedeutsam ist in diesem Kontext auch die Zahl der Anmelder in der Branche bzw. die Größe der anmeldenden Unternehmen, was insbesondere Rückschlüsse auf die Phase des Industrielebenszyklus erlaubt. In Abhängigkeit von der Phase des Industrielebenszyklus schwankt nämlich die Zahl der Markteintritte und Marktaustritte und damit die Gesamtzahl der in einer Industrie tätigen Unternehmen. Abbildung 6 visualisiert das Konzept des Industrielebenszyklus. Aus der Entwicklung der Zahl der Patentanmelder über die Zeit kann damit auf die Industrielebenszyklusphase geschlossen werden.

Patentinformationen als Grundlage für technologieorientierte Markt- und Wettbewerbsanalysen

Stand im vorhergehenden Abschnitt die Nutzung von Patentinformationen aus der Binnensicht im Vordergrund, so lassen sich Patentinformationen auch für die Analyse des externen Unternehmensumfelds nutzen. Neben der Wettbewerbsanalyse können mit Patentinformationen auch Markt- bzw. Kooperationspartner identifiziert werden.

Ermittlung der relevanten Wettbewerber

Treten Unternehmen in neue Produkt- oder Ländermärkte ein, so sind sie in ihrer Umweltdimension mit hohen Unsicherheiten und unbekannten Einflussfaktoren konfrontiert. Insbesondere dann, wenn es sich nicht um oligopolistisch strukturierte Märkte handelt, werden dem neu eintretenden Unternehmen a priori nicht alle relevanten Wettbewerber bekannt sein. Patentanalysen eignen sich in diesem Fall für die Identifikation der entsprechenden Konkurrenten. Verfügen andere Unternehmen über einen Technologiemix in ihrem Patentportfolio, welcher dem Spektrum der im betreffenden Produkt Verwendung findenden Technologien entspricht, so kann auf die Existenz eines potenziellen Konkurrenten geschlossen werden. In diesem Zusammenhang eignen sich Patentanalysen nicht nur für die Identifikation bereits vorhandener und bereits im Markt etablierter Wettbewerber, sondern lassen sich auch für die Früherkennung von Bedrohungen durch neue Konkurrenten nutzen. Die Gefahr des Markteintritts neuer Wettbewerber hängt dabei von den vorhandenen Markteintrittsbarrieren ab.

Patentdaten lassen zudem auf die Position der relevanten Konkurrenten im Technologiewettbewerb schließen. Technologische Führungspositionen sind durch eine sehr aktive und qualitativ hochwertige Patentierungstätigkeit gekennzeichnet. Eine führende Stellung im Technologiewettbewerb wird ferner durch eine hohe Zitierquote der Patente des betreffenden Unternehmens untermauert. Insgesamt ermöglicht die Analyse der Technologie- und Patentstrategien eine Beurteilung des Innovations- und damit auch Bedrohungspotenzials möglicher Wettbewerber. [4]

Überwachung relevanter Wettbewerber

Neben der a priori Identifikation von Wettbewerbern in den relevanten Märkten lässt sich durch die Auswertung von Patentinformationen eine Vielzahl von Konkurrenzaktivitäten im Rahmen der Wettbewerbsanalyse näher untersuchen. Hierzu zählt zunächst die permanente Überwachung der technologischen Aktivitäten der Wettbewerber. Mit Hilfe der Erstellung von Technologieprofilen von Wettbewerbern und der Analyse der Veränderung im Zeitablauf lassen sich Rückschlüsse auf die (Neu-)Ausrichtung der Technologiestrategien ziehen. Veränderungen in den Schwerpunkten der Patentprofile von Wettbewerbern bzw. die Zunahme von Patentwachstumsraten in bestimmten Technologiebereichen können auf eine Veränderung der F&E-Schwerpunkte hindeuten. Eine stärkere Neuausrichtung der Technologiestrategie in Kombination mit hohen Patentwachstumsraten kann zudem auf offensives Verhalten hindeuten. Zusätzlich zur Analyse der Patentaktivitäten liefert auch die Analyse der Patentzitationen der Wettbewerber wichtige Hinweise für veränderte Technologiestrategien. So können Verweise auf wissenschaftliche Publikationen und auf Patentschriften anderer, bisher nicht zitierter Unternehmen, Indizien auf solche Entwicklungen liefern.

Mittelbar lässt die (Neu-)Ausrichtung der Technologiestrategie auch Rückschlüsse auf veränderte Produkt-Marktstrategien zu. So können Patentinformationen Indizien für Diversifikationsstrategien von Wettbewerbern liefern. [13] Ausländische Patentanmeldungen weisen zudem auf die Internationalisierung von F&E-Aktivitäten hin.

Die permanente Überwachung der Wettbewerber ist eng mit der Funktion der Technology bzw. Business Intelligence verbunden. [1] Die Überwachung der Technologieposition eines Unternehmens im Vergleich zu dessen Konkurrenz, d. h. die Ermittlung technologiespezifischer Stärken und Schwächen in Relation zu dessen Wettbewerbern, liefert in diesem Kontext einen wichtigen Informationsbeitrag für entsprechende (Technologie-)Portfolioanalysen für die Dimension der relativen Wettbewerbs- bzw. Technologieposition. Damit ist sie Bestandteil des Informationsbeschaffungsprozesses im Technologie- und Innovationsmanagement. Denn um die Stärken und Schwächen des eigenen Technologieprofils, d. h. die Technologieposition im Markt bewerten zu können, muss es mit den Technologieprofilen der relevanten Wettbewerber verglichen werden. Diese relative technologische Wettbewerbsposition eines Unternehmens ermittelt sich auf Basis der Patentanmeldungen, indem die Patentaktivität des Unternehmens in einem bestimmten Technologiefeld in Bezug zu den Patentanmeldungen aller relevanten Wettbewerber in diesem Technologiebereich gesetzt wird.

Neben der Analyse der Technologieprofile der Wettbewerber, welche Rückschlüsse auf die Technologie- und Produktstrategien zulassen, liefern die in den Patentanmeldungen von Konkurrenten enthaltenen Informationen zahlreiche weitere Hinweise über deren Aktivitäten:

- ⇨ Gemeinschaftspatente und häufige Zitationen von Patenten anderer Anmelder lassen auf entsprechende Kooperationen, z. B. auf Strategische Allianzen, schließen;
- ⇨ der territoriale Schutzumfang, den Unternehmen für einzelne Technologien mit Hilfe einer entsprechenden Patentfamilie anstreben, lässt Rückschlüsse auf die Wichtigkeit der Technologie,

die internationale Ausrichtung und auf potenzielle geographische Diversifikationsschritte zu;

⇨ die Angaben zu den in den Patentanmeldungen genannten Erfindern und deren Privatanschrift lassen Rückschlüsse auf die Forschungsorganisation der Konkurrenz zu. Mit Hilfe der Analyse des Co-Patentierungsverhaltens auf Erfinderebene lassen sich nicht nur bedeutende Entwicklungsstandorte der Konkurrenz ermitteln. Auch die Form und Intensität der Forscherzusammenarbeit verschiedener ausländischer Standorte bzw. die Aufteilung der Forschungsaktivitäten zwischen ausländischen Standorten und der Konzernzentrale lassen sich so identifizieren.

Ermittlung relevanter Markt- und Kooperationspartner

Die Herstellung von Produkten erfordert heute immer öfter das Beherrschen einer Vielzahl vormals unabhängiger Produkt- und Prozesstechnologien. Die technologische Basis von Produkten wird beständig um neue, komplementäre Technologien ergänzt. Um angesichts der zunehmenden technologischen Komplexität bei den angestammten Produkten wettbewerbsfähig zu bleiben, müssen sich Unternehmen Zugang zu Technologien verschaffen. Verstärkt wird diese Notwendigkeit durch das Phänomen der zunehmenden Vernetzung unabhängiger Technologiebereiche. Durch Vernetzung werden Gemeinsamkeiten zwischen vormals unverbundenen Technologiebereichen und den damit verbundenen technoökonomischen Aktivitäten geschaffen. Eine solche »systemische« Vernetzung ist umso wahrscheinlicher, je eher die Kombination von Technologien im Sinne einer komplementären Verwendung in Gütern bzw. Dienstleistungen zu neuen Funktionalitäten und verbesserten Leistungsmerkmalen führt. Diese Form der Vernetzung birgt bei der komplementären Verwendung von Prozess- und Produkttechnologien Interdependenzen, d. h., Veränderungen bei einer Technologie ziehen Veränderungen in den komplementär eingesetzten Technologien nach sich. So kann die Verbesserung von Leistungsparametern durch Einsatz neuer Technologien einen Druck zur Anpassung in anderen Technologiebereichen auslösen. Das Ausmaß der technologischen Interdependenzen hängt dabei vom Modularitätsgrad der Produkt- und Prozessarchitektur ab.

Angesichts der wachsenden technologischen Komplexität von Produkten und der Zunahme von reziproken Interdependenzen zwischen unabhängigen Technologiebereichen wird der Zugang zu einer Vielzahl von Technologien für Unternehmen zur strategischen Notwendigkeit. Der Zugang zu neuen Technologien kann jedoch nicht immer über die interne Technologieentwicklung erfolgen, sondern erfordert häufig einen externen Technologieerwerb. Ein externer Technologieerwerb ist dann vorteilhaft, wenn andere Akteure bereits über technologisch überlegenes Wissen verfügen oder das Unternehmen nicht genügend Ressourcen für die interne Entwicklung einer Technologie besitzt. [4] Dabei sind mit der Lizenznahme, F&E-Allianzen und F&E-Joint Ventures oder der technologieorientierten Akquisition verschiedene Formen des externen Technologieerwerbs denkbar. So erfolgen bspw. technologieorientierte Akquisitionen, um einen schnellen Zugang zu den vom Akquisitionsobjekt gehaltenen Patenten und den zugrunde liegenden technologischen Kompetenzen zu ermöglichen. [9] Die Sondierung potenzieller Übernahmekandidaten kann bei diesem Akquisitionsmotiv unmittelbar durch eine systematische Patentrecherche unterstützt werden. Gleiches gilt für die Suche nach geeigneten Kooperationspartnern (für Strategische Allianzen oder die Gründung von Joint Ventures), Lizenzgebern oder Lieferanten, welche über Patente in den gesuchten komplementären Technologiebereichen verfügen.

Neben der Unterstützung des externen Technologieerwerbs lassen sich Patentrecherchen auch bei der externen Technologieverwertung einsetzen. Die Suche nach potenziellen Kunden oder Lizenznehmern kann sich dabei ebenfalls an komplementären Technologien orientieren. Im Fall einer systemischen Vernetzung erzeugt nämlich die komplementäre Verwendung von Prozess- und Produkttechnologien Interdependenzen und löst so einen potenziellen Technologiebedarf bei anderen Unternehmen aus. Hierbei liefert die Patentrecherche Hinweise auf potenzielle Lizenznehmer oder Kunden. Insbesondere die

Lizenzvergabe stellt ein wichtiges Instrument der externen Technologieverwertung dar. Mit Hilfe von Patentanalysen lassen sich in einem ersten Schritt geeignete Lizenznehmer identifizieren. In einem zweiten Schritt können Patentinformationen darüber Aufschluss geben, die technische und ökonomische Qualität der extern zu verwertenden Patente zu bestimmen und auf dieser Grundlage die Höhe der zu fordernden Lizenzgebühren zu präzisieren. [4] Im Fall der Lizenzvergabe kann auch der Abschluss von wechselseitigen Lizenzvergaben (Cross-Licensing) im Sinne eines Lizenztausches angestrebt werden. Cross-Licensing ist insbesondere in stark umkämpften Märkten häufig die einzige Möglichkeit, um Zugang zu relevanten und interessanten Technologien zu erhalten. Bei der Suche nach möglichen Quellen für den externen Technologieerwerb ist zu beachten, dass es sich dabei nicht zwingend um erwerbswirtschaftliche Unternehmen, sondern auch um Hochschulen, Forschungseinrichtungen oder Einzelerfinder handeln kann. Wurden bereits einzelne Quellen vorselektiert, so kann mit einer unternehmensbezogenen Patentanalyse die Grundlage für zuverlässigere Entscheidungen über den externen Erwerb geschaffen und damit das Investitionsrisiko reduziert werden.

Unterstützung des Personalmanagements

Die Entwicklung erfolgreicher, patentierbarer Technologien hängt in erster Linie von den im Unternehmen beschäftigten F&E-Mitarbeitern ab. Strebt ein Unternehmen die Technologieführerschaft an, so muss dieses Ziel durch das Personalmanagement mit personalpolitischen Instrumenten unterstützt werden. Dem F&E-Personalmanagement fällt dabei die Aufgabe zu, das Technologiepotenzial, d. h. die Kreativität und die Leistungsbereitschaft der F&E-Mitarbeiter zu erkennen, einzusetzen und weiterzuentwickeln. In diesem Kontext kommt insbesondere der Personalbeschaffung und -entwicklung sowie der Gestaltung von Anreiz- und Vergütungssystemen eine bedeutende Rolle zu.

Auf individueller Ebene stellt die Generierung von Patenten ein Zeichen führender F&E-Aktivitäten dar. Da alle beteiligten Forscher einer patentierten Innovation in der Patentschrift aufgeführt sind, stellt die erfinderbezogene Auswertung von Patentdaten ein probates Mittel dar, um die Forscherqualitäten einzelner Mitarbeiter zu erkennen. Die Auswertung von Patentdaten kann als Auswahlinstrument im Personalrecruiting eingesetzt werden. Der Einsatz dieses Instruments in der Personalbeschaffung eignet sich natürlich insbesondere für technische bzw. naturwissenschaftliche Bereiche.

Im Zuge der Untersuchung relevanter Patentdaten können nach Ernst vier Typen von Erfindern unterschieden werden, die sich gemäß den Kriterien Patentqualität und Patentaktivität systematisieren lassen. Je nach Ausprägung dieser Merkmale unterscheidet man zwischen Schlüsselerfindern, Talenten, Fleißigen und Fußvolk. Die beiden zuletzt genannten Erfindertypen sind durch eine niedrige Patentqualität gekennzeichnet, wobei die Patentaktivität der Fleißigen jener des Fußvolkes überwiegt. Charakteristisch für Talente und Schlüsselerfinder hingegen ist die Generierung einer hohen Patentqualität. Jedoch fällt bei den Talenten der Anteil der Patentaktivität geringer aus als der bei den Schlüsselerfindern.

Um das Ziel der Technologieführerschaft auf einem bestimmten technologischen Gebiet verfolgen zu können, ist es für das Unternehmen sinnvoll, möglichst viele Schlüsselerfinder in die F&E-Aktivitäten zu involvieren. Hierzu muss die Personalabteilung die führenden Personen auf einzelnen Technologiefeldern anhand von Patentdaten ermitteln. Die Betrachtung der Patente eines solchen Schlüsselerfinders über einen längeren Zeitraum gibt wichtige Hinweise auf dessen Forscherkarriere. So kann bspw. die Langjährigkeit der Forscherkarriere eines Mitarbeiters ermittelt und durch das Technologiespektrum der patentierten technologischen Neuheiten auch dessen technologisches Kompetenzprofil bestimmt werden. Ferner lässt sich das Forscherteam, welches sich um einen Schlüsselerfinder gruppiert, identifizieren und auch mögliche Arbeitsplatzwechsel zwischen in- und ausländischen Entwicklungsstandorten (im Fall der Änderungen der Privatanschrift des Erfinders) bzw. Unternehmen (im Fall eines Anmelderwechsels) erkennen.

Die Auswertung von Patentdaten eignet sich somit zunächst als Instrument für die Unterstützung des Personalrecruitings, um qualifizierte Erfinder zu erkennen und einzustellen. Darüber hinaus sollte zum Zweck der Personalentwicklung das Entwicklungspotenzial der bereits beschäftigten Forscher regelmäßig anhand der genannten Kriterien überprüft werden. Diese Aktivitätsanalyse kann zum einen für die gezielte Zusammenstellung individueller Personalentwicklungsmaßnahmen eingesetzt und zum anderen auch als Bemessungsgrundlage in Anreiz- und Vergütungssystemen genutzt werden.

Literatur

[1] Ashton, W. B., Sen, R. K. (1988): *Using patent information in technology business planning, in: Research Technology Management, Heft November-Dezember 1988, S. 42-46.*

[2] Burr, W., Stephan, M. (2004): *Arbeits- und Kompetenzverteilung in systemisch geprägten Industrien: Theoretische Überlegungen und empirische Befunde aus der Netzwerkausrüsterbranche, in: Hinterhuber, H. et al. (Hrsg.), Entwicklungslinien des Kompetenzmanagements, Wiesbaden 2004.*

[3] Burr, W., Stephan, M., Soppe, B., Weisheit, S. (2007): *Patentmanagement, Schäffer-Poeschel Verlag, Stuttgart 2007.*

[4] Ernst, H. (1996): *Patentinformationen für die strategische Planung von Forschung und Entwicklung, Wiesbaden.*

[5] Haupt, R., Jahn, K., Lange, M., Ziegler, W. (2004): *Der Patentlebenszyklus: Methodische Lösungsansätze der externen Technologieanalyse, Jenaer Schriften zur Wirtschaftswissenschaft, 24/2004, Arbeitspapier Universität Jena 2004.*

[6] Lichtenthaler, E. (2000): *Organisation der Technology Intelligence: Eine empirische Untersuchung in technologieintensiven, international tätigen Grossunternehmen, Dissertation an der ETH Zürich, Zürich.*

[7] Macharzina, K., Wolf, J. (2008): *Unternehmensführung, Gabler-Verlag, Wiesbaden 2009.*

[8] Michel, J., Bettels, B. (2001): *Patent Citation Analysis: A closer look at the basic data from patent search reports, in: Scientometrics, Jg. 51, Heft 1, S. 185-201.*

[9] PFAFFMANN, E., STEPHAN, M. (2001): *How Germany Wins out in the Battle for Foreign Direct Investment: Strategies of Multinational Suppliers in the Car Industry, in: Long Range Planning, Jg. 34, S. 335-355.*

[10] SCHMOCH, U. (1990): *Wettbewerbsvorsprung durch Patentinformation, Köln.*

[11] SMERLINSKI, M., STEPHAN, M., GUNDLACH, C. (2009): *Innovationsmanagement in hessischen Unternehmen – Discussion Paper on Strategy and Innovation 09-01. Eigenverlag, Lehrstuhl für Technologie- und Innovationsmanagement, Philipps Universität Marburg 2009.*

[12] SOPPE, B./STEPHAN, M. (2008): *Patentinformationen strategisch nutzen: Grundlagen, 2. aktualisierte und überarbeitete Fassung, in: Barske, H. et al. (Hrsg.): Innovationsmanagement – Produkte, Prozesse, Dienstleistungen, Digitale Fachbibliothek, Düsseldorf 2008.*

[13] STEPHAN, M. (2003): *Technologische Diversifikation von Unternehmen, Wiesbaden 2003.*

[14] Vgl. §37 Abs. 1 Satz 2 PatG.

[15] Vgl. §63 Abs. 1 Satz 1 PatG.

[16] *Die jeweils aktuellste Auflage der IPC-Systematik ist auf der Internetseite der WIPO in englischer und französischer Sprache erhältlich (http://classifications.wipo.int). Eine Übersicht über alle IPC-Auflagen seit dem Jahr 1968 findet sich, auch in deutscher Sprache, auf der Seite des DPMA (http://depatisnet.dpma.de/itpc/init.de).*

[17] *Das Japanische Patentsystem FI ist in englischer Sprache auf folgender Seite einzusehen: http://www5.ipdl.ncipi.go.jp/pmgs1/main_page_E.*

[18] *Informationen rund um das USPC sind auf der Homepage des U. S.-amerikanischen Patentamts einzusehen (http://www.uspto.gov/web/offices/opc/).*

[19] *Im S-förmigen Kurvenkonzept ist die Einführungsphase durch eine niedrige, jedoch zunehmende Zahl von Patentanmeldungen gekennzeichnet. Auch die Zahl der anmeldenden Akteure ist zunächst gering. Sowohl die Zahl der Patentanmeldungen als auch die Anzahl der anmeldenden Akteure nimmt mit fortschreitendem Verlauf in der Wachstumsphase zu. In der Reifephase stagniert die Zahl der Patentanmeldungen und beteiligten Akteure. In der Sättigungsphase kommt es schließlich zu einem Rückgang der Patentaktivität, was u. a. auf einen verstärkten Rückzug von Akteuren zurückzuführen ist. Neben der Zahl der Patentanmeldungen und anmeldenden Akteure kann auch die Aktualität der in den Patentschriften angeführten Zitate für die Phasenbestimmung genutzt werden. Die Aktualität nimmt bis zur Wachstumsphase zu und ist ab der Reifephase rückläufig. Vgl. dazu Ernst 1996, S. 109.*

Zusammenfassung

Der Beitrag illustriert mögliche Vorgehensweisen im Zuge der strategischen Nutzung von Patentdaten. Aufgrund der vielfältigen Einsatzmöglichkeiten von Patentinformationen und -recherchen kann der betriebliche Entscheidungsprozess in vielerlei Hinsicht unterstützt werden. Die strategische Nutzung von Patentinformationen zieht daher Konsequenzen für die Organisation des Patentmanagements im Unternehmen nach sich. Patentdaten sind als strategische Informationsressource zu begreifen, die einen wesentlichen Beitrag zur Effektivität und Effizienz des Innovationsmanagements leisten kann. Die Gewinnung von Patentinformationen ist – als wichtiger Bestandteil des Informationsmanagements – organisatorisch im Unternehmen zu verankern, um eine kontinuierliche und systematische Einbindung von Patentinformationen in strategische Entscheidungsprozesse zu gewährleisten.

Ergänzend zu Patenten existieren zahlreiche weitere formale Schutzrechte für geistiges Eigentum. Zu nennen sind hier Gebrauchsmuster, Designrechte sowie Handels- und Dienstleistungsmarken. Analog zu Patenten enthalten auch diese verbrieften Schutzrechte zahlreiche Informationen, welche sich als strategische Ressourcen im Technologie- und Innovationsmanagement bzw. im Strategischen Management einsetzen lassen. Auch hier erlaubt der automatisierte Zugriff auf nationale und internationale Schutzrechtsdatenbanken eine einfache, benutzerfreundliche Beobachtung von technologischen Trends und Markttrends.

Patentmanagement – Management von Innovations-Assets

Wettbewerbsvorteile lassen sich durch erfolgreiche Innovationen erzielen. Diese können durch Intellectual Property Rights (IPR) gesichert werden. Jedoch reicht dies allein nicht aus. IPR benötigen ein aktives und strukturiertes Management, um langfristige Unternehmenswerte aufzubauen und zu sichern.

In diesem Beitrag erfahren Sie:

- welche Funktionen und Rollen Patente im Innovationsprozess haben,
- welche konzeptionellen Bestandteile ein strukturiertes Patentmanagement berücksichtigen sollte und wie diese Bestandteile ausgestaltet werden können.

Katja Horter

Warum Patentmanagement?

Nicht erst seit dem »Fall Opel« spielt das strukturierte und an die Unternehmensstrategie angepasste Management von Patenten eine wichtige Rolle. Die ökonomische Funktion von Patenten ist in den vergangenen Jahren maßgeblich gestiegen, wodurch sich das Management der immateriellen Vermögenswerte erweitert hat.

Die Präsenz von Patenten und anderen Schutzrechten hat vor allem in technologieorientierten Unternehmen zugenommen, gleichzeitig wurden auch die Verwertungsaktivitäten in Form des Verkaufs, des Tausches oder des Zusammenführens von Schutzrechten intensiviert. Um eine aktive Verwertung des Patent-Portfolios steuern zu können, sind die Transparenz und die systematische Einordnung der einzelnen Elemente des Portfolios unerlässlich.

Es reicht nicht mehr aus, dass Unternehmen die schiere Anzahl von Patenten verwalten. Gerade bei interdisziplinären Aufgaben wie dem Patentmanagement, bei denen das patentjuristische, wirtschaftliche und technische Know-how einzelner Unternehmensbereiche gebündelt wird, ist eine zentrale und übergreifende Steuerung erforderlich.

Ziel des vorliegenden Artikels ist es, auf der Grundlage diverser praktischer Projekterfahrungen bei Telekommunikations- und Technologieunternehmen die Anforderungen, Aufgaben und Rahmenbedingungen des ganzheitlichen Patentmanagements zu definieren und auszugestalten. Die Aspekte der Patentanmeldung und -verwaltung werden in diesem Zusammenhang nicht berücksichtigt.

Der Artikel ist in drei Teile untergliedert. Zuerst werden kurz die Begrifflichkeiten definiert, wobei hier die Betonung auf kurz liegt. Bei Bedarf an weiterführenden und juristisch detaillierten Definitionen bitte ich den Leser, Literatur aus dem Literaturverzeichnis zu nutzen.

Der Fokus des zweiten Teils richtet sich auf die Einführung des Patent-Ecosystems. Anhand dieses Modells werden die wesentlichen Aufgaben des Patentmanagements entwickelt und ausgestaltet. Dabei wird zuerst auf die Möglichkeiten und Aufgaben der Patententwicklung sowie der Optimierung vorhandener Patente eingegangen. Danach werden die Optionen der internen und externen Verwertung beschrieben und die jeweiligen Zielsetzungen definiert. Die Patentstrategie bildet den wesentlichen inhaltlichen und taktischen Rahmen für das Management des Patent-Ecosystems. Daher bildet die Beleuchtung der unterschiedlichen Ausprägungen der Patentstrategie den Abschluss des zweiten Teils. Teil drei befasst sich mit Tipps und Tricks für die Implementierung eines erfolgreichen Patentmanagements.

Was sind eigentlich Patente? Patente und die Einordnung in die Systematik der Intellectual Property Rights

Was sind eigentlich Intellectual Property Rights – und wie grenzen sich Patente davon ab?
Unter dem Begriff »Intellectual Property Rights« (IPR) werden nicht nur Patente subsumiert, sondern auch Gebrauchsmuster, Geschmacksmuster, Marken und Urheberrechte. Intellectual Property Rights sind gewerbliche Schutzrechte, die die Verwendung, Nachahmung oder Kopie immaterieller Güter durch Dritte einschränken. [1]

Im Wesentlichen können die Schutzrechte anhand des zu schützenden Gegenstands, im Erwerb des Schutzrechts sowie in der Schutzdauer unterschieden werden. In der nachfolgenden Übersicht werden die wesentlichen Details zusammengestellt:

Tabelle 1: Intellectual Property Rights im Überblick (Deutschland) [1] [2] [3] [4]

	Gegenstand des Schutzrechtes	**Erwerb des Schutzrechts**	**Schutzdauer**
Patente	Technische Erfindung (Erzeugnisse und/oder Verfahren technischer Art)	Anmeldung und Registrierung beim Patentamt; inhaltliches Prüfungsverfahren notwendig	20 Jahre
Gebrauchsmuster	Technische Erfindung (Anforderungen an die Erfindungshöhe sind niedriger als bei Patenten; Einsatz im Vorfeld einer Patentanmeldung, um einen schnelleren Schutz zu erlangen)	Anmeldung und Registrierung beim Patentamt; kein Prüfungsverfahren	10 Jahre
Geschmacksmuster	Design/ästhetische Gestaltung eines Gegenstands	Anmeldung und Registrierung beim Patentamt; kein Prüfungsverfahren	25 Jahre

Tabelle 1: Intellectual Property Rights im Überblick (Deutschland) [1] [2] [3] [4] (Fortsetzung)			
Marken	Schutz eines grafisch darstellbaren Zeichens/Symbols, mit welchem Produkte eines Unternehmens gekennzeichnet werden	Anmeldung und Registrierung beim Patentamt; inhaltliches Prüfungsverfahren notwendig	alle 10 Jahre verlängerbar
Urheberrecht	Werke der Literatur, Kunst, Wissenschaft	keine Anmeldung; keine Registrierung; kein Prüfungsverfahren notwendig	bis 70 Jahre nach dem Tod des Urhebers

Das Angebotsportfolio mobiler Endgeräte und Services besteht aus einer Vielzahl von Schutzrechten. Das folgende Beispiel ist mithilfe der Recherche in öffentlichen Datenbanken des deutschen Patent- und Markenamtes entstanden.[5]

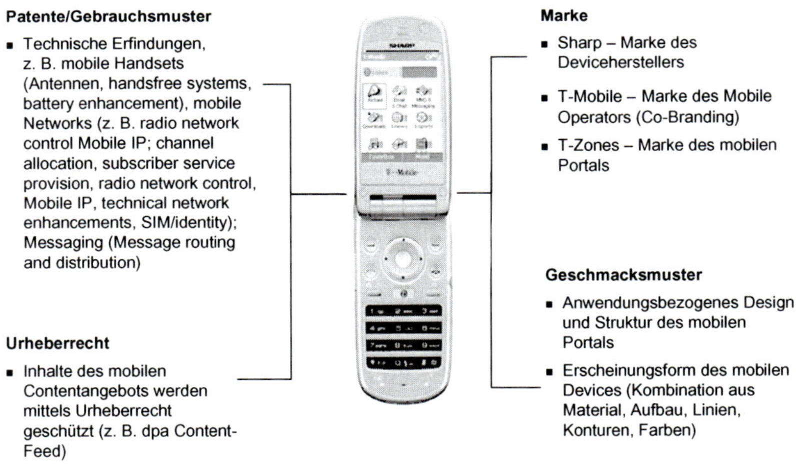

Abb. 1: *Überblick Intellectual Property Rights am Beispiel Mobiltelefon inklusive Services [1] [4]*

Aufgrund von Schutzdauer und Erwerb des Schutzrechtes sind Patente einerseits die stärksten Schutzrechte, jedoch ist die Erlangung des Patentschutzes im Vergleich zu den anderen Schutzrechten auch am kosten- und zeitintensivsten. Unternehmen sollten immer versuchen, ihre Innovationen durch einen IPR-Mix abzusichern.

Im weiteren Verlauf widmet sich der Artikel vor allem dem Management von Patenten. Jedoch kann eine Vielzahl der aufgezeigten Strukturen, Maßnahmen und Ansätze auch auf das gesamtheitliche Management aller Schutzrechte übertragen werden.

In Bezug auf Patente ist zusammenfassend wichtig: Patente sind nur der Rechtstitel und nicht die Erfindung selbst. [6] Das Recht ergibt sich nicht aus der Erfindung, sondern erst dann, wenn die Erfindung die Vorgaben des Patentrechts erfüllt, kann das Patent erteilt werden. [1] [3] [6] Der Patentanmelder erhält ein »Ausschließlichkeitsrecht zur Nutzung des Patentgegenstands (der Erfindung)«. [3]

Rolle von Patenten im Innovationsprozess

In erster Linie werden Patente in den meisten Unternehmen im Rahmen des Innovations-, Produkt- bzw. Technologiemanagements entwickelt, um diese zum Schutz von Produkten, Technologien oder Verfahren einzusetzen. [5] Ziel ist es, die eigene Erfindung vor Nachahmern zu schützen, damit den Wettbewerber zu blockieren und diesen zu einer meist zeitaufwendigen und kostenintensiven Umgehung zu zwingen, um so Umsätze zu sichern. [7]

Diese Schutzfunktion ist nur eine der Rollen, die Patente im Innovationsprozess einnehmen können. Daneben können Patente idealerweise zur Informationsgewinnung über die gegenwärtige Entwicklung von Wettbewerbern oder Märkten eingesetzt werden [7] oder zur Ermittlung der Risiken hinsichtlich der Verletzung von Patenten Dritter. [1]

In den letzten Jahren haben sich Patente vermehrt zur Innovationswährung entwickelt. Gerade im Sektor TIMES (Telekommunikation, Informationstechnologie, Multimedia, Entertainment,

Sicherheitsdienste) hat die Kommerzialisierung von Patenten in Form von Lizenzierung, aber auch von direktem Verkauf des Patent-Assets zugenommen. Auch als Interaktions-/Kooperationswährung zur Absicherung von Lieferanten und anderen Industrieplayern in Form der Gewährung von Patentpools stieg die Bedeutung von Patenten massiv. [1] [5] [7]

Werden Patente bzw. inhaltliche Fakten des Portfolios kommuniziert, um Signalwirkung bei Analysten, Wettbewerbern, Partnern und Kunden zu erzielen oder die Mitarbeitermotivation zu erhöhen, wird von Reputationsfunktion [3] [5] der Patente gesprochen.

Patente schützen also nicht nur das Ergebnis des Innovationsprozesses, sondern sie stellen selbst ein sichtbares und portables Ergebnis desselben dar. Dieses Asset gilt es zu planen, zu steuern und zu überwachen. Dazu wird im folgenden Abschnitt das Modell des Patent-Ecosystems vorgestellt.

Von der Wiege bis zur Bahre – das Patent-Ecosystem

- ⇨ Wie können Patente optimal gemanagt werden?
- ⇨ Welche Aufgaben sind beim Management zu berücksichtigen?
- ⇨ Welche Strategieansätze sind zu verfolgen?
- ⇨ Wie können Patente generiert werden?
- ⇨ Wie können Patente verwertet werden?

Dies ist nur ein Auszug von Fragestellungen, die Unternehmen im Rahmen des ganzheitlichen Patentmanagements bearbeiten müssen. Um die Fragen beantworten zu können, wird das Modell des Patent-Ecosystems vorgestellt und in den nachfolgenden Kapiteln vertieft und detailliert.

Das Modell des Patent-Ecosystems fasst die wesentlichen Aufgaben und Prozesse des Patentmanagements zusammen. Ausgehend vom Patent-Lebenszyklus werden so die wichtigsten Aspekte des Patentmanagements modellhaft beschrieben.

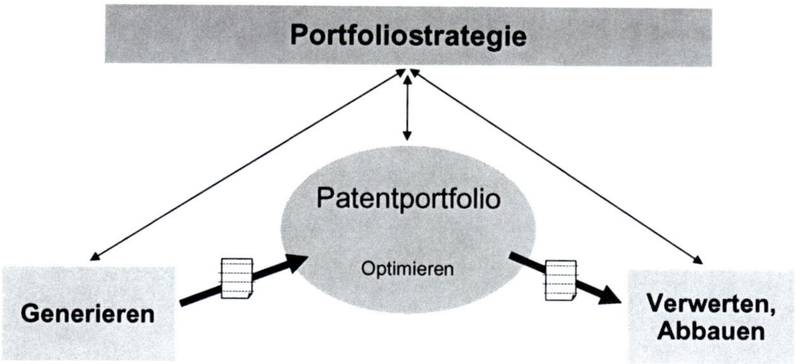

Abb. 2: *Das Patent-Ecosystem*

Innerhalb des Ecosystems werden Patente generiert, aufgebaut, optimiert, verwertet sowie abgebaut. Die strategischen Stoßrichtungen und Ziele des Systems werden übergreifend in der Patentstrategie festgelegt.

Die Patentstrategie leitet sich aus der Unternehmens- und Innovationsstrategie ab. Zur Sicherstellung einer erfolgreichen Implementierung muss die Patentstrategie – in Analogie zu anderen Teilen der Unternehmensstrategie – regelmäßig kommuniziert und in konkrete Maßnahmen überführt werden. [4]

Die Patente/Erfindungen – als Gegenstand des Ecosystems – werden entweder im Unternehmen entwickelt oder am externen Markt beschafft. Den Ausgangspunkt dieses Prozesses bilden die aus der Strategie abgeleiteten Zielvorgaben. Bereits vorhandene Patente müssen weiter auf- und ausgebaut werden. Bei der internen Verwertung von Patenten werden Produkte, Technologien oder auch Prozesse des Unternehmens abgesichert bzw. unterstützt. Bei der externen Verwertung von Patenten geht es in erster Linie um zusätzliche Erlösgenerierung. Patente können zudem als Interaktionswährung eingesetzt werden, um durch den Tausch von Patenten Zugang zu vergleichbaren oder zusätzlichen Technologien zu erlangen. [1]

Die Aufgabe bzw. der Abbau von Patenten beendet in der Regel den Lebenszyklus im Ecosystem eines bestimmten Unternehmens. Bei Verkauf oder Spende wird das Patent in das Ecosystem eines anderen Unternehmens übertragen.

Das Patent-Ecosystem betrachtet immer nur die Patente innerhalb des eigenen Systems. Gerade bei der Generierung, aber auch bei der Bewertung und Verwertung von Patenten, müssen die Systeme bzw. die Patente anderer Unternehmen betrachtet werden. Die nachfolgenden Abschnitte zeigen die Aufgaben des Patent-Ecosystems näher auf.

Generierung von Patenten

Formen der Patentgenerierung

Unter Patentgenerierung versteht man die Patententwicklung bzw. -beschaffung.
Diese kann auf zwei unterschiedlichen Wegen stattfinden:
⇨ organische Patententwicklung,
⇨ anorganische Patententwicklung.

Bei der organischen Patententwicklung werden Patente durch unternehmenseigene Patentanmeldungen generiert. Bei einer strukturierten organischen Patentgenerierung sollten inhaltliche Entwicklungsvorgaben aus den Produktbereichen in Kombination mit Analyseergebnissen aus dem gegenwärtigen Patentbestand – dem Patentportfolio – abgeleitet werden.

Im Gegensatz dazu werden bei der anorganischen Patententwicklung externe Schutzrechte mithilfe von Kauf, Lizenzierung oder Kooperationen erworben. [1]

Prozessuale Verankerung der Patentgenerierung

Aus der übergreifenden Analyse des Ist-Patentportfolios (siehe auch Abschnitt »Patentportfolio und die Optimierung von Patenten«), in der Synchronisation mit der Unternehmens- und Innovationsstrategie und im Abgleich mit der Wettbewerbssituation werden Vorgaben hinsichtlich der relevanten Felder, in denen Patente entwickelt bzw. beschafft werden müssen, abgeleitet. Diese Vorgaben müssen in die jeweiligen Einheiten respektive Projekte überführt und mit dem entsprechenden Budget ausgestattet werden. Prozessual müssen Patentgenerierung und Innovations-, Technologie- bzw. Produktentwicklung fest verzahnt werden. Ein spezielles »Patent-Gate«, das sowohl die Schutzfähigkeit neuer Verfahren und Technologien als auch die Verletzung von Patenten Dritter innerhalb des Entwicklungsprozesses überprüft, ist daher unbedingt zu berücksichtigen.

Maßnahmen zur Steigerung der organischen Patentgenerierung

Das Patent-Ecosystem ist nur überlebensfähig, wenn genügend eigene Patente entwickelt werden, die dann innerhalb des Patentlebenszyklus auf- und ausgebaut werden können. Um die inhaltliche Qualität der Patente zu steigern, müssen die finanziellen Anreize unbedingt durch zeitliche und inhaltliche Maßnahmen unterfüttert werden. Die Praxis zeigt, dass der Einsatz ausschließlich finanzieller Anreize zu einer Erhöhung der Patentanmeldungen in den Kernbereichen, aber vor allem auch außerhalb der Kernbereiche des Unternehmens führt. Weiterhin ist festzustellen, dass ohne inhaltliche Führung eine Vielzahl von Erfindungen ohne nennenswerten Neuheitsgrad eingereicht wird, da das größte Interesse der Erfinderprämie gilt.

Incentivierende Maßnahmen

⇨ Mit dem Patentlebenszyklus mitwachsende Incentivierung (z. B. Zahlung einer Erfindungsprämie, einer Anmeldungsprämie und einer Erteilungsprämie).

⇨ Implementierung eines unternehmensübergreifenden Patent-Awards inklusive finanziellen, materiellen (Schulung, Konferenzen) und anerkennenden Anreizes (Award-Verleihung innerhalb einer Veranstaltung, Würdigung der Gewinner in der Mitarbeiterzeitung etc.).

Zeitliche Maßnahmen

⇨ Den Mitarbeitern wird Arbeitszeit für strategische Innovationsentwicklung inklusive Patenterstellung und -ausarbeitung zur Verfügung gestellt.

⇨ Patententwicklungen müssen als fester Bestandteil (Gate) innerhalb der Produkt- und Technologieentwicklung sowie in strategisch relevanten Projekten verankert werden.

Inhaltliche Maßnahmen

⇨ Potenzielle Erfinder sollten gezieltes, regelmäßiges Training/gezielte, regelmäßige Schulungen erhalten.

⇨ Strategisch wichtige Projekte und Innovationsentwicklungen sollten von Patentexperten sowohl in marktlicher, technischer als auch in rechtlicher Sicht begleitet werden.

Patentportfolio und die Optimierung von Patenten

Das Portfolio bildet den Kern das Ecosystems. Ausgangspunkt sowohl für die Generierung und Optimierung als auch für die Vermarktung ist die inhaltliche Transparenz des bestehenden Portfolios.

Inhaltliche Transparenzschaffung

Die übergreifende Klassifizierung/Einordnung der Patente nach geschäftsrelevanten Feldern steht am Anfang dieses Prozesses. Die Schaffung einer unternehmensübergreifenden und weitgehend zukunftsstabilen Struktur, die sich an der Geschäftstätigkeit bzw. an den Markt- und Technologiefeldern des Unternehmens anlehnt, bildet die Grundlage. Voraussetzung ist die Abstimmung der Klassifizierung mit den wesentlichen strategischen sowie mit den operativen Entscheidungsträgern.

Dieser Struktur werden alle vorhandenen Patente zugeordnet. Eine Mehrfachzuordnung sollte zugelassen werden, wobei aufgrund von Auswertungszwecken eine Bewertung der Mehrfachzuordnung ratsam ist (z. B. Haupt- und Nebenzuordnung). In strategisch relevanten Feldern sollte zusätzlich eine Zuordnung der Patente der Wettbewerber bzw. anderer Marktteilnehmer angestrebt werden. Mittels dieser inhaltlichen Transparenz kann eine Ist-Analyse hinsichtlich der Qualität des Portfolios getroffen werden. Dabei stehen folgende Fragestellungen im Vordergrund:

- ⇨ Welche strategischen Felder sind durch Patente abgesichert?
- ⇨ In welchen strategischen Feldern hat das Unternehmen keine bzw. wenige Patente?
- ⇨ In welchen Feldern ist der Wettbewerber stärker?
- ⇨ Auf welchen Gebieten haben externe Vermarktungsaktivitäten stattgefunden?
- ⇨ Welche Patente habe keine strategische Bedeutung?

Optimierung des Portfolios

Grundlage der Optimierung bildet die inhaltliche Ist-Analyse des Portfolios. Von diesen Ergebnissen werden Entscheidungen hinsichtlich des Aufbaus bestimmter Patentcluster (darunter versteht man in diesem Kontext mehrere Patente, die eine thematische Einheit bilden) abgeleitet oder sie dienen zur Optimierung von Einzelpatenten. Bei der Optimierung von Patenten bzw. Patentclustern sollten diese anhand ihres Lebenszyklus aus- und aufgebaut werden. Bei der Portfoliooptimierung sollten weiterhin die Voraussetzungen für die interne und externe Verwertung geschaffen werden. Ausgehend von einem unternehmensübergreifenden Blickwinkel ist es die Aufgabe der Portfoliooptimierung, zu überprüfen, ob Patente intern zum Schutz bzw. zur Unterstützung des Primärgeschäfts [1] eingesetzt werden oder ob Patente für eine externe Vermarktung geeignet sind. Die verschiedenen Verwertungsoptionen werden im nächsten Kapitel beleuchtet.

Verwertung von Patenten

Grundsätzlich kann zwischen externer und interner Verwertung unterschieden werden. Bei der internen Verwertung werden Patente mit dem Ziel eingesetzt, Produkte, Technologien oder Verfahren zu unterfüttern. [1] Bei den externen Verwertungsmöglichkeiten steht die Erlösgenerierung bzw. die Interaktion mit anderen Unternehmen im Vordergrund.

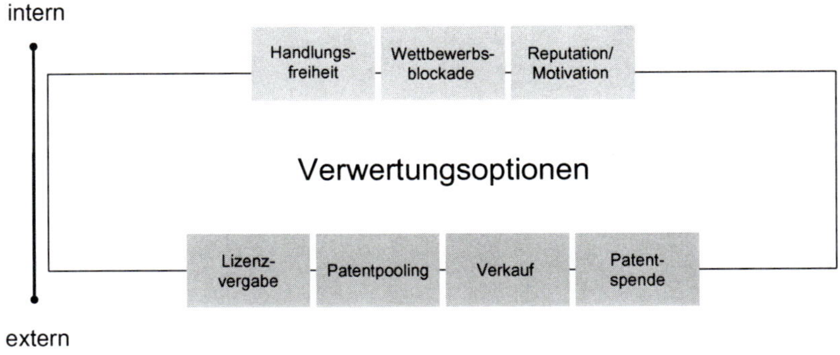

Abb. 3: *Verwertungsoptionen im Überblick*

Die nachfolgende Ausarbeitung gibt einen Überblick über die Definition inklusive verfolgter Ziele der internen und externen Verwertungsoptionen.

Definition, Ziele und Anwendungsgebiete der Verwertungsoptionen

Interne Verwertungsoptionen

Sicherung der Handlungsfreiheit

Patente werden eingesetzt, um Konflikte gegenüber Patenten Dritter zu vermeiden und damit die eigene Handlungsfreiheit abzusichern. [1] [8] In diesem Fall werden Patente zur Unterstützung der eigenen Produkte, Services, Verfahren oder Prozesse genutzt.

Ziele:

⇨ Schutz bestehender Märkte bzw. Technologien,
⇨ Abschreckung von Wettbewerbern,
⇨ Möglichkeit zur Durchsetzung der Schutzrechte gegen Patentverletzer.

Wettbewerbsblockade

Patente dienen dazu, Wettbewerber am Markteintritt zu hindern und damit die marktliche Alleinstellung des Patentinhabers abzusichern. In dieser Funktion dienen Patente als »Waffe im Wettbewerb« und bezwecken die Errichtung von Markteintrittsbarrieren. Sie unterstützen als Blockade potenzieller Produkte und Prozesse von Wettbewerbern bzw. Dritten.

Ziele:

⇨ Absicherung eigener wichtiger Technologien, um Umgehungserfindungen zu erschweren,
⇨ Wettbewerber werden zu aufwendigen Umgehungstechnologien gezwungen,

⇨ Einsatz von Patenten, um Wettbewerber zu täuschen, zu verwirren oder einzuschüchtern.

Reputation/Motivation

Patente werden via externer und interner Kommunikation zur Steigerung der Reputation und des externen Images sowie zur Erhöhung der Mitarbeitermotivation eingesetzt.
Ziele:
⇨ Steigerung der Außendarstellung als innovatives Unternehmen,
⇨ Steigerung der Attraktivität des Unternehmens für qualifizierte Arbeitnehmer,
⇨ Erhöhung der Mitarbeiter-Motivation.

Externe Verwertungsoptionen

Lizenzvergabe

Unter Lizenzierung wird die Vergabe des Rechts zur Nutzung eines Patents an einen unternehmensfremden Dritten verstanden. Der Lizenznehmer darf das Patent unter Zahlung einer festgelegten Lizenzgebühr nutzen. Das Patent verbleibt im eigenen Ecosystem und kann weiterhin intern genutzt werden. Je nach Vertragsgestaltung kann das Patent auch weiteren Unternehmen zur Verfügung gestellt werden.
Ziele:
⇨ Generierung von Zusatzerlösen aus Lizenzzahlungen,
⇨ Kompensation und Ausgleich von Patentverletzungen,
⇨ Förderung der Technologiediffusion in einem bestimmten Marktsegment.

Patentpooling

Patentpools ermöglichen das Zusammenführen von Patenten unterschiedlicher Unternehmen. Patente werden mittels Kreuzlizenzierungsabkommen (Abkommen zwischen mehreren Unternehmen (mindestens zwei), welches die wechselseitige Erlaubnis der IPR des

jeweiligen anderen Unternehmens regelt) bzw. kompletten Verzichts auf Lizenzeinnahmen in einem sogenannten Patentpool zusammengeführt. In diesem Fall werden Patente als Kooperations- bzw. Interaktionswährung eingesetzt. Bei Technologieunternehmen werden Patentpools oft zur Weiterentwicklung von Standards genutzt – oder »um am Standard ohne Lizenzzahlungen partizipieren zu können« [2].
Ziele:
- ⇨ Verschaffung von Zugang zu Fremdtechnologien und Märkten,
- ⇨ Aufbau von Standardisierungs- bzw. Wettbewerbsallianzen,
- ⇨ Vermeidung und Kompensation von Patentverletzungen durch Kreuzlizenzierungsabkommen.

Verkauf

Der Patentverkauf überträgt das Patent unwiderruflich auf einen unternehmensfremden Dritten. Bei einem Patentverkauf findet ein Übergang der Rechte und Pflichten aus einem Patent statt. Als Gegenwert erhält das Unternehmen einen im Vorfeld verhandelten Kaufpreis.

Im Gegensatz zur Lizenzvergabe stellt der Patentverkauf keine wiederkehrende, sondern eine einmalige Einnahmequelle dar. Ein Patent sollte nur dann verkauft werden, wenn sichergestellt ist, dass das Patent keinerlei strategische Bedeutung für das Unternehmen hat.
Das Patent wird aus dem unternehmenseigenen in ein unternehmensfremdes Ecosystem übertragen.
Ziele:
- ⇨ Generierung von zusätzlichen Erlösen respektive Einsparung von Patentverwaltungskosten,
- ⇨ Erschließung neuer Geschäftspotenziale.

Patentspende

Unentgeltliche Übertragung strategisch irrelevanter und nicht gegen Erlöse verwertbarer Patente. Patentspende ist als eine weitere Option neben der Aufgabe des Patents zu sehen.

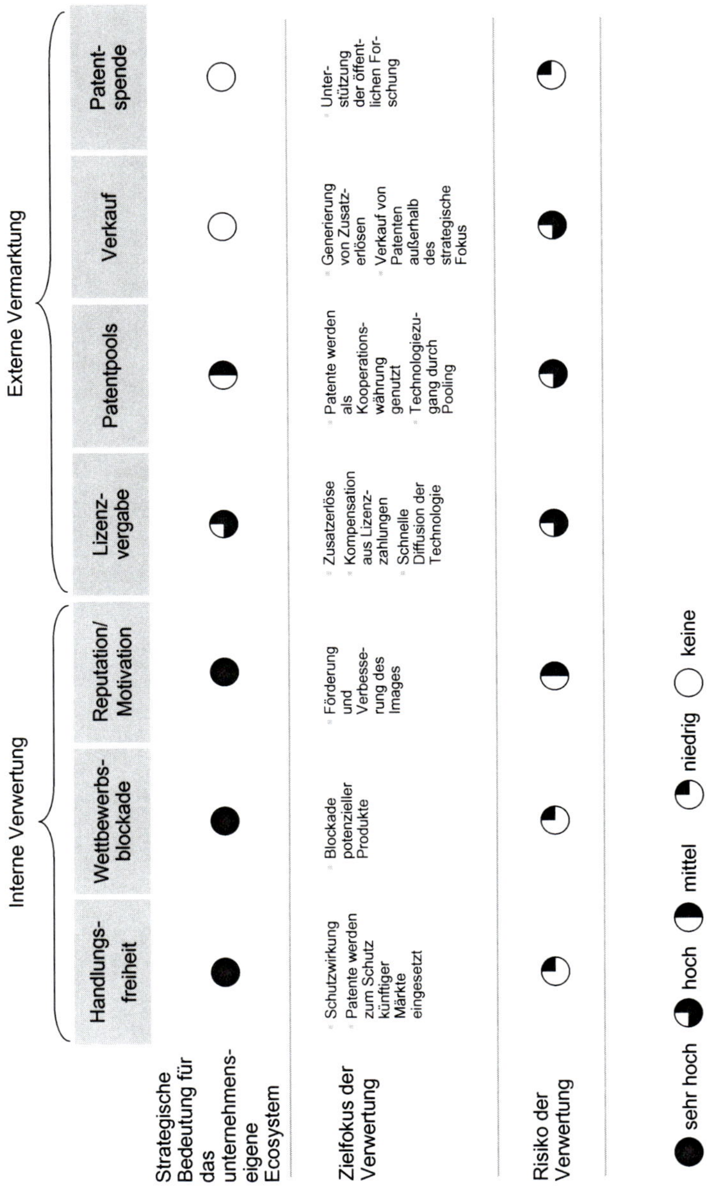

Abb. 4: *Bewertung der Verwertungsmöglichkeiten*

Ziele:
- ⇨ Steigerung der Reputation,
- ⇨ Kosteneinsparung durch Abmanagement (systematischer Abbau von Patenten anhand von zeitlichen, rechtlichen und monetären Aspekten) der Patente (Einsparung der Jahresgebühren).

Bewertung der verschiedenen Verwertungsmöglichkeiten

Die Verwertungsmöglichkeiten können anhand verschiedener Kriterien bewertet werden. Die Entscheidung, welche Verwertungsoption gewählt wird, hängt von dem jeweiligen Patent, dem dazugehörigen Markt- und Technologieumfeld sowie dem inhaltlichen und juristischen Status des Patents ab.

Patentstrategie

Die Steuerung des Ecosystems muss durch die Leitplanken der Strategie festgelegt werden.

»Patentstrategien spielen in zunehmendem Maße eine entscheidende Rolle in Geschäftsstrategien von Unternehmen. Dies liegt vor allem daran, dass es durch gewerbliche Schutzrechte in verstärktem Maße möglich geworden ist, die eigene Unternehmensposition und die Aktivitäten von anderen Unternehmen zu beeinflussen, wenn nicht sogar zu kontrollieren.« [1]

Die Marktentwicklung gerade in den TIMES-Branchen wird aufgrund der immer weiter fortschreitenden Konvergenzen durch gegenseitige Abhängigkeiten von Patenten geprägt. Um diese Abhängigkeiten mitgestalten bzw. steuern zu können, ist eine Patentstrategie, die die Leitplanken für das eigene Patent-Ecosystem und das Interplay mit unternehmensfremden Systemen berücksichtigt, unbedingt erforderlich.

Interplay zwischen Unternehmens-, Innovations- und Patentstrategie

Voraussetzung für eine erfolgreiche Patentstrategie ist die Festlegung des Zusammenspiels der anderen erforderlichen Strategieparts. [1] [4]

Die Unternehmensstrategie gibt die Leitplanken vor, innerhalb derer sich ein Unternehmen bewegt. Sie zeigt grobe Ziele und Stoßrichtungen eines Unternehmens auf und weist auf mögliche Wege hin, die Ziele zu erreichen.

Abgeleitet aus der Unternehmensstrategie werden innerhalb der Innovationsstrategie die wesentlichen Entwicklungsfelder ausgestaltet. Ausgehend von diesen Entwicklungsfeldern werden patentrelevante Themencluster definiert, die in der Patentstrategie ausformuliert werden müssen.

Die Patentstrategie stellt die Eckpunkte und Regeln für das systematische Management von Patenten auf. Sie umfasst die Planung, Steuerung und die Kontrolle des Patentbestandes (Patentportfolios). Hauptziel der Strategie ist es, Erfolgspotenziale zu schaffen, zu erhalten und auszuschöpfen.

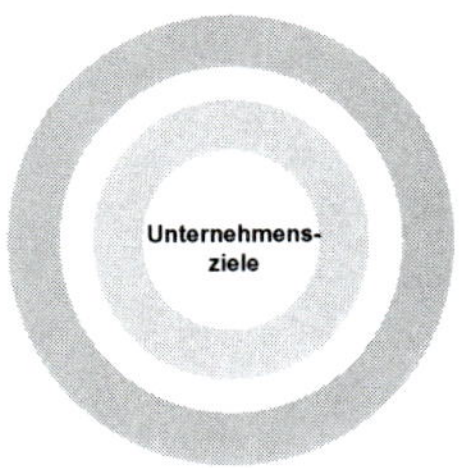

Unternehmensstrategie
Die Unternehmensstrategie gibt die Leitplanken vor, innerhalb derer sich ein Unternehmen bewegt. Sie zeigt grobe Ziele und Stoßrichtungen eines Unternehmens auf und weist auf die möglichen Wege hin, die Ziele zu erreichen.

Innovationsstrategie
Abgeleitet aus der Unternehmensstrategie werden innerhalb der Innovationsstrategie die wesentlichen Felder definiert und ausgestaltet. Rückkopplung an die Innovationsstrategie erfolgt vor allem durch Patentscanning der Wettbewerber. Die Innovationsstrategie gibt Vorgaben, um die wesentlichen Markt- und Technologiecluster innerhalb der Patentstrategie festzulegen.

Patentstrategie
Die Patentstrategie stellt die Eckpunkte und Regeln für das systematische Management von Patenten auf. Sie umfasst die Planung, Steuerung und die Kontrolle des Patentportfolios. Hauptziel der Strategie ist es, Erfolgspotenziale zu schaffen, zu erhalten und diese auszuschöpfen. Operationalisiert wird die Portfoliostrategie durch konkrete Regeln in den Bereichen Filing und Usage.

Abb. 5: *Interplay zwischen Unternehmens-, Innovations- und Patentstrategie*

Definition und Ausgestaltung der Patentstrategie

Bei den meisten Entscheidungen innerhalb des Patent-Ecosystems handelt es sich um Einzelfallentscheidungen [3] – wie zum Beispiel: Soll die angebotene Kaufoption angenommen und damit eine anorganische Patentgenerierung angestoßen, oder soll eine bestimmte Patentfamilie aus dem Standardisierungspool ausgeschlossen werden? Um diese diversen Einzelfallentscheidungen systematisch steuern und umsetzen zu können, müssen in der Patentstrategie Entscheidungsoptionen und »Leitplanken« festgelegt werden. [3]

Die inhaltliche Ausgestaltung der Entscheidungsräume ist von der generellen Grundausrichtung der Strategie abhängig. Deshalb werden im Folgenden erst die möglichen strategischen Stoßrichtungen erörtert, um danach die Entscheidungsräume für diese Grundausrichtungen zu definieren und beispielhaft zu erklären.

Die grundlegenden strategischen Stoßrichtungen

Die Patentstrategie unterscheidet grundsätzlich die drei folgenden Stoßrichtungen:

Kompetitive Patentstrategie

Die kompetitive Patentstrategie ist darauf ausgerichtet, weitgehend auf Partner zu verzichten. Patente werden vor allem dazu genutzt (respektive entwickelt), Handlungsfreiheit gegenüber den Wettbewerbern durchzusetzen. Bei dieser Strategieausprägung wird eine systematische Absicherung der eigenen Markt- und Wettbewerbsposition angestrebt. Eine kontinuierliche und proaktive Durchsetzung des Patentrechtes gegenüber der andern Marktplayern ist die Voraussetzung.

Kooperative Patentstrategie

Die kooperative Patentstrategie hat einerseits das Ziel, die Entwicklung von Produkten, Technologien und Verfahren zu fördern, die nicht mit anderen Schutzrechten kollidieren, und ist andererseits bestrebt, das Generieren von Schutzrechten für den Aufbau kooperativer Patentpools auszubauen.

Hybride Patentstrategie

Gerade Unternehmen im Technologiesektor, deren Wettbewerber in manchen Situationen auch Partner sind, verfolgen eine hybride Strategie, die sowohl kompetitive als auch kooperative Bestandteile aufweist. So wird beispielsweise bei der Patententwicklung und beim Patentmanagement von Technologien eine kooperative Patentstrategie verfolgt, um Standards und Technologiediffusionen voranzutreiben. Bei den auf der Technologie aufbauenden Applikationen und Services wird eine kompetitive Patentstrategie verfolgt, um sich gegenüber dem Wettbewerber zu differenzieren. Wichtig ist, dass die beiden unterschiedlichen Strategieausprägungen in enger Abstimmung ausgearbeitet, implementiert und ständig überprüft werden. Gerade in konvergierenden Märkten können Partner schnell zu Wettbewerbern werden bzw. vice versa.

Die nachfolgende Tabelle gibt einen Überblick über die Strategieausgestaltungen bei kompetitiver oder kooperativer Patentstrategie. Bei der Wahl einer hybriden Strategie richtet sich die Strategieausprägung nach dem jeweiligen Schwerpunkt des Primärgeschäfts.

In Abhängigkeit von Branche, Angebotsportfolio, Markt- und Wettbewerbsbedingungen etc. muss die strategische Grundausrichtung gewählt werden. Bei der Wahl der hybriden Patentstrategie können sich die Strategieausprägungen in unterschiedlichen Geschäfts- bzw. Funktions- aber auch Produktbereichen unterscheiden. Um gesamtstrategische Abweichungen auszuschließen, ist in diesem Fall eine Steuerungs- und Monitoringfunktion unerlässlich. Die Leitplanken werden auf einer taktischen Ebene genutzt und bieten konkrete Vorgaben.

Tabelle 2: Strategieausprägung	
Strategie	**Entscheidungsräume**
Kompetitive Patentstrategie	**Patentgenerierung** Patente werden fast ausschließlich organisch generiert. Ziel der Patententwicklung ist eine systematische Absicherung der eigenen Markt- und Wettbewerbsposition. Anorganische Generierung nur mithilfe von direktem Patentkauf oder erzwungener Kreuzlizenzierung. **Umgang mit konkurrierenden Patent-Ecosystemen** Ständige Patentanalyse der Wettbewerber bzw. anderer Marktplayer, um Stärken und Defizite zu erkennen und diese für die eigenen Unternehmensinteressen zu nutzen. Angriff der Wettbewerber durch systematische Verfolgung von Patentrechtsverletzungen. Blockade von Wettbewerbern zur Verteidigung des eigenen Produkt- und Dienstleistungsgeschäfts. Erzwingung von Kreuzlizenzierung, die einen Zugang zu fremden strategisch relevanten Technologien eröffnet. **Kommunikation hinsichtlich der Patente** Anmeldung und proaktives Publizieren von »irrelevanten« Patenten, um Markt und Wettbewerber zu täuschen. Aktive und stringente Geheimhaltung strategischer Erfindungen und Patente. **Patentverwertung** Proaktives Management des Patentportfolios inkl. iterativer Identifizierung von Verwertungspotenzialen und damit verbundener Generierung von Einnahmepotenzialen.
Kooperative Patentstrategie	**Patentgenerierung** Erfindungen/Patente werden mit dem Ziel generiert, die eigenen Geschäftsbereiche zu schützen, aber auch Standards und Patentpools voranzutreiben. Die Entwicklung von Innovationen erfolgt unter einer detaillierten Risikoanalyse hinsichtlich der Patente Dritter. **Umgang mit konkurrierenden Patent-Ecosystemen** Vorausschauendes Portfoliomanagement, um das Partnernetz weiter aufzubauen und Standardisierungsaktivitäten/Patentpools voranzutreiben. Ziel ist, die Patentaktivitäten der Partner und der Wettbewerber zu kennen, um proaktiven Patentverletzungen vorbeugen und die Verwertung (aber auch den Erwerb) von Patenten aktiv vorantreiben zu können.

Tabelle 2: Strategieausprägung (Fortsetzung)	
Strategie	**Entscheidungsräume**
Kooperative Patentstrategie	**Kommunikation hinsichtlich des Themas Patente** Aktive Kommunikation wird gemeinsam mit den Partnern durchgeführt. Die internen Kommunikationsmaßnahmen haben das Ziel, die Entwicklung von Patenten und Partnerschaften zu fördern. **Patentverwertung** Lizenzverträge werden abgeschlossen, um eigene Angriffe zu reduzieren und Technologiediffusionen zu beschleunigen und/ oder die eigene Angriffsfläche zu reduzieren. Patentpooling und Kreuzlizenzierung haben neben der internen Verwertung die größte Bedeutung. Verkauf und Lizenzierung dürfen das Partnernetzwerk nicht konterkarieren.

Tipps und Tricks für die erfolgreiche Implementierung eines Patentmanagementsystems

Ausgehend von diversen Innovations- und Patentmanagement-Projekten wurde diese Liste mit Tipps und Tricks für erfolgreiches Patentmanagement zusammengestellt. Sie möchte bei der Wahl der Implementierungsschwerpunkte helfen.

Klassifizierung des Patentportfolios

Grundvoraussetzung für ein ganzheitliches und unternehmensübergreifendes Patentmanagement bildet die vollständige Klassifizierung des Patentportfolios anhand strategischer Themenfelder. Diese Themenfelder müssen sich am Primärgeschäft des Unternehmens orientieren und ausrichten.

Überblick über die Nutzung von Patenten

Welche Patente werden genutzt, um eigene Produkte abzusichern oder den Wettbewerb zu blockieren? Welche Patente werden für eine bedingte Externalisierung (z. B. Lizenzierung, Cross-Lizenzierung, Patentpools) eingesetzt? Nur mithilfe dieser Informationen können Entscheidungen über weitere Verwertungen, strategische Zukäufe bzw. kosteneinsparenden Abbau getroffen werden.

Unternehmensweiter Informationszugriff
Informationen über die klassifizierten Patente, die Patentnutzung sowie hinsichtlich der Patente der Wettbewerber bzw. Marktakteure müssen den relevanten Abteilungen im Bereich Innovations- bzw. Produktentwicklung zur Verfügung gestellt werden.

Abteilungsübergreifendes und interdisziplinäres Entscheidungsgremium
Ein abteilungsübergreifendes und interdisziplinäres Entscheidungsgremium ist notwendig, um die einzelfallgetriebene Patententscheidung aus marktlichen, rechtlichen sowie aus technischen Gesichtspunkten zeitnah und fachlich zielgenau treffen zu können.

Literatur

[1] Gassmann, Oliver/Bader, A. Martin: *Patentmanagement. Innovationen erfolgreich nutzen und schützen. Berlin 2007*

[2] Disselkamp, Marcus: *Innovationsmanagement. Instrumente und Methoden zur Umsetzung im Unternehmen. Wiesbaden 2005*

[3] Ensthaler, Jürgen/Strübbe, Kai: *Patentbewertung. Ein Praxisleitfaden zum Patentmanagement. Berlin 2006*

[4] Wurzer, Alexander/Kaiser, Lorenz: *Praxishandbuch internationaler Know-how-Schutz. Köln 2007*

[5] http://www.dpma.de/ *(Diverse Abrufe von November 2008 bis Februar 2009)*

[6] Nitsche, Vivan: *Patent-Management. Auswertung von Patentinformationen, Patentverwertung und Patentstrategien. Saarbrücken 2007*

[7] Burr, Wolfgang/Stephan, Michael/Soppe, Birthe/Weisheit, Steffen: *Patentmanagement. Strategischer Einsatz und ökonomische Bewertung von technologischen Schutzrechten. Stuttgart 2007*

[8] Gassmann, Oliver/Sutter, Philipp: *Innovationsmanagement: Von der Idee zum Markterfolg. München 2008*

Zusammenfassung

Patente und vor allem das professionelle Patentmanagement nehmen aufgrund des steigenden Innovations- und Wettbewerbsdrucks ständig zu. Patente als Teil der Innovationsarbeit dürfen nicht nur angemeldet und patentjuristisch verwaltet werden. In Analogie zu anderen Unternehmensassets gilt es, Patente anhand der Entwicklungsfelder des Unternehmens zu entwickeln, systematisch aufzubauen, zu optimieren und eine proaktive Patentverwertung voranzutreiben. Ziele sind die Steigerung von Innovationsumsätzen, die Generierung von Zusatzerlösen und die Verwirklichung von Kosteneinsparpotenzialen. Für diese Aufgaben gilt es, im Rahmen einer Patentstrategie die wesentlichen Leitplanken auszuarbeiten und damit die Grundlage für die operativen Aufgaben zu schaffen. Gerade bei interdisziplinären Aufgaben wie dem Patenmanagement, bei denen das patentjuristische, wirtschaftliche und technische Know-how einzelner Unternehmensbereiche gebündelt wird, ist eine zentrale und übergreifende Steuerung durch das obere Management erforderlich. Patentmanagement darf nicht als singuläre Aufgabe verschiedener Bereiche angesehen werden.

Systematisches Innovationsmanagement

Welche Innovationsmethoden wirklich genutzt werden

Gerade KMU gelten als besonders innovativ. Gleichzeitig unterstellt man ihnen, dass sie Innovationsmanagement nur wenig systematisch organisieren. Diesen vermeintlichen Widerspruch war Anlass für eine Studie, die untersuchte, welche Innovationsmethoden von KMU wirklich genutzt werden.

In diesem Beitrag erfahren Sie:

- welche Innovationsmethoden besonders beliebt sind,
- welche Methoden nur selten oder nie angewendet werden und warum.

MICHAEL STEPHAN, CARSTEN GUNDLACH

Einleitung

In einer zunehmend dynamischen Unternehmensumwelt wird der Ruf nach Innovationen immer lauter. Zu Innovationen zählen nicht nur neue Produkte und Produktionsverfahren, sondern auch organisatorische Neuerungen wie zum Beispiel die Implementierung eines systematischen Innovationsmanagements.

Neben Großunternehmen als hauptsächliche Innovationsträger rücken kleine und mittlere Unternehmen (KMU) verstärkt in den Mittelpunkt der Forschungsbemühungen zum Innovationsmanagement. Bisherige Arbeiten zeigen ein deutliches Defizit hinsichtlich der Untersuchung des Implementierungsgrades eines Innovationsmanagement unter deutschen Unternehmen, gerade unter KMU.

Der vorliegende Beitrag schildert zentrale Ergebnisse einer empirischen Studie zum Ausmaß der Nutzung ausgewählter Innovationsmanagementinstrumente in hessischen Unternehmen, insbesondere in KMU.

Systematisches Innovationsmanagement als Erfolgsfaktor in kleinen und mittelständischen Unternehmen

Die Bedeutung von Innovationen für die Wettbewerbsfähigkeit deutscher Unternehmen ist seit Jahren Gegenstand intensiver Diskussionen sowohl in der Politik als auch in der unternehmerischen Praxis. Nicht nur in Zeiten der Wirtschaftskrise wurde und wird dabei sowohl von Seiten der Politik als auch von Unternehmensvertretern die Notwendigkeit zur Steigerung der Innovationskraft Deutschlands betont. Nur mit innovativen Produkten und kostensenkenden Prozessinnovationen sei es den Unternehmen möglich, im globalen Wettbewerb gegen die Konkurrenz aus dem Ausland zu bestehen. Die Entwicklung und Durchsetzung von Innovationen im Markt ist zu einem entscheidenden Faktor geworden, der die »Agenda« von Managern immer stärker bestimmt. [5, S.1 ff.] Dass eine »bewusste« Innovationsorientierung positiv zum Erfolg von Unternehmen beitragen kann, konnte auch in zahlreichen empirischen Studien nachgewiesen werden. [6, 17]

Die »bewusste« Innovationsorientierung stellt besondere Anforderungen an das Innovationsmanagement in Unternehmen. Unternehmen müssen einen zunehmenden Anteil ihrer Umsätze und der Wertschöpfung in innovationsbezogene Aktivitäten, insbesondere in Neuproduktentwicklungen investieren. Dieser Anteil ist in den vergangenen Jahren in den meisten Branchen rasant angestiegen. [23] Gleichzeitig haben sich die Risiken und die Geschwindigkeit, mit der Innovationen auf den Markt gebracht und amortisiert werden, drastisch erhöht. [5, S.6 f.] Dies stellt eine Herausforderung für das Innovationsmanagement dar und erfordert besondere Kompetenz, den Innovationsprozess zu beherrschen. Ein strukturell verankertes und systematisch durchgeführtes Innovationsmanagement einschließlich des gezielten Einsatzes von Methoden und Instrumenten beeinflusst ganz entscheidend den Erfolg, das Wachstum und die Wertsteigerung in Unternehmen. [5]

In den bisherigen Studien zur betriebswirtschaftlichen Erfolgswirkung von Innovationen bzw. zur Erfolgswirkung eines systematischen Innovationsmanagements standen vorwiegend Großunternehmen im Zentrum der Betrachtung. Großunternehmen verfügen über genügend finanzielle und personelle Ressourcen, mit denen sie ihre Innovationsaktivitäten in eigenständigen organisatorischen Strukturen verankern und mit der notwendigen strategischen Ausrichtung sowie einem entsprechend systematischen Vorgehen effektiv und effizient umsetzen. [5, 7, S.21] Demgegenüber wurden klein- und mittelständisch geprägte Unternehmen (KMU) lange Zeit nur in der Sonderposition der sogenannten »Hidden Champions« als innovationsrelevante Akteure wahrgenommen. Den (Innovations-)Erfolg dieser KMU führte man jedoch weniger auf ein systematisch durchgeführtes und institutionalisiertes Innovationsmanagement zurück, als vielmehr auf Aspekte wie konsequente Kundenorientierung, patriarchalische Unternehmenskultur, das Führungscharisma des Eigners bzw. Gründers oder die hohe Loyalität der Mitarbeiter. Dem überwiegenden Teil der klein- und mittelständisch geprägten Unternehmen wurde, aufgrund mangelnder personeller und finanzieller Ressourcen, pauschal eine sehr geringe Innovationskraft attestiert. Wenn überhaupt seien Innovationen in KMU meist auf so genannte Happy Engineering-Prozesse oder Tüfteleien Einzelner zurückzuführen.

Diese einseitige Sichtweise und insbesondere der Fokus auf Großunternehmen als »Innovationsmotoren« der Wirtschaft hat in den vergangenen Jahren jedoch eine Korrektur erfahren. Gestützt auf empirische Erkenntnisse wurde insbesondere auch von Seiten der Politik erkannt, dass gerade kleine und mittelständisch geprägte Unternehmen die technologische Entwicklung und die Innovationsfähigkeit der Gesamtwirtschaft maßgeblich mitprägen. [7, S.21, 12, S.1] Trotz dieses »Innovationsparadigmenwechsels« zugunsten von klein und mittelständischen Unternehmen liegen bislang nur wenige Erkenntnisse darüber vor, wie KMU, obwohl es ihnen an personellen und finanziellen Ressourcen mangelt, erfolgreich Innovationen entwickeln und am Markt durchsetzen. [13] Dies ist umso erstaunlicher, als Einblicke in die Praxis des Innovationsmanagements bei KMU wichtige Rückschlüsse darüber liefern könnten, wie die Innovationskraft der Unternehmen durch gezielte Fördermaßnahmen sowohl seitens der Politik aber auch durch aktives Engagement von Industrie- und Handelskammern sowie der betreffenden Wirtschaftsverbände weiter fördern könnte.

Der vorliegende Beitrag zeigt die Ergebnisse einer empirischen Erhebung unter (hessischen) Unternehmen, in der sowohl der Stellenwert als auch die Praxis des Innovationsmanagements erfasst wurden. [16] Leitfrage der Untersuchung war es herauszufinden, wie systematisch Innovationsmanagement in KMU verankert ist. Ziel war u. a. zu erforschen, welche Methoden im Innovationsmanagement in der Praxis genutzt und welche nicht genutzt werden.

Zusammensetzung der Stichprobe: Wer wurde befragt?

Fast drei Viertel der befragten 166 Unternehmen [24] lassen sich dem verarbeitenden Gewerbe zuordnen, knapp 20 % sind in der Dienstleistungsbranche aktiv und 3 % bzw. 4 % stammen aus dem Handel bzw. dem Bereich Gastgewerbe/Transport/Verkehr (vgl. Abbildung 1). Unternehmen aus der Land- und Forstwirtschaft sowie dem Kredit- und Versicherungsgewerbe nahmen nicht an der Studie teil. Im Vergleich zu den Branchen der Bundesrepublik sind damit die Unternehmen aus dem Industriesektor in der hessischen Studie deutlich überrepräsentiert. [19]

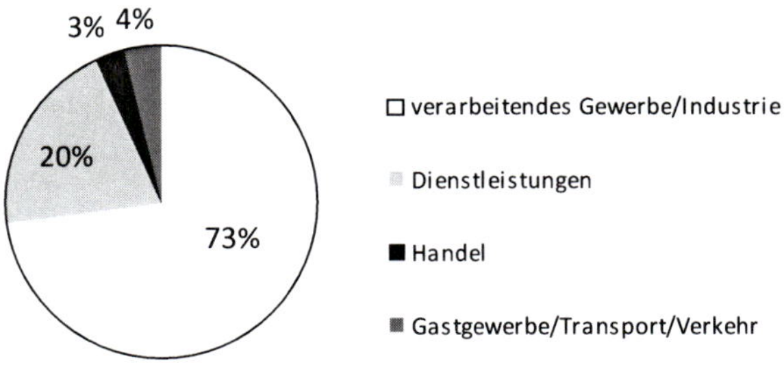

Abb. 1: *Teilnehmende Unternehmen nach Branche*

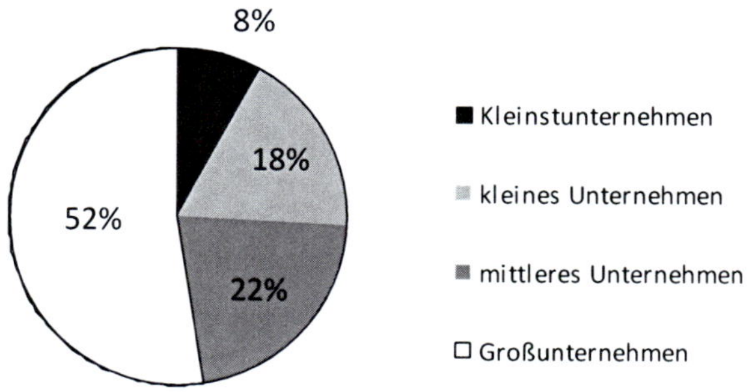

Abb. 2: *Teilnehmende Unternehmen nach Größe*

Bei der Differenzierung der teilnehmenden Unternehmen nach Größenklassen zeigt sich, dass knapp über die Hälfte unter die amtliche Definition der Großunternehmen mit über 250 Mitarbeitern und einem Jahresumsatz von mehr als 50 Millionen € fallen. Die verbleibenden 47 % der befragten Unternehmen lassen sich als KMU klassifizieren und zudem in detailliertere Kategorien von Kleinstunternehmen (8,3 %), kleinen und mittleren Unternehmen (18,2 % und 21,5 %) untergliedern (vgl. Abbildung 2).

Innovationsmanagementpraxis in den Unternehmen

Methodeneinsatz im Innovationsmanagement

Wie gestalten Unternehmen Innovationsmanagement auf der »operativen« Ebene? Um diese Frage beantworten zu können, wurde zunächst nach den Methoden und Instrumenten im Innovationsmanagement gefragt, die am meisten genutzt werden. Gleichzeitig wurden diejenigen Instrumente, die von den Unternehmen nur selten oder nicht eingesetzt werden, ermittelt. Die Darstellung der Instrumente orientiert sich am idealtypischen Phasenverlauf von Innovationsprozessen (vgl. Abbildung 3). Der Phase der Ideenfindung vorgeschaltet ist in der Darstellung die übergeordnete Phase der Strategieformulierung.

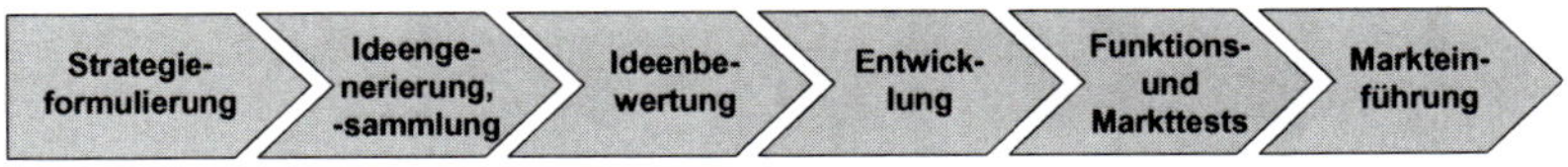

Abb. 3: *Idealtypischer Phasenablauf im Innovationsprozess*

Im Rahmen der Strategieformulierung ist das Benchmarking die populärste Methode, gefolgt von der SWOT-Analyse (vgl. Abbildung 4). Insgesamt 50 % der Unternehmen gaben an, Benchmarking immer oder zumindest oft zu nutzen, der entsprechende Prozentsatz bei der SWOT-Analyse liegt bei 43,4 % (immer bis oft). Portfolio-Konzepte nehmen den dritten Rang ein, immerhin 37 % der Befragten nutzen dieses Instrument immer bis oft. Die Szenario-Technik fällt in der Popularität deutlich ab, 21 % setzen dieses Instrument regelmäßig (immer bis oft) ein. Die entsprechende Rangfolge ergibt sich auch, wenn danach gefragt wird, welche Instrumente nicht zum Einsatz kommen. 16,9 % der befragten Unternehmen gaben an, die Szenario-Technik niemals anzuwenden, 10,3 % gaben sogar an, das Instrument überhaupt nicht zu kennen. Die anderen aufgelisteten Strategie-Instrumente waren dagegen nur einem kleinen Anteil (< 5 %) der Unternehmen nicht bekannt.

Bei den Methoden zur Ideengenerierung hat sich erwartungsgemäß das Brainstorming bzw. Brainwriting als die mit Abstand populärste Methode erwiesen. Insgesamt 59 % der Unternehmen nutzen

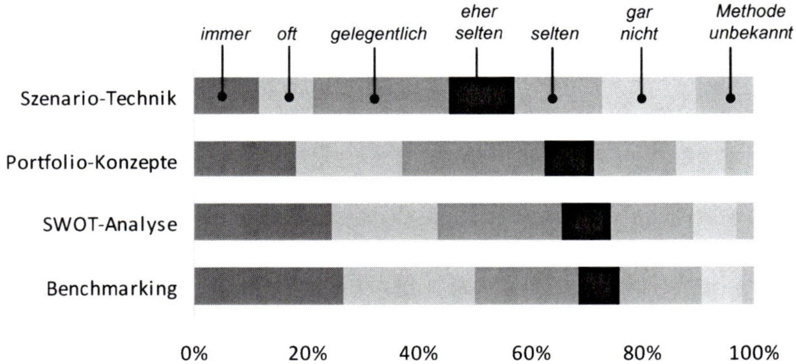

Abb. 4: *Nutzung von Strategiemethoden*

diese Verfahren zur Ideengenerierung immer bis oft im Rahmen des Innovationsprozesses. Beliebt sind auch das Mind Mapping und Ideenwettbewerbe mit entsprechenden Werten von 38,1 % bzw. 23,4 %. Weniger stark verbreitet sind im Vergleich dazu die Synektik bzw. Analogietechniken, die 13,3 % der Unternehmen immer bis oft nutzen. Die Methoden TRIZ (3,6 %), Morphologischer Kasten (2,2 %) sowie Bionik (1,5 %) werden nur von einem sehr kleinen Teil der Befragten aktiv und regelmäßig genutzt. Vielen Unternehmen (> 20 %) sind die letztgenannten Methoden gänzlich unbekannt.

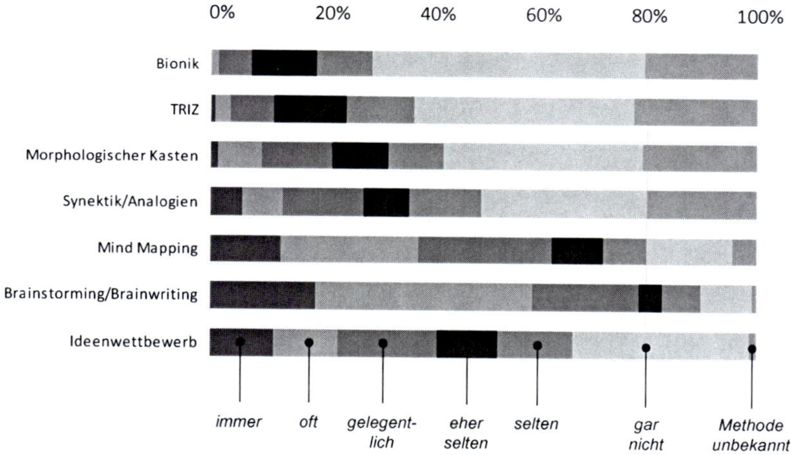

Abb. 5: *Nutzung von Methoden zur Ideengenerierung*

Ergänzend zu den Instrumenten der Ideengenerierung setzen Unternehmen auch auf zahlreiche Quellen zur Sammlung bereits vorhandener Ideen. Entgegen den Befunden in den einschlägigen empirischen Untersuchungen sind nicht interne, sondern externe Quellen die wichtigsten Ressourcen zur Sammlung innovationsrelevanter Ideen. [2] Dabei spielt Kundenorientierung eine besonders wichtige Rolle: 76,1 % geben an, immer bis oft Kunden als Informationsquelle für Innovationen heranzuziehen. An zweiter Stelle steht die Nutzung von

Fachliteratur mit 71,2 %, an dritter Stelle die Beobachtung von Wettbewerbern mit 70,3 %. Überraschend ist in diesem Zusammenhang, dass die eigenen Mitarbeiter bzw. das betriebliche Vorschlagswesen erst an vierter Stelle angeführt werden: »Nur« 63 % der Befragten nutzen diese Quelle regelmäßig (immer bis oft). Weitere Informationsquellen sind Messen (59,4 %), Lieferanten (58 %) und Patente bzw. andere Schutzrechte (knapp 50%). Eine mangelnde Methoden-, bzw. präziser gefasst, Quellenkenntnis ist an dieser Stelle in der Stichprobe nicht zu beobachten.

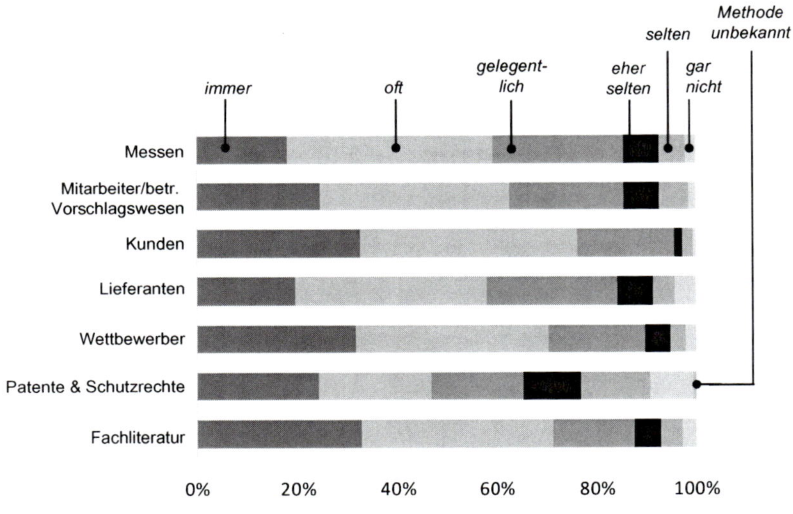

Abb. 6: *Nutzung von Informationsquellen*

Zur Ideenbewertung setzten die befragten Unternehmen ein breites Methodenspektrum ein. Die Bewertung der technischen Umsetzbarkeit ist die wichtigste Methode, sie wird von 81 % der Unternehmen immer bis oft genutzt. Bei den Instrumenten zur wirtschaftlichen Ideenbewertung sind vor allem die quantitativen Methoden zur Rentabilitätsanalyse populär, insbesondere der Kostenvergleich, die Rentabilitätsrechnung sowie die Amortisationsrechnung, die 78,8 % und

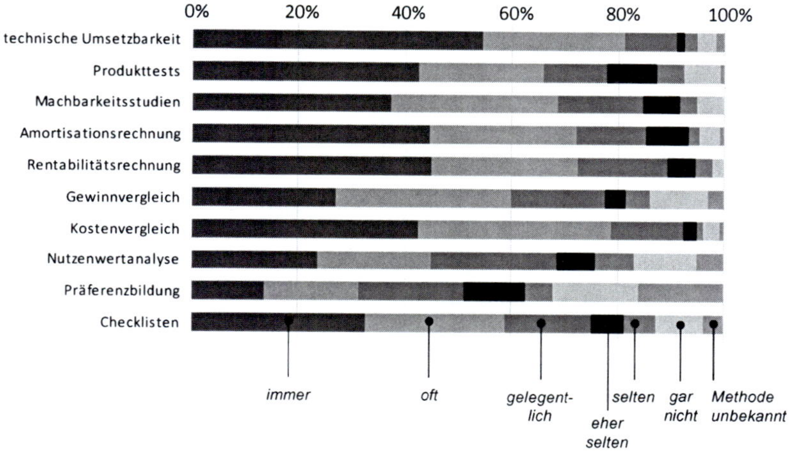

Abb. 7: *Nutzung von Ideenbewertungsmethoden*

je ca. 72 % der Unternehmen oft bis immer anwenden. Qualitative Instrumente wie Checklisten (58,9 %), Nutzenwertanalysen (45,1 %) oder Präferenzbildung (31,3 %) fallen in der Popularität dagegen leicht ab. Analog dazu weisen die quantitativen Methoden auch einen höheren Bekanntheitsgrad (ca. 100 %) gegenüber den qualitativen Instrumenten auf.

Für die Organisation und das Management ihrer Produkt- bzw. Prozessentwicklungsprojekte verwenden die Unternehmen insbesondere Methoden des Projektmanagements (vgl. Abbildung 8). Das am meisten verbreitete Instrument ist mit 73,9 % das Lasten- und Pflichtenheft, gefolgt von der Meilensteinplanung (66,4 %) und dem Projektcontrolling, das von 62,4 % der befragten Unternehmen immer bis oft eingesetzt wird. Auch Balkendiagramme als einfaches Visualisierungsinstrument setzen immerhin 60 % der Unternehmen regelmäßig ein. Weniger verbreitet sind dagegen das Risikomanagement sowie die Netzplantechnik. Beide Instrumente weisen auch den geringsten Bekanntheitsgrad auf. 7,6 % bzw. 11,9 % der befragten Unternehmen geben an, diese Methoden nicht zu kennen.

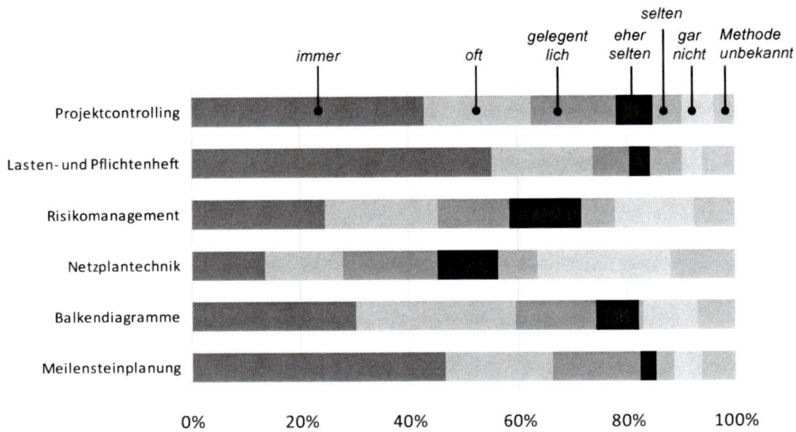

Abb. 8: *Nutzung von Methoden des Projektmanagements*

Neben den Methoden des Projektmanagements zur Planung, Steuerung und Kontrolle von Entwicklungsprojekten kommen in dieser Phase auch originäre Produkt- und Prozessentwicklungsinstrumente zum Einsatz (vgl. Abbildung 9). Die vier meistgenutzten Methoden sind die Fehler-Möglichkeiten-Einfluss-Analyse (FMEA) mit 53,5 %, der Qualitätszirkel mit 43,7 % sowie das Target Costing (34,9 %) und Simultaneous Engineering (32 %). Am wenigsten bekannt und am seltensten eingesetzt werden das Computer Integrated Manufacturing (CIM) sowie das Quality Funktion Deployment (QFD). 43,8 % bzw. 47,3 % nutzen die beiden genannten Methoden gar nicht bis selten, je ca. 12 % der befragten Unternehmen geben an, CIM und QFD überhaupt nicht zu kennen.

Die vergleichsweise geringe Popularität der Entwicklungsmethoden im Vergleich zur Anwendungshäufigkeit der aufgeführten Methoden in den anderen Phasen des Innovationsprozesses ist u. a. auf die heterogene Branchenzusammensetzung der Stichprobe zurückzuführen. In der Stichprobe befindet sich u. a. ein großer Anteil an Dienstleistungsunternehmen. Die oben aufgeführten Instrumente sind jedoch primär für den »industriellen« Produktentwicklungsprozess im verarbeitenden Gewerbe geeignet. Blendet man die Dienstleistungsunternehmen bei der Analyse der Verbreitung der Instrumente aus, so ergibt sich eine insgesamt höhere Bekanntheit bzw. Anwendungshäufigkeit der Instrumente im Spektrum zwischen oft bis immer um 2,3 bis 5,7 Prozentpunkte, jedoch keine Änderung in der Rangfolge. Bei der Analyse der Verbreitung von Instrumenten im Entwicklungsprozess wurde mit dem Service Engineering bzw. Service Blue Printing auch nach einer spezifischen Entwicklungsmethode für den Dienstleistungssektor gefragt. Unter den Dienstleistern erweist sich das Instrument jedoch als wenig populär: Nur 17,3 % der Dienstleistungsunternehmen nutzen das Service Blueprinting oft bis immer, 34,9 % wenden die Methode nie an, gar 43,5 % ist das Service Blueprinting sogar gänzlich unbekannt. Dies deckt sich mit empirischen Untersuchungen zur Praxis des Innovationsmanagement in Dienstleistungsunternehmen. Nur wenige Dienstleister haben bislang erkannt, dass sich Dienstleistungen auch unter Zuhilfenahme eines entsprechend systematischen Instrumentariums gezielt entwickeln lassen.

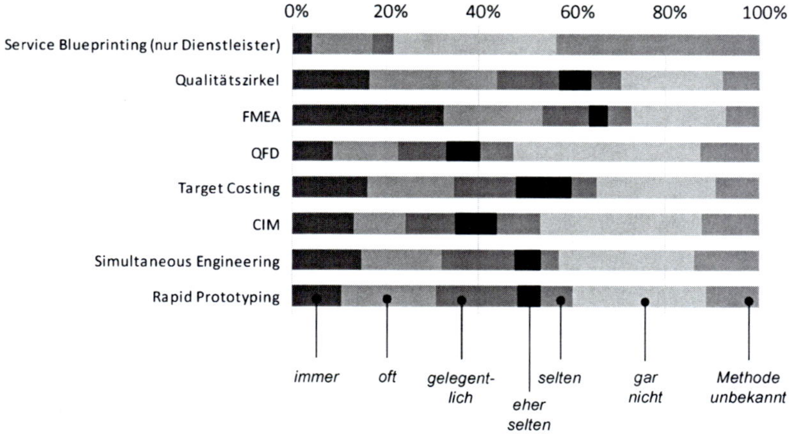

Abb. 9: *Nutzung von Entwicklungsmethoden*

Die Instrumente der Testphase werden von den abgefragten Methoden am häufigsten angewendet. Mit 86,4 % und 84,2 % liegen Funktionstests sowie Prototypenbau weit vor allen anderen Methoden im gesamten Innovationsprozess (vgl. Abbildung 10). Null- und Vorserien sowie Markt- und Akzeptanztests führen immerhin 70 % bzw. 57 % der befragten Unternehmen immer bis oft durch. Nur ein minimaler Prozentsatz (< 2 %) der Unternehmen ist mit dem Spektrum der Testmethoden nicht vertraut. Schließlich geben auch nur vergleichsweise wenige Unternehmen an, die Methoden nie oder selten einzusetzen. Bemerkenswert erscheint in diesem Zusammenhang, dass auch unter den Dienstleistungsunternehmen in der Stichprobe Testmethoden sehr populär sind.

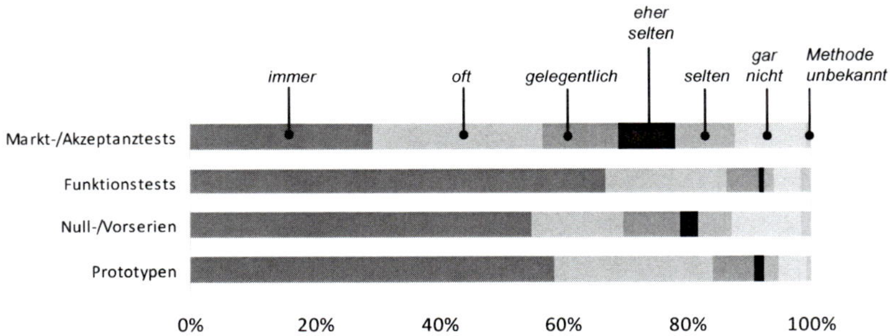

Abb. 10: *Nutzung von Testmethoden*

Welchen Einfluss hat ein systematischer Einsatz von Methoden auf den Innovationserfolg? Das wichtigste Ergebnis: Es besteht zwischen der Anzahl der erfolgreich abgeschlossenen Innovationsprojekte (in Relation zur gesamten Anzahl der Projekte) und der Häufigkeit, mit der Methoden bzw. Instrumente im Innovationsprozess eingesetzt werden, ein signifikant positiver Zusammenhang! Als weiterer Erfolgsfaktor hat sich überdies die Kundenorientierung im Innovationsprozess erwiesen. So konnten insbesondere jene Unternehmen einen besonders hohen Umsatz mit Produktinnovationen realisieren, die ihre Kunden als wichtig(st)e Quelle im Rahmen der Ideengewinnung im Innovationsprozess angegeben haben.

Untersucht man den Methodeneinsatz differenziert nach den Unternehmensgrößen, so lässt sich beobachten, dass mit wachsender Unternehmensgröße Methoden häufiger eingesetzt werden. Es fällt auf, dass besonders die beiden Gruppen der kleinen und mittleren Unternehmen viele der Methoden nicht kennen. Offensichtlich wenden kleine und mittlere Unternehmen bestimmte Methoden im Innovationsprozess zwar regelmäßig an, aber diese Nutzung scheint sich auf einige wenige Instrumente zu beschränken. Ein beträchtlicher Teil der existierenden Methoden ist den Unternehmen dagegen oftmals unbekannt.

Kleine Unternehmen und Kleinstunternehmen setzen insbesondere jene Methoden häufig ein, die keinen hohen Ressourceneinsatz bzw. spezifische Investitionen erfordern. In der Strategiephase präferieren z. B. vor allem die großen und mittleren Unternehmen die Instrumente Benchmarking und SWOT-Analyse sowie Portfolio-Konzepte. Alle drei genannten Methoden erfordern die Durchführung einer umfangreichen Informationssammlung. Dies gilt insbesondere auch für die Nutzung externer Informationsquellen. Die kleineren Unternehmen der Stichprobe scheuen diesen Aufwand ganz offenbar und setzen die genannten Instrumente in einem deutlich geringeren Umfang ein. Ganz ähnlich verhält es sich bei den Techniken und Instrumenten der Ideengenerierung. Während sich einfache Instrumente wie das Mind Mapping oder Brainstorming über alle Unternehmensgrößen hinweg großer Beliebtheit erfreuen, sind aufwändige Methoden, wie bspw. der Einsatz von Ideenwettbewerben, hauptsächlich in den großen Unternehmen populär. Die Anwendung rentiert sich offensichtlich erst ab einer bestimmten Mitarbeiterzahl. Auch das Nutzen externer Informationsquellen zur Ideengenerierung, wie Patentschriften, Lieferanten oder Messen, nimmt mit steigender Unternehmensgröße zu. Bei den Methoden des Projektmanagements zeigt sich ebenfalls ein signifikanter Zusammenhang zwischen der Unternehmensgröße und dem Einsatz aufwändiger Methoden: Vor allem die Netzplantechnik und das Risikomanagement haben sich nur in Großunternehmen wirklich durchgesetzt, während die Meilensteinplanung und das Projektcontrolling auch bereits in Kleinstunternehmen vermehrt Anwendung finden. Von den Methoden in der Entwicklungsphase kommen bei den Großunternehmen alle aufgeführten Instrumente regelmäßig zum Einsatz, während sich die Unternehmen aus den unteren Größenklassen viel stärker auf einzelne Entwicklungsmethoden spezialisieren und andere gänzlich ignorieren. Ein wenig anders verhält es sich mit der Methodennutzung in der Testphase. In der Testphase ist insgesamt eine sehr hohe Bekanntheit und Anwendungshäufigkeit der Methoden zu beobachten. Allerdings nimmt auch in der Testphase die Anwendungsbreite über das Methodenspektrum hinweg mit steigender Unternehmensgröße zu.

Warum Methoden im Innovationsmanagement nicht angewendet werden

Es hat sich gezeigt, dass die meisten Befragten zwar zahlreiche Instrumente im Innovationsmanagement nutzen, aber einige Instrumente kaum angewendet werden, obwohl sie den Unternehmen bekannt sind. Warum?

Bei der differenzierten Analyse der Gründe für die Nichtnutzung bestätigt sich die bereits im vorhergehenden Abschnitt geschilderte Beobachtung, dass mit sinkender Unternehmensgröße die Methodenkenntnisse abnehmen. Kleine Unternehmen und Kleinstunternehmen beklagen Wissensdefizite insbesondere bei den Ideengenerierungs- und Ideenbewertungsinstrumenten sowie beim Projektmanagement. Mangelnde Methodenkenntnisse sind jedoch nicht nur bei kleinen Unternehmen der Stichprobe ein Problem. Gerade im Projektmanagement erleben auch große und mittlere Unternehmen ein erhebliches Know-how-Defizit. Dass Entwicklungsmethoden kaum angewendet werden, lässt sich, größenunabhängig, vorwiegend auf fehlendes Know-how zurückführen. Schulungsbedarf herrscht über alle Unternehmensgrößen hinweg vor allem auch im Bereich der strategischen Instrumente sowie bei ausgewählten Kreativitätstechniken, wie bspw. bei der Bionik, TRIZ, der Synektik und beim Morphologischen Kasten. Dies deckt sich mit den im vorhergehenden Abschnitt dargestellten Beobachtungen zur mangelnden Popularität dieser Instrumente.

Dass Methoden nicht angewendet werden, begründen die befragten Unternehmen mit zunehmender Größe auch mit Zeitmangel. Dieser Faktor war bei den großen Unternehmen insbesondere in der Phase der Strategieformulierung ein großes Anwendungshemmnis. Dies legt die Vermutung nahe, dass der Strategieformulierung gerade in Großunternehmen wenig Zeit eingeräumt wird und Innovationsmanagement auf die stärker »operativ« ausgelegten Entwicklungsschritte ausgerichtet ist.

Zu hohe Kosten spielen nur eine untergeordnete Rolle und stellen nur in Kleinstunternehmen ein wirkliches Problem dar. Beklagt werden hier hohe Kosten vor allem bei der Nutzung ausgewählter externer Ideenquellen (Patente und Schutzrechte sowie Messen) und bei bestimmten Ideenbewertungsmethoden (Kostenvergleich, Machbarkeitsstudien und Produkttests). Interessant erscheint in diesem Zusammenhang, dass die genannten Instrumente – setzt man eine fundierte Methodenkenntnis einmal voraus – eigentlich keine größeren Ausgaben verursachen sollten. Es handelt sich um vergleichsweise einfach und kostengünstig anwendbare Methoden. Die eigentliche Ursache für die Nichtanwendung dürfte deshalb vor allem auf die begrenzten personellen und finanziellen Ressourcen für Schulungsmaßnahmen bei den kleinen Unternehmen zurückzuführen sein. Die einzigen Methoden und Instrumente, die alle Unternehmen – egal ob groß oder klein – als kostenintensiv bewerten, sind die Testmethoden Prototypenbau sowie Null- und Vorserienfertigung.

Sind diese Ergebnisse auch für Deutschland aussagefähig?

Der Einsatz von Methoden im Innovationsmanagement ist bislang nur spärlich untersucht worden. Insofern liefert die vorliegende Untersuchung hier eine Vielzahl neuer Erkenntnisse. Die (wenigen) Studien, die sich bislang mit dem Methodeneinsatz im Innovationsmanagement in Unternehmen beschäftigt haben, beschreiben den Einsatz von Innovationsmethoden in KMU als eher zaghaft und unsystematisch. In den Ergebnissen der bisherigen Studien zum Thema lässt diese mangelnde Systematik mit wachsender Unternehmensgröße leicht nach. [4, S.14, 11, S. 12, 13, S.28, 12, S.11, S. 13, 22, S.6]

Grundsätzlich bestätigt sich dieser »zaghafte« und unsystematische Eindruck bei der Nutzung von Methoden und Instrumenten bei den hessischen Unternehmen nicht: Die Anwendung von Instrumenten im Verlauf des Innovationsprozesses kann bei den Befragten durchaus als systematisch charakterisiert werden. Die Mehrheit der Großunternehmen in der Stichprobe erweist sich als durchaus versiert, was die methodische Nutzung einschlägiger Techniken anbelangt. Aber auch die Gruppe der kleinen und mittelständisch geprägten hessischen Unternehmen nutzt Innovationsmethoden in einer überraschenden Vielfalt, wenngleich in verschiedenen Stufen des Innovationsprozesses noch deutliche Lücken bestehen. Grundsätzlich widerspricht dieser »positive« Gesamteindruck jedoch den bisherigen Ergebnissen anderer Studien. Insbesondere die rege Aktivität der KMU auf diesem Gebiet wurde bislang in keinen anderen empirischen Studien festgestellt.

Wie sind die vorhandenen Lücken bei der Anwendung von Instrumenten im Innovationsprozess bei den hessischen Unternehmen im Vergleich mit den Ergebnissen anderer Studien zur Innovationsmanagementpraxis deutscher Unternehmen zu bewerten? Ein exakter Vergleich ist schwierig, denn in keiner anderen Studie wurde eine solch systematische und nach Phasen des Innovationsprozesses geordnete Erfassung und Analyse der Methodennutzung durchgeführt. Insofern muss selektiv auf Einzelbefunde in Vorgängerstudien zurückgegriffen werden.

Beginnt man die vergleichende Betrachtung in der Phase der Strategiebildung, so wird in der Literatur mehrfach die unzureichende Strategiebildung in KMU bemängelt. [12, S.18 f, 11, S. 23, 14, S.33, 21 S. 251, S. 257] Diese Einschätzung stimmt mit den Ergebnissen der vorliegenden Studie weitestgehend überein. Die Nutzung strategiebildender Methoden kann vorwiegend Großunternehmen zugeschrieben werden, während sich KMU eher zurückhaltend zeigen. Hinsichtlich der Nutzung von Kreativitätstechniken zur Ideenfindung existieren bislang keine detaillierten Untersuchungen. Aus der Literatur lässt sich lediglich die Beobachtung einer allgemein geringen Verbreitung und Nutzung von Kreativitätstechniken ableiten. [8, S. 19f, 12, S. 18f. ,13, S.28, 11, S.11] Die vorliegende Studie stellt dagegen eine rege Anwendung allgemein bekannter Techniken (Brainstorming und -writing, Mind Mapping) in allen Unternehmensgrößenklassen fest, während andere Methoden wie der Morphologische Kasten, TRIZ und Bionik den Unternehmen eher unbekannt sind. Dies deckt sich tendenziell mit anderen Befunden. Von allen Kreativitätstechniken werden Brainstorming und -writing als die meistgenutzten Kreativitätstechniken portraitiert. [12]

In der Phase der Ideengenerierung stimmen die Befunde der vorliegenden Studie mit den Ergebnissen anderer Untersuchungen, vor allem mit Blick auf das Verhalten von KMU überein: Hessische KMU nutzen, wie auch andere KMU aus Deutschland, bevorzugt ihre Kunden als externe Quelle bei der Gewinnung von Informationen: [8, S.19 f. 9, S. 5 f., 10, S.5 f., 12, S.5.f, S.12 f. 13, S.33, 15, S.8, 18, S.8, S. 26 f., 20, S. 1000 f.] Auf Platz eins der Informationsquellen für Innovationsideen stehen die Kundenbefragung bzw. die Kundenbedarfsanalyse. Auf Platz zwei rangieren die eigenen Mitarbeiter: Übereinstimmend mit den Ergebnissen anderer Studien beziehen hessische KMU innovationsrelevante Informationen überdurchschnittlich häufig aus dem eigenen Mitarbeiterkreis, z. B. durch betriebliches Vorschlagswesen. [9, S.5 f, 10, S.5, 13, S.33, 15, S.27] Weitere wichtige Quellen bilden Konkurrenten (mittels Wettbewerbsanalysen) sowie Lieferanten. [9, 15] Ebenfalls in Übereinstimmung mit Befunden aus früheren Studien steht die Beobachtung, dass Messen und Fachtagungen von KMU als Informationsquellen eher selten genutzt werden. [9, 13, 15] Auf Patentinformationen oder Fachliteratur wird in anderen Studien überhaupt nicht hingewiesen, die vorliegende Erhebung zeigt in Anbetracht fehlender Kenntnisse gerade bei KMU noch deutlichen Schulungsbedarf auf.

Die aufgeführten Methoden zur Ideenbewertung schneiden hinsichtlich des Anwendungsgrades in hessischen Unternehmen allesamt über alle Größenklassen hinweg positiv ab. Frühere Studien in anderen Bundesländern zeichnen hier ein weniger populäres Bild. [9, S.7, 13, S.28, 11, S.11] Bewertungsprozesse verlaufen in der Praxis des Innovationsmanagements in Deutschland offenbar eher intuitiv ab, hessische Unternehmen heben sich durch eine größere Systematik in der Anwendung positiv ab. [9, S.5]

Ein ähnliches Bild zeigt die vergleichende Betrachtung der hessischen Ergebnisse mit anderen Studien aus Deutschland im Kontext der Methodennutzung im Projektmanagement: Während in hessischen Unternehmen über alle Größenklassen hinweg ein beträchtlicher Teil der Methoden des Projektmanagements regelmäßig zum Einsatz kommt, ist der in anderen Studien festgestellte Verbreitungsgrad durchweg gering. [8, S.28 ff., 9, S.9, 11, S.12, S.23]

Bei der Anwendung von einschlägigen Methoden in der Produktentwicklung liefert die vergleichende Betrachtung zwischen der Praxis der Unternehmen bzw. KMU in Hessen und der Praxis in anderen deutschen Unternehmen dagegen ein einheitliches Bild: Der Anwendungs- und Verbreitungsgrad ist gering. Bezüglich der Ursachen dieser mangelnden Popularität wurden in anderen Studien auf die Unterschätzung der Produktentwicklung als zentrale Herausforderung sowie auf die Überbetonung von Kostenaspekten hingewiesen. [1, S.26] Für die Methoden der Testphase, die in Hessen größenklassenübergreifend breite Anwendung finden, liefern andere Studien keine Erkenntnisse, die als Referenz dienen könnten.

Zusammenfassend unterstreicht auch der deutschlandweite Vergleich, dass ein beträchtlicher Teil der Methoden für das Innovationsmanagement vornehmlich auf die Bedürfnisse von Großunternehmen zugeschnitten ist und deshalb in kleinen Unternehmen in geringerem Umfang zur Anwendung kommt. Verschiedene Untersuchungen haben jedoch gezeigt, dass eine grundsätzliche Übertragbarkeit von Methoden des Innovationsmanagement auf KMU durchaus möglich ist, allerdings dabei u. U. Anpassungen an KMU-spezifische Gegebenheiten, wie begrenzte finanzielle, personelle und zeitliche Ressourcen notwendig sind. [13, S.27]

Literatur

[1] ARTHUR D. LITTLE (Hrsg.) (1994): *Management erfolgreicher Projekte, Gabler Verlag, Wiesbaden 1994.*

[2] BURR, W., STEPHAN, M. (2006): *Dienstleistungsmanagement: Innovative Wertschöpfungskonzepte für Dienstleistungsunternehmen, Kohlhammer Verlag, Stuttgart 2006.*

[3] FAURE, C. (o. J.): *Was macht Innovationen erfolgreich? unter: http://www.ebs.de/fileadmin/redakteur/funkt.dept.imc/IM/EIGI_Executive_Summary_ebs.pdf; Datum des Abrufs: 18.06.2008.*

[4] FELGER, U. (2004): *Neue Ideen, starker Antrieb. In: proFirma, Jg. 2004, Bd. 7-8, S.12-14.*

[5] GERYBADZE, A. (2004): *Technologie- und Innovationsmanagement, Verlag Vahlen, München 2004.*

[6] GERYBADZE, A., STEPHAN, M. (2007): *Wachstumsstrategien und Marktkapitalisierung. In: Glaum, M., Hommel, U. (Hrsg.): Internationalisierung und Unternehmenserfolg, Schriften der Schmalenbachgesellschaft für Betriebswirtschaftslehre, Schäffer-Poeschel Verlag, Stuttgart 2007, S. 31-62.*

[7] HARHOFF, D., LICHT, G. et al. (1996): *Innovationsaktivität kleiner und mittlerer Unternehmen: Ergebnisse des Mannheimer Innovationspanels, Nomos Verlag, Baden-Baden 1996.*

[8] HERSTATT, C., BUSE, S., TIWARI, R. (2007): *Innovationshemmnisse in KMU der Metropolregion Hamburg: Ergebnisse einer empirischen Untersuchung in ausgewählten Branchen, Eigenverlag, Technische Universität Hamburg-Harburg 2007.*

[9] HERSTATT, C., LÜTHJE, CH., VERWORN, B. (2000): *Innovationsmanagement in kleinen und mittleren Unternehmen, Arbeitspapier Nr. 7/2000, Eigenverlag, Technische Universität Hamburg-Harburg 2000.*

[10] *IHK Arnsberg, Hagen, Siegen/Scientific Consulting (2002): Innovations- und Ideenmanagement in kleinen und mittelständischen Unternehmen, unter: http://www2.ihk-arnsberg.de/download/beringhoff/BER%20IErgeb.pdf; Datum des Abrufs: 18.06.2008.*

[11] Koitz, K. (2006): *Ergebnisbericht »Markterfolg geförderter Innovationen«. Studie der EuroNorm, im Auftrag der IHK Frankfurt (Oder), unter: http://www.ffo.ihk24.de/res.php?id=2174; Datum des Abrufs: 01.09.2008.*

[12] König, M. (2002): *Typische Problemfelder des Innovationsmanagement bei KMU. In: König, M., Völker, R. (Hrsg.): Wissenschaftliche Beiträge und Projektstudien. Arbeitspapier 1, Kompetenzzentrum Innovation und Marktorientierte Unternehmensführung, Eigenverlag, Fachhochschule Ludwigshafen 2002.*

[13] König, M., Völker, R. (2001): *Forschungsbericht zum Forschungsprojekt »Verbesserung der Innovationsfähigkeit kleiner und mittlerer Unternehmen (KMU) in Rheinland-Pfalz. In: König, M., Völker, R. (Hrsg.): Wissenschaftliche Beiträge und Projektstudien. Arbeitspapier 9, Eigenverlag, Fachhochschule Ludwigshafen 2001.*

[14] Olschowy, W. (1990): *Externe Einflussfaktoren im strategischen Innovationsmanagement: Auswirkungen externer Einflussgrößen auf den wirtschaftlichen Innovationserfolg sowie die unternehmerischen Anpassungsmaßnahmen, Erich Schmidt Verlag, Berlin 1990.*

[15] Rammer, Ch., Weissenfeld, B. (2008): *Innovationsverhalten der Unternehmen in Deutschland: Aktuelle Entwicklungen und ein internationaler Vergleich, Studien zum deutschen Innovationssystem Nr. 04-2008, Eigenverlag, Zentrum für Europäische Wirtschaftsforschung, Mannheim 2008.*

[16] Smerlinski, M., Stephan, M., Gundlach, C. (2009): *Innovationsmanagement in hessischen Unternehmen – Discussion Paper on Strategy and Innovation 09-01. Eigenverlag, Lehrstuhl für Technologie- und Innovationsmanagement, Philipps Universität Marburg 2009.*

[17] Späth, L. (2008) (Hrsg.): *Top-100 Unternehmen 2008: Die 100 innovativsten Unternehmen im Mittelstand, Redline Wirtschaftsverlag, München 2008.*

[18] Spielkamp, A., Rammer, Ch. (2006): *Balanceakt Innovation – Erfolgsfaktoren im Innovationsmanagement von KMU, ZEW-Dokumentation Nr. 06-04, Eigenverlag, Zentrum für Europäische Wirtschaftsforschung, Mannheim 2008.*

[19] *Statistische Ämter des Bundes und der Länder (2008): Unternehmen und Betriebe – Hessen. Auswertung aus dem Unternehmensregister, Stand: 31.12.2007, unter: http://www.statistik-portal.de/Statistik-Portal/de_enterprise.asp?reg=06, Datum des Abrufs: 01.08.2008.*

[20] Staudt, E., Bock, J., Mühlemeyer, P. (1992): *Informationsverhalten von innovationsaktiven KMU. In: ZfB, Jg. 62, Bd. 9, 1992, S. 989-1008.*

[21] THOM, N., MÜLLER, R. C. (2006): *Innovationsmanagement in KMU – Erkenntnisse aus einer explorativen Studie. In: Bruch, H. et al. (Hrsg.): Leadership – Best Practices und Trends, Gabler Verlag, Stuttgart 2006, S. 251-264.*

[22] WURZER, A.J. (2006): *Wussten Sie… was man für Innovation wissen muss? In: ke, Jg. 2006, Bd. 02, Verlag Moderne Industrie, Landsberg a. L., S. 6.*

[23] *Zentrum für Europäische Wirtschaftsforschung (ZEW, 2008): Innovationsverhalten der deutschen Wirtschaft: Indikatorenbericht zur Innovationserhebung 2007, Zentrum für Europäische Wirtschaftsforschung, Mannheim 2008.*

[24] *Angeschrieben wurden vor allem Unternehmen, die sich im Rahmen von Foren und Aktivitäten der IHK Innovationsberatung in der Vergangenheit bereits mit Innovationsrelevanten Themen beschäftigt haben. Die Vermutung einer überdurchschnittlich starken Innovationsorientierung bestätigt sich auch beim Blick auf die Innovationsquote: Von den befragten hessischen Unternehmen haben 90 % in den letzten drei Jahren Innovationen realisiert. Die Innovatorenquote liegt im deutschen Durchschnitt bei 65 %.*

Zusammenfassung

Die hier dargestellte Studie untersucht die betriebliche Praxis des Innovationsmanagements in 166 hessischen Unternehmen. Schwerpunkt ist die differenzierte Analyse des Einsatz von Innovationsmethoden, was die Studie deutlich von vergleichbaren Untersuchungen abhebt.

Insgesamt genießt das Innovationsmanagement in den Unternehmen, auch bei den KMU, einen höheren Stellenwert, als erwartet. Ein überraschend positives Bild zeigt vor allem die Analyse des Methodeneinsatzes im Innovationsmanagement: Die befragten Unternehmen, inklusive der Gruppe der KMU, nutzen eine sehr große Vielfalt an Methoden. Dies kann u. a. als Erfolg der Weiter- und Fortbildungsangebote seitens der verschiedenen Kammern und Verbände in Hessen gewertet werden. Zu nennen ist u. a. der Zertifikatslehrgang zum Innovationsmanager, der von der IHK Innovationsberatung Hessen angeboten wird. Trotz des insgesamt positiven Bildes offenbaren sich gerade bei KMU Lücken. Die Ursachenanalyse zeigt, dass kleine Unternehmen mangelndes Methodenwissen beklagen. Bei vielen Instrumenten werden zu hohe Kosten der Methodenanwendung genannt. Interessant ist, dass die genannten Instrumente – fundierte Methodenkenntnis vorausgesetzt – keine größeren Kosten verursachen sollten. Es handelt sich meist um eher einfach und kostengünstig anwendbare Methoden. Die wahren Gründe der Nichtanwendung dürften deshalb in Wissensdefiziten und begrenzten personellen und finanziellen Mitteln für Schulungsmaßnahmen zu sehen sein. Hier liefert die Studie gezielte Hinweise für die inhaltliche Ausgestaltung von Weiter- und Fortbildungsangeboten.

Innovationsquellen erschließen

Consumer Insights – Anregungen durch Kunden, sind – wenn sie systematisch erschlossen werden – eine wertvolle Quelle für Innovationen. Die Firma Henkel hat hierzu gemeinsam mit Partnern neue und teilweise recht ungewöhnliche, qualitative Methoden entwickelt.

In diesem Beitrag erfahren Sie:
- wie Sie Kunden in den Innovationsprozess integrieren können,
- welche Inspirationsquellen es gibt, um mentale Einbahnstraßen zu verlassen,
- welche Einflüsse und Treiber zu beachten sind.

Jens Bode

Einleitung

Schlagworte wie »Consumer ist the Boss« und »Consumer Insights« werden immer wieder gerne in Unternehmen mantramäßig wiederholt. Die Wirklichkeit sieht oft ganz anders aus: Ein wenig Alibi-Marktforschung hier und da ersetzt direkte und persönliche Kundenkontakte. Eine Aussage wie »Ich arbeite seit Jahren auf dieser Marke und weiß genau, was meine Kunden brauchen« hat eher etwas mit Ignoranz als mit Integration zu tun.

Die Fokussierung des Innovationsprozesses – unter anderem auf die *finale Zielgruppen* und potenzielle neue Kundengruppen – ist essenziell. Aber wie werden Hausfrauen und -männer, Handwerker, Profis und ihre unentdeckten Kundenpotenziale wirklich in der Praxis integriert?

Wie vermeiden Sie garantiert Innovationen?

Acht spontane Gedanken zu diesem Thema (Achtung: Ironie):

- ⇨ Betrachten Sie Ideen von Dritten als persönlichen Angriff.
- ⇨ Fördern Sie das Not-invented-here-Syndrom (NIH-Syndrom).
- ⇨ Schaffen Sie Informationssilos mit unüberwindbaren Mauern.
- ⇨ Sortieren Sie Querdenker aus.
- ⇨ Schaffen Sie eine graue Arbeitsatmosphäre.
- ⇨ Wenden Sie geschickt und subtil die Top 10 der »Killerphrasen« an.
- ⇨ Schotten Sie sich vor externen Ideen und Inspirationen ab.
- ⇨ Lassen Sie alles beim Alten.

Doch dazu später mehr.

Die Ausgangslage

Insbesondere für die FMCG-Industrie (FMCG = Fast Moving Consumer Goods) gab es in der nahen Vergangenheit viele Herausforderungen: die gefühlte Verteuerung durch die Euroumstellung, »Geiz ist Geil« vs. Premium vs. Private Labels, die Fragmentierung der Märkte und Zielgruppen, gesättigte Märkte und alternative Absatzkanäle, Finanzkrise oder doch die Chance? Die Liste lässt sich beliebig verlängern. Dazu ein enormer Innovationsdruck im Gegenspiel zu einer ökonomisch sehr unbefriedigenden Floprate, je nach Produktkategorie von über 80 %; je nach Quelle schwanken die Zahlen zwischen 70 % bis zu 99 %. Woher kommt dieser enorm hohe Anteil, und warum wird anscheinend »bewusst« soviel Zeit und Geld verbrannt?

Consumer Insight wurde als Zauberimpuls entdeckt und generiert bei google aktuell rund 646.000 Treffer, mit fast ebenso vielen Definitionen.

Was steckt dahinter? Wie wird es gelebt? Als Beispiel dient der Düsseldorfer Konsumgüterhersteller Henkel [1] mit konkreten Beispielen aus dem Unternehmensbereich Wasch- und Reinigungsmittel.

Der Fokus auf konsumentenrelevanten Innovationen ist einer der Erfolgsfaktoren bei Henkel. Unterschiedliche Innovationsprozesse wurden aktiv ausprobiert, von eher monadischen Workshops bis zu freigestellten Innovation-Think-Tanks, in einer Art Kreativ-Loft. Das

Innovationen – unsere Zukunft
(Auszug aus Text der Webpage zum Thema Innovation)

Wir haben bei Henkel die Vision, mit Marken und Technologien das Leben der Menschen leichter, besser und schöner zu machen. Hierbei sind Innovationen die Basis für den Erfolg. Wir sichern damit unsere Zukunftsfähigkeit, das heißt die Fähigkeit, proaktiv auch auf eine sich ständig wandelnde Welt einzugehen. Gespeist wird unsere Innovationskraft sowohl aus internem als auch externem Know-how:

- ⇨ *Intern* sind es unsere Mitarbeiter, die unsere Innovationsstärke gestalten. Ob in der Forschung, in der Produktentwicklung, in der Produktion, im Marketing, im Controlling, im Vertrieb – alle Mitarbeiter gestalten die Zukunft unseres Unternehmens mit. Daher hat Henkel bereits seit Jahrzehnten eine lebendige Innovations- und Wettbewerbskultur entwickelt.
- ⇨ *Extern* verfügen wir über ein weltweites Forschungsnetz mit über 250 Kooperationspartnern aus den universitären Bereichen. Dieses Netz bauen wir permanent aus. Hier nutzen wir gezielt die Möglichkeit, Technologietrends frühzeitig zu erkennen und auf mögliche Geschäftspotenziale zu überprüfen. [2]

war im Jahr des New Economy Hypes Anfang 2000. Parallel blitzte vereinzelt ein neuer Begriff in der Marketinglandschaft auf: Consumer Insight. Heute ist dieser Begriff so eingedeutscht wie Disruptive Innovation oder Roadmaps.

Der Start: Consumer Insight Management

In einem kleinen Team wurden neue und sehr qualitative Methoden entwickelt. Dabei arbeiteten wir sehr eng mit Instituten und Beratern, Kunden und Nicht-Kunden zusammen. Wie bei allen neuen Ideen und Impulsen gibt es »menschliche Reaktanzen«, die mit dem Gandhi-Zitat wunderbar umschrieben werden: »Eine neue Idee wird erst belächelt, dann bekämpft und später geliebt.« Eigentlich ist es also ganz einfach: Die Idee muss nur die zweite Phase »überleben«.

Kulturwandel ist immer ein intensiver, manchmal schmerzlicher Lernprozess. Alte Gewohnheiten und Blockaden unter dem Motto »Not invented here« erschweren den Wandel. Die positive Energie, die im Ansatz »Wir machen es einfach« steckt, ergänzt um Leidenschaft und Empathie sowie persönliche Begeisterung sind nötige Impulse, um aus alten Denkmustern auszubrechen.

Zitate wie »Inspired by Consumers« und »Denk daran, Dein Kunde bezahlt Dein Gehalt« schmücken die Literaturlandschaft. Aber was bedeutet »Consumer Insight« eigentlich? Es gibt akademische und intellektuelle Definitionen – die von Henkel ist einfach, kurz und knapp: »Ein Consumer Insight ist eine frische und unerwartete Perspektive, die in dieser Art bisher bei uns nicht verfügbar war oder einfach nicht gesehen wurde.«

Die Umsetzung

Ein Standarderfolgsmodell gab es nicht auf dem Markt, und so hat Henkel gemeinsam mit externen Partnern neue und teilweise eher ungewöhnliche, qualitative Methoden entwickelt. Es gab auch keine Standardvorgehensweise zur Generierung von Insights, sondern jedes Briefing und jede Fragestellung wurde individuell angegangen. Allgemein werden Insights in zwei Phasen gesammelt und in eine erste kreative Phase transferiert:

Oft werden Ideen aufgrund von externem Druck entwickelt. Der Wettbewerber ist aktiv – oder externe Rahmenbedingungen wie Ge-

Abb. 1: *Consumer Insight Tools (Auswahl)*

setzgebungen oder Vorschriften haben sich geändert. Auf der anderen Seite gib es intrinsisch motivierte Mitarbeiter, die Spaß am Innovieren haben und Ideen sowie Konzepte entwickeln. Eine Faustformel besagt, dass im Durchschnitt ein Unternehmen 3.000 Ideen benötigt, um eine Idee launchfertig zu gestalten. Dazwischen sind unterschiedlichste Filterschritte wichtig: Marktforschung, Stage Gates, Bewertungen teilweise mit den berühmten, bunten Klebepunkten sowie kleine und große Projekte. »3.000 Ideen« heißt aber auch ein enormes Investment in Menschen, Zeit und Geld – aber zudem ein enormes Frustpotenzial. Warum ist diese Zahl so hoch?

Kreative Workshops werden oft reaktiv organisiert und nicht pro-aktiv und auf konkreten Chancenfeldern. Früher umfasste der Innovationsprozess folgende Schritte: Ideation, Bewertung der Ideen, Projekte, Launch. Heute werden erst konkrete Chancenfelder definiert und es wird versucht, in das »Warum« einzutauchen. Was ist der Treiber eines Trends oder was ist die Motivation eines Haushaltes für ein bestimmtes Ritual?

- ⇨ Wo gibt es »White-Spots«? Definition von konkreten Chancenfeldern (Insights, Trends, Problemfelder, etc.).
- ⇨ Warum? Die Lernphase: Was ist das konkrete Problem oder zum Beispiel die Motivation des Kunden für diese Handlungsweise oder das Ritual?
- ⇨ Kreative Arbeit, Ideation.
- ⇨ Beweis? Anreicherung und Anfütterung der Ideen.
- ⇨ Bewertung nach Soft- und Hard-Facts.
- ⇨ Umsetzung, Projekte, Filter.
- ⇨ Launch.

Durch die strukturierte Vorgehensweise wird deutlich konkreter und fokussierter kreativ innoviert.

Wie findet man »neue Kundenprobleme«?

Neue Prozesse werden oft durch allzu menschliche Eigenschaften unnötig erschwert: vorgefertigte Denkmuster und Paradigmen, das eigene Ego, manchmal auch die eigene Arroganz und das NIH-Syndrom. Zur erfolgreichen Einführung neuer Methoden und Prozesse ist das absolute Commitment des Top-Managements und Ressourcen wie der Faktor Zeit unerlässlich. Was banal klingt, wird oft unterschätzt oder bagatellisiert.

Henkel-Mitarbeiter des Unternehmensbereichs W- und R (von R&D....) besuchen Endverbraucher in ihren Haushalten, um Einblick in den jeweiligen Alltag zu erhalten. Man spricht über Probleme und Wünsche bei der täglichen Hausarbeit, man beobachtet oder arbeitet selbst in den Haushalten und spricht Ideen zu ersten, groben Konzeptideen an. Wichtig ist das Training der Henkelaner, das heißt die Do's and Don'ts während des Besuchs, zum Beispiel:

- ⇨ Kleidung: eher casual als business-like.
- ⇨ Freundliche, aktive Gesprächsatmosphäre, keine Belehrungen.
- ⇨ Fragetechniken, um das eher unbewusste Verhalten zu erfahren, Laddering-Technik.
- ⇨ Offene Beobachtungen, teilweise mit Videoaufzeichnungen.
- ⇨ Keine Bewertung.
- ⇨ Lernen, lernen, lernen.

Die Abteilungen rund um »das Produkt« werden nach und nach trainiert, das heißt Marketing, Marktforschung, Research & Development aber auch externe Agenturen. Und das nicht nur am Stammsitz, sondern weltweit.

Paradigma: »Welche Innovation stammt vom Kunden?« Wer ein fertiges Konzept erwartet, hat die falsche Erwartungshaltung. Wer aber mit offenen Augen beobachtet und zuhört, achtsam durch – in diesem Fall – Haushalte geht und Beobachtungen nicht direkt bewertet oder Haushalte sogar belehrt, wird mit wertvollen Inspirationen belohnt. Natürlich sind diese Impulse sehr qualitativ, meistens n=1, aber hier liegt die Chance im Sinne eines intellektuellen Transfers und eines gemeinsamen Transfers in innovative Lösungen.

Was ist eine Innovation? Das Henkel-Team hat für sich den Rahmen neu definiert. Was früher eher als reine Produkt- oder Verfahrensinnovation, als »chemische Formel« verstanden wurde, bedeutet heute einen holistischen Ansatz (360°-Blick). Eine Innovation kann unter anderem beruhen auf:

- ⇨ Rezeptur,
- ⇨ Anwendung,
- ⇨ Verpackung,
- ⇨ Art der Kommunikation,
- ⇨ Vertriebsweg,
- ⇨ Zielgruppe,
- ⇨ und natürlich einer Kombination einzelner Felder.

Welche Methoden gibt es noch, Chancenfelder zu definieren und Kunden aktiv in den Innovationsprozess zu integrieren: B2B wie B2C?

HomeVisits

Warum direkte Kundenkontakte essenziell sind, darauf wurde oben kurz eingegangen. Was zu beachten ist, auch. Im Weiteren wird das »Wie« näher betrachtet, das Iceberg-Model. Bildlich gesprochen befinden sich oberhalb der Wasserfläche zwei Phasen:

- ⇨ *Befragen* – über speziell trainierte Fragetechniken.
- ⇨ *Beobachten* – nicht nur in der eigenen Produktkategorie, sondern auch in Nachbarmärkten. Was befindet sich in den Schränken, was steht offen und warum?

Unterhalb der Wasseroberfläche ist das Verborgene – und auch hier wird in zwei Phasen gearbeitet:

- ⇨ Provozieren – mit »was wäre wenn«-Fragen, zum Beispiel: Wie würden Sie Ihr Geschirr reinigen, wenn Sie kein Wasser zur Verfügung hätten? Wie schaffen Sie ein Raumaroma ohne Duftstoffe?
- ⇨ »Be the Consumer« – konkret: in den Haushalten arbeiten, zum Beispiel: Wer für eine Waschmittelkategorie zuständig ist, bittet den Haushalt, einen typischen Berg schmutziger Wäsche zur Ver-

fügung zu stellen und sortiert dann selbst die Wäsche und befüllt die Maschine. Ähnliche Ansätze gibt es für die anderen Kategorien. Das »Coachen« und Korrigieren durch die Haushalte bildet einen Lernprozess. Warum macht es der Henkelaner »falsch« aus Sicht des Haushaltes? Welches Motiv steckt hinter dem jeweiligen Haushaltsritual? Auch hier ist wieder die Sprache, sind die verwendeten Wörter und Beschreibungen für spätere Konzepte wichtig.

Wie wird das Gelernte aufgearbeitet? Aufgrund knapper Ressourcen, vor allem Zeit, ist es sinnvoll, ein einfaches *Template* zur Verfügung zu stellen. Ein Template, was einerseits komplett, aber schnell ausgefüllt werden kann und was von den Kollegen mit geringsten Zeitinvestitionen aufgenommen und genutzt wird. Das Henkel-Team hat hier einen einfachen Zweiseiter gestaltet:
Vorderseite:
⇨ Allgemeine Daten zu dem besuchten Haushalt.
⇨ Allgemeine Beobachtungen/Einstellungen des Haushaltes.
⇨ Individuelle Insights und Rituale.
⇨ Problemfelder, Wünsche, erste Ideen der Kunden.
⇨ Zitate und Geschichten.
⇨ Die größte Überraschung in dem Haushalt.

Rückseite:
⇨ Sonstige Beobachtungen (kategorieübergreifend).
⇨ Galerie (Platz für Digitalfotos und Scribbles).

Dieser Two-Pager wurde in Englisch formuliert und in eine Datenbank gepflegt, so dass alle Länder einerseits selbst ihre Reports ergänzen und sich andererseits an vorhandenen Informationen bedienen können. Ein Team hat von Zeit zu Zeit die Reports zusammengefasst, in Chancenfelder geclustert und die Innoteams mit neuen Insights und Chancenfelder versorgt. An dieser Stelle sind natürlich alle Insights n=1, das heißt sehr qualitativ. Die Teams haben die Relevanz geprüft und quantitative Schritte verabschiedet.

HomeVisits mit installierten Minikameras

Je nach Quelle laufen rund 5 % der täglichen Handlungen im »bewussten Verhalten« ab, und bei einem klassischen Interviewansatz erhält man in der Regel genau diese Antworten: Antworten aus dem Bewussten. Eine Methode, um einen Einblick in die rund 95 % unbewussten Handlungen zu bekommen, ist, Interviews mit installierten Minikameras zu kombinieren. In einem Versuchsaufbau wurden:

- ⇨ Vor-Interviews geführt.
- ⇨ Eine Woche Videoaufzeichnungen mit drei installierten Minikameras aufgezeichnet und ausgewertet.
- ⇨ Nach-Interviews durchgeführt, wobei Aussagen des ersten Interviews mit den Videos kombiniert wurden.

Die Diskrepanz zwischen dem Gesagtem und der tatsächlichen Verhaltensweise war gravierend. Dementsprechend waren die Haushalte teilweise irritiert über ihr eigenes Verhalten, was ihnen natürlich selbst gar nicht aufgefallen war.

Der Benefit für die Produktentwickler war eine DVD-Kollektion, wo jeder einzelne Prozessschritt der Produktverwendung in Kurzsequenzen betrachtet werden konnte:

- ⇨ Wie wird die Verpackung geöffnet und mit welchen Hilfsmitteln?
- ⇨ Wie wird dosiert?
- ⇨ Welche »Fehlanwendungen« werden mit dem Produkt gemacht?
- ⇨ Wie werden die eigenen und Wettbewerbsprodukte verwendet?

Eine interessante, qualitative Methode, um sehr tief in Haushalte einzutauchen. Allerdings ist dieses Tool nicht für jede Produktkategorie geeignet (zum Beispiel WC-Reiniger).

Diaries

Diaries sind Tagebücher, die zum Beispiel für 14 Tage von Probanden gepflegt werden. Bei einer Umfrage ging es um Tagesabläufe und

Touchpoints für Produktkonzepte. Es ging nicht um spezielle Probleme, sondern es stand eher die Fragen im Vordergrund: Was steht zwischen den Zeilen? Welche Ängste, Sorgen und Wünsche gibt es und wo gibt es Möglichkeiten, mit einem Konzept den Tagesablauf und die »täglichen Pflichten« zu unterstützen? Tagebücher sind in der Auswertung recht aufwendig, aber eine faszinierende Quelle für die kreative Phase.

Die Erfahrung zeigt, dass Tagebücher geschrieben werden, als wenn man sich mit einer guten Freundin unterhielte – angereichert durch Fotos, Zeichnungen und persönliche Geschichten. Gerade die verwendete Sprache ist eine inspirierende Quelle und ein guter Gegenpol zu den oft zu rationalen Konzepten, wenn sie rein firmenintern geschrieben werden.

Experteninterviews

Haushalte zu beobachten und zu befragen, ist eine Quelle. Eine weitere ist es, Märkte aus einer anderen Perspektive zu sehen und Experten und Profis zu integrieren. Bleiben wir bei dem Beispiel Wasch- und Reinigungsmittel. Beispiele für Inspirationen:

- ⇨ Interviews in den Haushalten mit Putzfrauen und deren Auftraggebern.
- ⇨ Interviews mit Reinigungsprofis in Hotels. Wie ist das Ritual, wenn unter Zeitdruck ein Hotelzimmer gereinigt wird, und welche Produkte und Hilfsmittel werden eingesetzt?
- ⇨ Beobachtungen in Profiküchen.
- ⇨ Beobachtungen in Wäschereien.
- ⇨ Besuch bei Produzenten von Verpackungen, Bausteinen der Produktvorstufe, etc.

Welche Produkte werden wie verwendet? Welche Stories werden beschrieben und vor allem, welche Worte und Formulierungen werden verwendet? Welche Sprachbausteine sind transferierbar?

Imaginäre Tagesabläufe

Als Diskussionsgrundlage ist eine Investition in einen talentierten Grafiker und visuelle Transfers von Tagesabläufen sinnvoll. Eine einfache Methode als Inspiration für Gruppenarbeiten und Workshops, die einen mental schnell in andere Schuhe schlüpfen lässt. Wie sieht der Tagesablauf aus von (zum Beispiel):

- ⇨ DINKs (double income, no kids)?
- ⇨ Einer »Family-Managerin« (zum Beispiel: alleinerziehende Mutter mit Teilzeitjob)?
- ⇨ Einer fünfköpfigen Familie mit Hund?
- ⇨ Einem Seniorenpärchen?
- ⇨ Einem mobilen Singlepärchen mit zwei Wohnorten?

Welche Herausforderungen haben die beispielhaften Gruppen bei den »täglichen Pflichten«? Wo gibt es Touchpoints für die aktuelle Produktrange? Wo gibt es Chancen und Touchpoints für neue Konzepte und Services?

Abb. 2: *Visualisierte Tagesabläufe (Touchpoints)*

Communities

Neben der Marktforschung und Marktbeobachtung gibt es ein großes Angebot an freien und teilweise kostenlosen Insightquellen (im eigenen Haus sowie im Internet):

⇨ Das eigene Callcenter oder die eigene Kundenhotline.
⇨ Produkt- und Servicebewertungsportale im Internet.
⇨ Blogs und Chatrooms.

Über was schreiben die Menschen, was ärgert sie, was wünschen sie sich und vor allem, was steht »versteckt« zwischen den Zeilen? Diese Quellen bieten ein »Buffet« an Inspirationen und Sprachbausteinen, die effektiv in Produkt- und Servicekonzepte integriert werden können.

Trendscouting

Ein weitere externe Quelle sind zukunftsgerichtete Informationsfragmente und Trends: kurzfristige, mittelfristige und langfristige.

Über externe Quellen, internationale Trendexperten und Datenbanken werden Trends permanent gescannt, gelesen und diskutiert. Viel intensiver ist es, diese Trends und deren Auswirkungen, Chance vs. Risiko, live zu erleben, d. h. man sollte nicht nur Trend-Reports lesen, sondern auch EarlyAdopter persönlich besuchen – um zu erleben, wie eine bestimmte Zielgruppe lebt, was sie denkt und sagt.

Wie können kurzfristige Trends live erlebt werden?
Beispiel: TrendWalk

Henkel hat mit seinen Innovationsteams für 1,5 Tage London besucht. Vor Ort wurden die Teilnehmer gemischt und in fünf Gruppen eingeteilt. Jeder bekam ein »Survival-Paket«, bestehend aus einem Briefing, britischen Pfund und einem Trendscout als Guide. Jede Gruppe hat ein anderes Gebiet erkundet, von Mainstream-Arealen bis zu neuen, wiederbelebten Stadtvierteln. Es wurden hunderte von Fotos gemacht, Shops besucht, viele Gespräche geführt und Dutzende von Produkten eingekauft. Am Ende des Tages stellte jede Gruppe seine Highlights und Erlebnisse vor, mit konkreten Transferideen für das operative Geschäft.

Wie können mittelfristige Trends live erlebt werden? Beispiel: ethnografische TrendStudy

Trends mit einer längeren Halbwertszeit wie Design, Health, Simplicity, Convenience, Lohas (Lifestyle of Health and Sustainability) entwickelten sich als zarte Pflänzchen und sind heute nicht mehr wegzudenken. Aber wie leben zum Beispiel Lohas, welche Werte sind ihnen wichtig, welche täglichen Rituale haben sie? Henkel hat hier zahlreiche Haushalte in Deutschland besucht, die auf einzelne Trends direkt einzahlen. Diese Haushalte wurden von Zweier-Teams, bestehend aus einem Institutsresearcher und einem Henkelaner, für mehrere Stunden besucht, befragt und beobachtet. Das Ergebnis war ein rund 256-seitiger Report, prall gefüllt mit Stories, qualitativen Insights und Fotos. Das komplette Material wurde für die einzelnen Kategorien und Marken ausgearbeitet und im Rahmen von Workshops mit interdisziplinären Teams übersetzt. Übersetzt in innovative Ansätze für das eigentliche Produkt, aber auch in Richtung Verpackung, Kommunikation, Sales – Innovation 360°.

Wie können langfristige Trends live erlebt werden? Beispiel: Szenariotechnik

Je weiter der Zeithorizont entfernt ist, desto herausfordernder ist es natürlich, diese Entwicklung persönlich zu antizipieren. Eine Möglichkeit, mental einen Zeitsprung zu machen, ist der Umgang mit Zukunfts-Szenarien. Betrachtungsgegenstände können unter anderem sein: Konsumenten, Märkte, Umfelder, Technologien, Produkte und Unternehmen, Geschäftsbereiche sowie globale Einflussfaktoren. Das

Hauptziel ist es, basierend auf der aktuellen Situation, Chancen und Erfolgspotenziale, aber auch Gefahren und Risiken der Zukunft zu erkennen und dementsprechend strategische Entscheidungen zu unterstützen. Parallel sind die erarbeiteten Szenarien ein sehr guter Filter für aktuelle Ideenlisten, das bedeutet: Welche Idee passt zu welchem Szenario, zu welchem Szenario gibt es gegebenenfalls keine Idee und wo sollte nachgearbeitet werden? Der Vorteil der Szenario-Analyse ist die systematische Ermittlung zukünftiger Entwicklungs-Möglichkeiten für einen Markt (oder ein Unternehmen, eine Technologie etc.). Darauf aufbauend werden Chancen/Gefahren und Handlungsoptionen abgeleitet und eine Art Frühwarnsystem geschaffen. Als positiver Nebeneffekt wird das gemeinsame Ausarbeiten von Zukunftsalternativen trainiert:

- ⇨ Arbeitsfeld definieren.
- ⇨ Einflussfaktoren sammeln, die relevantesten identifizieren.
- ⇨ Entwicklungsmöglichkeiten (Projektionen) der Einflussfaktoren in zwei, drei Miniszenarien.
- ⇨ WildCards definieren.
- ⇨ Projektion übersetzen in Szenario-Entwürfe.
- ⇨ Szenarien interpretieren in Chance vs. Risiko.
- ⇨ Szenarien in regelmäßgen Abständen aktualisieren, ggf. erweitern.

Der Große frisst den Kleinen vs. der Schnelle frisst den Langsamen

Oben wurden einige Methoden beschrieben, Insights und Informationsfragmente zu generieren. Diejenigen, die als Erste die Muster erkennen und diese in Opportunitäten übersetzten, haben den entscheidenden Vorsprung – eine Art Innovations-Darwinismus im Sinne schneller Transfers in konsumentenrelevante Ideen und Konzepte.

Was ist sinnvoll und effektiv? Empfehlungen:

Kommunikationsraum

An dieser Stelle möchte ich sehr stark dafür plädieren, »Insight-sharing«-Plattformen zu schaffen. Einen Raum, wo unterschiedliche Interessen rund um eine Kategorie oder die Marke zusammen kommen, sich austauschen, eine gemeinsame Plattform finden und zusammen daraus Ideen und Konzepte kreieren. Ein Raum, der »tapeziert« ist mit Artikeln, Tabellen, Bildern, Produkten, Zitaten. Ein Raum, der neugierig macht, der anregt und inspiriert. Und nicht zuletzt ein Raum, der es erlaubt, Informationssilos und Barrieren einzureißen und die Kommunikation zu fördern.

Externe Querdenker

Dieser Prozess darf nicht in verschlossenen Containern und »Gedankensilos« ablaufen, sondern Externe wie kreative Konsumenten, Spezialisten, Handel und Lieferanten sowie kreative Querdenker sollten in diesen Prozessschritt integriert werden. Der Vorteil liegt auf der Hand – die Konzepte werden weniger rational und weniger überfrachtet, zum Beispiel mit zu vielen Benefits (Haben Sie schon mal versucht, fünf Bälle zu jonglieren?). Ähnlich schwierig ist es für einen Konsumenten, am POS (Point of Sale) in Zehntelsekunden fünf Benefits aufzuschnappen und zu verstehen.

Binden Sie speziell rekrutierte, kreative und konstruktiv kritische Konsumenten mit in die Konzeptphase ein. Die Konzepte werden deutlich fokussierter und emotionaler.

Weniger ist mehr

Die Insights und Information sollten kurz und knapp nachgearbeitet werden. Weniger Power-Point-Folien, mehr Geschichten, persönliche Erlebnisse und visuelle Eindrücke.

Mut und Kühnheit. Probieren Sie aus. Spielen Sie

Es gibt nicht das perfekte Tool. Motto: »Wenn ich ein Buch über das Segeln lese, kann ich noch lange nicht selber segeln.« Die Mitarbeiter müssen die Ressourcen erhalten, eigenverantwortlich neue Methoden zur Generierung von Insights oder alternative Ideationtools auszuprobieren. Die Lernkurve ist enorm hoch.

Die Kostenfrage anders stellen

Selbstverständlich müssen Budgets respektiert werden, nur bei der Frage »Was kostet das?« klingt immer eine leicht negative Schwingung durch. »Wie hoch ist unsere Investition?« generiert die gleiche Antwort, ist aber deutlicher positiver und wertschätzender dem Mitarbeiter sowie dem Projekt gegenüber.

Die (Außen-)Welt ist voll von Inspirationen

Inspirationen durch Dritte sind erlaubt und erwünscht. Nutzen Sie Messen, Netzwerke, Verbände, Zeitungen und Magazine aller Art, Datenbanken und das Internet. Lassen Sie sich mental befruchten von völlig anderen Märkten, Kategorien und Einflussfaktoren. Welche Trends gibt es im Joghurtregal, wie kommuniziert die Uhrenindustrie und welchen Transfer gibt es zu einem Waschmittel? Seien Sie mutig, skurrile Produkte zu diskutieren. Gerade Konzepte, die aus erster

Sicht provozieren, sind wahre »Synapsenschubser« und wirken wie ein Dominoeffekt. Aus einer eher verrückten Idee entwickelt sich möglicherweise eine faszinierende.

WildCards und provokante Hypothesen

Stellen Sie provozierende Thesen auf und regen Sie das Denken in andere Bahnen und Dimensionen an, zum Beispiel:

⇨ Stell Dir vor, Steve Jobs entwickelt ein Waschmittel und launcht es zum nächsten Quartal. Wie sähe es aus?

⇨ Welche Auswirkungen haben Trends wie Convenience, neue Lebens- und Wohnmodelle, die Einkommensschere oder die Urbanisierung auf die Kategorie? Und welche Schnittmengen ergeben sich, wenn man Trends mixt: Convenience und Single-Haushalte?

Inspirationen

Laut Wikipedia sind Inspirationen (lat.: *inspiratio* = Beseelung, Einhauchen von »spiritus« = Leben, Seele, Geist) jene mentale Kraft, die neue Ideen hervorbringt. Inspiration bezeichnet häufig auch ein Erlebnis, das als Auslöser für eine neue Idee angesehen wird, zum Beispiel die Begegnung mit einem Menschen. Das Konzept der Inspiration setzt voraus, dass Kreativität oder Originalität im Menschen durch einen bestimmten Auslöser von außen in Gang gesetzt werden muss.

Elementarer Baustein in den Vorstufen von Innovationsprozessen ist die Inspiration. Inspiration aus Consumer Insights, Trends, Szenarien oder auch kategoriefremden Quellen neuen Technologien und zufälligen Kontakten. Im Endeffekt ist es eigentlich vollkommen egal, woher der Impuls kommt und wer ihn hatte. Wichtig ist, dass man Informationsfragmente und Inspirationen achtsam wahrnimmt und sich von der unbewussten Inkompetenz zur unbewussten Kompetenz entwickelt:

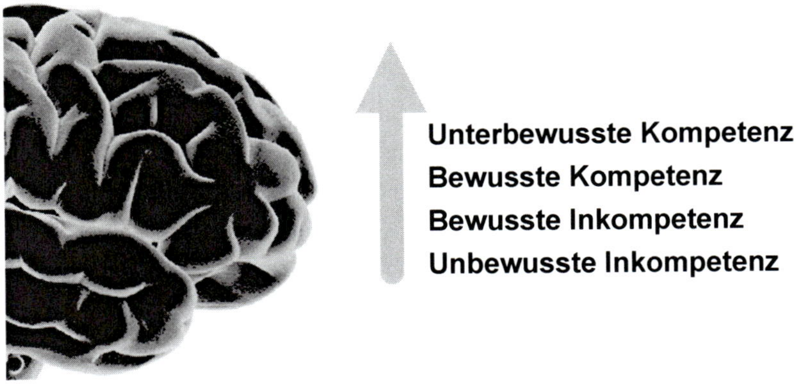

Abb. 3: *Phasen der Informationsaufnahme (Kompetenzlevel)*

Innovationsmanager wird man nicht durch Bekanntmachung, sondern durch intensives Training, Freiräume und gelebte Werte wie Offenheit, Kommunikationsfähigkeit, Kreativität, Mut und Kühnheit sowie Respekt.

Die Ego-Falle

Abgesehen davon, dass es ein absolutes Muss ist, direkt die Kunden und Nicht-Kunden zu involvieren, zeigen die folgenden Zitate einen Mix aus »gekränktem« Ego und Arroganz. Kulturwandel braucht seine Zeit. Hinter einer ersten Ablehnung, zum Beispiel im Rahmen von HomeVisits in Haushalte zu gehen, steckt oft nur Unsicherheit. Henkel hat hier die Kollegen gecoacht und zusätzlich einen kreditkartengroßen Flyer verteilt: »Survival Guide«, mit Tipps & Tricks und Do's & Don'ts im Umgang mit Haushalten. Das Training sollte auch achtsames Beobachten vertiefen. Es gibt Mitarbeiter, die gehen in einen Haushalt und sehen nichts, weil sie nichts sehen können oder wollen. Auf der anderen Seite gibt es Mitarbeiter, die gehen in denselben Haushalt und kommen begeistert zurück – mit Insights, Ideen und einem Terminwunsch für den nächsten HomeVisit. Alles eine Frage der Kultur. Die Ausrede »Keine Zeit« zählt nicht, denn im

Endeffekt investiert man für einen HomeVisit rund zwei Stunden, als Co-Moderator einer Fokusgruppe ebenfalls nur zwei Stunden – ein sehr gutes Investment!

Achtung – Risikomanagement: Killerphrasen!

Sie kennen es vermutlich: Führen Sie etwas Neues in Ihrem Unternehmen ein, erwarten Sie zunächst die »Negativ-Denker« und dann die Top 10 der »Killerphrasen«. Und wenn Sie anregen, direkt mit dem Endverbraucher zu reden und gemeinsam mit ihr oder ihm arbeiten zu wollen, erwarten Sie körpersprachliche Reaktionsmuster wie verschränkte Arme gefolgt von verbalen Stilblüten wie:

⇨ »Ich arbeite schon seit Jahren auf der Marke und ich weiß, was der Kunde will.«
⇨ »Eine Hausfrau ist nicht in der Lage, innovative Produktlösungen zu artikulieren.«
⇨ »Nennen Sie mir doch mal ein innovatives Konzept, was vom Kunden gekommen ist.«

Erwarten Sie nicht, dass ein Haushalt ein fertiges Patent formuliert. Insights in Form von Beobachtungen, Geschichten und Beschreibungen sowie Ritualen sind kleine Impulse – Impulse, die die Mitarbeiter in den Unternehmen natürlich selbst in konkrete Ideen und »sinnvolle Konzepte« übersetzen müssen.

Achtung – Risikomanagement: Wie vermeiden Sie garantiert Innovationen?

⇨ Betrachten Sie Insights und Ideen von Dritten als persönlichen Angriff und lehnen Sie diese kategorisch ab (Motto: »Diese Idee hatten wir bereits vor sechs Jahren«).
⇨ Fördern Sie das NIH-Syndrom mit Variationen von Ausreden und mentaler Abneigung sowie Bestrafung.
⇨ Belohnen Sie Mitarbeiter mit guten Ideen mit Mehrarbeit, damit sie die freien Kapazitäten mehr für das eigentliche Tagesgeschäft nutzen können.

- ⇨ Bestrafen Sie das Ausprobieren von neuen Methoden und etwaige Fehlschläge.
- ⇨ Sortieren Sie Querdenker raus.
- ⇨ Schaffen Sie eine graue Arbeitsatmosphäre, die visuell nicht ablenkt.
- ⇨ Schließen Sie alle Insights und Informationsfragmente weg – so gut, dass kein Kollege inspiriert wird.
- ⇨ Lassen Sie alles so, wie es ist, weil es immer gut gegangen ist – bisher.

Abb. 4: *Werte im Innovationsprozess*

Achtung – Innovation macht Spaß!

Bitte vergessen Sie die vorher genannten Punkte sofort und:

⇨ Fördern Sie die intrinsische Motivation durch eine klar kommunizierte Vision und Innovationsstrategie.

⇨ Fördern Sie Ihre Mitarbeiter durch eine Kultur von »spielen« und »ausprobieren dürfen«.

⇨ Fördern Sie die Kreativität durch Training, das Vermitteln von Techniken und den Zugang zu externen Quellen. Viele Quellen stehen teilweise kostenlos im Internet zu Verfügung, man muss sie nur nutzen.

⇨ Fördern Sie das synergetische und interdisziplinäre Denken durch Schaffen von Insight-sharing-platforms, durch regelmäßige Meetings, wo sich Ihre Teams austauschen können.

⇨ Fördern Sie chancenorientiertes Denken und involvieren Sie alle Personen, die am Wertschöpfungsprozess beteiligt sind.

⇨ Fördern Sie Netzwerke durch interne und externe Kompetenzen.

⇨ Fördern Sie Soft-Skills, wie den Innovationsinstinkt, und lassen Sie Intuition und Bauchgefühl zu – gerade in einer tendenziell zahlenorientierten und gesteuerten Umgebung.

⇨ Fördern Sie das Investment in Innovationen mit notwendigen Ressourcen: Menschen und deren Kreativität, Zeit und Geld.

⇨ Fördern Sie die externe Inspiration durch externe Querdenker, Lead User, Lieferanten, den Handel und andere Märkte, kreative Konsumenten, Experten, externe Netzwerke.

⇨ Fördern Sie die Innovationsbegeisterung und feiern Sie gemeinsam erfolgreiche Produktlaunches oder Kooperationen.

⇨ Fördern Sie Anreize und manifestieren Sie Innovationsleistung in die individuelle Zielsetzung.

Web-Tipps

[1] www.henkel.de

[2] www.henkel.de/innovation

Zusammenfassung

Ohne Innovation gibt es definitiv keinen Fortschritt, keine neuen Konzepte, keine neuen Märkte. Parallel zum internen Know-how stehen außerhalb der Firmenmauern vielfältige Inspirationsquellen für Innovationen zur Verfügung. Innovationen nicht nur im Sinne von der Optimierung von Bestehendem, sondern auch im Schaffen von revolutionären Konzepten. Bauen Sie konsequent »Barrieren« ab und lassen Sie sich auch von Ihren Kunden inspirieren (B2B und B2C). Laden Sie diese ein, schöpferisch an dem Ideenprozess und der Konzeptarbeit mitzuwirken: durch indirekten Input in HomeVisits und direkten in Workshops. Fördern Sie »Insight-sharing«-Plattformen innerhalb des Unternehmens, wo sich interdisziplinäre Teams über ihre Erfahrungen und Learnings aktiv austauschen können – und wo praktisch als Nebenprodukt zudem »mentale Hürden« abgebaut werden. Seien Sie kreativ im Erfinden von eigenen Methoden und mutig in deren Anwendung. Bei dem direkten, persönlichen und individuellen Kundenkontakt geht es noch nicht um eine Quantifizierung von Insights, sondern im Sinne des Fuzzy Front Ends um das Sammeln von qualitativen, ersten Eindrücken, Zitaten, Ritualen sowie Werten. Denken Sie chancenorientiert und suchen Sie konsequent nach neuen, unbesetzten Chancenfeldern – seien Sie Chancen-Gestalter als Basis für konsumentenrelevante, innovative Konzepte.

Die Innovations-Datenbank

Die Planung der strategischen Produkt- und Technologieentwicklung kann von einer intelligenten IT enorm profitieren. Die Innovations-Datenbank des Heinz Nixdorf Instituts ist eine solche Lösung, die eine Vielzahl von Technologien mit Produktideen, Funktionen und strategischen Planungskomponenten verknüpft.

In diesem Beitrag erfahren Sie:
- wie der Aufgabenzyklus »Strategische Produkt- und Technologieplanung« organisiert ist,
- wie die Innovationsdatenbank Techniken wie Trend-Radar und morphologischen Kasten einbindet,
- welchen Nutzen sie für die strategische Produkt- und Technologieplanung sie hat.

Jürgen Gausemeier, Volker Brink, Oliver Buschjost

Aufgabenzyklus Strategische Produkt- und Technologieplanung

Der heutige Wettbewerb ist durch eine dynamische Entwicklung der Märkte und Technologien geprägt. Gerade in wirtschaftlich turbulenten Zeiten beschränken sich Unternehmen häufig auf die Umsetzung partieller Produktverbesserungen. Dabei werden Erfolgspotenziale für das Geschäft von morgen vernachlässigt: Produkt- und Dienstleistungsinnovationen. Um diese Potenziale zu erschließen ist es erforderlich, das Innovationsmanagement als elementare Führungsaufgabe wahrzunehmen. Auf diese Weise lässt sich das Geschäft von morgen vorbereiten und Innovationsmanagement im Sinne einer systematischen Strategischen Produkt- und Technologieplanung nutzen. Der Aufgabenzyklus Strategische Produkt- und Technologieplanung (vgl. Abb. 1) als Initialzündung im Produktentstehungsprozess cha-

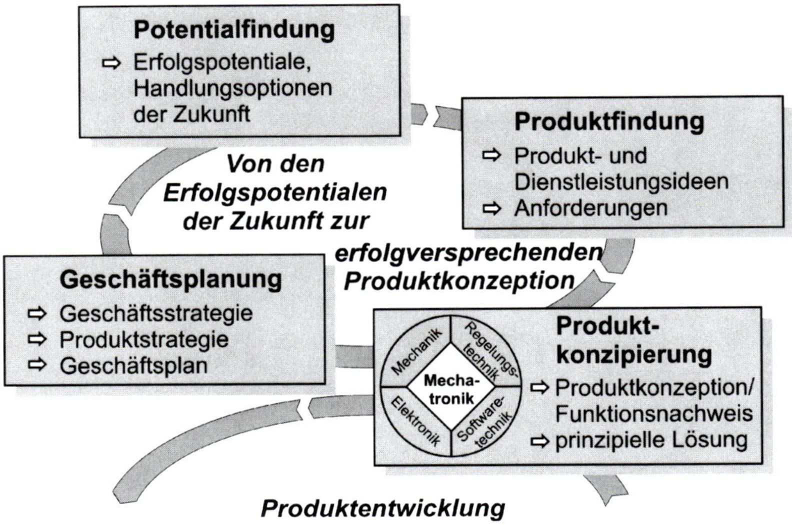

Abb. 1: *Aufgabenzyklus Strategische Produkt- und Technologieplanung*

rakterisiert das Vorgehen vom Finden der Potenziale der Zukunft bis zur erfolgversprechenden Produktkonzeption – der so genannten prinzipiellen Lösung. Er umfasst die Aufgabenbereiche Potenzialfindung, Produktfindung, Geschäftsplanung und – als Schnittstelle zur Produktentwicklung – die Produktkonzipierung. Ziel der Potenzialfindung sind erkannte Erfolgspotenziale der Zukunft sowie die ermittelten Handlungsoptionen.

Aufgabe der Produktfindung ist es, neue Produkt- und Dienstleistungsideen zu erschließen. Populäre Hilfsmittel zur Ideenfindung sind Kreativitätstechniken wie das Laterale Denken nach de Bono oder TRIZ und Technology-Roadmaps. In der Geschäftsplanung geht es zunächst um die Geschäftsstrategie, d. h. um die Beantwortung der Frage, welche Marktsegmente wann und wie bearbeitet werden sollen. Auf dieser Grundlage erfolgt die Erarbeitung der Produktstrategie. Diese enthält Aussagen zur Gestaltung des Produktprogramms, zur wirtschaftlichen Bewältigung der vom Markt geforderten Variantenvielfalt, zu eingesetzten Technologien, zur Programmpflege über den Produktlebenszyklus etc. Die Produktstrategie mündet in den Geschäftsplan, der den Nachweis erbringt, ob mit dem neuen Produkt bzw. mit einer neuen Produktoption ein attraktiver Return on Investment zu erzielen ist.

Chancen für das Geschäft von morgen werden zum einen in der Potenzialfindung mittels Trendanalysen, Szenario-Technik oder Delphi-Studien aufgespürt (Identifikation von zukünftigen Marktanforderungen, »Market Pull«). Zum anderen entstehen Chancen zur Realisierung von Produkt- und Dienstleistungsinnovationen in der Produktfindung und der Produktkonzipierung (Technology-Scouting und Technology-Monitoring, »Technology Push«) durch die Nutzung technologischer Entwicklungen. Während in der Produktfindung der Einsatz von Technologien in den Produkten von morgen geplant wird, werden in der Produktkonzipierung Wirkprinzipien, Wirkmuster und konkrete Lösungselemente betrachtet. Der vorliegende Beitrag beschränkt sich im Wesentlichen auf die Produktfindung.

Die Resultate des Abgleichs von Technology Push und Market Pull werden in der Innovations-Roadmap zusammengefasst. Als Masterplan für die Produktentwicklung gibt die Innovations-Roadmap Auskunft darüber, wann welche Produkte für welche Märkte unter Einsatz welcher Technologien möglich bzw. geplant sind.

Noch vor wenigen Jahren war es aufgrund einer geringeren Produktkomplexität, längerer Produktlebenszyklen und einem weniger dynamischen Kunden-Lieferanten-Gefüge möglich, diese Roadmap unter Nutzung bestehender Office-Anwendungen manuell zu erstellen. Heute ist im Zuge dynamischerer Marktentwicklungen eine softwareunterstützte Lösung entlang der Kernprozesse »von der Erstellung, Visualisierung und Pflege bis hin zur Archivierung und Weiterverarbeitung« [8] erforderlich. Dies wird deutlich, betrachten wir die hohe Anzahl an Technologien, Produktideen und die regelmäßig erforderliche Aktualisierung von Produkt- und Technologieinformationen: In mittelständischen Technologieunternehmen sind nicht selten mehrere hundert Werkstoff-, Produkt- und Fertigungstechnologien für das Technologiemanagement relevant. Diese gilt es, für den Einsatz in den Produkten von morgen zu berücksichtigen und die Markteinführung von Produkten mit diesen Technologien mit den zukünftigen Marktanforderungen zu synchronisieren.

Technische Unterstützung der strategischen Produkt- und Technologieplanung

Software-Werkzeuge für das Technology-Roadmapping werden in der industriellen Praxis immer häufiger eingesetzt. Dies zeigen neben eigenen Untersuchungen Studien von Isenmann [8] und Nyffenberger [10], die auf eine in jüngerer Zeit dynamische Marktentwicklung bei Softwarewerkzeugen hindeuten. Notwendige Funktionen für unseren über das Technology-Roadmapping hinausgehenden ganzheitlicheren Ansatz der Unterstützung der strategischen Produkt- und Technologieplanung sind das Ideenmanagement, die Technologieplanung, die Produktplanung, das Innovations-Roadmapping sowie ein effizientes Wissensmanagement. Ein Redaktionsprozess zur Sicherung der Datenqualität ist dabei ebenso notwendig wie eine regelmäßige Aktualisierung der Daten und eine niedrige Einstiegshürde für die Anwender. Die am Markt verfügbaren Software-Werkzeuge bilden ihrer Zielsetzung entsprechend jeweils einzelne Aspekte des erforderlichen Funktionsumfangs ab. Ohne Anspruch auf Vollständigkeit eignet sich beispielsweise für das Ideenmanagement und die Produktplanung Hype IMT der Hype Softwaretechnik GmbH, für das Ideenmanagement und die Technologieplanung IntraPRO INNOVATION der XWS Cross Wide Solutions GmbH. Für die Produkt- und Technologieplanung sowie das Roadmapping kann Vision Strategist von Alignet Software Inc. eine geeignete Lösung darstellen. Ein Medienbruch durch die Nutzung einer Vielzahl unterschiedlicher Anwendungen kann den Prozess der Produktentwicklung jedoch stören. Die Innovations-Datenbank des Heinz Nixdorf Instituts folgt daher der Idee eines ganzheitlichen Managements von Produktideen und der Konkretisierung von der ersten Idee bis zum Entwicklungsauftrag. Dabei werden Technology Push und Market Pull gleichermaßen und in die Zukunft gerichtet miteinander synchronisiert.

Die Innovations-Datenbank des Heinz Nixdorf Instituts

Die Innovations-Datenbank, deren Inhalte und Ergebnisse in Abbildung 2 dargestellt sind, wird auf einem Server im Unternehmen installiert und ist über das unternehmensinterne Intranet zugänglich. Ein Datenpool umfasst sämtliche durch einen Redakteur nach einer Qualitätsprüfung freigegebenen Inhalte. Eine intelligente Suchfunktion ermöglicht eine Verknüpfung sämtlicher Datenbankinhalte. In den eigenen Daten legt der Benutzer Technologien, Produktideen und Marktsegmente an und kann diese mit Informationen hinterlegen.

Die Innovations-Datenbank ermöglicht es, Technologie- und Branchenwissen zu strukturieren und für das Innovationsmanagement zu nutzen. Die wesentlichen Elemente der Innovations-Datenbank, so genannte Entitäten, sind Technologien, Produktideen, der so genannte Morphologische Kasten, Marktsegmente, Funktionen und als Resultat die Innovations- bzw. Technology-Roadmap eines Unternehmens. Ein Workflow führt die Anwender durch den Innovationsprozess. Die Entitäten werden nun im Einzelnen vorgestellt.

Marktsegmente auf Basis von Szenarien und Trends

Eine Produktidee kann einem oder mehreren Marktsegmenten zugeordnet werden. Marktsegmente werden ausführlich und zukunftsorientiert unter anderem durch Markt- und Umfeldszenarien beschrieben. Diese werden häufig durch Expertenworkshops und Delphi-Befragungen validiert. Szenarien erlauben im Rahmen des Szenario-Transfers die Ermittlung von Chancen und Barrieren für das zukünftige Geschäft, die Festlegung strategischer Stoßrichtungen sowie die Ermittlung von zukünftigen Marktanforderungen. Letztere sind wichtige Eingangsgrößen für die Innovations-Roadmap (s. u.). Im Rahmen der so genannten Szenario-Prognostik werden unter-

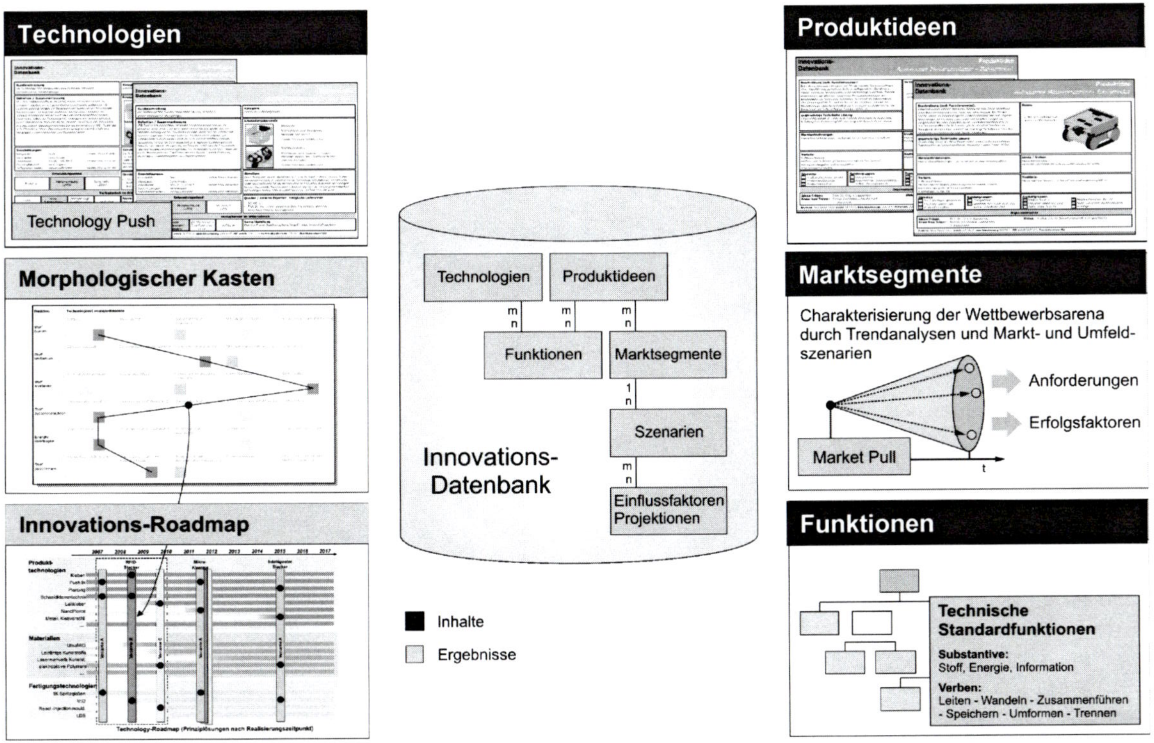

Abb. 2: *Inhalte und Ergebnisse der Innovations-Datenbank*

schiedliche Entwicklungsmöglichkeiten ausgewählter Einflussfaktoren ins Kalkül gezogen. Die Szenario-Prognostik ist ein Schlüsselschritt im Rahmen der Szenario-Erstellung. Sie erfordert den Rückgriff auf eine fundierte Informationsbasis. Eine Möglichkeit zur Informationsbeschaffung ist die Beschreibung, Analyse und Beobachtung von Trends. Ein Trend kann hierbei jeweils eine Ausprägung eines Schlüsselfaktors, eine so genannte Zukunftsprojektion, sein, sofern alternative zukünftige Entwicklungen denkbar sind.

Trends sind – im Vergleich zu anderen Einflüssen – gut prognostizierbar. Sie lassen sich nach Horx et al. in sechs verschiedene Schichten einteilen [7], die sich durch ihre Veränderungsgeschwindigkeiten und Trenddauer unterscheiden [12]. Diese Schichten reichen von kurzfristigen und für die Technologieplanung nicht relevanten Modetrends bis hin zu Metatrends, die aufgrund ihres zu langfristigen Charakters sowie der Unumstößlichkeit des Eintretens nicht betrachtet werden. Relevant sind damit die Trends der Schichten zwei bis fünf: Konsumtrends, Technologietrends, soziokulturelle Trends und Megatrends. Megatrends beschreiben fundamentale, besonders langfristige Phänomene, die sich auf eine große Anzahl an Branchen und auf viele Bereiche des gesellschaftlichen und politischen Lebens auswirken. Bei der Betrachtung von Trends werden zwei Phasen voneinander unterscheiden. Eine Phase des »Scouting«, in der relevante Trends identifiziert werden, und die Phase der fortlaufenden Überwachung von als wichtig erachteten Trends in Bezug auf Veränderungen, das so genannte »Monitoring«. Für die Konzertierung der für den Untersuchungsgegenstand relevanten Trends wurde der so genannte »Trend-Radar« entwickelt (vgl. Abb. 3). Dieser visualisiert wichtige Eigenschaften von Trends wie Relevanz, Marktpotenzial, Auswirkungsstärke auf das Unternehmen oder ein untersuchtes Marktsegment sowie die Wahrscheinlichkeit des Eintretens des Trends.

Zur Beschreibung von Trends eignen sich Trendsteckbriefe. Diese beinhalten die für einen Trend relevanten Informationen in kompakter und leicht zu erfassender Form. Enthalten sind neben einer Definition und einer Beschreibung des Trends eine Analyse der trei-

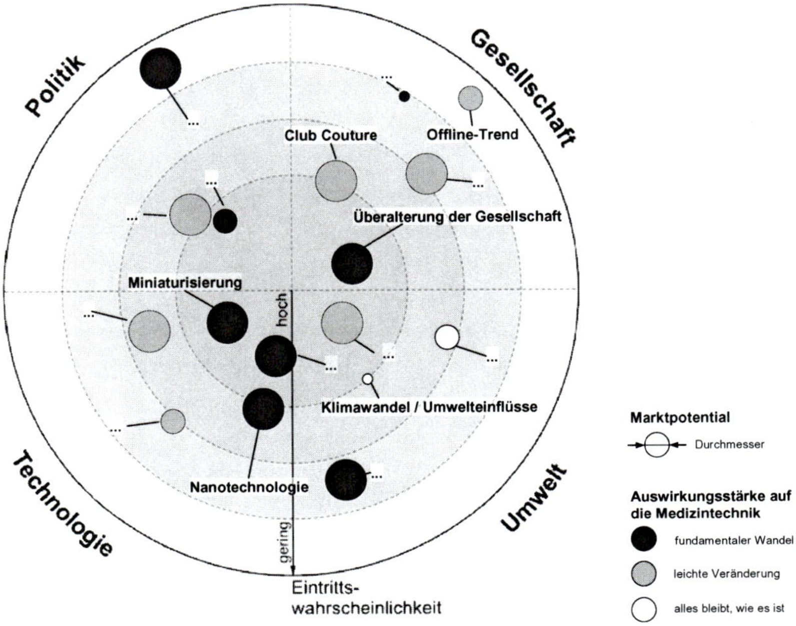

Abb. 3: *Beispielhafte Visualisierung von Trends im »Trend-Radar*

benden Faktoren und eine Trendbeurteilung. Die Beurteilung umfasst die Analyse der Marktsegmente eines Unternehmens, die vom Trend betroffen sind, mögliche Potenziale und Barrieren, die mit dem Trend verbunden sind, zukünftige Marktanforderungen, die Vernetzung mit anderen Trends und die Zuordnung zu einer Kategorie. Die konkrete Bewertung der fünf Faktoren Relevanz, Marktpotenzial, Auswirkungsstärke, Reifegrad und Eintrittswahrscheinlichkeit ist für die Erstellung des »Trend-Radars« erforderlich. Die Innovations-Datenbank bietet Unterstützung zur effizienten Erfassung und Aufbereitung von Trendinformationen. Der Trend-Radar wird auf Basis der Kategorisierung und Bewertung automatisiert erstellt. Die Qualitätssicherung der Trendinformationen und ihre regelmäßige Aktualisierung werden durch ein Redaktionskonzept sichergestellt.

Produktideen/Funktionen

Um Produktideen sinnvoll zu verwalten, sind einige grundlegende Informationen notwendig, darunter Produktanforderungen, die Beschreibung des Kundenproblems, der Funktionsweise, Ansprechpartner sowie erste Skizzen. Jedes Produkt lässt sich in technische Standardfunktionen zergliedern und damit lösungsneutral beschreiben. Dadurch lassen sich n:m-Beziehungen zwischen Produktideen und Technologien über das Bindeglied Funktionen herstellen. In die Datenbank eingetragene Informationen zu Produktideen können als ansprechend aufbereitete Produktideen-Steckbriefe ausgegeben werden.

Am Heinz Nixdorf Institut wird derzeit in Zusammenarbeit mit der Industrie der autonome Miniaturroboter »BeBot« (vgl. Abb. 4) entwickelt. Dieser wurde mit der Innovations-Datenbank geplant. Er besteht aus einem Basisfahrzeug und unterschiedlichen Aufbaumodulen. Der Roboter dient als Versuchsträger für Schwarmintelligenz und Multi-Agenten-Anwendungen der Informatik sowie neue Technologien wie Molded Interconnect Devices (MID). Das Gehäuse des Miniaturroboters (vgl. Abb. 5) ist derzeit das weltweit komplexeste in MID-Technologie realisierte Bauteil. Anhand dieses Beispiels wird die Innovations-Datenbank auszugsweise vorgestellt.

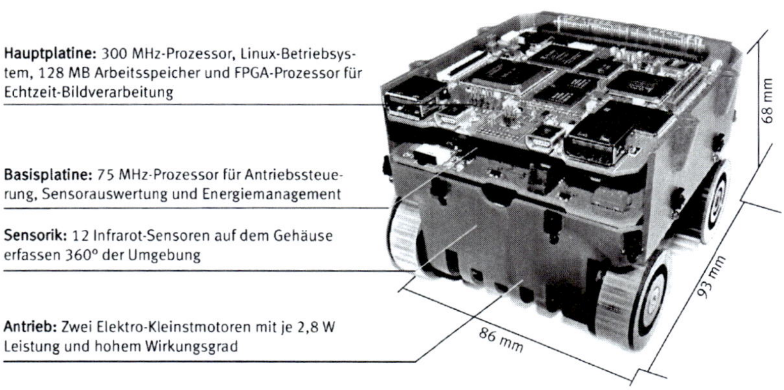

Abb. 4: *Autonomer Miniaturroboter BeBot (Basisfahrzeug)*

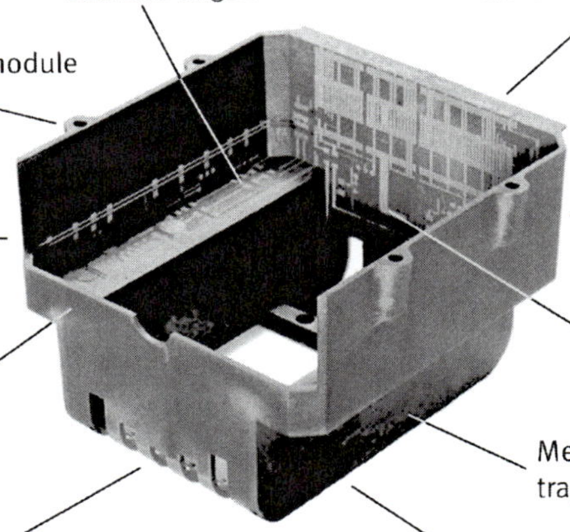

Abb. 5: *Dreidimensionale Schaltung auf dem Miniaturroboter-Gehäuse*

Technologien

In die Innovations-Datenbank lassen sich Informationen zu bestehenden und zukünftig relevanten Technologien zusammengetragen. Dies sind u. a. Quellenangaben, mit Grafiken hinterlegte Anwendungsbeispiele, Prozesskennzahlen, Verfügbarkeitsinformationen, Ansprechpartner intern wie extern sowie Informationen zu Funktionsweisen. Technologien erfüllen definierte Funktionen eines Produktes. Um eine standardisierte Zuordnung von Technologien zu Funktionen zu erhalten, greift die Datenbank auf eine modifizierbare Liste von technischen Standardfunktionen [1, 9] zurück. Somit ergeben sich m:n-Beziehungen zwischen Technologien und Funktionen. Der autonome Miniaturroboter beispielsweise bedingt eine hohe Funktionsintegration auf engstem Raum. Daher erschien es im Rahmen der Konkretisierung der Produktidee als sinnvoll, die Technologie MID näher zu betrachten. Diese Technologie ermöglicht es, dreidimensionale Schaltungsträger herzustellen, die beim Miniaturroboter eine Platzierung grundlegender Schaltungen direkt auf der Gehäuse-Innenseite ermöglichen. Analog zu den Produktideen können Technologien in einem Technologiesteckbrief abgebildet werden.

Morphologischer Kasten

Mit Hilfe einer Anforderungsanalyse lassen sich Funktionen einer Produktidee identifizieren. Diese werden als Funktionshierarchie dargestellt (vgl. Abb. 6) Sämtliche Funktionen einer Produktidee lassen sich durch 1…n Technologien erfüllen. Die Funktionshierarchie wird im Anschluss an die Ermittlung in den Morphologischen Kasten nach Pahl/Beitz et al. [11] überführt. Beim morphologischen Kasten handelt es sich um eine Kreativitätstechnik, die dem diskursiven Denken zuzuordnen ist. Sie fördert eine systematische Kombination von teilfunktionsbezogenen Lösungen zu einer Gesamtlösung.

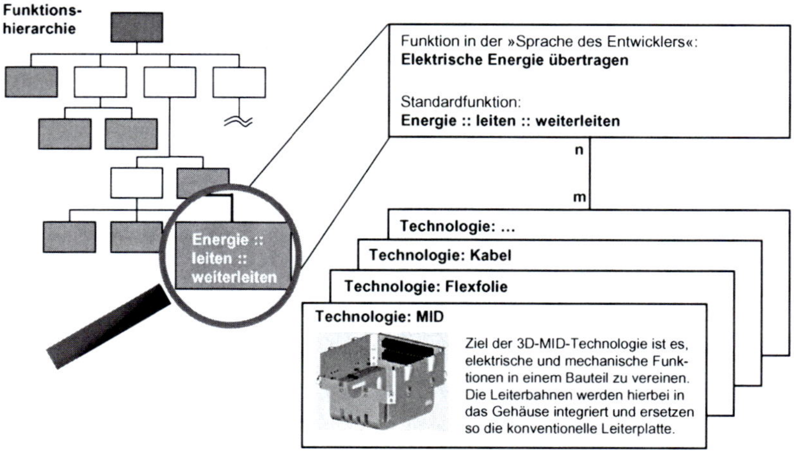

Abb. 6: *Exemplarischer Aufbau einer Funktionshierarchie für die Produktidee »Autonomer Miniaturroboter«*

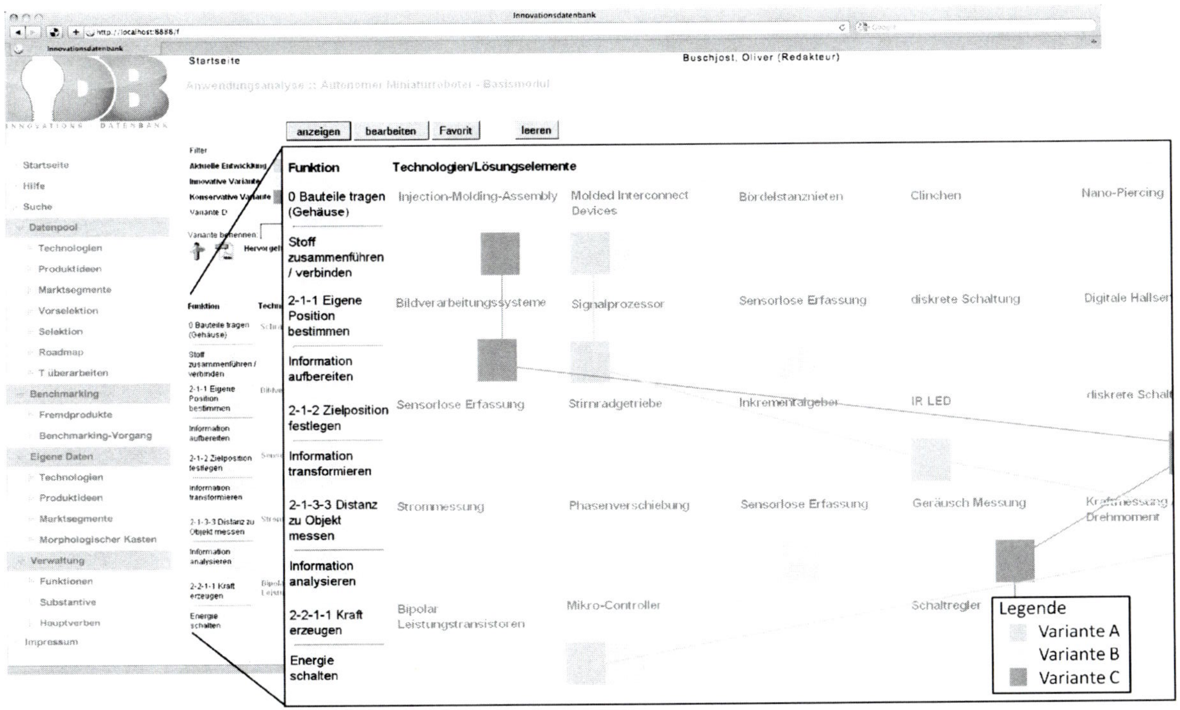

Abb. 7: *Kreativitätstechnik »Morphologischer Kasten«, angewendet zur Entwicklung prinzipieller Lösungsvarianten für den Miniaturroboter »BeBot« im Rahmen der Produktfindung*

Die Innovations-Datenbank füttert den morphologischen Kasten (vgl. Abb. 7) mit den Technologien, die grundsätzlich geeignet erscheinen. Der Entwickler trifft im Nachgang die Auswahl geeigneter Technologien, mit denen sich die jeweiligen Funktionen erfüllen lassen und konkretisiert damit die prinzipiellen Lösungsvarianten der Produktidee. Zur Automatisierung dieses Schrittes eignet sich das am Heinz Nixdorf Institut entwickelte Konzept zur Entwicklung konsistenter Produkt-Technologie-Strategien [2]. Die so erstellten Verknüpfungen von Technologien mit Produktideen über das Bindeglied der technischen Standardfunktionen bilden die Grundlage für die automatisierte Erstellung von Innovations-Roadmaps.

Workflow (Innovationsmanagement)

Bei der Konkretisierung einer Produktidee konzentrieren wir uns auf erfolgversprechende Ideen. Hier greift die Schnittstelle zum Innovationsmanagement des Unternehmens. Das Ideenmanagement als erste Phase dieses Prozesses erfordert ausgefeilte Verfahren zur Ideenspezifikation und -verwaltung. Hierzu setzen wir die Systematik des Ideentrichters ein [3]. Das Ideenmanagement wird von der ersten Idee bis zur Entwicklungsfreigabe von der Innovations-Datenbank unterstützt. Ideen, die aktuell nicht attraktiv erscheinen oder nicht realisierbare sind, bergen oft trotzdem Erfolgspotenzial. Ein regelmäßiges Review zurückgestellter Ideen macht es möglich, deren Attraktivität im Zeitverlauf und vor dem Hintergrund veränderter Rahmenbedingungen zu beurteilen.

Innovations-Roadmap

Aus der Technology-Roadmap geht hervor, wann welche Technologie für welche Marktleistung einzusetzen ist [13, 4]. Dazu werden prinzipielle Lösungsvarianten einer Produktidee nach frühestem Re-

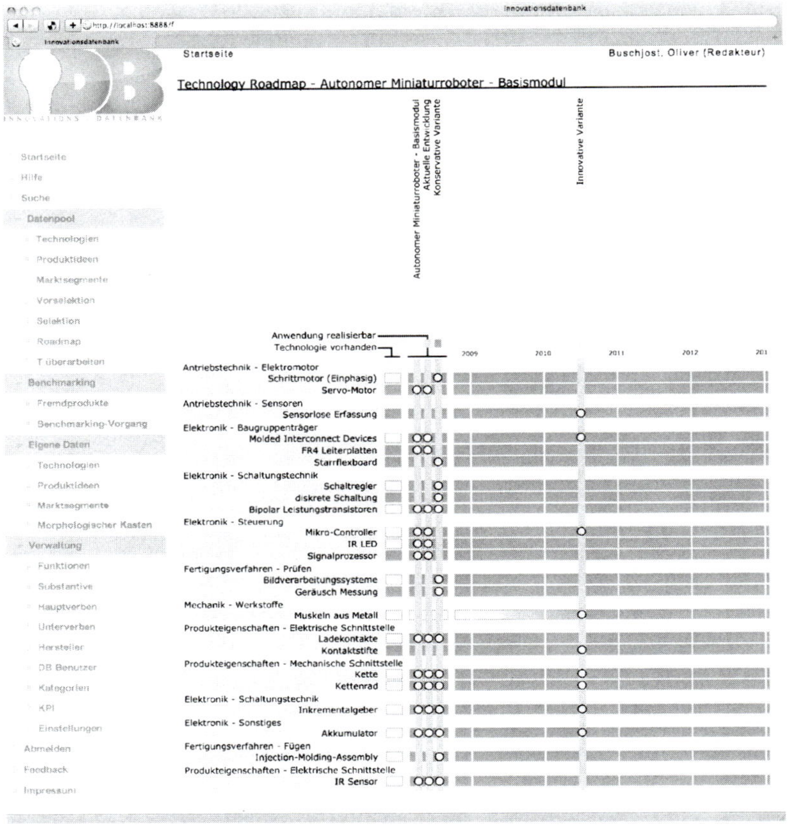

Abb. 8: *Automatisiert erstellte Technology-Roadmap »Module Miniaturroboter«*

alisierungszeitpunkt auf der Zeitschiene dargestellt. Gleichermaßen lässt sich eine Gesamtroadmap eines Unternehmens über sämtliche zukünftige Marktleistungen erstellen.

Abb. 8 zeigt eine automatisiert erstellte Technology-Roadmap für das in Realisierung befindliche Basismodul des Miniaturroboters sowie ein geplantes Greifer- und Transportmodul unseres Miniaturroboters. Die dargestellten Module basieren jeweils auf einer prinzipiellen Lösungsvariante, die zuvor jeweils in einem morphologischen Kasten erstellt wurde. Der Balken »Basismodul – Variante A« bildet dem entsprechend eine Variante aus dem morphologischen Kasten ab.

Eine Innovations-Roadmap enthält darüber hinaus Aussagen zu künftigen Marktanforderungen in ausgewählten Marktsegmenten. Über die Verknüpfung mit den Produktideen wird ersichtlich, welche Marktanforderung zu welchem Zeitpunkt mit welchem Produkt erfüllt wird.

Fazit: Die Innovations-Datenbank als Schlüssel für eine softwareunterstützte Strategische Produktplanung

Die Innovations-Datenbank und die zugrunde liegenden Methoden und Verfahren wurden bereits in einer Reihe von Unternehmen erfolgreich eingeführt. Unsere Erfahrung zeigt, dass sich das im Unternehmen vorhandene und für das technologieorientierte Innovationsmanagement erforderliche Know-how in einer zentralen Datenbank konsolidieren und besonders wirkungsvoll für die Ideenfindung und die Konkretisierung von Ideen zu prinzipiellen Lösungsvarianten nutzen lässt. Der Einsatz neuer und bestehender Technologien in den Produkten von morgen lässt sich systematisch planen; der Prozess der strategischen Planung wird von der ersten Idee bis zur Entwicklungsfreigabe auf Basis eines Produktkonzepts von der Innovations-Datenbank abgebildet. Die Nutzung des morphologischen Kastens erleichtert die systematische Entwicklung von Lösungsvarianten für Produktideen. Mit unserer Konzeption der Innovations-Datenbank versetzen wir somit Unternehmen in die Lage, den Technology Push und den Market Pull gleichermaßen und in die Zukunft gerichtet zu beherrschen. Bestehende Unsicherheiten während der Strategischen Produkt- und Technologieplanung lassen sich durch die Innovations-Datenbank minimieren und Risiken von Entwicklungsprojekten reduzieren.

Die Innovations-Datenbank birgt darüber hinaus die Chance, abteilungsübergreifende Zusammenarbeit zu verbessern und Ineffizienz durch Reibungspunkte zwischen den Funktionsbereichen Entwicklung, Produktion und Vertrieb zu vermeiden. Key Performance Indicators belegen, dass die Innovations-Datenbank den Zeitaufwand im

Innovationsmanagement erheblich reduziert und die Innovationseffizienz signifikant steigert. Eine effiziente Nutzung der Innovations-Datenbank setzt einen vitalen Innovationsprozess voraus, dessen Gestaltung und Roll-Out meist mit der Einführung des Tools einhergeht.

Weiterführende Informationen und einen Login für einen Demo-Zugang zur Innovations-Datenbank erhalten Sie im Internet unter http://www.innovations-datenbank.de.

Literatur

[1] BIRKHOFER, H.: *Analyse und Synthese der Funktionen technischer Produkte. Dissertation, Fakultät für Maschinenbau und Elektrotechnik, TU Braunschweig, VDI-Verlag, Düsseldorf, 1980*

[2] BRINK, V.; HAUG, J.; IHMELS, S.: *Entwicklung konsistenter Technologie-Strategien mit der Innovations-Datenbank. In: Gausemeier, J. (Hrsg.): Vorausschau und Technologieplanung, HNI-Verlagsschriftenreihe, Band 219, Paderborn, 2007*

[3] DESCHAMPS, J.-P.; NAYAK, P. R.: *Produktführerschaft – Wachstum und Gewinn durch offensive Produktstrategien. Campus Verlag, Frankfurt, New York 1996*

[4] EVERSHEIM, W. (Hrsg.): *Innovationsmanagement für technische Produkte. Springer-Verlag, Berlin, Heidelberg, 2002*

[5] GAUSEMEIER, J.; EBBESMEYER, P.; KALLMEYER, F.: *Produktinnovation – Strategische Planung und Entwicklung der Produkte von morgen. Carl Hanser Verlag, München, Wien, 2001*

[6] GAUSEMEIER, J.; PLASS, C.; WENZELMANN, C: *Zukunftsorientierte Unternehmensgestaltung – Strategien, Geschäftsprozesse und IT-Systeme für die Produktion von morgen. Carl Hanser Verlag, München, 2009*

[7] HORX, M.; HUBER, J.; STEINLE, A.; WENZEL, E.: *Zukunft machen – Wie Sie von Trends zu Business-Innovationen kommen. Campus Verlag, Frankfurt/New York, 2007*

[8] ISENMANN, R.: *Software-Werkzeuge zur Unterstützung des Technologie-Roadmapping. In: Möhrle, M.G.; Isenmann, R. (Hrsg.): Technologie-Roadmapping – Zukunftsstrategien für Technologieunternehmen. 3. Auflage, Springer-Verlag, Berlin Heidelberg, 2008*

[9] LANGLOTZ, G.: *Ein Beitrag zur Funktionsstrukturentwicklung innovativer Produkte. Dissertation, Rheinisch Westfälische Universität Aachen, Shaker Verlag, Aachen, 2000*

[10] NYFFENBERGER, F.: *Informationstechnische Unterstützung der frühen Phasen der Produkt-Innovation. Dissertation, ETH Zürich, 2006*

[11] PAHL, G.; BEITZ, W.; FELDHUSEN, J.; GROTE, H.: *Konstruktionslehre – Grundlagen erfolgreicher Produktentwicklung – Methoden und Anwendung. 5. Auflage, Springer-Verlag, Berlin, 2003*

[12] PILLKAHN, U.: *Trends und Szenarien als Werkzeuge zur Strategieentwicklung. Wie Sie die unternehmerische und gesellschaftliche Zukunft planen und gestalten. Publicis Corporate Publishing, Erlangen, 2008*

[13] WESTKÄMPER, E.; BALVE, P.: *Technologiemanagement in produzierenden Unternehmen. In: Bullinger, H.-J.; Warnecke, H.-J.; Westkämper, E. (Hrsg.): Neue Organisationsformen im Unternehmen. Springer Verlag, Berlin, 2002*

Zusammenfassung

Produktinnovationen basieren auf dem zukunftsgerichteten Abgleich von Technology Push und Market Pull. Für den Abgleich dieser beiden Aspekte im Rahmen der Strategischen Produkt- und Technologieplanung eignet sich die am Heinz Nixdorf Institut entwickelte Innovations-Datenbank. Die Innovations-Datenbank wurde bereits in mehreren Technologieunternehmen eingeführt und ermöglicht Unternehmen die Strukturierung und Nutzung des Technologiewissens.

Im ersten Kapitel des Beitrags wird der Aufgabenzyklus Strategische Produkt- und Technologieplanung als Ausgangspunkt des Produktentstehungsprozesses dargestellt. Es wird ferner aufgezeigt, weshalb bereits für mittelständische Technologieunternehmen eine manuelle Planung des Einsatzes von Technologien in neuen Produkten zunehmend komplexer wird.

Im zweiten Kapitel wird der Lösungsansatz vorgestellt – die Innovations-Datenbank des Heinz Nixdorf Instituts. Anhand des Beispiels des autonomen Miniaturroboters »BeBot« wird dargestellt, welche Inhalte die Innovations-Datenbank umfasst und wie diese Inhalte dazu dienen, mittels Methoden (wie dem Trend-Radar oder dem morphologischen Kasten) prozessorientiert eine Innovations-Roadmap zu entwickeln. Diese bietet eine abgestimmte Darstellung von zukünftigen Marktanforderungen, Technologien und geplanten Produkten eines Unternehmens auf der Zeitachse.

Im dritten Kapitel wird zusammenfassend der Nutzen der Innovations-Datenbank für die Strategische Produkt- und Technologieplanung vorgestellt.

Softwaregestütztes Innovationsportfoliomanagement

Der Weg von einer Idee bis zur Vermarktung ist lang und steinig. Er stellt eine große Herausforderung für das Management dar. Aus diesem Grund setzen immer mehr Unternehmen auf Standardisierung und Software-Unterstützung im Innovationsprozess.

In diesem Beitrag erfahren Sie:
- mit welchen Methoden Sie den »Innovationstrichter« steuern und die richtigen Projekte auswählen können,
- wie Sie diese Methoden mit einer Software unterstützen und somit den Einsatz der Methoden in der Organisation sicherstellen können.

Andreas Borchert, Martin Stirzel

Einleitung

Wettbewerbsentwicklung und ihre Auswirkungen auf das Management

Durch Internationalisierung und immer schnellere Kommunikations- und Transportwege besteht ein immer stärkerer Wettbewerb. Der Produktentwicklungsprozess rückt daher zunehmend als Quelle von Wettbewerbsvorteilen in den Vordergrund [1]. Unternehmen investieren hohe Beträge in Forschung und Entwicklung (F&E), um Innovationen hervorzubringen und Wettbewerbsvorteile zu erzielen. Diejenigen Unternehmen, die mit Innovationen zuerst am Markt sind, können Pioniergewinne erzielen, sich als Innovations- und

Technologieführer positionieren und damit einen Wettbewerbsvorteil erzielen [2].

Die Steuerung des Innovationsprozesses ist daher zu wichtig für Unternehmen, als dass sie dem Zufall überlassen werden sollten – vielmehr ist eine strukturierte Steuerung erforderlich [3]. Damit das Management die richtigen Entscheidungen treffen kann, muss zunächst Transparenz geschaffen werden. Das Management sorgt mit seinen Entscheidungen dafür, dass die Mitarbeiter von F&E »die richtigen Dinge« tun.

Bei der Steuerung gilt es jedoch nicht nur, formal die richtigen Dinge zu veranlassen, sondern in der Steuerung die besonderen Merkmale des Innovationsprozesses zu berücksichtigen. Als wichtige Merkmale werden die Gegenläufigkeit von Kontrolle und Kreativität sowie die Persönlichkeitsunterschiede von Managern/Controllern und Naturwissenschaftlern/Ingenieuren häufig zitiert [4]. Unter anderem aus diesem Grund kommt es in den Phasen von der Entwicklung bis hin zur Produktion zu besonders vielen Konflikten zwischen den Akteuren [5].

Entwicklung und Innovation im Unternehmen

Der Innovationsprozess

Der Innovationsprozess beginnt mit Forschungstätigkeiten, die zunehmend zielorientierter werden und zu einer Ansammlung einsetzbarer Technologien führen (vergleiche Abbildung 1). Später können diese dann genutzt werden, um neue Produkte und Prozesse zu entwickeln. Ein neues Produkt allein gilt jedoch noch nicht als Innovation, vielmehr muss das Produkt auch am Markt eingeführt werden. Erst dann kann ein Produkt einen wirtschaftlichen Erfolg erzielen.

Grundsätzlich besteht im Bereich F&E schon aufgrund der spezifischen Aufgabenstellungen und der Unsicherheiten eine andere Ausrichtung mit eher dezentralen, adaptiveren Strukturen und informelleren Abstimmungsprozessen im Vergleich zu anderen Bereichen [5]. Vorhaben sind deshalb im Normalfall als *Projekte* organisiert

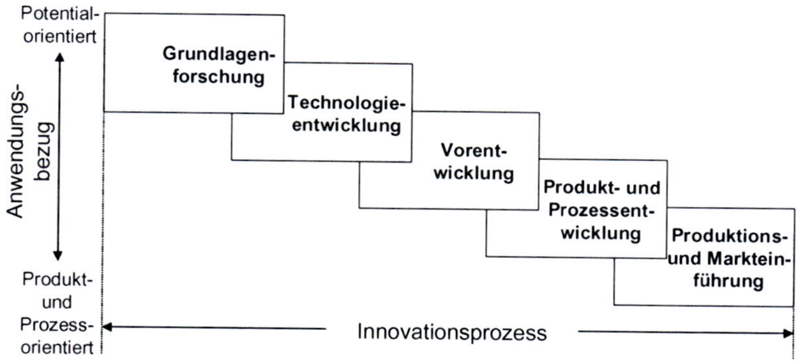

Abb. 1: *Phasenschema des Innovationsprozesses [6]*

[7]. Projekte und ihre Steuerungsorgane sind so aufgebaut, dass die Unsicherheiten in der Entwicklung neuer Produkte Stück für Stück beseitigt werden [8]. In der Regel findet eine vertikale Strukturierung von Entscheidungen (hierarchisch, Delegation) und eine horizontale Segmentierung statt.

Ein solches Projekt kann auch als *Informationsverarbeitungsprozess* betrachtet werden. *Clark* und *Fujimoto* schreiben: »But though it may seem natural to focus on the physical product – the material developments that support it (the parts, tools, and equipment) and its use by the customer – we have found a different perspective, one that focuses on information, to be more useful for understanding the management of development.« [9]

Zu Beginn eines Projekts sind der Ausgang und das Ergebnis noch unbekannt. Mit zunehmendem Fortschritt erhöht sich der Anteil von Bekanntem und die Unsicherheit geht zurück (siehe Abbildung 2). Insbesondere bei hohem Innovationsgrad ist es schwierig, Meilensteine und Pfade zu definieren [10]. Die Entwicklung erfolgt bei solchen Produkten in einem Lernprozess mit inkrementellen, zielorientierten Schritten [11].

Auch in denen der Entwicklung vorgeschalteten Prozessen ist ein zunehmender Wissensstand beobachtbar. Anfangs stehen daher grobe

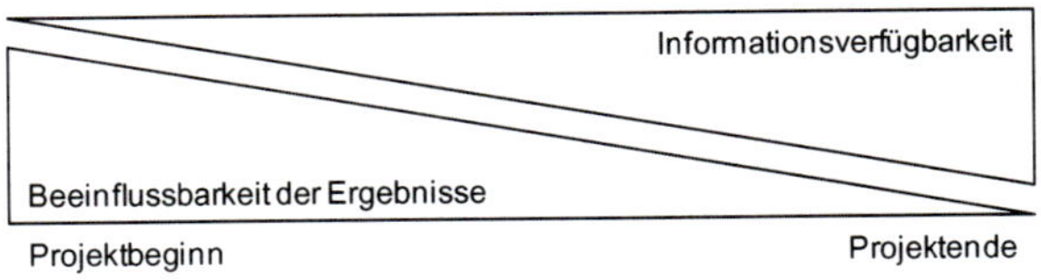

Abb. 2: *Informationsverfügbarkeit im Projektverlauf*

Schätzungen und Projektionen im Mittelpunkt. *Cooper et al.* berücksichtigen in ihrer betriebswirtschaftlich geprägten Perspektive zusätzlich vorgeschaltet noch Teile der *Produktfindung*: die Ideenfindung, die Voranalyse, die Zusammenstellung von Business Cases und die darauf aufbauende Entscheidungsfindung [12]. Charakteristisch ist insbesondere die Einteilung in »Stages« und »Gates« (siehe Abbildung 3).

Ziel des Produktentwicklungsprozesses ist die »Übersetzung« einer Idee in ein greifbares Produkt [1]. Der dafür erforderliche Prozess ist – wie schon beschrieben – in Phasen (»Stages«) aufgeteilt, wobei jede Phase mit einer Entscheidung über die Fortführung (»Gates«) endet [1]. Über die Gates hinaus erfolgt die Steuerung des Prozesses im Detail über Meilensteine, die im Gegensatz zu Gates keine Entscheidungs-, sondern Überprüfungspunkte darstellen. Unter einem *Meilenstein* versteht man einen »officially scheduled review point« [14]. In obiger Abbildung reicht die *Produktfindung* bis zum »Gate 3«, also die Entscheidung über Produkte und die Zusammenstellung zu einem Portfolio. Die Strukturierung und Steuerung der Produktfindung steht in diesem Beitrag im Vordergrund. Sind die Entscheidungen für die richtigen Produkte getroffen und Produktanforderungen spezifiziert, können in der folgenden *Produktrealisation* – in der Regel in Projektform organisiert – die Produkte zur Marktreife gebracht werden (Stages 3-5 in Abbildung 3).

Im Detail lassen sich die Entwicklungsprojekte in Phasen und Prozesse sowie Tätigkeiten unterteilen. Über Tätigkeiten im eigenen Unternehmen hinweg entstehen oft auch unternehmensübergreifende Fragestellungen im Projekt, die mit koordiniert werden müssen (vergleiche Abbildung 4 für ein Beispiel aus der Automobilindustrie).

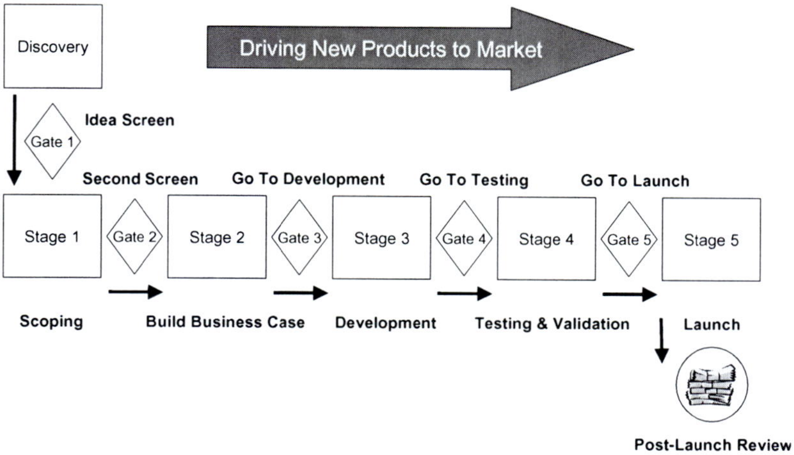

Abb. 3: *Stage-Gate-Modell (nach [13])*

Aufgaben des Innovationsmanagements

Die Aufgaben im Innovationsprozess fasst *Dickson* wie folgt zusammen: »In summary, the yin and the yang of product development is the planning discipline of up-front continuous environmental analysis, targeting/positioning, product specification, judicious stage-gate reviews of the emerging product's fit, feasibility, and estimated profitability combined with the creative improvisation from a team's many iterations of prototype design and testing.« [16] Das Innovationsmanagement hat folglich zur Aufgabe, permanent das Umfeld zu überwachen, die Positionierung des eigenen Unternehmens sowie der Produkte vorzunehmen wie auch eine »Pipeline« von Technologien und Produktideen aufzubauen. Daran schließt sich dann die Steuerung der eigentlichen Projekte an.

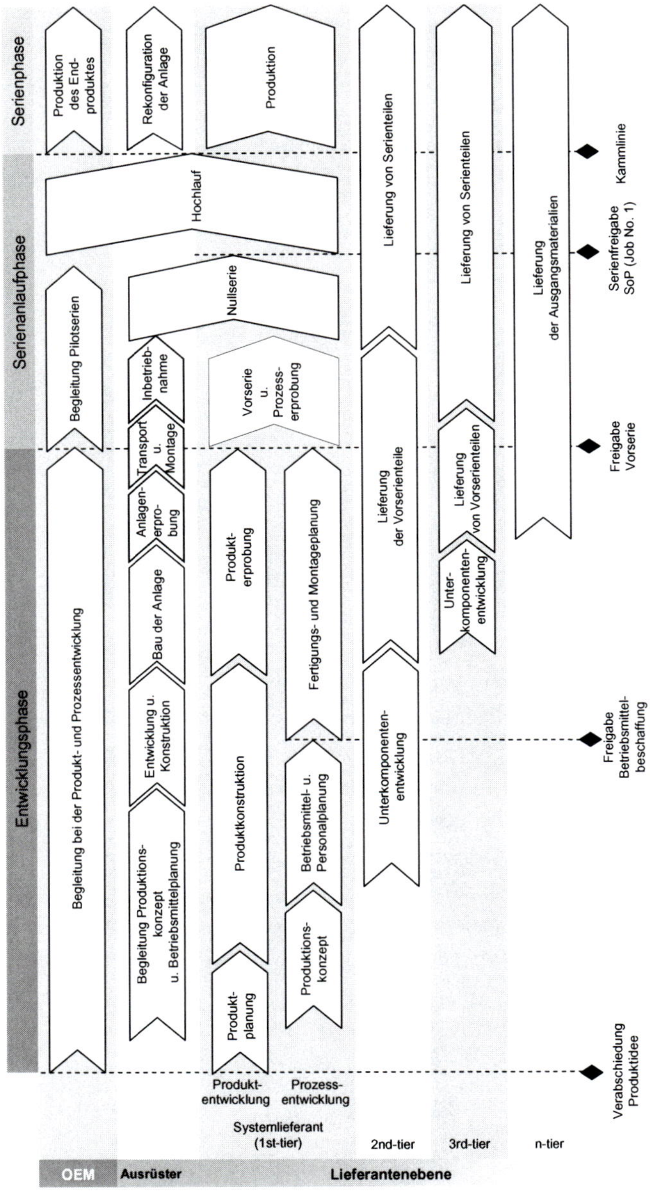

Abb. 4: *Unternehmensübergreifendes Phasenschema (Entwurf eines einheitlichen Phasenmodells aller Beteiligten) [15]*

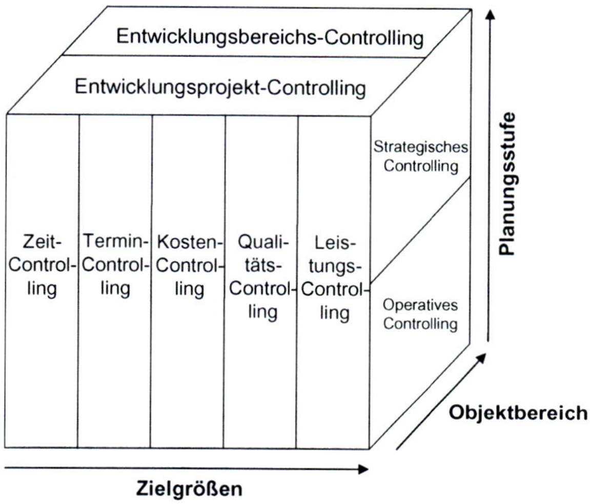

Abb. 5: *Einteilung des Entwicklungscontrollings (nach [18])*

Aufgaben des Innovationscontrollings

Das Innovations-Controlling unterstützt das Management und ist zunächst als *F&E-Bereichscontrolling* zu sehen (vergleiche Abbildung 5). Es kann unterteilt werden in die folgenden Subsysteme [17]:

⇨ Planung,
⇨ Kontrolle sowie die
⇨ Informationsversorgung mit Dokumentationsinstrumenten, Berichtswesen, Kennzahlen, Kostenrechnung.

Weiterhin kann differenziert werden zwischen Programmcontrolling und Projektcontrolling [17]. Das *Bereichs- und Programmcontrolling* koordiniert übergreifend die F&E-Aktivitäten, damit Abhängigkeiten zwischen isolierten Betrachtungen im Projektcontrolling Beachtung finden (beispielsweise Terminverschiebungen in einem Projekt, die zu Folgeproblemen in anderen Projekten führen) [17].

Für die Entwicklung selbst ist das *F&E-Projektcontrolling* relevant; der Objektfokus liegt auf (einzelnen) Entwicklungsprojekten, die bis zur Serie begleitet werden und deren (Projekt-)Kosten und Termine überwacht und gesteuert werden [19, 20].

In diesem Beitrag stehen jedoch die frühen Phasen im Vordergrund, in der Projektideen erfasst und evaluiert werden müssen. Die zentrale Controlling-Aufgabe in diesen Phasen ist die im Folgenden beschriebene Projektbewertung.

Projektbewertung

Bei der entscheidungsorientierten Analyse von Projekten müssen sowohl monetäre als auch nicht-monetäre Aspekte einbezogen werden. Bezieht man nur monetäre Informationen ein, kommt es zu deutlich suboptimalen Entscheidungen [21, 22]. Dennoch sollten alle Informationen möglichst monetär – und damit vergleichbar – dargestellt werden.

An dieser Stelle soll die *Nutzwertanalyse* als gängiges semi-quantitatives Verfahren kurz dargestellt werden. Die Nutzwertanalyse bestimmt Nutzen anhand von definierten Zielkriterien. Den verschiedenen Alternativen werden Teilnutzen zugeschrieben, die nach vorher definierten Kriterien anschließend gewichtet werden. Die Summe der gewichteten Teilnutzen ergibt den Gesamtnutzen, anhand dessen die Vorteilhaftigkeit der Investition beurteilt wird. Alle Verfahren zeichnen sich durch eine Problemaufspaltung aus. Es werden jeweils Zielkriterien bestimmt, gewichtet sowie die Ausprägungen zu den Zielkriterien ermittelt und diese anschließend zu einem Gesamtnutzen aggregiert [23]. Ein Kritikpunkt an diesen Verfahren ist die Ermittlung der Nutzen zumeist auf der Basis subjektiver Einschätzungen.

Bei der *Kosten-Nutzen-Analyse* werden Nutzen in Relation zu den Kosten gesetzt [24]. Die Nutzen werden dabei über Skalen monetarisiert. Nicht bewertbare Wirkungen werden jedoch außen vor gelassen [24]. Weiterhin ist die Aggregation zu einem Gesamtnutzen kritisch zu sehen [21].

Die Kritik der meisten Wirtschaftlichkeitsanalysen ist die Annahme, dass die verwendeten Informationen sicher sind. Aufgrund der

Zukunftsorientierung der Verfahren, ist diese Annahme realitätsfern, da die meisten Informationen über zukünftige Zahlungsströme geschätzt werden müssen und nicht mit Sicherheit bestimmt werden können. Die meisten Verfahren werden daher mit Risiko-, Sensitivitäts- oder Szenarioanalysen kombiniert.

Verfahren zur Berücksichtigung von Unsicherheit [24] sind insbesondere die Methoden der risikoangepassten Bestimmung von Daten [23], die Sensitivitätsanalyse, die Risikoanalyse, das Entscheidungsbaumverfahren sowie optionspreistheoretische Modelle [23, 24].

Anhand von *Sensitivitätsanalysen* kann untersucht werden, wie sich der Zielfunktionswert bei Variation einer oder mehrerer Inputgrößen verändert. Weiterhin kann bestimmt werden, welche Werte eine Inputgröße bzw. Wertekombinationen mehrere Inputgrößen annehmen dürfen, damit ein vorgegebener Zielfunktionswert erreicht wird. Die Sensitivitätsanalyse kann fast alle bereits vorgestellten Verfahren ergänzen und somit zu valideren Ergebnissen führen.

Die Anwendung der Verfahren ist über den Prozess hinweg unterschiedlich. Anfangs liegen hauptsächlich qualitative Informationen vor. Später ist dann zunehmend eine exaktere Quantifizierung möglich (siehe Abbildung 6).

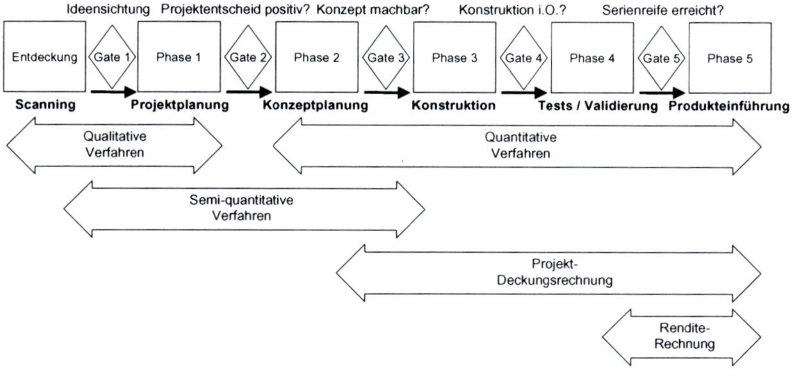

Abb. 6: *Verfahren zur Bewertung in verschiedenen Phasen (Kombination von Cooper et al und Bürgel [13, 25])*

Im Innovationscontrolling werden meist als qualitative Analyse die Portfoliomethode, als semi-quantitative Analysen die oben beschriebenen Nutzwert- und Kosten-Nutzen-Analyse und als quantitative Analyse eine Investitions- bzw. Lebenszyklusrechnung eingesetzt.

Softwaregestützte Innovationsprojektsteuerung in den frühen Phasen

Übersicht

Eine Software kann die Steuerung instrumentell unterstützen und die Einhaltung von Standards und Prozessen stützen. Abbildung 7 zeigt die grundsätzlichen Schritte im Innovationsmanagement. Im Folgenden werden die Schritte im Innovationsmanagement im Detail beschrieben.

Unterstützung der Ideengenerierung und -auswahl

Die Ersterfassung einer Idee sollte möglichst einfach sein. Jede Bürokratie oder systemtechnische Hürde verringert die Anzahl der eingereichten Ideen. Lesender Zugriff auf andere Ideen sollte einer

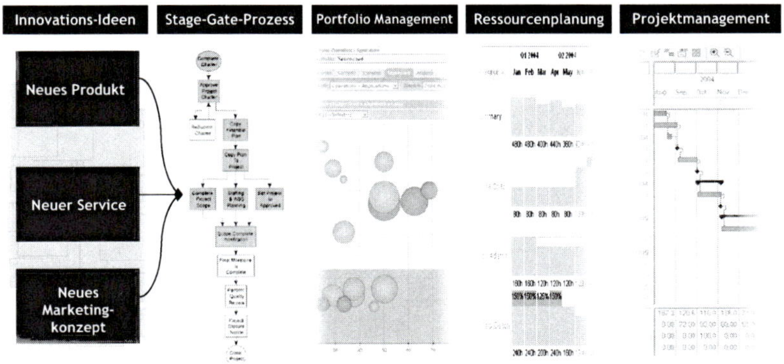

Abb. 7: *Softwaregestützte Schritte im Innovationsmanagement*

möglichst großen Nutzerzahl gewährt werden, um Doubletten zu vermeiden und neue Ideen zu stimulieren. Entscheidender Erfolgsfaktor für die Ideengenerierung ist eine »Ideenkultur« im Unternehmen, die den kreativen Beitrag der Mitarbeiter als einen wichtigen Teil ihrer Arbeitsleistung anerkennt. So gewährt das Unternehmen Google seinen Mitarbeitern einen freien Tag pro Arbeitswoche, um Ideen zu entwickeln und an ihnen zu arbeiten.

Typischerweise werden die Produktideen in einem frühen Stadium den unterschiedlichsten Quellen entnommen. Es ist sinnvoll, bei der Ideeneingabe über Pflichtfelder eine erste Kategorisierung durch den Ideengeber zu erhalten. Das knüpft an das Zitat von *Dickson* [16] in Abschnitt »Aufgaben des Innovationsmanagements« an: Prozesskonformität, Unterstützung der Kommunikation und Automatisierung von manuellen Abläufen sind die wesentlichen Benefits der Tooleinführung.

Portfolios für das Management von Projekten und Programmen

Die kategorisierten Ideen durchlaufen im Portfoliomanagement die Prozesse:
⇨ Identifikation,
⇨ Kategorisierung,
⇨ Priorisierung und
⇨ Selektion.

Diese Prozesse werden oft mehrstufig gestaltet. Die Ideen werden zu Projektkandidaten; und diese Projektkandidaten werden in den aufeinander folgenden Stufen des Prozesses sukzessiv mit Informationen angereichert. Die Gesamtheit der Informationen zu einem Projektkandidaten bildet den Business Case. Ein *Business Case* besteht meist aus einer Mischung von *qualitativen* (zum Beispiel einzelne Scores in den Bereichen »Business Criticality«, »Alignment with Strategy«, »Risk« (qualitative)), *semi-quantitativen* (beispielsweise Nutzwertanalyse) und *quantitativen* (zum Beispiel Net Present Value, quantitative

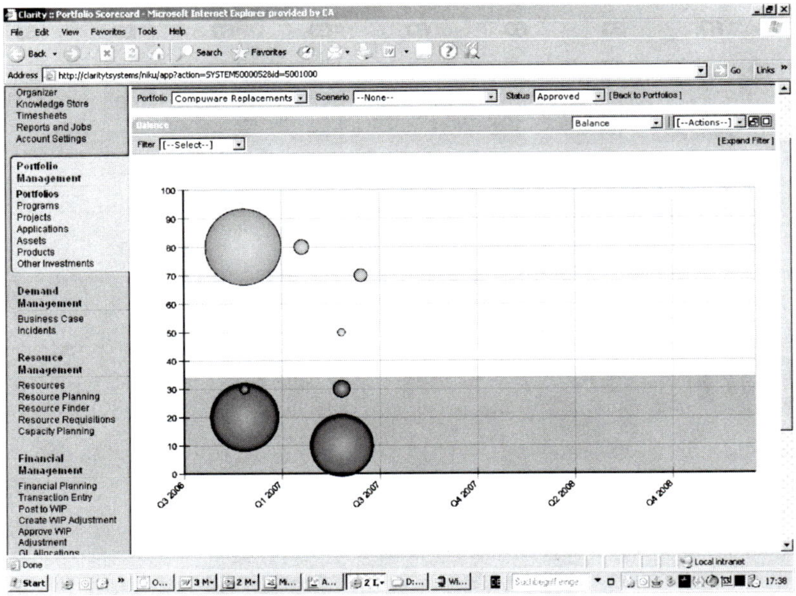

Abb. 8: *Abbildung von Innovationsportfolios in der Software Clarity (Projektportfoliomanagement)*

Risiko-Analysen) *Faktoren*, auf deren Basis dann die Selektionsentscheidungen getroffen werden.

Die Entscheidung sollte immer von einem Gremium getroffen werden und nicht aus dem Tool heraus auf der Basis der qualitativen und quantitativen Informationen generiert werden. Das Tool mit Portfoliodarstellung (siehe Abbildung 8) ist ein Kommunikationsinstrument und kann die Entscheidungsfindung nur unterstützen.

Planung der Ressourcen und späteres Projektmanagement

Der Prozess von der erstmaligen Erfassung der Idee über die Auswahl, Planung, Genehmigung der Umsetzung und die Überwachung und

Steuerung der Umsetzung sollte in einem Softwarewerkzeug durchgängig abgebildet werden.

Wichtig ist zudem, dass bei der Selektion von Innovationsideen eine langfristige Ressourcen-Kapazitätenbetrachtung sichergestellt wird, so dass die Umsetzung im Projekt auch gestemmt werden kann. Die Fähigkeit, ausgewählte Kandidaten tatsächlich im Planungszeitraum mit den zur Verfügung stehenden Ressourcen umsetzen zu können, ist ein rückkoppelndes Element: Die Ressourcen beeinflussen die Auswahl der Projektkandidaten und damit die Innovationsprozesse des Unternehmens. Nach Abschluss der Umsetzung sollte eine Nachbetrachtung erfolgen (»Benefit Harvesting«) – um die Werkzeuge, die in den Portfolioprozessen verwendet werden, zu »schärfen«. Die Ermittlung dieser Benefits (die oft erst mit großer Zeitverzögerung nach Projektende eintreten) ist methodisch schwierig und wird von den Unternehmen in der Praxis bisher nur ungenügend genau durchgeführt.

Einführung einer beispielhaften Software in einem Unternehmen

Prinzip und Architektur

CA Clarity ist eine vollständig webbasierte Software. Alle Funktionen können über einen Standard-Webbrowser durchgeführt werden. Client-Software ist nicht erforderlich und neuen Nutzergruppen kann sehr einfach ein Zugang zum System gewährt werden. Clarity unterstützt eine Vielzahl unterschiedlicher Benutzerrollen, die völlig frei konfiguriert werden können. Das Standard-System unterstützt die PMI Standards für Projekt-, Programm- und Portfoliomanagement. Zahlreiche Best-Practice-Prozesse sind in Clarity abgebildet und können sehr leicht ohne Programmierung an die Bedürfnisse des Nutzers angepasst werden, ohne dabei den (releasefähigen) Standard der Software zu verändern. Workflows zur Unterstützung von Prozessen können frei modelliert werden.

Der Einsatz von Clarity erfolgt meist in großen und mittleren Unternehmen. Die Innovationsprozesse werden dabei meist durch spezielle Workflows, so genannte Stage-Gate-Prozesse, unterstützt.

Implementierung

Die technische Implementierung gestaltet sich unproblematisch, da die Software auf dem Standard Java basiert.

Die Implementierung in die Organisation sollte immer in ein umfassendes Change-Management-Projekt eingebettet sein. Die Durchsetzung von Prozesskonformität mittels eines Softwaretools erzeugt oft heftige (indirekte) Widerstände, die für ein solches Implementierungsprojekt ein großes Risiko darstellen. Diese Widerstände speisen sich aus der Angst vor Kontrollverlust, vor Transparenz und vor Veränderung. Wichtig ist die Einbeziehung des Betriebs-/Personalrats, da Clarity eine umfassende Verhaltens- und Leistungskontrolle ermöglichen kann. Um diese Funktionen zu nutzen, ist das Einverständnis eines solchen Gremiums erforderlich.

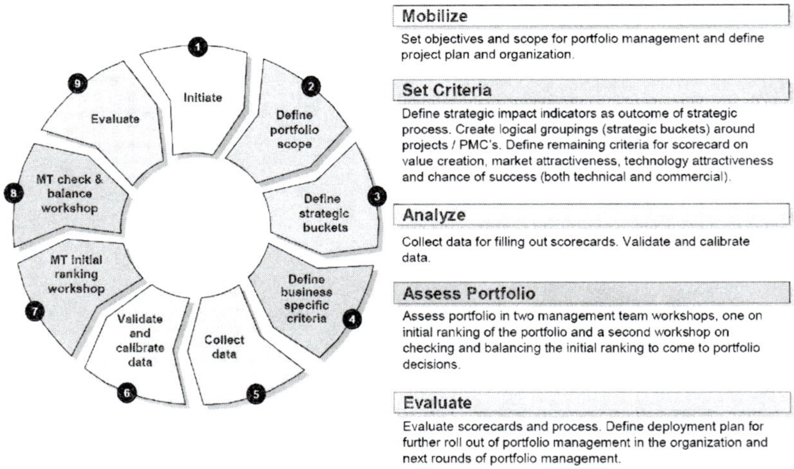

Abb. 9: *Aufgaben des taktischen Projektmanagements bei Philips [26]*

Anwendungsbeispiel

Die niederländische Firma Philips setzt CA Clarity seit 1999 ein. Über 7000 User verwenden Clarity für das (taktische) Projektmanagement. Philips hat für das Innovationsmanagement einen eigenen Prozess entwickelt. Das taktische Projektmanagement mit Portfolios hat die in Abbildung 9 beschriebenen Aufgaben.

Die aus dem Prozess in Abbildung 9 gewonnenen, bereits vorevaluierten Ideen wandern dann in eine Technologie- und Produkt-Roadmaps (siehe Abbildung 10). Die Gesamtheit aller Innovations- und Umsetzungsprozesse wird in einem einheitlichen Prozess-Framework gemanagt. In multidimensionalen Roadmaps werden Innovationen nach den Kriterien Market, Products, Technology, People and Skills and Processes, Suppliers bewertet.

Auf das taktische Front-end-Planning folgt die eigentliche Entwicklungsarbeit in Projekten (»Project Execution«).

Im Jahre 2008 hat Philips mit der Umsetzung der Prozesse in CA Clarity begonnen. Die erste Pilotphase ist mittlerweile abgeschlossen und eine Erweiterung der abgebildeten Prozesse ist geplant. Die »Lessons

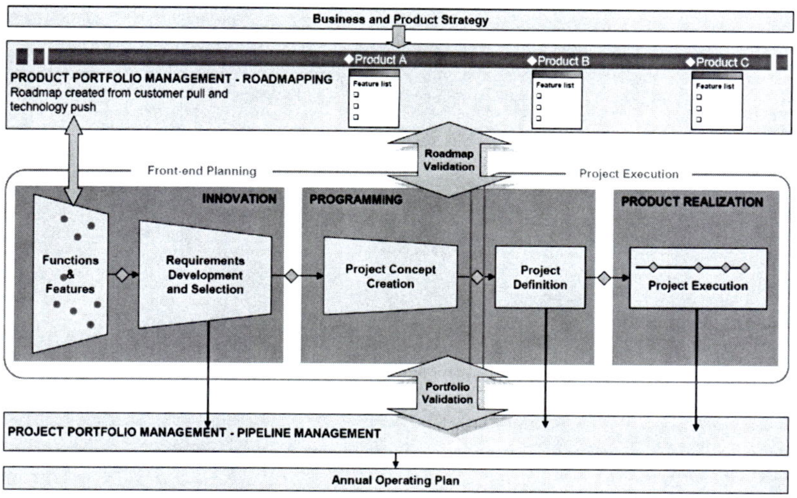

Abb. 10: *Integrierter Prozess von Ideen zu Produkten [26]*

Learned« aus dem Projekt waren: Die technischen Möglichkeiten sind eine wichtige Voraussetzung, aber nicht der limitierende Faktor. Entscheidend für die erfolgreiche Implementierung der Portfolio-Prozesse ist die Einbettung des technischen Implementierungsprojekts in ein umfassendes »Change Management«-Projekt.

Literatur

[1] DAVILA, T.: *An empirical study on the drivers of management control systems' design in new product development, in: Accounting, Organizations and Society, 25. Jg., 2000, Nr. 4/5, S. 383-409*

[2] BUCHHOLZ, W.: *Time-to-Market-Management: Zeitorientierte Gestaltung von Produktinnovationsprozessen, Stuttgart u. a. 1996*

[3] WEBER, J., ZAYER, E.: *Unexpected Allies in Innovation: An Analysis of the Controller's Contribution to Innovation Processes, in: ZfCM, 51. Jg., 2007, Sonderheft Nr. 3, S. 26-34*

[4] BÖSCH, D.: *Problemorientiertes Innovationscontrolling in Großunternehmen, in: ZfCM, 51. Jg., 2007, Sonderheft Nr. 3, S. 45-51*

[5] GINN, M. E., RUBENSTEIN, A. H.: *The R&D/Production Interface: A Case Study of New Product Commercialization, in: International Journal of Product Innovation Management, 3. Jg., 1986, Nr. 3, S. 158-170*

[6] DIEHLMANN, G.: *Vorentwicklungsmanagement in der Automobilzulieferindustrie: Konzeptionelle Grundlagen und empirische Untersuchung zur erfolgsorientierten Gestaltung der Vorentwicklung in Automobilzulieferunternehmen, Frankfurt/M. u. a. 1998*

[7] HAUSCHILDT, J., SALOMO, S.: *Innovationsmanagement, 4. Aufl., München 2007*

[8] DRAGUT, A. B., BERTRAND, J. W. M.: *A General Framework for Controlling Time Constrained NPD Projects, Eindhoven 2002*

[9] CLARK, K. B., FUJIMOTO, T.: *Product Development Performance: Strategy, Organization, and Management in the World Auto Industry, Boston 1991*

[10] RICE, M. P., COLARELLI O'CONNOR, G., PIERANTOZZI, R.: *Implementing a Learning Plan to Counter Project Uncertainty, in: Sloan Management Review, 49. Jg., 2008, Nr. 2, S. 54-62*

[11] QUINN, J. B.: *Managing innovation: controlled chaos, in: Harvard Business Review, 63. Jg., 1985, Nr. 3, S. 73-84*

[12] COOPER, R. G., EDGETT, S. J., KLEINSCHMIDT, E. J.: *Optimizing the Stage Gate Process: What Best-Practice Companies do – II, in: Research Technology Management, 45. Jg., 2002, Nr. 6, S. 43-49*

[13] Cooper, R. G., Edgett, S. J., Kleinschmidt, E. J.: *Optimizing the Stage Gate Process: What Best-Practice Companies do – I, in: Research Technology Management, 45. Jg., 2002, Nr. 5, S. 21-27*

[14] Eisenhardt, K. M., Tabrizi, B. N.: *Accelerating adaptive processes: product innovation in the global computer industry, in: Administrative Science Quarterly, 40. Jg., 1995, Nr. 1, S. 84-110*

[15] Stirzel, M., Hüntelmann, J.: *Erfolgsfaktoren für das unternehmensübergreifende Anlaufmanagement – Eine empirische Studie, IPRI Research Paper Nr. 7, Stuttgart 2006*

[16] Dickson, P. R.: *Marketing Management, 2. Aufl., New York 1997*

[17] Horváth, P.: *Controlling, 11. Aufl., München 2009*

[18] Schmelzer, H. J.: *Organisation und Controlling von Produktentwicklungen, Stuttgart 1992*

[19] Wangenheim, S. v.: *Planung und Steuerung des Serienanlaufs komplexer Produkte: dargestellt am Beispiel der Automobilindustrie, Frankfurt u. a. 1998*

[20] Risse, J.: *Time-to-Market-Management in der Automobilindustrie: Ein Gestaltungsrahmen für ein logistikorientiertes Anlaufmanagement, Bern u. a. 2003*

[21] Hoffmeister, W.: *Investitionsrechnung und Nutzwertanalyse: eine entscheidungsorientierte Darstellung mit vielen Beispielen und Übungen, Stuttgart u. a. 2000*

[22] Isensee, J., Seiter, M., Stirzel, M., Zeibig, S.: *Wirtschaftlichkeitsanalyse von RFID-Investitionen – Der Extended Performance Analysis-Ansatz, IPRI Research Paper Nr. 10, Stuttgart 2007*

[23] Götze, U.: *Investitionsrechnung: Modelle und Analysen zur Beurteilung von Investitionsvorhaben, 5. Aufl., Berlin 2006*

[24] Blohm, H., Lüder, K.: *Investition: Schwachstellenanalyse des Investitionsbereichs und Investitionsrechnung, 8. Aufl., München 1995*

[25] Bürgel, H. D., Haller, C., Binder, M.: *F&E-Management, München 1996*

[26] Klerks, M.: *Product Portfolio Management for NPD, Proceedings der CA World Conference, Las Vegas 16.-20. November 2008*

Web-Tipps

www.kreanets.de
Seite des BMBF-Forschungsprojekts »Krea.Nets«, das sich mit Innovationen in Netzwerken befasst.

www.pmi.org
Seite der Vereinigung »Project Management Institute«.

www.stage-gate.de

Europäische Seite zum Stage Gate-Prozess nach Cooper.

Zusammenfassung

Werkzeuge wie Clarity können Prozesskonformität herstellen und in Echtzeit Informationen über den gesamten Prozess zur Verfügung stellen (»Single System of Record«). Alle Interessenten und Entscheider haben daher stets Einblick. Entscheidungen müssen jedoch weiterhin im Dialog zwischen Menschen diskutiert und von Menschen getroffen werden. Ein System sollte dabei den Prozess unterstützen, jedoch nicht zu stark reglementieren, um Kreativität nicht einzuschränken. Außergewöhnliche, revolutionäre Ideen werden sonst unterdrückt. (Beispiel: Sony Walkman) Ohne Software-Werkzeuge haben Unternehmen nahezu keine Chance, die oben genannte Prozesskonformität durch komplexe Stage-Gate-Prozesse zu etablieren. Oft versteht ein Unternehmen erst nach der Einführung eines solchen Tools, wie die Prozesse vor der Einführung wirklich gelaufen sind.

Strategische Innovationsplanung mit TRIZ

Wäre es nicht faszinierend, hinter allen guten Ideen Gesetzmäßigkeiten zu entdecken? Mit ihnen ließen sich weitere gute Ideen entwickeln oder Lösungen für Probleme finden. Diesem Gedanken folgt die Methodenlehre TRIZ, die sehr interessante Werkzeuge für systematische Entwicklung anbietet.

In diesem Beitrag erfahren Sie:
- was TRIZ ist und wie es sich im Rahmen von Innovationsprojekten nutzen lässt,
- auf welchen Evolutionsgesetzen TRIZ basiert,
- wie Entwicklungspotenziale mit TRIZ identifiziert werden können.

Carsten Gundlach, Johannes Fresner, Jürgen Jantschgi, Horst Nähler

Einleitung

»Innovation braucht Talent, Eingebung und Wissen.
Aber wenn es an Fleiß und Beständigkeit fehlt,
hilft auch ein Geistesblitz nicht weiter!«
Peter Drucker

Die »Güte der frühen Phase« des Innovations- und Produktentwicklungsprozess ist eine wichtige Voraussetzung für innovative Produkte und für kürzere Innovationszyklen. Immer mehr Unternehmen erkennen die Bedeutung dieser frühen Phase und eines systematisierten Innovationsprozesses. Daher bauen sie immer öfter eigene Stellen bzw. Einheiten auf, die sich diesen Themen widmen. Dabei geht es nicht nur um Kreativität, sondern auch um Effizienz, denn Time-to-Market ist wichtiger denn je.

Um Innovationen hervorzubringen, muss ein Unternehmen zahlreichen Herausforderungen begegnen und Antworten auf Fragen entwickeln:

- ⇨ Welche (Innovations-) Strategie ist die Richtige?
- ⇨ Welcher Markt soll bedient werden?
- ⇨ Wie können gute Ideen für neue Produkte bzw. Optimierungen für bestehende Produkte generiert werden?
- ⇨ Wie werden vorhandene Ideen bewertet?
- ⇨ Wie erfolgt eine effektive Umsetzung der Ideen zu einem Konzept und zu verkaufbaren Produkten oder Dienstleistungen?
- ⇨ Wo liegen Probleme und Potenziale der gegenwärtig vermarkteten Produkte?
- ⇨ Wie lassen sich gegenwärtige Produkte/Prozesse verbessern?

Vielfach setzt man Innovationen allein mit Vorhandensein von neuen Technologien gleich. Dabei wird nicht beachtet, dass innovative Produkte nie losgelöst von innovativen Prozessen und Organisationsstrukturen zu sehen sind. Aus diesen drei Kerndimensionen entsteht ein Spannungsfeld, welches Synergiebeziehungen enthält, die immer neu angepasst werden müssen. Die wahre Herausforderung ist also die kreative Kombination von organisatorischen, sozialen und technischen Innovationen.

Die TRIZ-Methode

Im schnelllebigen Wettbewerb von heute ist es mehr denn je ein Vorteil, wenn ein Unternehmen in der Lage ist:

- ⇨ Innovationen gezielt und bedarfsgerecht zu entwickeln und
- ⇨ Innovationen schneller und kostengünstiger zu realisieren und zu vermarkten.

Die Methode TRIZ (Theorie des erfinderischen Problemlösens) kann hierzu einen Beitrag leisten, indem sie Chancen identifiziert und analysiert.

TRIZ basiert auf der Grundlage von heute über 2.500.000 Patenten, innovativen Strategien und Erfolgsstorys durch alle Industrie- und Innovationsbereiche.

Durch diese Impulse aus den Patentunterlagen ergibt sich für die Anwender ein Wissensraum von konkreten Lösungen, Konzepten und abstraktem Wissen, welches von keiner anderen Methode vergleichbar zur Verfügung gestellt wird. [1].

Was ist eigentlich TRIZ?

TRIZ wurde vor ca. 50 Jahren von Genrich Saulowitch Altschuller in der ehemaligen UdSSR mit dem Grundgedanken konzipert, Lösungen für technisch-wissenschaftliche Probleme methodisch und systematisch zu entwickeln, ohne dabei Kompromisse eingehen zu müssen. Durch die damalige Analyse von über 200.000 Patenten gelangte Altschuller zu den folgenden Feststellungen, die als Kernaussage der TRIZ-Methode gelten:

- ⇨ Einer großen Anzahl von Erfindungen liegt eine vergleichsweise kleine Anzahl von Lösungsprinzipien zugrunde.
- ⇨ Erst das Überwinden von Widersprüchen macht innovative Entwicklungen möglich.
- ⇨ Die Evolution technischer Systeme folgt bestimmten Mustern. [1]

Ein wesentlicher Unterschied von TRIZ zu anderen Innovations- oder Qualitätssicherungsmethoden ist die Menge der Einzelwerkzeuge, welche unter den Dachnamen TRIZ – sowohl von Genrich Altschuller selbst, aber auch durch die Weiterentwicklung seiner Schüler und anderer »TRIZ Experten« – zusammengefasst werden [9].

Diese Fülle und Vielfalt von Werkzeugen führt mitunter dazu, dass TRIZ als sehr schwierige und komplexe Methodik verstanden (leider manchmal auch so präsentiert) wird. Es gibt zwar einige Initiativen und Entwürfe, einen sogenannten »Body of Knowledge of TRIZ« zu definieren. Bislang existiert jedoch kein international abgestimmtes Dokument.

Für Interessierte stellen sich zunächst die Fragen: wie gelingt der Zugang zu TRIZ (mit welchen Werkzeugen) und bei welchen Fragestellungen lässt sich TRIZ erfolgreich einsetzen [7]? In diesem Artikel soll der Focus auf die frühen Phasen des Innovationsprozesses gelegt werden: TRIZ als »Analyse- und Strategieinstrument«.

Zum Weiterlesen: TRIZ in der Praxis

Fachautoren aus verschiedensten Bereichen beschreiben in dem Buch »Innovation mit TRIZ« Konzepte, Werkzeuge und die reichhaltigen Anwendungsfelder der TRIZ-Methodologie, etwa
- in der Produktentwicklung,
- bei der Lösung von Qualitätsproblemen oder
- bei der Prozessoptimierung.

Fallbeispiele illustrieren, wie Unternehmen und Institutionen von TRIZ profitieren und für die Verbesserung von Produkten, Dienstleistungen, Prozessen und Qualität nutzen.

Innovation mit TRIZ
Konzepte, Werkzeuge, Praxisanwendungen
Hrsg. Gundlach, Carsten / Nähler, Horst
Hardcover, 548 Seiten mit CD-Rom
ISBN 3-936608-74-1
Symposion Publishing Verlag

Entwicklung technischer Systeme

Eine grundlegende Erkenntnis von TRIZ ist, dass die Entwicklung technischer Systeme nach vorhersehbaren und wiederholt auftretenden Evolutionsmustern verläuft. Die zeitliche Veränderung (Lebenslinie) der Hauptmerkmale eines solchen technischen Systems, charakterisiert durch z. B. die Leistung oder Effizienz eines technischen Systems, etc., kann durch eine S-Kurve (siehe Abb.1, Kurve »A«), wie sie auch bei der Entwicklung von biologischen Systemen (Evolutionstrends) nachgewiesen werden kann, dargestellt werden. Innerhalb der S-Kurve lassen sich wiederum bestimmte Abschnitte erkennen.

Der erste Bereich umschreibt die »Kindheit«, in der das jeweilige System sich langsam entwickelt. Darauf folgt die »Reife«, in der das System zur Anwendung kommt und gezielt weiterentwickelt wird. Flacht sich das »S« ab, geht die Weiterentwicklung zurück, das System beginnt zu »altern«. Zu diesem Zeitpunkt sind zwei Entwicklungstendenzen möglich:

1. Das System »stirbt« und wird komplett durch ein neues System ersetzt bzw. abgelöst.
2. Das System findet auch weiterhin Anwendung, ohne dass ein Performance-Zuwachs zu beobachten ist. Neue Systemgenerationen werden auch hier eingeführt, die z. B. durch Anwendung neuer Funktionsprinzipien oder Wirkungsweisen einen Technologiesprung kennzeichnen.

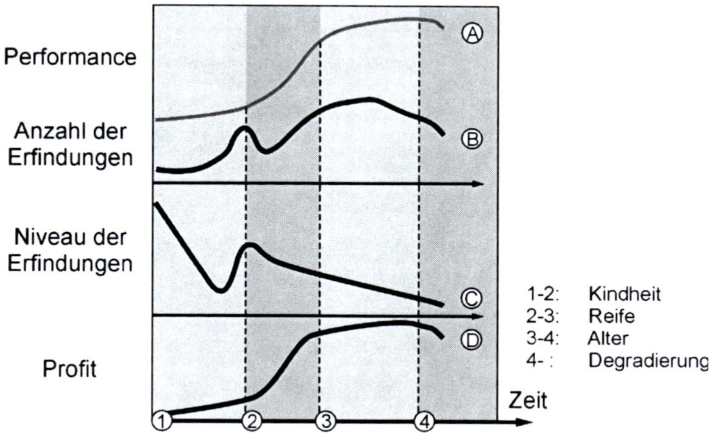

Abb. 1: *Lebensphasen eines Systems [6]*

Mit Hilfe der S-Kurve technischer Systeme wird der Ist-Zustand einer Technologie, eines Systems oder Produktes hinterfragt, um Hinweise zur Beurteilung von Investitionsentscheidungen sowie zur Ermittlung des strategischen Handlungsbedarfs zu erhalten. Weiterhin ist das Überprüfen des Technologiepotentials in Form von Entwicklungsvorhersagen sowie das Generieren von Patentschirmen möglich.

Den Verlauf der Evolution technischer Systeme umschreibt Altschuller mit weiteren drei Charakteristiken. Dabei handelt es sich um die »Anzahl« und das »Innovationsniveau« der Erfindungen sowie die »Profitabilität« des Systems, wie Abb. 1 zeigt.

Die Kurve »B« zeigt die »Anzahl der Erfindungen« bezüglich des Systems. Bis zum Markteintritt nimmt die Anzahl leicht zu. Ein zweiter Anstieg der Kurve wird durch die Suche nach Möglichkeiten zur Verlängerung des Lebens des Systems verursacht. Allerdings führen diese Erfindungen lediglich zur Verbesserung der ursprünglichen Idee, liegen aber damit auf einem niedrigeren Innovationsniveau.

Das »Innovationsniveau der Erfindungen« wird in Kurve »C« veranschaulicht. Sie zeigt, dass die Initiierungsidee über ein hohes Innovationspotential verfügt. Über die Zeit nimmt das Niveau ab, da die folgenden Arbeiten zur Weiterentwicklung dieser Idee führt. Der Höhepunkt in der Kurve bezeichnet die Entwicklung, die der Markteintritt und die massenhafte Anwendung des Systems ermöglicht.

Mit Kurve »D« wird die »Profitabilität« des Systems veranschaulicht. Durch die Markteinführung lassen sich erste Gewinne erwirtschaften. Zu Beginn (in der Kindheitsphase) ist der Profit gleich null oder sogar negativ, später steigt er steil an.
Um dauerhaft Gewinne zu erzielen, die dann zur Sicherung des Unternehmens beitragen, ist es wichtig, die Phasen der Reife und des Alters zu erkennen, um in der Zeit des stabilen Umsatzes die Ideen für das Wachstum des nachfolgenden Produktes zu erarbeiten. Wird nicht so verfahren, besteht die Gefahr, entweder zu lange an der veralteten Technologie festzuhalten oder zu früh in die neue Technologie zu investieren.

Der evolutionäre Übergang zum nächsten System erfolgt dann, wenn zum einen der Bedarf vorhanden ist und zum anderen die Möglichkeiten (neue Technologien) bestehen, ihn zu befriedigen [4]. Das Konzept der S-Kurven besteht somit darin, Hinweise auf die Notwendigkeit eines rechtzeitigen Technologiewandels zu erhalten. Durch die weitere Betrachtung der Charakteristika »Anzahl« und das »Innovationsniveau« der Erfindungen sowie die Höhe der erwirtschafteten Gewinne soll die Positionierung des technischen Systems auf der S-Kurve unterstützt bzw. erleichtert werden.

Evolutionsgesetze

Altschuller hat acht allgemeine Entwicklungsgesetze formuliert, die bei der Weiterentwicklung von Systemen zu beobachten sind. Sie bestehen aus wiederkehrenden Verfahren und Entwicklungsmustern zur Weiterentwicklung technischer Systeme [1]. Die acht Entwicklungsgesetze lauten im Einzelnen:

⇨ *Gesetz 1: Stufenweise Evolution*
Die Entwicklung technischer Systeme erfolgt in Technologiesprüngen, also durch Ablösung von alten Systemen durch effizientere Systeme mit z. B. neuen Funktionsprinzipien. Diese neuen Systeme entwickeln sich ebenfalls entlang einer S-Kurve. Folglich erfolgt die technische Weiterentwicklung nicht linear, sondern in Stufen bzw. durch aufeinanderfolgende S-Kurven.

⇨ *Gesetz 2: Zunehmende Idealität*
Durch neue Systeme werden Vorgänge und Funktionen effektiver ausgeführt, schädliche oder ungewünschte Eigenschaften werden zunehmend verringert. Auch werden Problemlösungen oftmals durch das »Weglassen« von bisher notwendigen Systembestandteilen erreicht, ohne deren Funktion zu eliminieren (Umsetzung des Idealen Endresultats).

⇨ *Gesetz 3: Ungleichmäßige Entwicklung von Systemen und/oder Teilen*
Systembestandteile entwickeln sich unterschiedlich schnell. (So hat zum Beispiel die Leistungsfähigkeit von Fahrzeugmotoren bzw. die Geschwindigkeit von PKW über Jahre hinweg rasant zugenommen, die entsprechenden Sicherheitssysteme wurden jedoch erst Anfang der 80er Jahre der steigenden Geschwindigkeit angepasst.)

⇨ *Gesetz 4: Zunehmende Dynamisierung und Regelbarkeit*
Technische Systeme passen sich zunehmend besser an die Umgebungs- oder Einsatzbedingungen an, werden »flexibler« und besser handhabbar. Ein Beispiel dafür sind die adaptiven Sicherheitssysteme in der Fahrzeugtechnik, die auf unterschiedliche Fahrzustände schnell reagieren und das Verhalten des Fahrzeugs aktiv anpassen, um kritische Zustände zu vermeiden.

⇨ *Gesetz 5: Über Komplexität zu genial Einfachen Systemen*
Komplexe Systeme werden oft durch »genial« einfache abgelöst. Man kann ebenso feststellen, dass technische Systeme zunächst einen sehr einfachen Aufbau vorweisen, dann zunehmend komplexer werden und schließlich wieder genial einfache Funktionsweisen bieten. In der Vergangenheit zeigte sich diese Gesetzmäßigkeit bei der Ablösung der (konstruktiv recht komplexen) Röhren durch Halbleiterelemente.

⇨ *Gesetz 6: Gezielte Übereinstimmung und Nicht-Übereinstimmung*
Aktionen werden gezielt aufeinander abgestimmt, so dass sie synchron und zeitlich exakt ablaufen. Weiterhin werden zur Vermeidung von Resonanzeffekten Aktionen absichtlich voneinander entkoppelt. Ein Beispiel hierfür ist die die Koordination von Steuerflächenbewegungen bei der »Fly-by-Wire«-Steuerung von Flugzeugen.

⇨ *Gesetz 7: Übergang von der Makro- zur Mikro-Ebene*
Aktionen werden zunehmend im Mikro-Bereich (heute auch eher Nano-Bereich) ausgeführt. Wiedergespiegelt wird dieses Gesetz durch die zunehmende Nutzung von selbstreinigenden Oberflächen durch Nanostrukturierung oder von antibakteriellen Beschichtungen durch eingearbeitete Silberionen.

⇨ *Gesetz 8: Abnehmende menschliche Interaktion, zunehmende Automatisierung*
Abläufe geschehen automatisch und schneller als vom Mensch ausführbar. Dies findet man heute zunehmend bei Regelsystemen und elektronischen Fahr-Assistenten in Fahrzeugen (ESP, ABS, Bremsassistent etc.).

Die Evolution eines technischen Systems folgt also bestimmten Gesetzmäßigkeiten, die bei der Entwicklung von Neuprodukten berücksichtigt werden sollten. Durch die Kenntnis dieser Gesetze und deren Anwendung ist es möglich, die Weiterentwicklung von Systemen gezielt zu steuern, um Patentschirme (Gleichzeitige Patentierung von geeigneten Lösungen, um einen wirksamen Patentschutz einzurichten) aufzubauen und somit den Mitbewerbern immer einen Schritt voraus zu sein und schon die Lösung für Übermorgen »in der Schublade« zu haben.

Zusammenhang zwischen Idealität und Lebensphasen

Nach dem von Altschuller formulierten Gesetz der zunehmenden Idealität lassen sich Rückschlüsse auf die in jeder Lebensphase des technischen Systems getroffenen Maßnahmen ziehen. Legt man die Definition der Idealität mit dem Quotienten aus nützlichen und schädlichen Funktionen bzw. Eigenschaften (oder in anderen Worten das Verhältnis von Funktion zu Kosten als »Wert« eines technischen Systems) zugrunde, lässt sich durch verschiedene Maßnahmen der (qualitative) Betrag der Idealität vergrößern.

$$I = \frac{\sum F_{nützlich}}{\sum F_{schädlich}} \quad \textit{entspricht} \quad Wert = \frac{\sum Funktion}{\sum Kosten}$$

Eine Erhöhung der Idealität kann nun erreicht werden durch...

- ⇨ zusätzliche bzw. neue nützliche Funktionen,
- ⇨ Stärkung/Verbesserung der nützlichen Funktionen,
- ⇨ Eliminieren von schädlichen Funktionen/Eigenschaften oder
- ⇨ Abmilderung der schädlichen Eigenschaften

Weiterhin sind auch Kombinationen aus den vorangegangenen Möglichkeiten denkbar, solange im Endeffekt mehr Nutzen erzielt wird als Nachteile geschaffen werden. Folglich kann die Idealität auch erhöht werden, indem ...

- ⇨ nützliche Funktionen geschaffen werden, die auch (geringe) Nachteile und schädliche Eigenschaften mit sich bringen oder
- ⇨ nützliche Funktionen eliminiert werden, wenn dadurch eine erhebliche Senkung der schädlichen Eigenschaften (insbesondere der Kosten) erreicht wird.

Es hat sich gezeigt, dass bestimmte Maßnahmen schwerpunktmäßig zu bestimmten Phasen der S-Kurve primäre Anwendung finden, wie Abb. 2 schematisch zeigt. Das bedeutet nicht, dass die übrigen Maßnahmen nicht betrachtet werden sollten, sondern zeigt lediglich eine Fokussierung auf bestimmte Arten der Beeinflussung der Idealität auf.

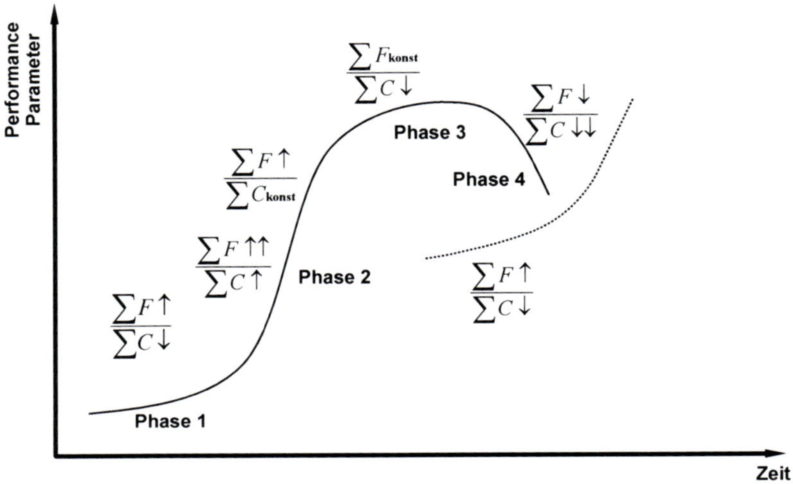

Abb. 2: *Entwicklung der Idealität bzw. des Wertes eines Systems über die Zeit*

⇨ *Phase 1: Kindheit des Systems*
In dieser Phase ist es für das als Prototyp vorliegende oder im Versuchsstadium befindliche System wichtig, dass die Funktion gestärkt wird und damit steigt. Weiterhin ist es gleichsam wichtig, die schädlichen Eigenschaften bzw. Kosten soweit zu senken, dass ein Markteintritt sinnvoll und machbar wird.

⇨ *Phase 2: Reife des Systems*
Nach dem Markteintritt rückt die Steigerung der Funktionalität weiter in den Vordergrund, um die Kundenbedürfnisse zu befriedigen und das System am Markt zu etablieren. Dabei ist jedoch auch ein Zunehmen der schädlichen Eigenschaften zu verschmerzen, solange die Funktion und damit der Kundennutzen deutlich steigt.

In der späteren Reifephase ist es dann von Vorteil, weiterhin an der Verbesserung und Stärkung der Funktionen zu arbeiten, jedoch werden Nachteile und Kosten möglichst konstant gehalten.

⇨ *Phase 3: Alter des Systems*
Sobald die natürliche Performance-Grenze des Systems in Aussicht steht und sich das System in der Alterungsphase befindet, steht die Reduzierung der schädlichen Eigenschaften und der Kosten im Vordergrund. Dabei ist es nicht mehr primär von Interesse, gravierende Steigerungen der nützlichen Funktionen zu erzielen, da diese nur mit einem unverhältnismäßig hohem Aufwand erreichbar sind.

⇨ *Phase 4: Degradierung/Fortbestand des Systems*
Befindet sich das technische System in der Degradierungsphase, so ist es sehr wahrscheinlich, dass es durch ein System mit eigener S-Kurve abgelöst wird, welches grundlegend neue Mittel und Technologien einsetzt, um die primäre nützliche Funktion zu erfüllen. Für das alte System besteht nun noch die Möglichkeit, durch Reduzierung der nützlichen Eigenschaften und Verzicht auf Funktionen auch eine erhebliche Reduzierung der schädlichen Eigenschaften bzw. Kosten zu erreichen, um weiterhin marktfähig zu bleiben.

Interessant sind immer wieder auftretende Paradigmenwechsel, die einen überraschenden Markterfolg ermöglichen. Ein jüngeres Beispiel der Reduzierung nützlicher Funktionen bei dadurch stark sinkenden Kosten ist der Erfolg der sogenannten »Netbooks«, die nur über Grundfunktionalitäten eines PC verfügen, dafür aber klein, leicht bedienbar und kostengünstig sind. Gegenbeispiel: Luxusgüter setzen oft auf den Effekt, dass z. B. durch Einsatz von edlen Werkstoffen oder exklusiven Herstellverfahren ein extremer Preis gerechtfertigt wird (z. B. Mobiltelefon aus Gold und Platin, Luxusuhren etc.).

Evolutionslinien

Die systematische Untersuchung von Patenten hat ergeben, dass sich alle Systeme und Prozesse auf vergleichbare Weise hinsichtlich verschiedenster Merkmale entwickelt haben. Diese Entwicklungstrends beziehen Verbesserungen ein, die über einen längeren Zeitraum eingebracht wurden sowie auch den höchsten Entwicklungsstand, der für einen bestimmten Trend erreichbar ist. Mit dieser Information ist es schnell möglich, zu bestimmen, wie ein bestehendes System verbessert und weiterentwickelt werden kann. Es können sowohl bestehende Probleme gelöst als auch Bereiche identifiziert werden, in denen Verbesserungen möglich sind.

Aufgrund der Tatsache, dass die von Altschuller definierten acht Entwicklungsgesetze sehr abstrakt und allgemein sind und somit deren Anwendung nicht leicht ist, hat die Firma Creax [2] anhand von Recherchen 35 Trends (sogenannte Evolutionslinien bzw. Entwicklungsmuster) definiert, die in Tab. 1 aufgeführt sind. Diese 35 Evolutionslinien sind in die drei Gruppen Raum, Zeit sowie Schnittstelle eingeteilt. Jede Evolutionslinie ist zum einen mit Worten beschrieben und zum anderen durch Grafiken visualisiert, welches die Anwendung enorm erleichtert. Als Beispiel soll die Evolutionslinie »Räumliche Trennung« in Abb. 3 dienen.

Abb. 3: *Beispiel der Evolutionslinie »Räumliche Trennung« [3]*

Untersuchungen haben ergeben, dass technische Systeme sich immer wieder, wie in Abb. 3 gezeigt, von festen, monolithischen Strukturen über Hohlräume und Poren hin zu aktiven porösen Elementen (von links nach rechts) entwickeln. Diese Entwicklungsstufen ließen sich über Branchen hinweg für vielfältige Systeme (Bauteile, Komponenten) immer wieder objektiv beobachten und statistisch abgesichert beschreiben. Wenn also ein spezielles System betrachtet wird, dann kann davon ausgegangen werden, dass feste Komponenten durch die Nutzung von Hohlraum-Strukturen eine Aufwertung und Weiterentwicklung (z. B. durch dadurch erzielbare, neue Funktionalitäten) erfahren.

Tabelle 1: Evolutionslinien [2]

Raum	Zeit	Verbindung	
1. Intelligente Materialien	13. Aktions-Koordinierung	19. Entfernen der Grenzen	31. Reduzierung
2. Räumliche Trennung	14. Rhythmus-Koordinierung	20. Mono-Bi-Poly Ähnliches	32. Zunahme der Steuerbarkeit
3. Oberflächentrennung	15. Makro-zu-Mikro-Zeit	21. Mono-Bi-Poly Verschiedenes	33. Reduzierte menschliche Interaktion
4. Trennung der Objekte	16. Nichtlinearität	22. Mono-Bi-Poly wachsender Unterschied	34. Reduzierung von Energieumwandlungen
5. Gewebe und Fasern	17. Mono-Bi-Poly Ähnliches	23. Reduzierte Dämpfung	35. Entwurfsmethodik
6. Dynamisierung	18. Mono-Bi-Poly Verschiedenes	24. Zunehmende Nutzung der Sinne	
7. Zunahme der Asymmetrie		25. Zunehmende Nutzung der Farben	
8. Entfernung der Grenzen		26. Zunehmende Transparenz	
9. Lineare geometrische Entwicklung		27. Kundenwünsche	
10. Volumengeometrische Entwicklung		28. Marktentwicklung	
11. Abnehmende Dichte		29. Design-Optimierung	
12. Makro-zu-Mikro-Raum		30. Zunahme an Freiheitsgraden	

Aus der Übersicht in Tab. 1 ist ersichtlich, dass einige Trends sehr speziell sein können und somit nicht jeder Trend für jede Aufgabenstellung oder jedes System geeignet ist. Für die Anwendung empfiehlt es sich, alle Trends zunächst kurz durchzusehen und nur die Trends in die detaillierte Betrachtung zu nehmen, die zutreffend erscheinen [2].

Entwicklungspotentiale

Die tatsächlichen Möglichkeiten der Entwicklungstrends sind nur abschätzbar, wenn man das Konzept des Entwicklungspotentials betrachtet. Beurteilt man, welchen Stellenwert das Produkt oder der Prozess innerhalb relevanter Gesamttrends gegenwärtig besitzt, so kann ein Gesamtbild seiner Stärken und Schwächen aufgezeigt werden [8]. Dies ist exemplarisch in Abb. 4 aufgezeigt.

Die erhaltenen Informationen weisen dann einerseits auf die Bereiche, in denen wesentliche Verbesserungen möglich sind, andererseits aber auch auf die, in denenman sich die Bemühungen ersparen kann.

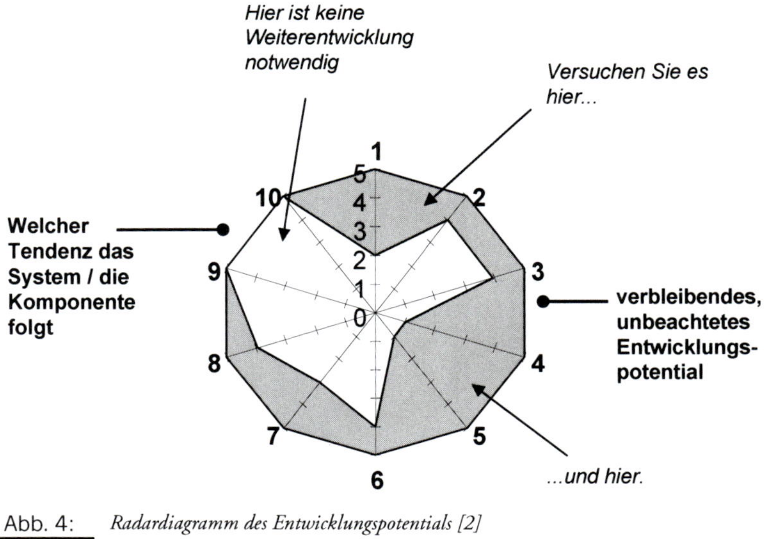

Abb. 4: *Radardiagramm des Entwicklungspotentials [2]*

Nachdem gerade dargestellt wurde in welchen Bereichen das Entwicklungspotential am höchsten ist, muss davor gewarnt werden, nicht voreilig den Veränderungstendenzen zu folgen, denn jeder Einzelfall sollte eine gesonderte Betrachtung erfahren. Nehmen wir z. B. an, in Speichen-Koordinate 5 in Abb. 4 geht es um die Farbe, wobei das Gesamtdiagramm ein Präzisionslager für Maschinen darstellt. In diesem Fall wäre eine Veränderung des Farbdesigns nicht sehr nutzbringend. Wäre dagegen das Diagramm für eine Zahnbürste angefertigt worden, ist die Farbgestaltung natürlich von höherer Bedeutung. Die Diagramme verschaffen einen nützlichen Gesamtüberblick, allerdings muss der Anwender von Fall zu Fall über Tendenzänderungen und die damit einhergehenden Vorteile selber entscheiden.

Entstehung eines Radardiagrammes

Die Konstruktion eines Radardiagrammes, das das Entwicklungspotential aufzeigt, lässt sich am besten an einem konkreten Beispiel darstellen. Dazu wird ein Wälzlager herangezogen. Als Ausgangspunkt der Definition des Entwicklungspotentials dient das Wälzlager, das im Oktober 2001 die US Patent Nr. 6.296.395 erhielt und von der Firma FAG in Deutschland entwickelt wurde. Das Prinzip des selbstjustierenden Lagers wird in der Abb. 5 dargestellt [3].

Die Einschätzung des Entwicklungspotentials wird dadurch erzielt, dass man das Lagerdesign mit den beschriebenen Trends vergleicht. Dazu wird bewertet, welchem Stand der Entwicklungsstufen das augenblickliche Design entspricht. Betrachten wir diesen Prozess am Beispiel »Räumliche Trennung« (siehe Abb. 3). Der Trend beschreibt eine Entwicklung von festen, monolithischen Strukturen über hohlen Strukturen zu mehreren Hohlräumen und schließlich Poren. Wie bei allen anderen dargestellten Trends wird auch hier eine Steigerung des Entwicklungsgrades von links nach rechts dargestellt.

In dem Patent US 6.296.395 wurden massive Rollenstrukturen beschrieben. Die Rollenstrukturen spiegeln daher die erste Stufe der fünf möglichen Entwicklungsstadien wieder (siehe auch Abb. 3). Bezogen auf den betrachteten Trend der wird also an der 5. Koordinate »Räum-

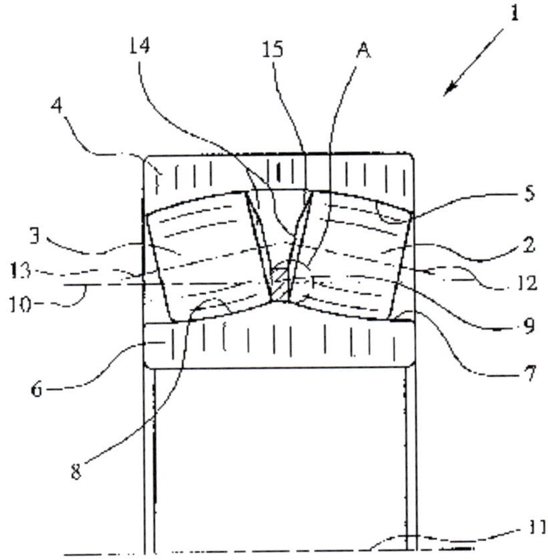

Abb. 5: *Beispiel eines hochentwickelten Lager-Systems [2]*

liche Trennung« eine Markierung auf der ersten Stelle auf der Speiche innerhalb des Radardiagrammes eingezeichnet. Eine entsprechende Bewertung wird ebenfalls für die übrigen Trends vorgenommen.

Die Aufgabe besteht nun darin herauszuarbeiten, welche zusätzlichen vorteilhaften Veränderungen vorgenommen werden können, indem man das gegenwärtige Design in Richtung der ungenutzten Entwicklungspotentiale weiterentwickelt. Für unseren konkreten Fall bedeutet das: Welche Vorteile würde es bringen, wenn man das monolithische Design verändert und stattdessen hohle Strukturen, mehrere Hohlräume oder Porenstrukturen verwendet? Vorteile könnten die Erhöhung des Stärke/Gewicht Verhältnisses oder eine verbesserte Fähigkeit zur Schmierung genannt werden. Die Erkennung solcher Vorteile führt häufig zur Entstehung neuer Ideen.

Als nächsten Schritt im Vergleich des exemplarischen Designs mit den unterschiedlichen Trends, betrachten wir den »geometrischen Entwicklungstrend«. Obwohl in unserem Beispiel das Rollenprofil in einigen Bereichen den Trend zu steigender Dreidimensionalität erfüllt, geht es bei der Erfindung im Wesentlichen um symmetrische und »2D«-Entwürfe, d. h. die dritte Dimension wurde noch nicht vollständig ausgenutzt. Weiterentwicklungspotential besteht zum Beispiel an den folgenden Stellen: Das Profil der inneren und äußeren Rollen und die Außenflächen des Lagers. Im Radardiagramm kann für den Trend der Ausprägung der Geometrie das gegenwärtige Design auf die dritte von vier möglichen Stufen gesetzt werden. In der Darstellung des Radardiagramms für das Entwicklungspotential markiert man daher drei Viertel der vierwertigen Achse.

In engem Zusammenhang mit den Raumsegmentierungs- und geometrischen Entwicklungstrends, der sich eher auf volumetrische Strukturen bezieht, steht der »Oberflächenunterteilungsstrend«, der in Abb. 6 abgebildet ist. Hier werden die Vorteile beschrieben, die sich aus einer veränderten Betrachtung glatter Oberflächen von Zweidimensionalität zu Dreidimensionalität ergeben.

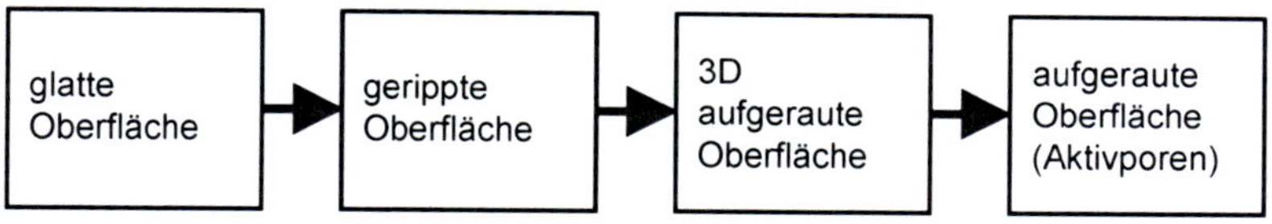

Abb. 6: *Evolutionslinie »Oberflächentrend« [2]*

Wie schon bei dem Trend »Räumliche Trennung« beobachtet, ermöglichen auch diese Stufen weiteres Entwicklungspotential, da die jetzige Ausführung des Lagers noch nicht die Entwicklung zu gerippten, aufgerauten oder aktiven Oberflächen genommen hat und man die Vorteile des Trends nun gezielt entwickeln kann.

Die »Steuerbarkeitstendenz« nimmt eine wichtige Position im Lagerdesign ein. Es geht in diesem Zusammenhang im Wesentlichen um den Einsatz eines Rückmeldesystems: Gibt es überhaupt ein Rückmeldesystem und worin liegen die Vorteile eines solchen Systems? Das im Beispiel angesprochene Lagersystem, wie die meisten anderen auch, besitzt keinerlei Rückmeldesystem. Dessen Integration wäre jedoch vorteilhaft, besonders hinsichtlich der Funktion, dem Belastungsgrad oder der Optimierung des Lagers in Abhängigkeit von den Betriebsbedingungen.

In Abb. 7 ist exemplarisch das Ergebnis aus dem Vergleich relevanter Entwicklungstrends für das Patent US 6.296.395 dargestellt. Auf gleiche Weise kann das Verfahren auch für andere Systeme angewendet werden, wodurch gezielt Entwicklungspotentiale offen gelegt werden können, um die objektiv beschriebenen und statistisch abgesicherten Entwicklungstrends zu erfüllen und technische Systeme gezielt weiterzuentwickeln. Für das Lagerdesign ergaben sich zahlreiche ungenutzte Entwicklungsmöglichkeiten, es könnten somit wesentliche Verbesserungen entwickelt werden.

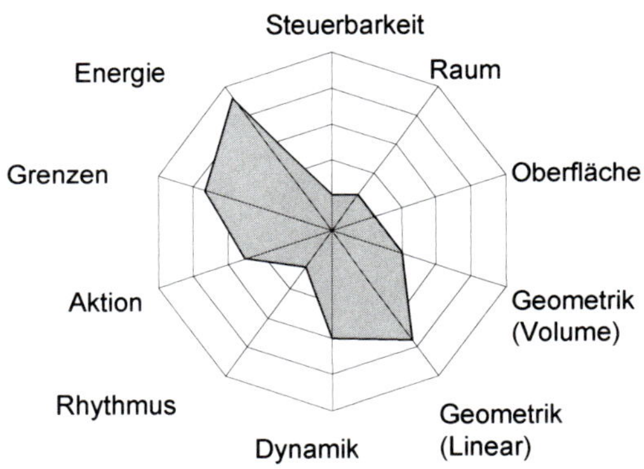

Abb. 7: *Exemplarische Darstellung des Entwicklungs-potential [3]*

An dieser Stelle soll auch darauf hingewiesen werden, dass, obgleich unser Beispiel das Lager als Ganzes untersucht, oftmals eine Untersuchung von einzelnen Unterbaugruppen oder Komponenten sinnvoll ist. Es entstehen dann eine Reihe von Radardiagrammen, die den Entwicklungsstand und das Potential der einzelnen Komponenten offenlegt und eine Konzentration der Entwicklungsarbeit auf die am wenigsten entwickelten Komponenten erfolgen kann.

Abb. 8 zeigt exemplarisch eine Gruppe von Radardiagrammen für die Einzelkomponenten eines Lagers, sowie die Zusammenführung zu einem Gesamtradarplot.

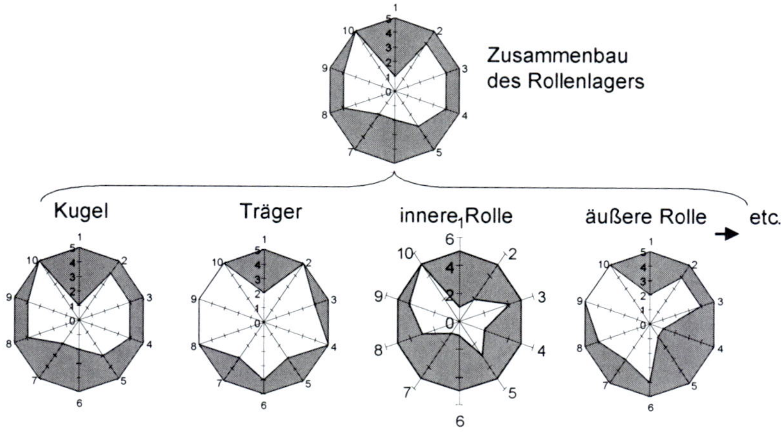

Abb. 8: *Radardiagramm zum Entwicklungspotential eines Rollenlagers*

Ein Vorteil der hierarchischen Struktur ist die Einordnung von einzelnen Trends im Hinblick auf das Gesamtsystem. Individuelle Radardiagramme können damit im Gesamtkontext gesehen werden: Der Aktionskoordinierungstrend spielt zum Beispiel nur eine unwesentliche Rolle für die Einzelkomponente »Rolle«, sobald aber alle Elemente miteinander interagieren (sprich: im Gesamtsystem), ist dieser Trend von großer Bedeutung.

Radardiagramme sollten als ein sehr flexibles Werkzeug aufgefasst werden. Der Anwender soll in die Lage versetzt werden, sich auf die relevanten Trends zu konzentrieren. Allerdings ist es sinnvoll, alle Trends, die möglicherweise eine Rolle spielen oder in Zukunft spielen könnten, zu betrachten. Wenn es um die konkrete Anwendung geht, hat es sich bei der Darstellung der Diagramme als nützlich erwiesen, eine gemeinsame Struktur und Tendenzsequenz aufrecht zu erhalten – ganz besonders im Hinblick auf Raum, Zeit und Schnittstellen-Kategorien.

Damit ist eine Standardisierung und Vergleichbarkeit gegeben, indem z. B. die schnittstellenbasierten Trends immer in den oberen Speichen angeführt sind [2].

Literatur

[1] Gundlach, Carsten; Nähler, Horst: *TRIZ – Theorie des erfinderischen Problemlösens. In: Innovation mit TRIZ. Konzepte, Werkzeuge, Praxisanwendungen. Düsseldorf: Symposion Publishing 2006.*

[2] Mann, Darrell: *Hands on Systematic Innovation. Ieper: Creax Press 2002.*

[3] *Lehrgangsunterlagen Support. Leonardo da Vinci Project 2005.*

[4] Herb, Rolf; Herb, Thilo; Kohnhauser, Veit: *TRIZ – Der systematische Weg zur Innovation. Landsberg/Lech: MI Verlag 2000.*

[5] Möhrle, Martin G.; Walter, Lothar: *Generieren von Problemlösungen mit TRIZ. Digitale Fachbibliothek Innovationsmanagement. Düsseldorf: Symposion Publishing.*

[6] Terninko, J.; Zusmann, A.; Zlotin, B.: *TRIZ – Der Weg zum konkurrenzlosen Erfolgsprodukt. Ideen produzieren, Nischen besetzen, Märkte gewinnen. Dt. Übersetzung Rolf Herb (Hrsg.). Landsberg/Lech: MI Verlag 1998.*

[7] Pannenbäcker, T.: *Methodisches Erfinden in Unternehmen. Bedarf, Konzept, Perspektiven für TRIZ-basierte Erfolge. Wiesbaden: Gabler-Verlag 2001.*

[8] Brubek, Walter: *TRIZ als Motor im Innovationsprozess der Kältekompressorenentwicklung. Vortrag 1. Österreichische TRIZ-Anwenderkonferenz. Leoben 2006.*

[9] Jantschgi, J.; Shub, L.: *Innovativer Irrgarten der Werkzeuge? In: Innovation mit TRIZ. Konzepte, Werkzeuge, Praxisanwendungen. Düsseldorf: Symposion Publishing 2006.*

[10] *Alle Diagramme hier weisen aus Gründen der besseren Übersichtlichkeit dieselbe Anzahl von Koordinatenspeichen auf. Die Praxis jedoch zeigt, dass jedes Diagramm eine unterschiedliche Anzahl von Tendenzen aufweist, so dass auch die Anzahl der Koordinatenspeichen jeweils variiert.*

Zusammenfassung
Die TRIZ-Methode erfährt seit einigen Jahren eine stetig steigende Bedeutung. Vielfach wird TRIZ als Problemlösungsinstrument bei schwierigen Aufgabenstellungen eingesetzt. In diesem Zusammenhang werden meistens die bekanntesten Werkzeuge wie die Widerspruchsmatrix angewendet. Vielfach ist jedoch nicht bekannt, dass es auch Instrumente innerhalb von TRIZ gibt, die in den frühen Phasen des Innovationsprozesses angewendet werden können. So eignen sich die Entwicklungsgesetze in Verbindung mit den Evolutionslinien sehr gut zur strategischen Stärken- und Schwächen-Analyse. Weiterhin lässt sich dann das Entwicklungspotential abschätzen, um die vorhandenen Ressourcen gezielt einzusetzen.